高等职业教育系列教材

U0868624

电机与电气控制技术

第3版

主编　田淑珍
参编　张洪星　孙建东　王延忠　孟晓明　胡书辉

机械工业出版社

本书精选了电机及拖动、工厂电气控制的典型内容，并加入了相关实训。主要讲解了直流电机及电力拖动、变压器、三相异步电动机、特种电动机、常用低压电器、三相异步电动机的电气控制电路、常用机床电气控制电路及常见故障的排查等。

本书根据维修电工中级工的达标要求，强化了技能训练，突出了职业教育的特点，将理论教学、实训、考工取证有机地结合起来，优化、精简理论，更加注重了实用性。与上一版相比，变频器的应用更贴近生产实际，每章增加了检验理论学习的教学检测、配合实训的任务单及成绩评定。

本书可作为高职高专院校自动化专业、机电一体化专业的理论教学和实训教学用书，也可作为相关专业技术人员的培训和自学用书。

本书配有微课视频，可扫描二维码观看，还配有电子课件和教学检测的答案，需要的教师可登录 www.cmpedu.com 免费注册，审核通过后下载，或联系编辑索取（微信：15910938545，电话：010-88379739）。

图书在版编目(CIP)数据

电机与电气控制技术/田淑珍主编．—3版．—北京：机械工业出版社，2021.12(2026.1重印)
高等职业教育系列教材
ISBN 978-7-111-69384-0

Ⅰ.①电… Ⅱ.①田… Ⅲ.①电机学-高等职业教育-教材 ②电气控制-高等职业教育-教材 Ⅳ.①TM3 ②TM921.5

中国版本图书馆CIP数据核字(2021)第212340号

机械工业出版社(北京市百万庄大街22号 邮政编码100037)
策划编辑：李文轶　　责任编辑：李文轶　白文亭
责任校对：张艳霞　　责任印制：常天培

天津嘉恒印务有限公司印刷

2026年1月第3版·第8次印刷
184mm×260mm·16.5印张·404千字
标准书号：ISBN 978-7-111-69384-0
定价：69.00元

电话服务
客服电话：010-88361066
010-88379833
010-68326294

网络服务
机 工 官 网：www.cmpbook.com
机 工 官 博：weibo.com/cmp1952
金 书 网：www.golden-book.com
机工教育服务网：www.cmpedu.com

Preface

前 言

党的二十大报告指出：教育、科技、人才是全面建设社会主义现代化国家的基础性、战略性支撑。 我们要坚持教育优先发展、科技自立自强、人才引领驱动，加快建设教育强国、科技强国、人才强国。

高职教育要以就业为导向，以培养一线科技实用型人才为目标，以培养学生的职业素质为任务。在教学中应根据专业要求将理论与实践、知识和能力有机地结合起来。实践教学中必须把学生考取专业技术等级证书的技术训练贯穿于教学的全过程。因此在专业教学中应合理调整理论与实践环节在整个教学计划中的比重，将理论与实践紧密结合起来，并按备考专业技术等级证书的要求对学生进行强化训练，在规定的时间内按规定的标准完成规定的任务。本书正是这样一本着重技术应用训练，“讲、练、考”结合，以能力为本位，以应用为特色的教材。

本书精选了电机及拖动、工厂电气控制的典型内容，主要包括直流电机及电力拖动、变压器、三相异步电动机、特种电动机、常用低压电器、三相异步电动机的电气控制电路、常用机床电气控制电路及常见故障的排查等。本书根据维修电工中级工的达标要求，强化了技能训练，突出了职业教育的特点。

本书在第 2 版的基础上，按照与时俱进的原则进行了全面的修订。如变频器的应用更贴近生产实际，每章增加了检验理论学习的教学检测、配合实训的任务单及成绩评定，补充了二维码形式的微课资源，便于自学和教学。

为了便于实操训练，本书在明确操作步骤的基础上增加了任务单，并增加了微课视频资源，便于自学和教学。

本书是机械工业出版社组织出版的“高等职业教育系列教材”之一。由田淑珍主编，参加编写的还有张洪星、孙建东、王延忠、孟晓明、胡书辉。全书由田淑珍整理定稿。

由于编者水平有限，书中难免存在一些缺点、疏漏及不足之处，恳请读者批评指正。

编 者

目录 Contents

绪论

1. 电机及电力拖动概述

电机是利用电磁感应原理工作的机械，是生产、传输、分配及应用电能的主要设备。

电机按功能可分为发电机、电动机、变压器和控制电机四大类。发电机将机械能转换为电能；电动机将电能转换为机械能，作为拖动各种生产机械的动力，是国民经济各部门应用最多的动力机械，也是最主要的用电设备；变压器的作用是将一种电压等级的电能转换为同频率的另一种电压等级的电能；控制电机主要用于信号的变换与传递，如步进电动机、伺服电动机等，在各种自动化控制系统中作为多种控制元件使用，如国防工业、数控机床、计算机外围设备、机器人和音像设备等均大量使用了控制电机。

按电源电流的不同，电机又分为直流电机和交流电机。

电力拖动系统是用电动机来拖动机械运行的系统。由于电力拖动具有控制简单，调节性能好，损耗小，经济，能实现远距离控制和自动控制等一系列优点，因此大多数生产机械均采用电力拖动。

电力拖动系统包括：电动机、传动机构、生产机械、控制设备和电源五个部分。各部分之间的关系如图 0-1 所示。

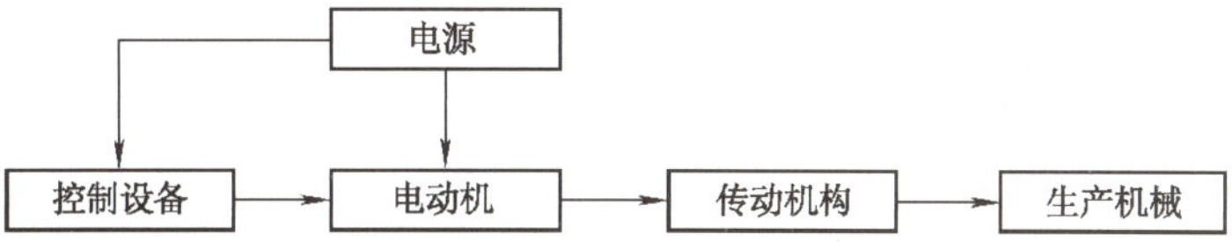

图 0-1　电力拖动系统的构成

电源向电动机及电气控制设备供电。电动机把电能转换成机械能，通过传动机构（如机械传动、液压传动、气动等）把电动机的运动经过中间变速或变换运动方式后，再传给生产机械（如各种机床等），驱动生产机械工作。生产机械是执行某一生产任务的机械设备，是电力拖动的对象。控制设备是由各种控制电机、电器、电子元件及控制计算机等组成，用以控制电动机的运动，从而对生产机械的运动实现自动控制。

在电力拖动的发展过程中，交、直流两种拖动方式并存于各个生产领域。在交流电出现以前，直流电力拖动是唯一的一种电力拖动方式。19 世纪末期，由于研制出了经济实用的交流电动机，致使交流电力拖动在工业中得到了广泛的应用。但随着生产技术的发展，特别是精密机械加工与冶金工业生产过程的进步，对电力拖动在起动、制动、正反转以及调速精度与范围等静态特性和动态响应方面提出了新的、更高的要求。由于交流电力拖动比直流电力拖动在技术上更难以实现这些要求，所以，20 世纪以来，在可逆、可调速与高精度的拖动技术领域中，在相当长的时期内，几乎都在采用直流电力拖动，而交流电力拖动则主要用于恒转速系统。

20 世纪 60 年代以后，随着电力电子技术的发展，半导体变流技术的交流调速系统得以实现。尤其是 20 世纪 70 年代以来，大规模集成电路和计算机控制技术的发展，为交流电力拖动的广泛应用创造了有利条件。诸如交流电动机的串级调速、各种类型的变频调速等，使得交流电力拖动逐步具备了宽的调速范围、高的稳态精度、快的动态响应，在调速性能方面完全可与直流电力拖动媲美。由于交流电力拖动具有调速性能优良、维修费用低等优点，现已广泛地应用于各个工业电气自动化领域中，并逐步取代直流电力拖动而成为电力拖动的主流。

2. 电气控制技术及发展概况

不同产品的生产工艺不同，需要生产机械具有不同的动作，这就要求对拖动机械设备的电动机进行控制，如电动机的起动、停止、正反转、顺序控制等。

电气控制方式由继电器-接触器的控制向计算机控制方向发展。继电器-接触器的控制是利用刀开关、按钮、继电器-接触器等低压电器设备组成的控制系统，这种控制系统发展成熟、完善，控制方法简单，工作较可靠，至今仍在广泛应用。但是继电器控制系统的接线固定、控制功能单一，无法满足生产工艺的不断改变和控制程序不断改变的需要。20世纪70年代，一种新型工业控制器——可编程序逻辑控制器（PLC）产生了。它以CPU为核心，通过软件编程实现各种控制功能，抗干扰能力强，适宜各种恶劣的生产环境。PLC编程简单易学，PLC本身结构简单、性能优越、体积小、质量小、耗电小及价格便宜，这些优势使其在电气控制领域迅速发展起来。目前PLC已作为一种标准化通用设备，广泛地应用于机械加工、自动机床、交通运输、纺织以及化工等行业。

自动控制技术发展的另一分支——数控技术也在20世纪50年代研制成功，并随着计算机技术的发展而不断走向完善。它是一种具有广泛通用性的高效率、高精度且能适应小批量复杂零件加工的自动化系统，综合应用了计算机技术、电子技术、检测技术及自动控制技术等。

可见随着科学技术的进步，生产工艺越来越复杂，对电气控制的要求也越来越高，控制功能从简单到复杂，控制技术从单机到群控，推动了生产技术的不断更新和高速发展。各种控制装置不断出现，从PLC到数控系统等，使自动控制系统的水平不断提高。

3. 本课程的特点及学习方法

本课程讲解了电机及拖动、工厂电气控制设备的知识，在自动化专业的课程体系中起着承上启下的作用。既具有专业基础课的作用，又有专业课的性质，通过本课程的学习，培养学生在电机及电气控制方面分析和解决问题的能力，强化技能训练，增强学生理论联系实际的能力，为以后的学习和工作打下基础。

通过技能训练，使学生具有初步的电机及其控制系统的维护、设计和推广的能力。

用理论分析各种电机及拖动的实际问题时，必须结合电机的具体结构、采用工程观点和工程分析方法，培养学生的应用能力和分析解决实际问题的能力，因此本课程的实践性较强。学习“电机与电气控制技术”这门课应注意以下几点。

1）要抓住重点，牢固掌握基本概念、基本原理、主要特性和电机控制基本环节。

2）运用对比或比较的学习方法，找出各种电机的共性和特点，以加深对各种电机及拖动系统性能和原理的理解。

3）理论联系实际，在实训中加深对理论的理解，最好能进行现场教学。

第 1 章　直流电机及电力拖动

本章要点

- 直流电机的基本工作原理、结构、电枢绕组简介及电机的运行原理
- 负载特性及他励直流电动机的机械特性
- 他励直流电动机的起动、调速与制动
- 直流电机的实训

1.1　直流电机的基本工作原理及基本结构

直流电机包括直流发电机和直流电动机。将机械能转换为电能的是直流发电机，将电能转换为机械能的是直流电动机。

与交流电机相比，直流电机结构复杂，成本高，运行维护较困难。但直流电动机具有良好的调速性能、较大的起动转矩和过载能力等很多优点，在起动和调速要求较高的生产机械中，仍得到广泛的应用。由于电力电子技术的迅速发展，作为直流电源的直流发电机已逐步被晶闸管整流装置所取代，但在电镀、电解行业中仍继续得以应用。

1.1.1　直流电机的基本工作原理

1. 直流发电机的基本工作原理

1-1　直流发电机的基本工作原理

直流发电机的工作原理基于电磁感应原理。在磁感应强度为 B_x 的磁场中，一根长度为 l 的导体以匀速 v 做垂直切割磁力线的运动时，会在导体中产生感应电动势，其值的大小为

$$e=B_x lv \tag{1-1}$$

式中，B_x 为导体所在处的磁通密度（Wb/m^2）；l 为导体切割磁力线的有效长度（m）；v 为导体与 B_x 间的相对线速度（m/s）；e 为导体感应电动势（V）。

图 1-1 为直流发电机的工作原理模型。图中 N、S 是一对在空间固定不动的磁极（可以是永久磁铁，也可以是电磁机构），abcd 是安装在可以转动的导磁柱上的一个线圈（整个转动部分称为转子或电枢），线圈两端分别接到两个相互绝缘的半圆形铜环 1 和 2 上。半圆形铜环称为换向片，这两个换向片就构成了最简单的换向器。换向片分别与固定不动的电刷 A 和 B 保持滑动接触，这样，旋转着的线圈可以通过换向片、电刷与外电路接通。

当原动机拖动电枢以一定的速度在磁场中逆时针旋转时，根据电磁感应原理，线圈有效边 ab 和 cd 切割磁力线产生感应电动势，其方向用右手定则（又称为右手发电机定则：把右手掌伸开，大拇指与其他四指成 90°，磁力线垂直穿过手心，大拇指指向导体运动方向，四指的方向为导体中感应电动势或感应电流的方向）确定。在图 1-1a 所示的位置，线圈的 ab 边处于 N 极下，产生的感应电动势从 b 指向 a；线圈的 cd 边处于 S 极下，产生的感应电动势从 d 指向

c。在此状态下电刷 A 的极性为正，电刷 B 的极性为负。若接通电路，电流 i 的方向为 d→c→b→a→1→A(+)→⊗(负载)→B(-)→2→d。

当 ab 边转到 S 极下，cd 边转到 N 极下时，如图 1-1b 所示，ab、cd 导体的感应电动势方向都要随之改变，于是，整个线圈的感应电流方向变为 a→b→c→d→2→A(+)→⊗(负载)→B(-)→1→a。

由此可见：

① 线圈内部的感应电动势是交变的。

② 由于电刷 A 始终与转到 N 极下的线圈边所连接的换向片接触，电刷 B 始终与转到 S 极下的线圈边所连接的换向片接触，因此电刷 A 的极性总为正，电刷 B 的极性总为负，在电刷两端可获得直流电动势。

在图 1-1a 所示位置，当直流发电机改为顺时针旋转时，用右手定则判定线圈中感应电动势的方向为 a→b→c→d，通过换向片与电刷的滑动接触，则电刷 B 极性为正，电刷 A 极性为负。所以，直流发电机改变电枢旋转方向可以改变输出电动势的极性。

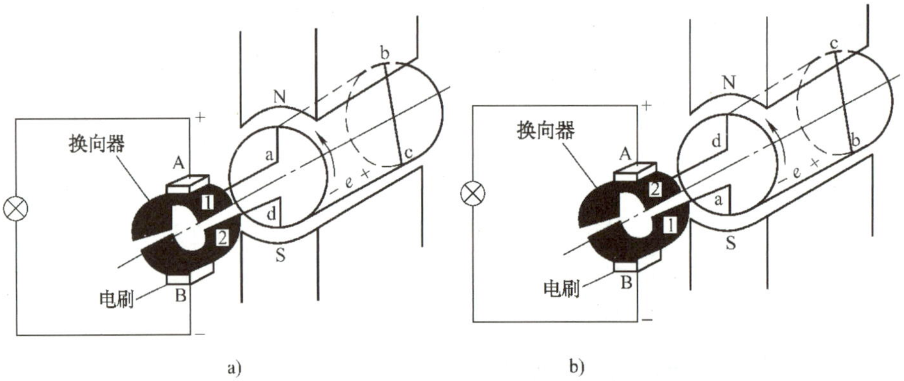

图 1-1 直流发电机的工作原理模型

由右手定则可知，决定感应电动势方向的因素有两个：一是导体运动方向（电枢转向），二是磁场极性。所以，改变磁场的极性也可使直流发电机电刷两端输出的电动势极性改变。

2. 直流电动机的基本工作原理

1-2 直流电动机的基本工作原理

直流电动机的工作原理基于电磁力定律。若磁场 B_x 与导体互相垂直，且导体中通以电流 i，则作用于载流导体上电磁力 f 为

$$f=B_x li \tag{1-2}$$

式中，B_x 为导体所在处的磁通密度（Wb/m^2）；l 为导体切割磁力线的有效长度（m）；i 为导体中流过的电流（A）；f 为电磁力（N）。

图 1-2 是直流电动机的工作原理模型。电刷 A、B 两端加直流电压，在图 1-2a 所示的位置，电流从电源的正极流出，经过电刷 A、换向片 1 而流入电动机线圈，电流方向为 a→b→c→d，然后再经过换向片 2 与电刷 B 流回电源的负极。根据电磁力定律，线圈边 ab 与 cd 在磁场中分别受到电磁力的作用，其方向可用左手定则（又称左手电动机定则，即：把左手伸开，大拇指与其他四指成 90°角，让磁力线垂直穿过手心，四指的方向为导体中电流的方向，大拇指的方向就是导体受力的方向）确定，如图 1-2a 所示。此电磁力与转子半径之积即为电磁转矩。该电磁转矩使电动机逆时针方向旋转。当线圈边 ab 转到 S 极面下、cd 转到 N 极面下时，如图 1-2b 所示，流经线圈的电流方向改变，这样导体所受的电磁力方向不变，从而保持电动机沿着一个固定的方向旋转。

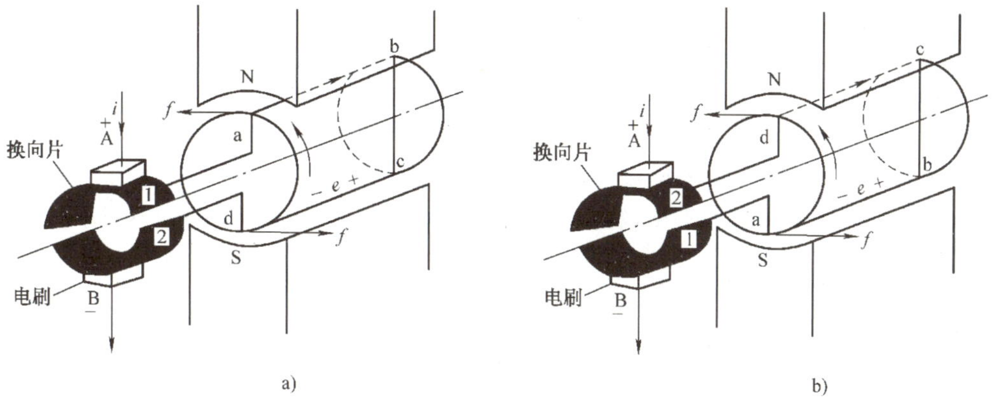

图 1-2　直流电动机的工作原理模型

图 1-2 中，直流电动机怎样才能顺时针旋转呢？电动机顺时针旋转需获得一个顺时针方向的电磁转矩，由左手定则可知，电磁力的方向取决于磁场极性和导体中电流的方向，所以直流电动机获得反转的方法有两个：一是改变磁场极性；二是改变电源电压的极性使流过导体的电流方向改变。应注意，二者只能改变其一，否则，直流电动机的转向将保持不变。

综上所述可知，不论是直流发电机还是直流电动机，换向器可以使正电刷 A 始终与经过 N 极面下的导体相连，负电刷 B 始终与经过 S 极面下的导体相连，故电刷之间的电压是直流电，而线圈内部的电流则是交变的，所以换向器是直流电机中换向的关键部件。通过换向器和电刷，把直流发电机线圈中的交变电动势整流成电刷间的方向不变的直流电动势；把直流电动机电刷间的直流电流变成线圈内的交变电流，以确保电动机沿固定方向旋转。

3. 电机的可逆原理

观察图 1-1 和图 1-2 可发现，直流发电机和直流电动机工作原理模型的结构完全相同，但工作原理又不同。

1）直流发电机。当发电机带负载以后，例如图 1-1 中电刷两端接一灯泡，就有电流流过负载，同时也流过线圈，其方向与感应电动势方向相同。根据电磁力定律，载流导体 ab 和 cd 在磁场中会受力的作用，形成的电磁转矩方向为顺时针方向，与转速方向相反。这意味着，电磁转矩阻碍发电机旋转，是制动转矩。

为此，原动机必须用足够大的拖动转矩来克服电磁转矩的制动作用，以维持发电机的稳定运行。此时发电机从原动机吸取机械能，转换成电能向负载输出。

2）直流电动机。从图 1-2 中可知，当电动机旋转起来后，导体 ab 和 cd 切割磁力线，产生感应电动势，用右手定则判断出其方向与电流方向相反。这意味着，此电枢电动势是一反电动势，它阻碍电流流入电动机。

所以，直流电动机要正常工作，就必须施加直流电源以克服反电动势的阻碍作用，把电流送入电动机。此时电动机从直流电源吸取电能，转换成机械能输出。

综上所述，无论是发电机还是电动机，由于电磁的相互作用，电枢电动势和电磁转矩是同时存在的。一台电机既可作为发电机运行，又可作为电动机运行，电机的结构相同，只是运行的外界条件不同而已，这就是直流电机的可逆原理。

1.1.2　直流电机的基本结构

1. 定子部分

定子主要由主磁极、机座、换向磁极、电刷装置和端盖组成。小型直流电机的结构如

图 1-3所示，其剖面图如图 1-4 所示。

主磁极的作用是产生恒定、有一定空间分布形状的气隙磁通密度。主磁极由主磁极铁心和放置在铁心上的励磁绕组构成。主磁极铁心分成极身和极靴，极靴的作用是使气隙磁通密度的空间分布均匀并减小气隙磁阻，同时极靴对励磁绕组也起支撑作用。为减小涡流损耗，主磁极铁心是用 1.0~1.5 mm 厚的低碳钢板冲成一定形状，用铆钉把冲片铆紧，然后再固定在机座上。主磁极上的线圈是用来产生主磁通的，称为励磁绕组。当给励磁绕组通入直流电时，各主磁极均产生一定极性，相邻两主磁极的极性是 N、S 交替出现的。直流电机主磁极的结构如图 1-5 所示。

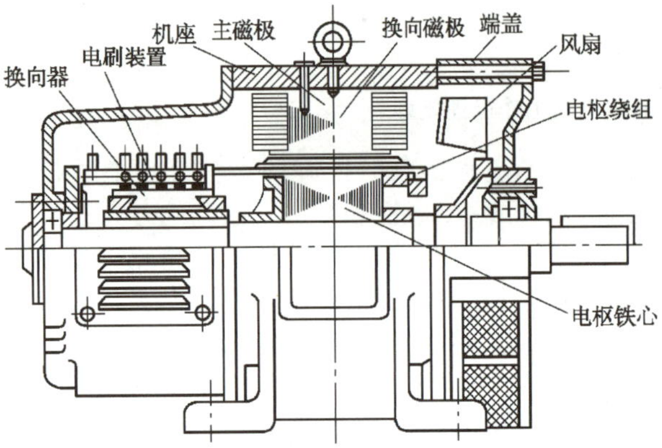

图 1-3 小型直流电机的结构

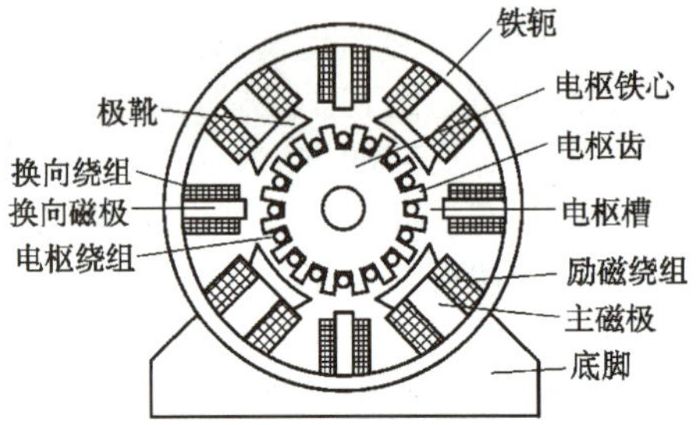

图 1-4 小型直流电机剖面图

一般直流电机均采用整体机座。整体机座是用导磁效果较好的铸钢材料制成的。这种机座能同时起到导磁和机械支撑作用。由于机座起导磁作用，因此机座是主磁路的一部分，称为定子铁轭。主磁极、换向磁极及端盖均固定在机座上，机座起机械支撑作用。

换向磁极用来改善直流电机的换向，一般电机容量超过 1 kW 时均应安装换向磁极。换向磁极的铁心一般用整块钢板制成，在其上放置换向磁极绕组，换向磁极安装在相邻的两主磁极之间。

电刷装置是直流电机的重要组成部分。通过该装置把电机电枢中的电流与外部静止电路相连，或把外部电源与电机电枢相连。电刷装置与换向片一起完成机械整流，把电枢中的交变电流变成电刷上的直流，或把外部电路中的直流变换为电枢中的交流。电刷的结构如图 1-6 所示。

电机中的端盖主要起支撑作用。端盖固定于机座上，其上放置轴承支撑直流电机的转轴，使直流电机能够旋转。

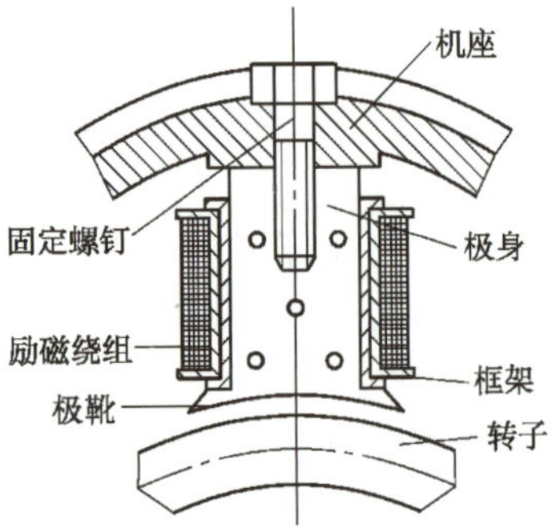

图 1-5 直流电机主磁极结构

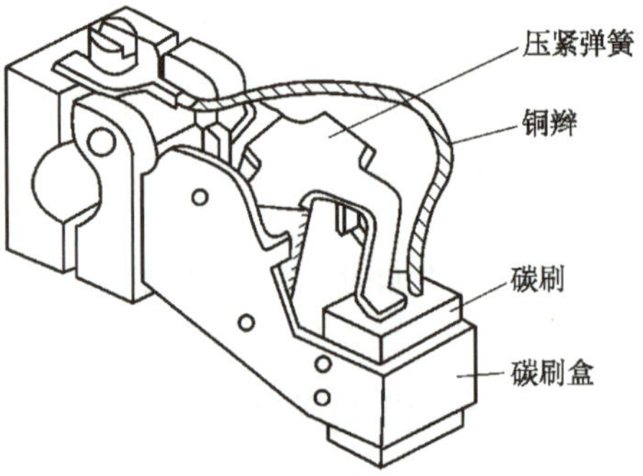

图 1-6 电刷的结构

2. 转子部分

直流电机的转子是电机的转动部分，又称为电枢，由电枢铁心、电枢绕组、换向器、电机转轴和轴承等部分组成。

电枢铁心是主磁路的一部分，同时对放置在其上的电枢绕组起支撑作用。为减少当电机旋转时，铁心中的磁通方向发生变化引起的磁滞损耗和涡流损耗，电枢铁心通常用 0.5 mm 厚的低硅硅钢片或冷轧硅钢片冲压成型，并在硅钢片的两侧涂绝缘漆。硅钢片上冲出转子槽用来放置电枢绕组。冲制好的硅钢片叠装成电枢铁心。图 1-7 所示为小型直流电机的电枢冲片形状和电枢铁心装配图。

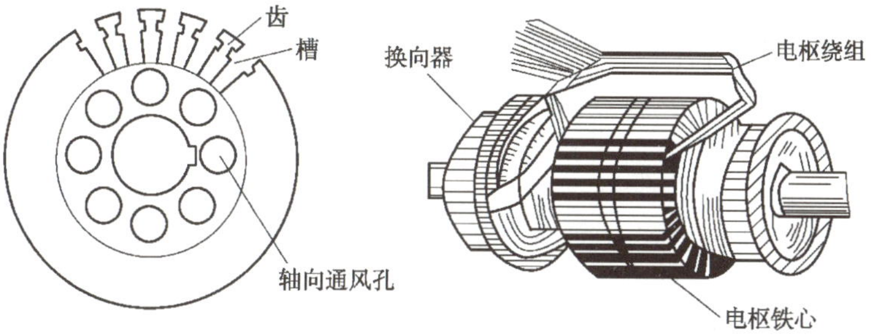

图 1-7　小型直流电机的电枢冲片形状和电枢铁心装配图

电枢绕组是由带绝缘的导体绕制而成的。小型电机常采用铜导线绕制；大中型电机常采用成型线圈。在电机中每一个线圈称为一个元件，多个元件有规律地连接起来形成电枢绕组。绕制好的绕组或成型绕组放置在电枢铁心上的槽内，放置在铁心槽内的直线部分在电机运转时将产生感应电动势，称为元件的有效部分；在电枢槽两端把有效部分连接起来的部分称为端接部分，端接部分仅起连接作用，在电机运行过程中不产生感应电动势。

换向器又称为整流子，对于发电机，换向器的作用是把电枢绕组中的交变电动势转变为直流电动势以向外部输出直流电压；对于电动机，它是把外界供给的直流电流转变为绕组中的交变电流以使电机旋转。换向器由换向片组合而成，是直流电机的关键部件之一，也是最薄弱的部分。换向器采用导电性能好、硬度大、耐磨性能好的紫铜或铜合金制成，相邻的两换向片间以 0.6~1.2 mm 的云母片作为绝缘。换向器固定在转轴的一端，换向片靠近电枢绕组一端的部分与绕组引出线相焊接。换向器结构如图 1-8 所示。

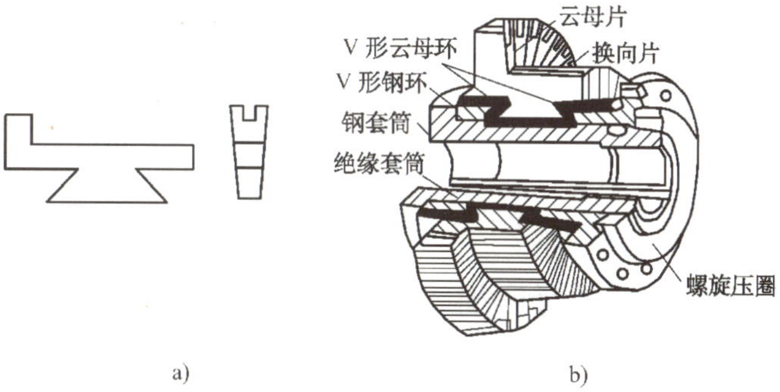

图 1-8　换向器结构

a）换向片　b）换向器

1.2　直流电机的电枢绕组简介

电枢绕组是直流电机的核心部分。电枢绕组放置在电机的转子上，当转子在磁场中转动时，不论是电动机还是发电机，绕组均产生感应电动势；当转子中有电流时将产生电枢磁动势，该磁动势与电机气隙磁通相互作用产生电磁转矩，从而完成机电能量的相互转换。

电枢绕组是由多个形状相同的绕组元件，按照一定的规律连接起来组成的。根据连接规律的不同，绕组可分为单叠绕组、单波绕组、复叠绕组、复波绕组及混合绕组等几种形式。下面介绍绕组中常用的基本知识。

1）元件：构成绕组的线圈为绕组元件，元件分为单匝和多匝两种。

2）元件的首末端：每一个元件不管是单匝还是多匝，均引出两根线与换向片相连，其中一根称为首端，另一根称为末端。

3）极距：相邻两个主磁极轴线沿电枢表面之间的距离称为极距，用 τ 表示。可用下式计算：

$$\tau=\frac{\pi D}{2p} \tag{1-3}$$

式中，D 为电枢铁心外直径；p 为直流电机磁极对数。

4）叠绕组：指串联的两个元件总是后一个元件端接部分紧叠在前一个元件端接部分，整个绕组成折叠式前进。

5）波绕组：串联的两个元件成波浪式地前进。

单匝单叠绕组、多匝单叠绕组、单匝单波绕组及多匝单波绕组如图1-9所示。

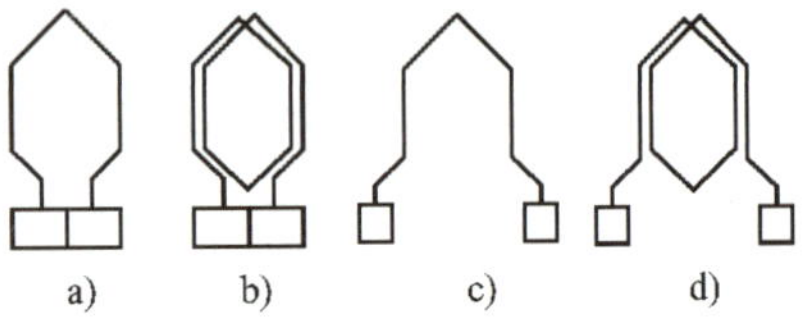

图1-9 直流电机的绕组
a）单匝单叠 b）多匝单叠
c）单匝单波 d）多匝单波

6）第一节距：一个元件的两个有效边在电枢表面跨过的距离称为第一节距，第一节距用 y_1 表示。

7）第二节距：连至同一换向片上的两个元件中第一个元件的下层边与第二个元件的上层边间的距离。第二节距用 y_2 表示。

8）合成节距：连至同一换向片上两个元件对应边之间的距离，即第一个元件的上层边与第二个元件的上层边间的距离，或第一个元件的下层边与第二个元件的下层边间的距离。合成节距用 y 表示。合成节距 y、第一节距 y_1 和第二节距 y_2 的关系如下。

单叠绕组： $y=y_1-y_2$

单波绕组： $y=y_1+y_2$

9）换向节距：同一元件首、末端连接的换向片之间的距离。换向节距用 y_K 表示。

单叠绕组和单波绕组的节距如图1-10所示。

1.2.1 单叠绕组

单叠绕组的特点是相邻元件相互叠压，合成节距与换向节距均为1，即 $y=y_K=1$。

1. 单叠绕组的节距计算

第一节距 y_1 的计算公式如下：

$$y_1=\frac{Z}{2p}\pm\varepsilon \tag{1-4}$$

式中，Z 为电机电枢槽数；ε 为使 y_1 为整数而加的一个小数。

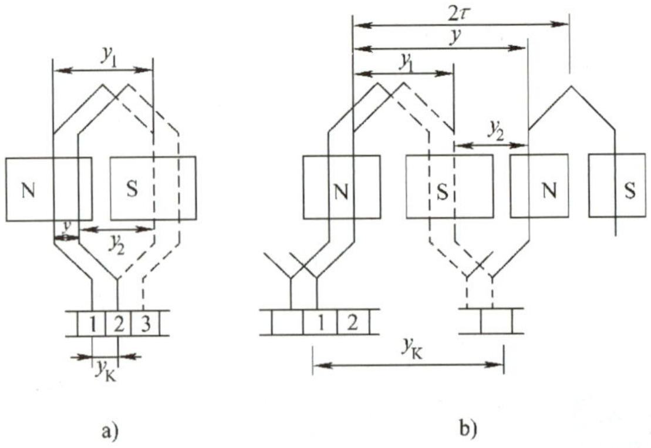

图1-10 单叠绕组和单波绕组的节距
a）单叠绕组 b）单波绕组

当 ε 前面为负号时，线圈为短距线圈；当 ε 前面为正号时，线圈为长距线圈。长短距线圈的有效边是一样的，但由于长距线圈连接部分比短距线圈要长，使用铜导线较多，因此通常使用短距线圈。

单叠绕组的合成节距和换向节距相同，即 $y=y_K=\pm1$，一般取 $y=y_K=+1$，此时的单叠绕组称为右行绕组，元件的连接顺序为从左向右进行。

单叠绕组的第二节距 y_2 由第一节距和合成节距之差计算得到，第二节距 y_2 的计算公式如下：

$$y_2=y_1-y \tag{1-5}$$

2. 单叠绕组展开图

展开图是把放在铁心槽里、构成绕组的所有元件均取出来，画在同一张图里，其作用是展示元件相互间的电气连接关系。除元件外，展开图中还包括主磁极、换向片及电刷以表示元件间、电刷与主磁极间的相对位置关系。在画展开图前应根据所给定的电机极对数 p、槽数 Z、元件数 S 和换向片数 K，算出各节距值，然后根据计算值画出单叠绕组展开图，如图 1-11 所示。从展开图可以看出，电刷数等于主磁极数，在展开图中电刷放置在换向器表面主磁极轴线的下方，将主磁极之间几何中性线（两主磁极之间的中心线）处的元件短接。

【例 1-1】 已知一台直流发电机，$2p=4$，$S=K=Z=16$，画出其右行单叠绕组展开图。

1）计算数据。

$$\tau=\frac{Z}{2p}=\frac{16}{4}=4$$

$$y_1=\frac{Z}{2p}\pm\varepsilon=\frac{16}{4}=4$$

$$y=y_K=+1$$

$$y_2=y_1-y=4-1=3$$

2）画元件。用实线代表上层线圈边，虚线代表下层线圈边，且从 1～16 给上层线圈边编号。该上层边的号也是该线圈的号及槽号。

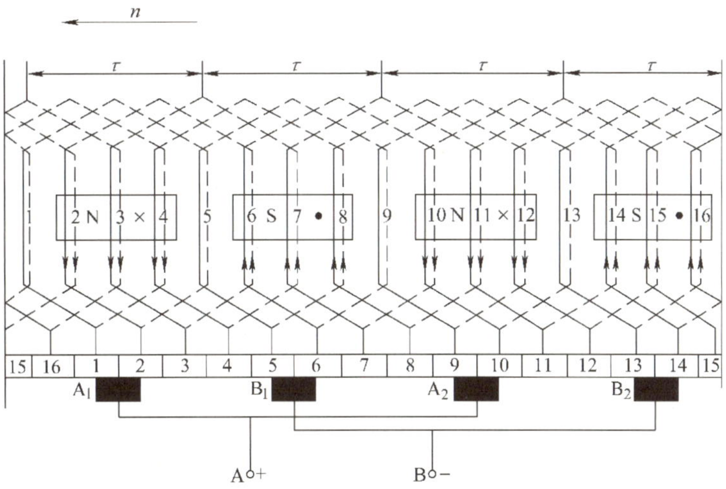

图 1-11　单叠绕组展开图

τ——极距

3）放置主磁极。主磁极应 N、S 交替放置，均匀分布在各槽的上方，因此 N 极的磁力线指向纸内（进去⊗），S 极的磁力线出来（⊙），每个磁极的宽度约为 0.7τ。

4）放置换向片。画 16 个与相邻元件等距的小方块代表换向片，并标上号码。换向片的编号与所接线圈的编号相同。

5）根据计算数据连接线圈构成绕组。第一换向片连接第一元件上层边，根据 $y_1=4$ 连到第一元件的下层边（本例中编号为5的虚线），然后根据换向节距 $y_K=1$ 回到第二换向片，根据合成节距 $y=1$，第二元件的上层边连接到第二换向片，其下层边连接第三换向片，依次类推，便构成图1-11所示的展开图。从图中可知单叠绕组元件的连接顺序如图1-12所示，从第一个元件的上层边开始，绕电枢一周后，把所有线圈串联起来，构成一个闭合回路。

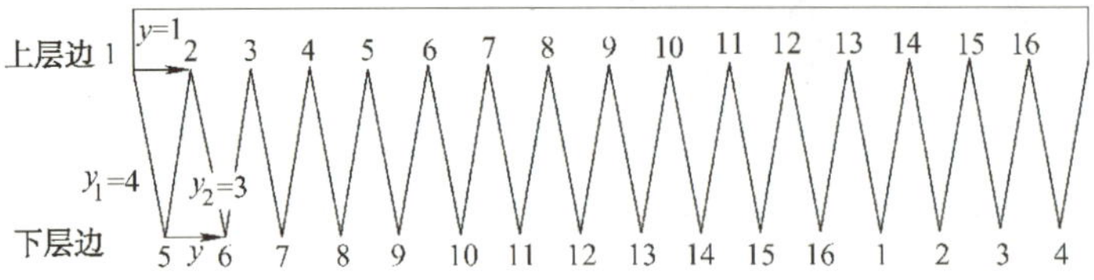

图1-12 单叠绕组元件连接顺序

6）放置电刷。在展开图中，把电刷放置在换向器表面、主磁极的轴线处，直流电机的电刷与换向片的大小相同，电刷数等于主磁极数，这样被电刷短接元件的感应电动势为零，同时正负电刷间的电动势也最大。在实际生产过程中，直流电机电刷的实际位置是电机制造好后通过实验的方法确定的。

7）假定电枢旋转方向，通过右手定则画出元件有效边中电动势的方向，相同极性下的导体中的电动势方向相同。根据电动势方向判断电刷正负极性，并把同极性电刷并联引出，作为电源输出端。

3. 单叠绕组的并联支路图

从图1-11所示的单叠绕组展开图可知，在整个绕组构成的闭合回路中，有几个元件（1、5、9、13）被电刷短接，因此便得到图1-13所示的单叠绕组并联支路图。从图1-13中可知，同一磁极下相邻线圈（如N极下的2、3、4三个线圈）依次串联，构成一条支路，也就是说，每一个磁极都有一条对应支路。所以单叠绕组并联支路对数 a 等于主磁极对数 p，即 $a=p$。

值得注意的是，在展开图中，电刷在换向器表面上的位置是对准主磁极中心线的，而被电刷短接的线圈的两有效边正好处于几何中性线上（几何中性线是指两个主磁极之间的极间中心线）。“电刷放在几何中性线上”是指被电刷短接元件的两有效边位于几何中性线上，而不是电刷放在几何中性线上。因此在原理图中我们常将电刷画在几何中性线处。

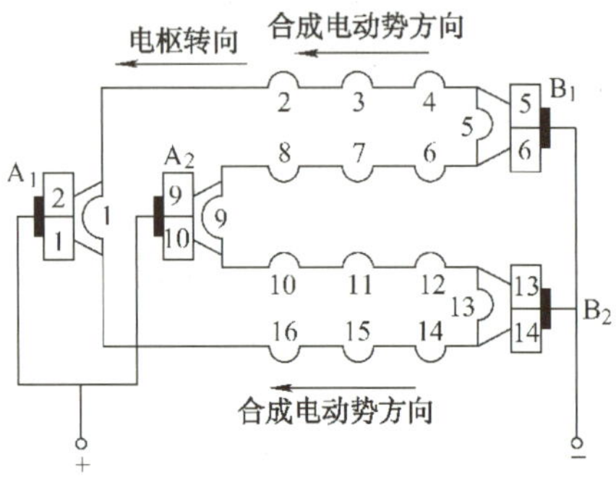

图1-13 单叠绕组并联支路图

综上所述，单叠绕组有以下特点。

1）同一主磁极下的元件串联在一起组成一个支路，这样有几个主磁极就有几条支路。

2）电刷数等于主磁极数，电刷位置应使支路感应电动势最大。

3）电刷间电动势等于并联支路电动势，即等于每条并联支路中每根导体电动势之和。

4）电枢电流等于各并联支路电流之和。

1.2.2 单波绕组

单波绕组是直流电机电枢绕组的另一种最基本形式。由于线圈连接成波浪形，所以称作波绕组。单波绕组线圈的第一节距和上述单叠绕组相同，但其端接部分的形状和连接规律与单叠绕组不同。单波绕组直接相连的两个线圈的对应边不是在同一个主磁极下面，而是分别处于相邻两对主磁极中的同极性的磁极下面，合成节距约等于两个极距，如图 1-10b 所示。这样，两个线圈在磁场中的相对位置基本上是相同的，使得两者产生的感应电动势方向相同，电磁转矩方向也相同。设电机有 p 对极，单波绕组的线圈沿电枢表面绕行一周应串联 p 个线圈，第 $p+1$ 个线圈的位置不能与第 1 个线圈相重合，只能放在第 1 个线圈相邻的电枢槽中，因此，一定满足下列条件：

$$py = Z \pm 1 \tag{1-6}$$

从换向器上看，第 p 个线圈的末端，不能接到与第 1 个线圈的首端相连的第 1 个换向片上，只能连接到与第 1 个换向片相邻的换向片上，显然，也应该满足下列条件：

$$py_K = K \pm 1 \tag{1-7}$$

根据式（1-6）、式（1-7）可得

$$y = y_K = \frac{K \pm 1}{p} = \frac{Z \pm 1}{p} \tag{1-8}$$

式（1-8）应满足 y 或 y_K 为整数的条件。当取正号时，第 p 个线圈的末端将置于第 1 个换向片的右边，称为右行绕组；当取负号时，第 p 个线圈的末端将置于第 1 个换向片的左边，称为左行绕组。左行绕组端接线较短，易于制作，故得到广泛应用。

单波绕组的展开图制作步骤与单叠绕组基本相同。图 1-14 是 $2p=4$，$Z=15$ 的左行单波短距绕组展开图，对应的单波绕组并联支路图如图 1-15 所示。由此可知，单波绕组只有一对并联支路，支路对数与磁极对数 p 无关，即 $a=1$。单波绕组的其他特点和单叠绕组相同。

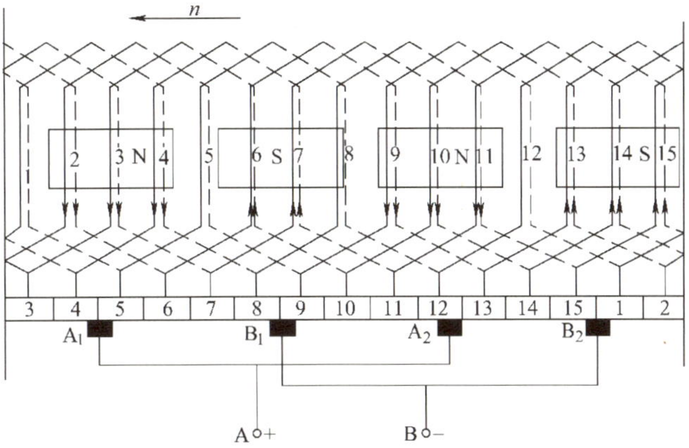

图 1-14　$2p=4$，$Z=15$ 的左行单波短距绕组展开图

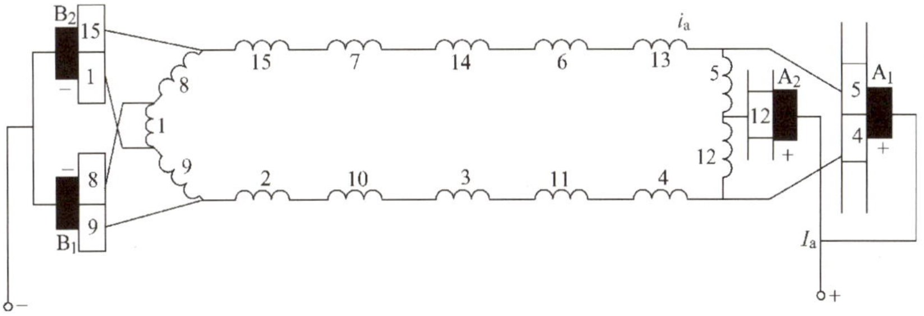

图 1-15　单波绕组并联支路图

【例1-2】 单叠绕组的个别线圈断线或与换向片焊接不良的检修。

若单叠绕组的个别线圈断线或与换向片焊接不良，即出现断路故障，一般采用测量换向片片间电压降的方法来检查。根据单叠绕组的连接规律，两相邻换向片之间有一个线圈，测量换向片片间电压降接线图如图1-16所示。在相邻换向片上接入低压直流电源，用直流毫伏表测量相邻两换向片间的电压降。若电枢线圈无断线故障，电枢线圈、可变电阻 R 形成闭合回路。由于线圈的电阻小，故电源电压大部分降在可变电阻 R 上，此时测得毫伏表指示较小，各换向片间的电压降相同或电压平均值的偏差在±5%范围内，说明电路正常；若线圈出现断路或焊接不良故障，所有电压均降在线圈上，在相连接的换向片上，测得电压降比平均值显著增大。

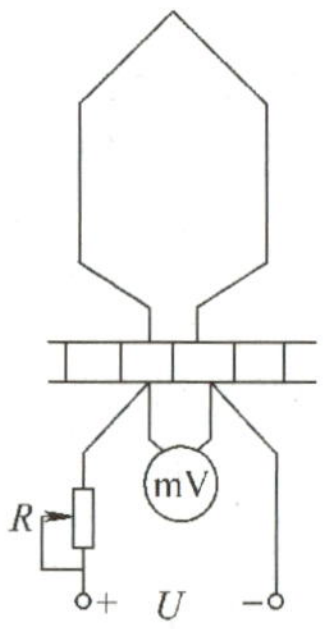

图1-16 测量换向片片间电压降接线图

1.3 直流电机的铭牌数据及励磁方式

每台电机上都有一块铭牌，上面列出的具体数据为额定值。在电机运行时，若所有的物理量均与其额定值相同，则称电机运行于额定状态。若电机的运行电流小于额定电流，称电机为欠载运行；若电机的运行电流大于额定电流，则称电机为过载运行。电机长期欠载运行会使电机的额定功率不能全部发挥作用，造成浪费；长期过载运行会缩短电机的使用寿命，因此长期过载和欠载运行都不好。电机最好运行于额定状态或额定状态附近，此时电机的运行效率、工作性能等均比较好。

电机的铭牌数据主要包括电机的型号、电机的额定功率、额定电压、额定电流、额定转速和额定励磁电流、励磁方式电机出厂编号、出厂日期等。

（1）电机型号

型号表明该电机所属的系列及主要特点。以 Z_2-72 为例说明如下。

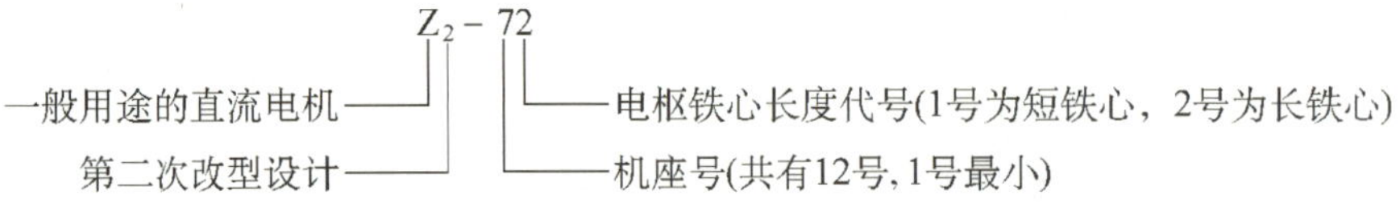

（2）额定值

1）额定功率 P_N：P_N 是指在规定的工作条件下，长期运行时的允许输出功率。对于发电机是指正负电刷间输出的电功率；对于电动机是指轴上输出的机械功率。

2）额定电压 U_N：U_N 对发电机是指在额定电流下输出额定功率时的端电压；对电动机是指在按规定正常工作时，加在电动机两端的直流电源电压。

3）额定电流 I_N：指直流电机正常工作时输出或输入的最大电流值。

对于发电机，三个额定值之间的关系为

$$P_N = U_N I_N \tag{1-9}$$

对于电动机，三个额定值之间的关系为

$$P_N = U_N I_N \eta_N \tag{1-10}$$

4）额定转速 n_N：n_N（单位为 r/min）是指电机在上述各项均为额定值时的运行转速。

5）额定温升：是指电机允许的温升限度，温升高低与电机使用的绝缘材料的绝缘等级有关。

（3）励磁方式

直流电机在进行能量转换时，都以气隙中的磁场作为媒介。除了采用磁钢制成主磁极的永磁式直流电机以外，直流电机都是在励磁绕组中通以励磁电流 I_f 产生磁场的。励磁绕组获得电流的方式称作励磁方式。励磁方式分为他励、并励、串励和复励。

1）他励。励磁绕组的电流由单独的电源供给，如图 1-17a 所示。

2）并励。励磁绕组与电枢绕组并联，如图 1-17b 所示。

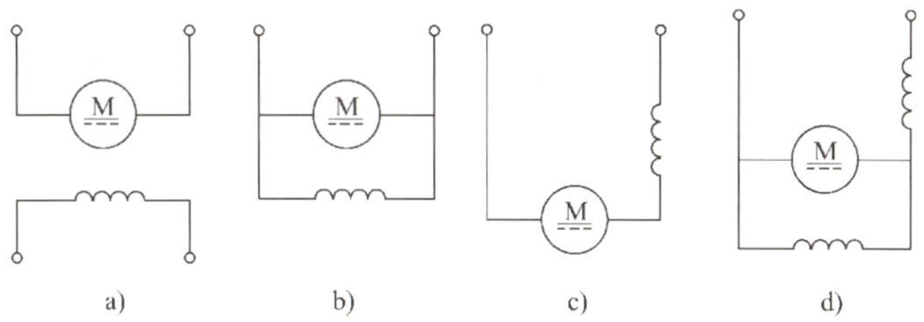

图 1-17　直流电机的励磁方式
a）他励　b）并励　c）串励　d）复励

3）串励。励磁绕组与电枢绕组串联，如图 1-17c 所示。

4）复励。励磁绕组分为两部分，一部分与电枢绕组并联，是主要部分；另一部分与电枢绕组串联，如图 1-17d 所示。

1.4 直流电机的磁场及电枢反应

直流电机在工作过程中有主磁极产生的主磁极磁动势，也有电枢电流产生的电枢磁动势，电枢磁动势对主磁极磁动势的影响称为电枢反应。

直流电机在负载运行时，它的磁场是由电机中各个绕组，包括励磁绕组、电枢绕组、换向磁极绕组、补偿绕组等共同产生的，其中励磁绕组起着主要作用。为此，先研究励磁绕组有励磁电流，其他绕组无电流时的磁场情况，把这种情况称为电机的空载运行，此时的磁场称为空载磁场。

1. 直流电机的磁场和磁路

图 1-18 是一台四极直流电机空载时的磁场示意图。当励磁绕组流过励磁电流 I_f 时，每极的励磁磁动势为

$$F_f = I_f N_f \tag{1-11}$$

式中，N_f 为一个磁极上励磁绕组的串联匝数；F_f 为励磁磁动势（安匝）。

励磁磁动势单独建立的空载磁场分布如图 1-18 所示。其中大部分磁通是由 N 极出来，经气隙进入电枢齿部，再经过电枢铁心到另外的电枢齿，又通过气隙进入 S 极，再经定子铁轭回到原来的 N 极，形成闭合磁路。这部分磁通同时交链励磁绕组和电枢绕组，称为主磁通（Φ_0），主磁通所经过的磁路称为主磁路。主磁通能在电枢绕组中感应电动势或者产生电磁转矩，进行能量的转换。此外还有一小部分磁通，由 N 极出来不进入电枢铁心，直接经过气隙、相邻磁极或定子铁轭形成闭合回路。这部分磁通只交链励磁绕组本身，称为漏磁通（Φ_σ），所经过的磁路称为漏磁路。漏磁通没有起到能量转换的作用，它只是增加主磁极磁路的饱和程度，使电机的损耗加大，效率降低。由于相邻的两个磁极之间的气隙较大，主磁极漏磁通在数量上比主磁通要小得多，大约是主磁通的 20%。

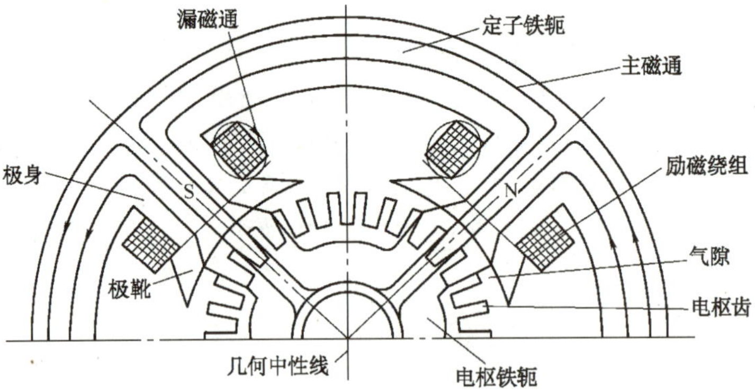

图 1-18 四极直流电机空载磁场示意图

从图 1-18 中可以看出，主磁路可以分为定、转子之间的气隙、电枢齿、电枢铁轭、主磁通和定子铁轭五部分，简单看来主磁路由气隙和铁磁材料两大部分组成。气隙的磁导率是常数，其值远比铁磁材料的磁导率小，所以气隙的磁阻很大。虽然气隙长度在整个闭合磁路中只占很小的一部分，由于气隙磁阻极大，励磁磁动势几乎都消耗在气隙部分，而对应的磁场称为气隙磁场。

直流电机空载时，主磁极的励磁磁动势主要消耗在气隙上，当忽略主磁路中铁磁性材料的磁阻时，主磁极下气隙磁通密度的分布就取决于气隙的大小和形状。气隙磁通密度的分布如图 1-19 所示。磁极中心及附近的气隙较小且均匀不变，磁通密度较大且基本为常数，靠近两边极尖处，气隙逐渐变大，磁通密度减小，超出极尖以外，气隙明显增大，磁通密度显著减小，在磁极之间的几何中性线处，气隙磁通密度为零。因此空载时的气隙磁通密度分布为一平顶波。图 1-20 所示是空载时主磁极磁通分布情况。按照图示励磁电流的方向，应用右手螺旋定则，可以确定主磁极磁通的方向。在电枢表面上磁感应强度为零的地方是物理中性线，可见，电机空载时，物理中性线与几何中性线重合。

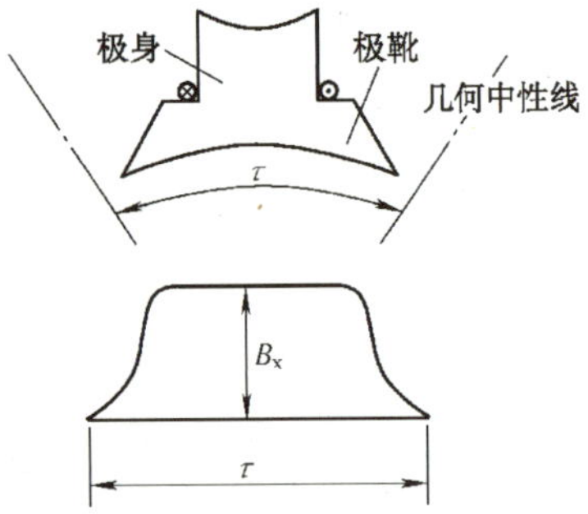

图 1-19 气隙磁通密度的分布

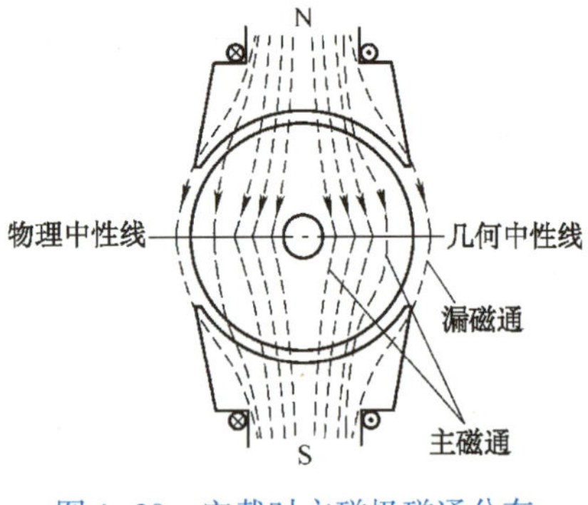

图 1-20 空载时主磁极磁通分布

2. 直流电机的磁化特性曲线

在直流电机中，为了感应电动势或产生电磁转矩，气隙里需要有一定数量的每极磁通 Φ_0。在磁路中，磁通是由磁动势 F_f 产生的。磁动势的大小是由励磁绕组的匝数和励磁电流的大小的乘积所决定，已制好的电机绕组匝数一定，因此，改变励磁电流的大小就可以改变磁通的大小。把空载时每极气隙磁通 Φ_0 与空载励磁磁动势 F_{f0}（或空载励磁电流 I_{f0}）的关系，称为直流电机的空载磁化特性，如图 1-21 所示。当 Φ_0 很小时，磁路的铁磁材料部分没有饱和，磁化特性曲线成线性，随着 Φ_0 的增加达到一定数值以后，由于电机磁路中的铁磁材料开始饱和，磁化特性曲线成非线性，其转折点为膝点（A 点）。在饱和区，磁动势（或励磁电流）增加较快，磁通 Φ_0 却增加很少。

为了经济、合理地利用材料，一般直流电机额定运行时，它的额定磁通 Φ_N 设定在图 1-21 中的 A 点，即在磁化特性曲线开始拐弯将进入饱和区的地方。

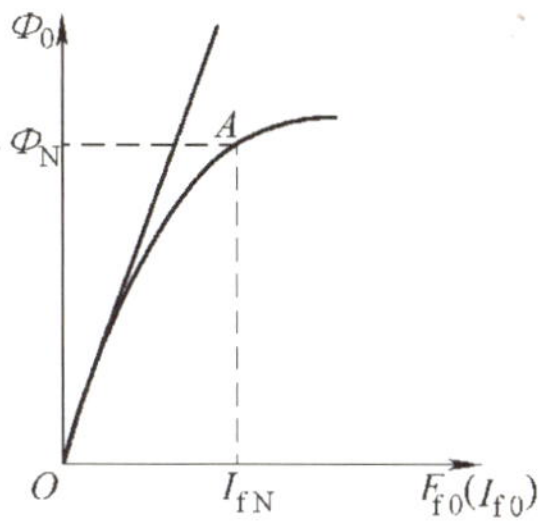

图 1-21　直流电机的空载磁化特性

3. 直流电机的负载磁场和电枢反应

直流电机负载运行时，电枢绕组中便有电流通过，产生电枢磁动势。该磁动势建立的磁场为电枢磁场。电枢磁场与主磁场一起，在气隙内建立一个合成磁场。图 1-22 为电枢的磁场，图 1-23 为考虑电枢反应的气隙合成磁场。

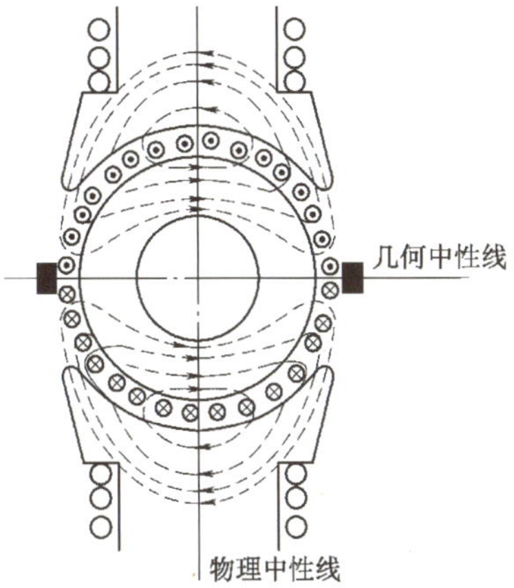

图 1-22　电枢的磁场

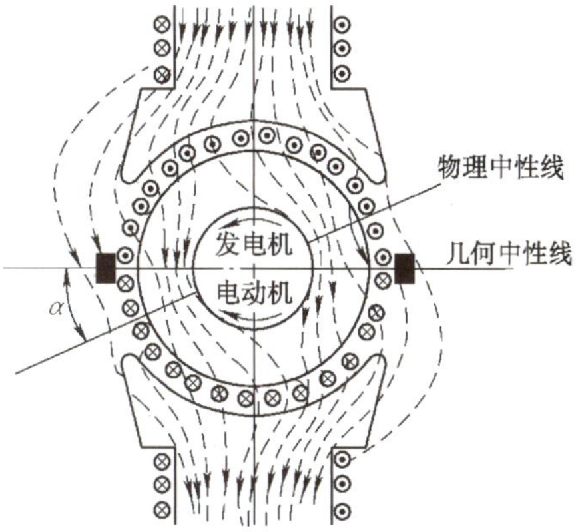

图 1-23　考虑电枢反应的气隙合成磁场

分析电枢磁场时，假设励磁绕组中没有励磁电流，只在电枢绕组中通入电枢电流，电枢磁场方向由电枢电流来确定。由图可以看出，不论电枢如何转动，电枢电流的方向总是以电刷为界限来划分的。在电刷两边，N 极面下的导体和 S 极面下的导体电流方向始终相反，只要电刷固定不动，电枢两边的电流方向不变。应用右手螺旋定则，可以确定电枢磁场的方向。可见，电枢磁场的物理中性线与几何中性线垂直。

合成磁场是把主磁极磁场和电枢磁场合在一起而产生的。比较图 1-20 和图 1-23，可见加负载后出现的电枢磁场对主磁场的分布有明显的影响。这种电枢磁场对主磁场的影响称为电枢反应。

电刷位于几何中性线上时的电枢反应特点如下。

1）电枢反应使气隙磁场发生畸变。故在空载时，物理中性线与几何中性线重合；带负载时，由于电枢反应的影响，气隙磁场发生畸变，每一磁极下，电枢旋转方向要进入的主磁极磁场的一端磁场被削弱，而另一端则被加强。物理中性线与几何中性线不再重合。

2）对主磁场起去磁作用。在磁路不饱和时，主磁极磁场被削弱的数量恰好等于被加强的数量，因此带负载时，每极下的合成磁通量与空载时相同。但是电机一般运行于磁化曲线的膝部，增加的磁通就会小于减少的磁通，因此负载时每极磁通比空载时每极磁通略为减少，这种去磁作用完全是由于磁路饱和引起的，称为附加的去磁作用。但在工程计算时，一般不考虑电枢反应的去磁作用。

1.5 直流电机的换向及改善换向的方法

直流电机电枢绕组中一个元件经过电刷从一个支路转换到另一个支路时，电流方向改变的过程称为换向。

电机每个支路里所含元件的总数是相等的，但是，就某一个元件来说，它有时在这个支路里，有时又在另一个支路里。一个元件从一个支路换到另一个支路时，要经过电刷。当电机带负载后，电枢元件中有电流流过，同一支路里各元件的电流大小与方向都是一样的，相邻支路里电流大小虽然一样，但方向却是相反的。可见，某一元件经过电刷，从一个支路换到另一个支路时，元件里的电流方向必然改变。

元件从开始换向到换向终了所经历的时间，称为换向周期。换向问题很复杂，换向不良会在电刷与换向片之间产生火花，当火花大到一定程度时，有可能损坏电刷和换向器的表面，从而使电机不能正常工作。产生火花的原因是多方面的，除电磁原因外，还有机械原因，此外换向过程中还伴随着有电化学和电热学等现象，所以相当复杂。

改善换向的目的在于消除或削弱电火花。由于电磁原因是产生火花的主要因素，所以下面主要分析如何消除或削弱由此引起的电火花。

1. 选用合适的电刷，增加电刷与换向片之间的接触电阻

电机用电刷的型号规格很多，其中炭-石墨电刷的接触电阻最大，石墨电刷和电化石墨电刷次之，铜-石墨电刷的接触电阻最小。

直流电机如果选用接触电阻大的电刷，有利于换向，但接触压降较大，电能损耗大，发热多，同时由于这种电刷允许电流密度较小，电刷接触面积和换向器尺寸以及电刷的摩擦都将增大。设计制造电机时要综合考虑这两方面的因素，选择恰当的电刷牌号。在电机使用维修中，更换电刷时，必须选用与原来同一牌号的电刷。

2. 装设换向磁极

目前改善直流电机换向最有效的办法是装设换向磁极，换向磁极装设在相邻两主磁极之间的几何中性线上，如图1-24所示。加装换向磁极的目的主要是使换向磁极在换向元件处产生一个磁动势，首先把产生电枢反应的电枢磁动势抵消掉，使得几何中性线处的磁场强度为零，换向元件经过电刷换向时，不切割磁力线，不产生切割电动势；其次是产生一个气隙磁通密度，换向元件切割此磁场产生感应电动势去抵消换向元件中电流变化引起的电抗电动势。

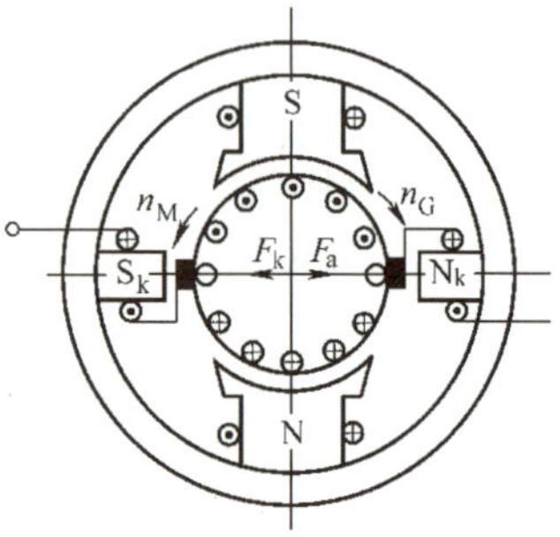

图1-24 加装换向磁极改善换向

为此，换向磁极绕组应与电枢绕组相串联，使换向磁极磁场也随电枢磁场的强弱而变化，换向磁极极性的确定原则是使换向磁极磁场方向与电枢磁场方向相反。1 kW以上的直流电机几乎都要安装换向磁极。

3. 安装补偿绕组

由于电枢反应的影响，把主磁极下气隙磁通密度曲线扭歪了，这样就增大了某几个换向片之间的电压。在负载变化剧烈的大型直流电机内，有可能出现环火现象，即正负电刷间出现电弧。电机出现环火，可以在很短的时间内损坏电机。防止环火出现的办法是在主磁极上安装补偿绕组，从而抵消电枢反应的影响。

补偿绕组与电枢绕组串联，它产生的磁动势恰恰能抵消电枢反应磁动势。这样，当电机带负载后，电枢反应磁动势被抵消，不会再把气隙磁通密度曲线扭歪了，从而可以避免出现环火现象。补偿绕组装在主磁极极靴里，有了补偿绕组，换向磁极的负担减轻了，有利于改善换向。

1.6 直流电机的运行原理

1.6.1 电枢电动势、电磁转矩及电机的功率

当直流电机作为电动机运行时，电磁转矩为拖动转矩，通过电动机轴带动负载，电枢感应电动势为反向电动势，与电枢所加外电压相平衡；当其作为发电机运行时，电磁转矩为阻转矩，电枢感应电动势为正向电动势，向外输出电压，供给直流负载。

1. 直流电机的电枢电动势

直流电机中，感应电动势是由于电枢元件切割磁力线产生的。而电枢电动势是指直流电机正、负电刷之间的感应电动势，也就是每个并联支路的感应电动势。电枢电动势可用下式表示：

$$E_a = C_e \Phi n \tag{1-12}$$

式中，C_e 为电动势常数，仅与电机的结构有关，$C_e = \frac{pN}{60a}$（p 为主磁极对数；a 为并联支路对数；N 为电枢导体总数）；Φ 为每极气隙磁通（Wb）；n 为转速（r/min）；E_a 为感应电动势（V）。

式（1-12）表明直流电机的感应电动势与电机结构、每极气隙磁通和电机转速有关。当电机制好以后，与电机结构有关的常数 C_e 不再变化，因此电枢电动势仅与气隙磁通和转速有关。改变转速和磁通均可改变电枢电动势的大小。

2. 直流电动机的电磁转矩

根据电磁力定律，电枢绕组中有电枢电流时，在磁场内将受到电磁力的作用，该力乘以电机电枢铁心的半径即为电磁转矩。电磁转矩可用下式表示：

$$T_{em} = C_T \Phi I_a \tag{1-13}$$

式中，C_T 为转矩常数，仅与电机的结构有关，$C_T = \frac{pN}{2\pi a} = 9.55C_e$；$I_a$ 为电枢电流（A）；Φ 为每极气隙磁通（Wb），T_{em} 为电磁转矩（N·m）。

从式（1-13）可见，制造好的直流电机其电磁转矩仅与电枢电流和每极气隙磁通成正比。

3. 电机的功率

电机是进行能量转换的装置，因而功率关系是电机运行中最基本的关系。电机在运行中，存在着输入功率、输出功率和各种损耗，它们之间应满足能量守恒定律。

在进行能量转换的过程中，电机内部产生各种损耗，其能量转换为热能使电机发热。

（1）电机的损耗

1）铜损 P_{Cu}。铜损包括电枢绕组、励磁绕组、换向磁极绕组、补偿绕组的铜损和电刷与换向器接触电阻产生的损耗。铜损的大小与电流、绕组电阻及电刷的接触电阻有关。铜损将引起绕组及换向器发热。铜损与电流的二次方成正比，随着电机的负载变化，称为可变损耗。

2）机械损耗 P_{mec}。机械损耗是指电机旋转时，转动部分与静止部分以及周围空气摩擦所引起的损耗，主要有轴承摩擦损耗、电刷摩擦损耗和电枢与周围空气的摩擦损耗等，其大小和电机转速有关。机械损耗将引起轴承和换向器发热。

3）铁损 P_{Fe}。交变磁通在铁心中产生的磁滞和涡流损耗称为铁损。电枢铁心在静止的磁场中旋转，通过铁心中的磁通为交变磁通，产生铁损；电枢旋转时，电枢槽口引起主磁极表面磁通脉动，在极靴表面产生铁损。铁损大小与电机的转速、磁密及铁心冲片的厚度、材料有关。铁损将引起铁心发热。

机械损耗和铁损与负载（电枢电流）的大小无关。P_{mec}和 P_{Fe}在电机空载时就存在，这两项之和称为空载损耗 P_0。空载损耗 P_0 与电机的负载无关，也称为不变损耗。

$$P_0=P_{Fe}+P_{mec} \tag{1-14}$$

4）附加损耗 P_{ad}。除了上述各种损耗之外，电机还存在着附加损耗。附加损耗很难精确计算，一般估计为电机输出功率的（0.5~1）%，即 $P_{ad}=(0.5\sim1)\%P_2$。

为计算方便，常把附加损耗和空载损耗归为一类。

电机的总损耗为

$$\Sigma P=P_{Cu}+P_{Fe}+P_{mec}+P_{ad}=P_{Cu}+P_0 \tag{1-15}$$

（2）电磁功率

在电机中，把通过电磁作用传递的功率称为电磁功率，用 P_{em}表示。

对发电机而言，输入机械功率 $P_1=T_1\Omega$。其中，T_1 为输入的机械转矩，Ω 为机械角速度，$\Omega=\dfrac{2\pi n}{60}$；此功率不能全部转换为电功率，必须克服电机的空载损耗 P_0 后才能进行电磁转换，即

$$P_{em}=P_1-P_0 \tag{1-16}$$

转换而来的电功率不能全部输出，必须扣除电机的铜损 P_{Cu}后才能供给负载，输出给负载的功率 $P_2=UI$，即

$$P_2=P_{em}-P_{Cu}=UI \tag{1-17}$$

对电动机而言，输入电功率为 $P_1=UI$，此功率不能全部转换为机械功率，必须扣除电机本身的铜损 P_{Cu}后才能进行电磁转换，即

$$P_{em}=P_1-P_{Cu} \tag{1-18}$$

转换而来的机械功率不能全部输出，必须扣除电机的空载损耗 P_0 后才能输出，其轴上的输出功率 $P_2=T_2\Omega$，即

$$P_2=P_{em}-P_0=T_2\Omega \tag{1-19}$$

电磁功率既可看成是机械功率，又可看成是电功率。从机械功率的角度看 P_{em}，它是电磁转矩 T_{em}和机械角速度 Ω 的积，即

$$P_{em}=T_{em}\Omega \tag{1-20}$$

从电功率角度看 P_{em}，它是电枢电动势 E_a 和电枢电流 I_a 的积，即

$$P_{em}=E_aI_a \tag{1-21}$$

根据能量守恒定律，两者相等，即

$$P_{em}=T_{em}\Omega=E_aI_a \tag{1-22}$$

因此无论是发电机还是电动机，电磁功率均指电机能够利用电磁感应原理进行能量转换的这部分功率，可以表示为机械功率的形式，也可以表示为电功率的形式。

1.6.2 直流电机的基本方程式

下面以直流发电机、电动机惯例规定的参考方向，列出电机的基本方程式，见表 1-1。

表 1-1　直流发电机和电动机的基本方程式

直流发电机	直流电动机
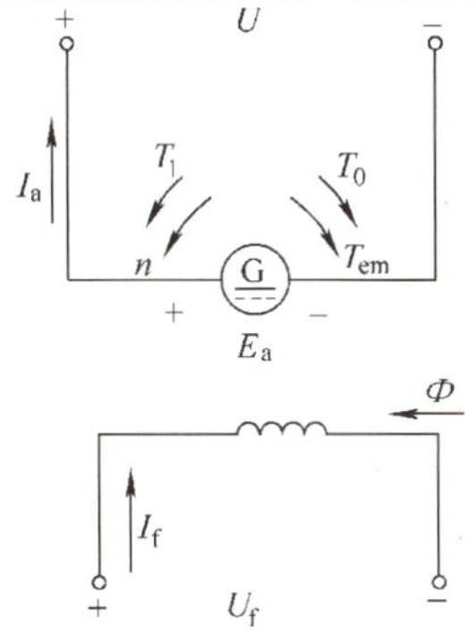 发电机惯例	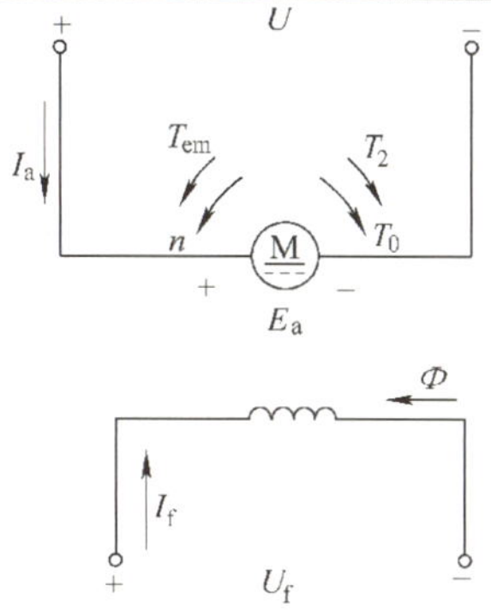 电动机惯例
电枢电动势的公式和电压平衡方程式	
$E_a=C_e\Phi n$；$E_a=U+R_aI_a$ R_a 为电枢回路的总电阻；$E_a>U$ 是发电机的工作状态	$E_a=C_e\Phi n$；$E_a=U-R_aI_a$ $E_a<U$ 是电动机的工作状态
电磁转矩和转矩平衡方程	
$T_{em}=C_T\Phi I_a$；$T_1=T_{em}+T_0$	$T_{em}=C_T\Phi I_a$；$T_{em}=T_2+T_0$
励磁特性公式	
$I_f=\dfrac{U_f}{R_f}$，R_f 为励磁回路的总电阻，U_f 为励磁绕组的励磁电压；每极气隙磁通 $\Phi=f(I_f,\ I_a)$；Φ 的值由磁化特性曲线决定	
功率平衡方程式	
$T_1\Omega=T_{em}\Omega+T_0\Omega$ $T_1\Omega=P_1$，为原动机输入给发电机的机械功率 $T_{em}\Omega=P_{em}$，为电磁功率；$T_0\Omega=P_0$，为空载损耗 $P_1=P_{em}+P_0$；$P_0=P_{mec}+P_{Fe}+P_{ad}$ $P_{em}=T_{em}\Omega=E_aI_a=(U+R_aI_a)I_a=UI_a+R_aI_a^2=P_2+P_{Cua}$ $P_1=P_{em}+P_0=P_2+P_{Cua}+P_{mec}+P_{Fe}+P_{ad}=P_2+\Sigma P$	$T_{em}\Omega=T_2\Omega+T_0\Omega$ $P_{em}=P_2+P_0$ $P_1=P_{em}+P_{Cua}=P_2+P_{Cua}+P_{mec}+P_{Fe}+P_{ad}=P_2+\Sigma P$ P_1 为电源输入的电功率
效率	
$\eta=\dfrac{P_2}{P_1}\times100\%=\dfrac{P_2}{P_2+\Sigma P}\times100\%$	

注：在自励电机中，总损耗中还应包括励磁绕组中的励磁损耗，用 P_{Cuf} 表示，$P_{Cuf}=R_fI_f^2$。

1.6.3　直流电动机的工作特性

直流电动机的工作特性是指供给电动机额定电压 U_N 和额定励磁电流 I_{fN} 时，转速与负载电流之间的关系、转矩与负载电流之间的关系及效率与负载电流之间的关系，这三个关系分别称为电动机的转速特性、转矩特性和效率特性。

1. 他励（并励）直流电动机的工作特性

他励直流电动机的工作特性与并励直流电动机的工作特性基本相同。

1）转速特性。他励直流电动机的转速特性可表示为 $n=f(I_a)$，当 $U=U_N$ 时，将公式 $E_a=C_e\Phi n$ 代入公式 $E_a=U-R_aI_a$，整理可得转速特性的表达式：

$$n=\frac{U_N}{C_e\Phi_N}-\frac{R_a}{C_e\Phi_N}I_a \tag{1-23}$$

若忽略电枢反应的去磁效应，则转速与负载电流按线性关系变化，当负载电流增加时，转速有所下降。他励直流电动机的工作特性如图 1-25 所示。

2）转矩特性。当 $U=U_N$，$I_f=I_{fN}$时，$T_{em}=f(I_a)$的关系称为转矩特性。根据直流电机电磁转矩公式可得电动机转矩特性，表达如下：

$$T_{em}=C_T\Phi_N I_a \tag{1-24}$$

由式（1-24）可见，在忽略电枢反应的情况下，电磁转矩与电枢电流成正比，若考虑电枢反应使主磁通略有下降，电磁转矩上升的速度比电流上升的速度要慢一些，曲线的斜率略有下降。

3）效率特性。当 $U=U_N$，$I_f=I_{fN}$时，$\eta=f(I_a)$的关系称为效率特性。

$$\eta=\frac{P_2}{P_1}\times100\%=\frac{P_1-\Sigma P}{P_1}\times100\%=1-\frac{P_0+R_aI_a^2}{U_NI_a}\times100\% \tag{1-25}$$

从前面叙述可知，空载损耗 P_0 是不随负载电流变化的，当负载电流较小时效率较低，输入的功率大部分消耗在空载损耗上；当负载电流增大时效率也增大，输入的功率大部分消耗在机械负载上；但当负载电流大到一定程度时铜损快速增大，此时效率又开始降低，如图 1-25所示。

2. 串励电动机的工作特性

串励电动机的励磁绕组与电枢绕组相串联，电枢电流即为励磁电流。串励电动机的工作特性与他励电动机有很大的区别。当负载电流较小时，磁路不饱和，主磁通与励磁电流（负载电流）按线性关系变化，而当负载电流较大时，磁路趋于饱和，主磁通基本不随电枢电流变化。因此讨论串励电动机的转速特性、转矩特性和机械特性必须分段讨论。

1）当负载电流较小时，电机的磁路没有饱和，每极气隙磁通 Φ 与励磁电流 $I_f(I_f=I_a)$成线性变化关系，即

$$\Phi=K_fI_f=K_fI_a \tag{1-26}$$

式中，K_f 为比例系数。根据式（1-26），串励电动机的转速特性可写为

$$n=\frac{U}{C_e\Phi}-\frac{R}{C_e\Phi}I_a=\frac{U}{C_eK_fI_a}-\frac{R}{C_eK_f} \tag{1-27}$$

式中，R 为串励电动机电枢回路总电阻，$R=R_a+R_f$。

由式（1-27）可知，当负载电流较小时，转速较大，负载电流增加，转速快速下降，当负载电流趋于零时，电机转速趋于无穷大。因此串励电动机不可以空载或在轻载下运行。

串励电动机的转矩特性可写为

$$T_{em}=C_T\Phi I_a=K_fC_TI_a^2 \tag{1-28}$$

由式（1-28）可知，电磁转矩与负载电流的二次方成正比。

2）当负载电流较大时，磁路已经饱和，磁通基本不随负载电流变化，串励电动机的工作特性与他励电动机相同。串励直流电动机的工作特性曲线如图 1-26 所示。

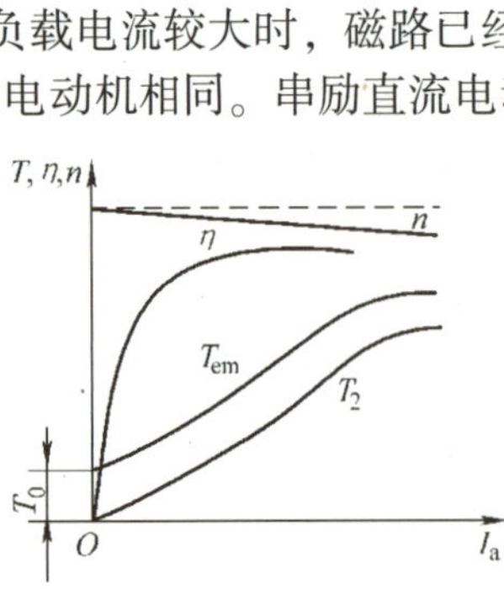

图 1-25 他励（并励）电动机的工作特性

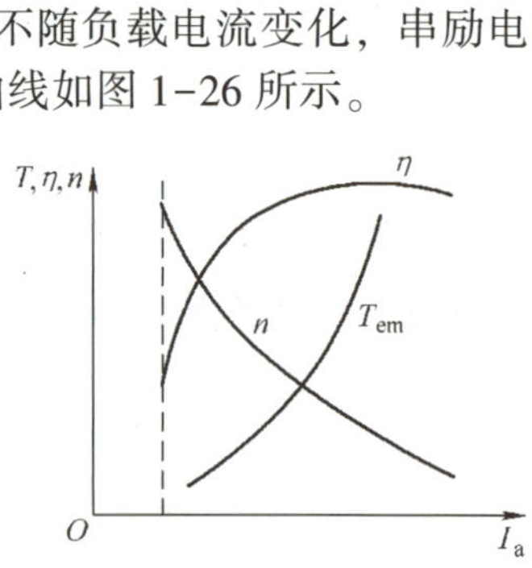

图 1-26 串励直流电动机的工作特性曲线

1.7 电力拖动系统

1.7.1 电力拖动系统的三种工作状态

电力拖动系统的运动方程式描述了系统的运动状态，系统的运动状态取决于作用在原动机转轴上的各种转矩。下面分析电动机直接与生产机械的工作机构相接时，拖动系统的各种转矩及运动方程式。在图 1-27 中，电动机的电磁转矩 T_{em} 通常与转速 n 同方向，是驱动性质的转矩。负载转矩 T_L 通常是制动性质的。

同时规定：①电动机处于电动工作状态时的旋转方向为转速 n 的正方向；②电磁转矩 T_{em} 与转速 n 的正方向相同时为正，相反时为负；③负载转矩 T_L 与转速 n 的正方向相反时为正，相同时为负。

如果忽略电动机的空载转矩 T_0，从图 1-27 可以看出电力拖动系统的三种工作状态。

当 $T_{em}=T_L$ 时，系统处于静止或匀速运行状态，即稳态。

当 $T_{em}>T_L$ 时，系统处于加速运行状态，即瞬态。

当 $T_{em}<T_L$ 时，系统处于减速运行状态，也是瞬态。

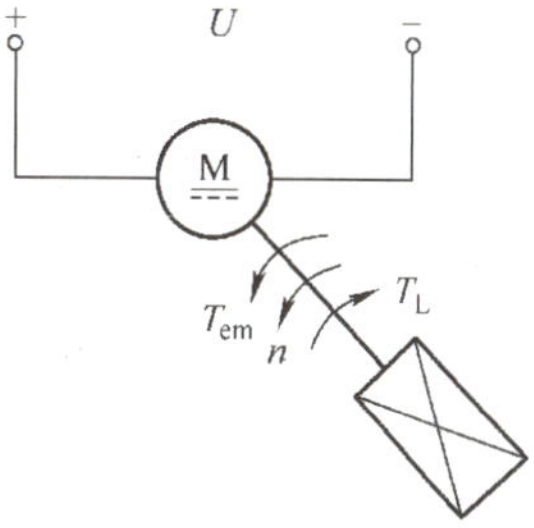

图 1-27　电力拖动系统示意图

1.7.2 负载特性

要了解拖动系统的运动规律，就必须了解电动机的机械特性 $n=f(T_{em})$ 及负载特性 $n=f(T_L)$，然后再根据两者之间的关系决定电力拖动系统的工作状态。下面将介绍生产机械的负载特性。

虽然生产机械的类型很多，但是生产机械的负载转矩特性基本上可以分为三大类。

1. 恒转矩负载特性

恒转矩负载特性是指生产机械的负载转矩的大小与转速 n 无关。恒转矩负载又分为反抗性恒转矩负载和位能性恒转矩负载两种。

1）反抗性恒转矩负载。负载转矩的大小恒定不变，而负载转矩的方向总是与转速的方向相反，即负载转矩的性质总是起阻碍运动作用的阻转矩性质。显然，反抗性恒转矩负载特性在第一象限和第三象限内，如图 1-28a 所示。如带式运输机、轧钢机、机床的刀架平移和行走机构等由摩擦力产生转矩的机械都属于反抗性恒转矩负载。

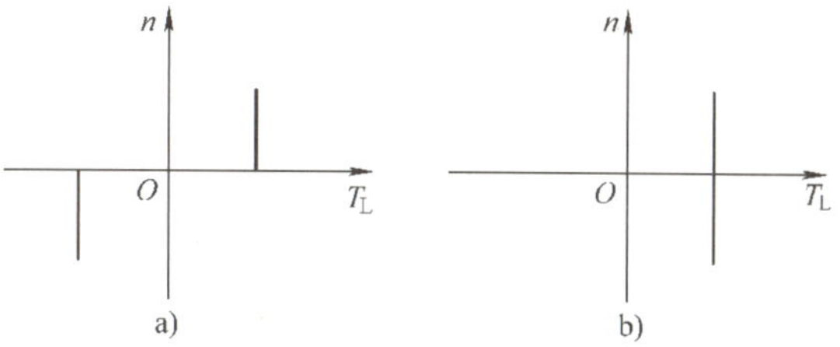

图 1-28　恒转矩负载特性
a）反抗性恒转矩负载特性　b）位能性恒转矩负载特性

2）位能性恒转矩负载。负载转矩的大小恒定不变，而且负载转矩的方向也不变。如起重机，无论是提升重物还是下放重物，由物体重力所产生的负载转矩的方向都是不变的。位能性恒转矩负载特性位于第一象限与第四象限内，如图 1-28b 所示。

2. 恒功率负载特性

恒功率负载的特点是负载转矩与转速的乘积为一常数，即负载功率 $P_L=T_L\Omega=$常数，即负载转矩 T_L 与转速 n 成反比。恒功率负载特性是一条双曲线，如图 1-29 所示。

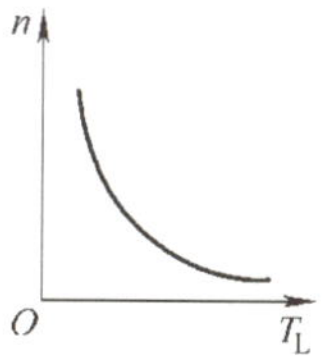

图 1-29　恒功率负载特性

例如车床的切削，粗加工时需要较大的吃刀量和较低的转速，精加工时需要较小的吃刀量和较高的转速；又如轧钢机轧制钢板时，小工件需要高速度低转矩，大工件需要低速度高转矩，这些工艺要求都是恒功率负载特性。

3. 泵与风机类负载特性

水泵、油泵、通风机和风扇等机械的负载转矩基本上与转速的二次方成正比。这类机械的负载特性是一条抛物线，如图 1-30 所示。实际生产机械的负载转矩特性可能是以某种典型的负载特性为主，或是几种典型特性的结合。例如实际的风机除了主要是风机的负载特性以外，由于其轴承上有摩擦转矩 T_{L0}，因而实际风机的负载特性应为 $T_L=T_{L0}+kn^2$，如图 1-30 中的曲线 2 所示。

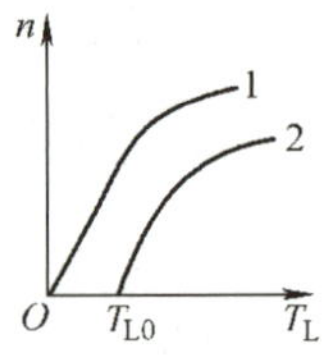

图 1-30 泵与风机类负载特性
曲线 1 为理想的风机特性；
曲线 2 为实际的风机特性

1.7.3 他励直流电动机的机械特性

1. 机械特性的表达式

直流电动机的机械特性是指在电动机的电枢电压、励磁电流、电枢回路电阻为恒定值的条件下，即电动机处于稳态运行时，电动机的转速 n 与电磁转矩 T_{em} 之间的关系。电动机的机械特性对分析电力拖动系统的运行是非常重要的。

图 1-31 是他励直流电动机的电路原理，按图中标明的各个量的正方向，可以列出电枢回路的电压平衡方程式。

$$U=E_a+RI_a \tag{1-29}$$

式中，$R=R_a+R_s$，为电枢回路总电阻。将电枢电动势 $E_a=C_e\Phi n$ 和电磁转矩 $T_{em}=C_T\Phi I_a$ 代入式（1-29）中，可得他励直流电动机的机械特性方程式：

$$n=\frac{U}{C_e\Phi}-\frac{R}{C_eC_T\Phi^2}T_{em}=n_0-\beta T_{em}=n_0-\Delta n \tag{1-30}$$

式中，n_0 为理想空载转速；β 为机械特性的斜率；Δn 为转速降。

若励磁磁通 Φ 保持不变，机械特性也可以用转速特性 $n=\dfrac{U}{C_e\Phi}-\dfrac{R}{C_e\Phi}I_a$ 表示。

由式（1-30）可知，当 U、Φ、R 为常数时，他励直流电动机的机械特性是一条以 β 为斜率向下倾斜的直线，如图 1-32 所示。

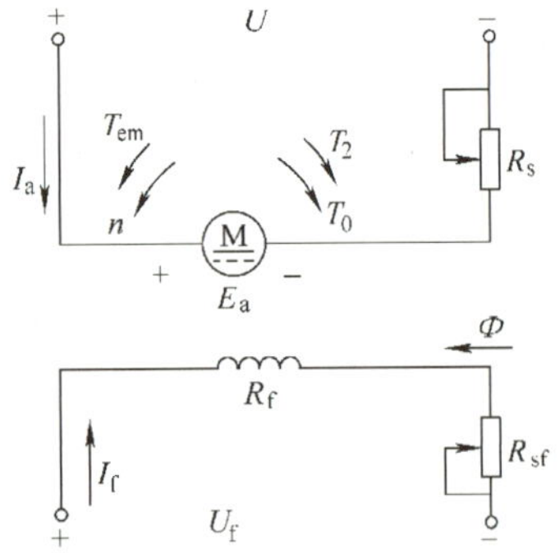

图 1-31 他励直流电动机的电路原理

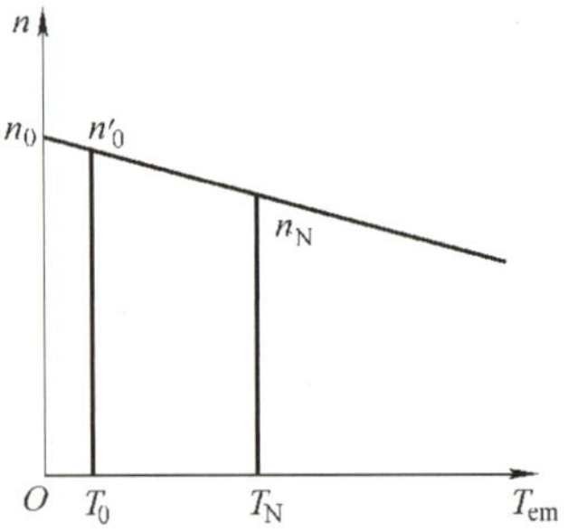

图 1-32 他励直流电动机的机械特性

必须指出，电动机的实际空载转速 n'_0 比理想空载转速 n_0 略低。这是因为电动机由于摩擦等原因存在一定的空载转矩。在空载运行时，电磁转矩不可能为零，它必须克服空载转矩，即 $T_{em}=T_0$。转速降 Δn 是理想空载转速与实际转速之差，转矩一定时，它与机械特性的斜率 β 成正比，β 越大，特性越倾斜，Δn 越大；β 越小，特性越平，Δn 越小。通常 β 大的机械特性称为软特性，而 β 小的特性称为硬特性。

2. 固有机械特性和人为机械特性

在实际应用中，式（1-30）中的电枢回路电阻 R、端电压 U 和励磁磁通 Φ 都是可以根据实际需要进行调节的，每调节一个参数可以对应得到一条机械特性，所以可以得到多条机械特性。其中，电动机自身所固有的机械特性是在电枢电压、励磁磁通为额定值，且电枢回路不外串电阻时的机械特性，这条机械特性称为电动机的固有机械特性。把调节 U、R、Φ 等参数后得到的机械特性称为人为机械特性。

（1）固有机械特性

当 $U=U_N$，$\Phi=\Phi_N$，$R=R_a$ 时的机械特性称为固有机械特性，其方程式为

$$n=\frac{U_N}{C_e\Phi_N}-\frac{R_a}{C_eC_T\Phi_N^2}T_{em} \tag{1-31}$$

因为电枢电阻 R_a 很小，固有机械特性的斜率 β 很小，所以他励直流电动机的固有机械特性是硬特性，如图 1-33 中 R_a 对应直线所示。

（2）人为机械特性

1）电枢回路串电阻时的人为机械特性。保持 $U=U_N$，$\Phi=\Phi_N$ 不变，只在电枢回路中串入电阻 R_s 时的人为特性为

$$n=\frac{U_N}{C_e\Phi_N}-\frac{R_a+R_s}{C_eC_T\Phi_N^2}T_{em} \tag{1-32}$$

与固有特性相比，电枢串入电阻的人为机械特性的理想空载转速 n_0 不变，但斜率 β 随串联电阻 R_s 的增大而增大，所以特性变软。改变 R_s 的大小，可以得到一组通过理想空载点 n_0 并具有不同斜率的人为机械特性，如图 1-33 所示。

2）降低电枢电压时的人为机械特性。保持 $\Phi=\Phi_N$，$R=R_a$ 不变，只改变电枢电压 U 时的人为机械特性为

$$n=\frac{U}{C_e\Phi_N}-\frac{R_a}{C_eC_T\Phi_N^2}T_{em} \tag{1-33}$$

由于电动机的工作电压以额定电压为上限，因此改变电压时，只能在低于额定电压的范围内变化。与固有特性比较，降低电压时人为机械特性的斜率 β 不变，但理想空载转速 n_0 随电压的降低而成正比地减小。因此降低电压时的人为机械特性是位于固有特性下方，且与固有特性平行的一组直线，如图 1-34 所示。

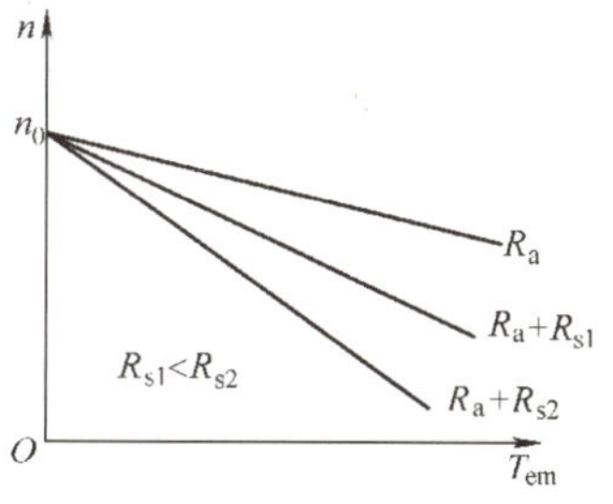

图 1-33　电枢回路串电阻时的人为机械特性

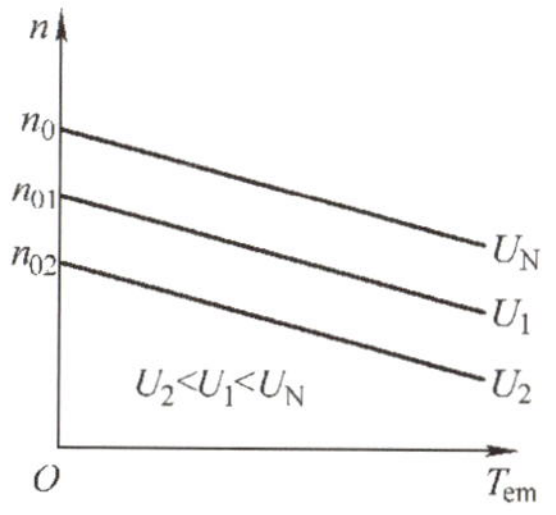

图 1-34　降低电枢电压的人为机械特性

3）减弱励磁磁通时的人为机械特性。由于电动机额定运行时，磁路已经开始饱和，即使再增加励磁电流，磁通也不会有明显增加，何况由于励磁绕组发热条件的限制，励磁电流也不允许再大幅度增加，因此，只能减小励磁电流，减弱磁通。

保持 $R=R_a$、$U=U_N$ 不变，只减弱磁通 Φ 时的人为机械特性为

$$n=\frac{U_N}{C_e\Phi}-\frac{R_a}{C_eC_T\Phi^2}T_{em} \tag{1-34}$$

对应的转速特性为

$$n=\frac{U_N}{C_e\Phi}-\frac{R_a}{C_e\Phi}I_a \tag{1-35}$$

在电枢串电阻和降低电压的人为机械特性中，因为 $\Phi=\Phi_N$ 不变，T_{em}正比于 I_a，所以它们的机械特性曲线 $n=f(T_{em})$ 也代表了转速特性 $n=f(I_a)$ 曲线。但是在讨论弱磁的人为机械特性时，因为磁通 Φ 是个变量，所以 $n=f(T_{em})$（见图 1-35a）与 $n=f(I_a)$（见图 1-35b）两条曲线是不同的。

由图 1-35 可知，当 $n=0$ 时，堵转电流，$I_K=\dfrac{U}{R_a}$ = 常数，对应的转矩为堵转转矩 $T_K=C_T\Phi I_K$，而 n_0 随 Φ 的减小而增大，磁通 Φ 越小理想空载转速 n_0 越高，特性越软。改变磁通可以调节转速，当负载转矩不太大时，磁通减小使转速升高，只有当负载转矩特别大时，减弱磁通才会使转速下降，但是电动机不允许在这样大的电流下工作。所以在实际的运行条件下认为，磁通越小，稳定的转速越高。

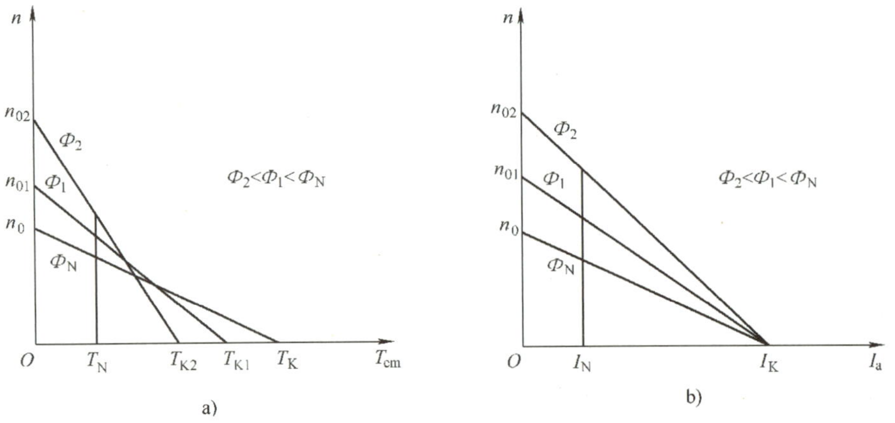

图 1-35 减弱磁通的人为机械特性
a）机械特性 b）转速特性

3. 电力拖动系统稳定运行的条件

设有一电力拖动系统，原来处于某一转速下稳定运行，由于受到外界某种扰动，如负载的突然变化或电网电压的波动等，导致系统的转速发生变化而离开了原来的平衡状态，如果系统能在新的条件下达到新的平衡状态，或者当外界扰动消失后能自动恢复到原来的转速下继续运行，则称该系统是稳定的；如果外界扰动消失后，系统的转速无限制地上升或者一直下降至零，则称该系统是不稳定的。

一个电力拖动系统能否稳定运行是由电动机机械特性和负载特性的配合情况决定的，电力拖动系统稳定运行的充分必要条件如下。

1）必要条件：电动机的机械特性与负载特性必须有交点，即存在 $T_{em}=T_L$。

2）充分条件：在交点处，满足 $\frac{dT_{em}}{dn}<\frac{dT_L}{dn}$。或者说，在交点的转速以上存在 $T_{em}<T_L$，而在交点的转速以下存在 $T_{em}>T_L$。

由于大多数负载转矩都随转速的升高而增大或者保持恒定，因此只要电动机具有下降的机械特性，就能满足稳定运行的条件，如图 1-36 所示。

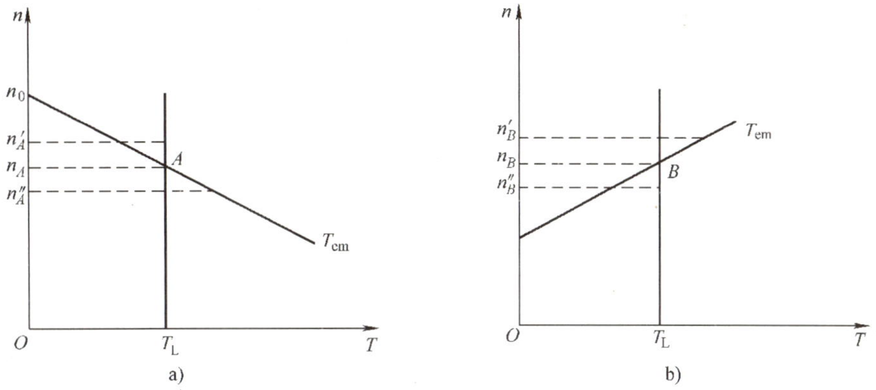

图 1-36　电力拖动系统稳定运行的条件
a）稳定运行　b）不稳定运行

上述电力拖动系统的稳定运行条件，无论对直流电动机还是交流电动机都是适用的。

1.7.4　他励直流电动机的起动、调速与制动

1. 他励直流电机的起动

电动机的起动是指电动机接通电源后，由静止状态加速到稳定运行状态的过程。电动机在起动瞬间（$n=0$）的电磁转矩称为起动转矩 T_{st}，起动瞬间的电枢电流称为起动电流 I_{st}。起动转矩为

$$T_{st}=C_T\Phi I_{st} \tag{1-36}$$

如果他励直流电动机在额定电压下直接起动，由于起动瞬间 $n=0$，$E_a=0$，故起动电流为

$$I_{st}=\frac{U_N}{R_a} \tag{1-37}$$

因为电枢电阻 R_a 很小，所以直接起动电流将达到很大的数值，通常可达到（10~20）I_N。过大的起动电流会引起电网电压下降，影响电网上其他用户；使电动机的换向严重恶化，甚至会烧坏电动机；同时过大的冲击转矩会损坏电枢绕组和传动机构。因此，除了个别容量很小的电动机外，一般直流电动机是不允许直接起动的。

对直流电动机的起动，一般要求：要有足够大的起动转矩；起动电流要限制在一定的范围内；起动设备要简单、可靠。

为了限制起动电流，他励直流电动机通常采用电枢回路串电阻起动或降低电枢电压起动（降压）。无论采用哪种起动方法，起动时都应保证电动机的磁通达到最大值。这是因为 $T_{st}=C_T\Phi I_{st}$，所以在同样的电流下，Φ 大则 T_{st} 大；而在同样的转矩下，Φ 大则 I_{st} 可以小一些。

1）电枢回路串电阻起动。电动机起动前，应使励磁回路调节电阻 $R_{sf}=0$，这样励磁电流 I_f 最大，使磁通 Φ 最大。电枢回路串接起动电阻 R_{st}，在额定电压下的起动电流为

$$I_{st}=\frac{U_N}{R_a+R_{st}} \tag{1-38}$$

对于普通直流电动机，一般要求 $I_{st}\leqslant(1.5\sim2)I_N$。因此 R_{st} 的值应使 I_{st} 不大于允许值。

在起动电流产生的起动转矩作用下，电动机开始转动并逐渐加速，随着转速的升高，电枢电动势（反电动势）E_a 逐渐增大（$E_a=C_e\Phi n$），使电枢电流逐渐减小 $\left(\downarrow I_a=\frac{U_N-E_a\uparrow}{R_a+R_{st}}\right)$，电磁转矩也随之减小（$\downarrow T_{em}=C_T\Phi I_a\downarrow$），这样转速的上升速度就逐渐缓慢下来。为了缩短起动时间，保持电动机在起动过程中的加速度不变，就要求在起动过程中电枢电流维持不变，因此随着电动机转速的升高，应将起动电阻平滑地切除，最后使电动机转速达到运行值。

实际上，平滑地切除电阻是不可能的，一般是在电阻回路中串入多级（通常是 2~5 级）电阻，在起动过程中逐级切除。起动电阻的级数越多，起动过程就越快且越平稳，但所需要的控制设备就越多，投资也越大。

2）降压起动。当直流电源电压可调时，可以采用降压方法起动。起动时，以较低的电源电压起动电动机，起动电流便随电压的降低而正比减小。随着电动机转速的上升，反电动势 E_a 逐渐增大，再逐渐提高电源电压，使起动电流和起动转矩保持在一定的数值上，从而保证电动机按需要的加速度升速。可调压的直流电源，现在多采用晶闸管整流电源。降压起动需要专用电源，设备投资较大，但它起动平稳，起动过程中能量损耗小因而得到了广泛应用。

2. 他励直流电动机的调速

电力拖动系统的调速可以采用机械调速、电气调速或二者配合起来调速。通过改变传动机构速比来进行调速的方法称为机械调速；通过改变电动机参数来进行调速的方法称为电气调速。下面介绍他励直流电动机的电气调速。

改变电动机的参数就是人为地改变电动机的机械特性，从而使负载工作点发生变化，转速随之变化。可见，在调速前后，电动机必然运行在不同的机械特性上。如果机械特性不变，因负载变化而引起电动机转速的改变则不能称为调速。

根据他励直流电动机的转速特性公式：

$$n=\frac{U}{C_e\Phi}-\frac{R_a+R_s}{C_e\Phi}I_a \tag{1-39}$$

可知，当电枢电流 I_a 不变时（即在一定的负载下），只要改变电枢电压 U、电枢回路串联电阻 R_s 及励磁磁通 Φ 中的任意一个量，就可改变转速 n。因此，他励直流电动机具有三种调速方法：调压调速、电枢串电阻调速和调磁调速。为了评价各种调速方法的优缺点，对调速方法提出了一定的技术经济指标，称为调速指标。

（1）调速指标

1）调速范围。调速范围是指电动机在额定负载下可能运行的最高转速 n_{max} 与最低转速 n_{min} 之比，通常用 D 表示，即

$$D=\frac{n_{max}}{n_{min}} \tag{1-40}$$

不同的生产机械对电动机的调速范围有不同的要求。要扩大调速范围，必须尽可能地提高电动机的最高转速并降低电动机的最低转速。电动机的最高转速受电动机的机械强度、换向条件、电压等级等方面的限制，而最低转速则受到低速运行时转速的相对稳定性的限制。

2）静差率（相对稳定性）。转速的相对稳定性是指负载变化时，转速变化的程度。转速

变化小，其相对稳定性好。转速的相对稳定性用静差率 $\delta\%$ 表示。当电动机在某一机械特性上运行时，由理想空载增加到额定负载，电动机的转速降落 $\Delta n = n_0 - n_N$ 与理想空载转速 n_0 之比，就称为静差率，用百分数表示为

$$\delta\% = \frac{n_0 - n_N}{n_0} \times 100\% = \frac{\Delta n_N}{n_0} \times 100\% \tag{1-41}$$

静差率越小，转速的相对稳定性就越高。静差率的大小与电动机的机械特性硬度和理想空载转速的大小有关。

静差率与调速范围两个指标是相互制约的，若对静差率这一指标要求过高（即 $\delta\%$ 值越小），则调速范围 D 就越小；反之，若要求调速范围 D 越大，则转速的相对稳定性越差（静差率 $\delta\%$ 值越大）。

3）调速的平滑性。在一定的调速范围内，调速的级数越多，就认为调速越平滑，相邻两级转速之比称为平滑系数 ϕ：ϕ 值越接近 1，则平滑性越好，当 $\phi = 1$ 时，称为无级调速，即转速可以连续调节。调速不连续时，级数有限，称为有级调速。

4）调速的经济性。主要指调速设备的投资、运行效率及维修费用等。

（2）调速方法

1）电枢回路串电阻调速。电枢回路串电阻调速过程如图 1-37 所示。设电动机拖动恒转矩负载 T_L 在固有机械特性上的 A 点运行，其转速为 n_N。若电枢回路串入电阻 R_{s1}，则达到新的稳态后，工作点变为人为特性上的 B 点，转速下降到 n_1。从图中可以看出，串入的电阻值越大，稳态转速就越低。

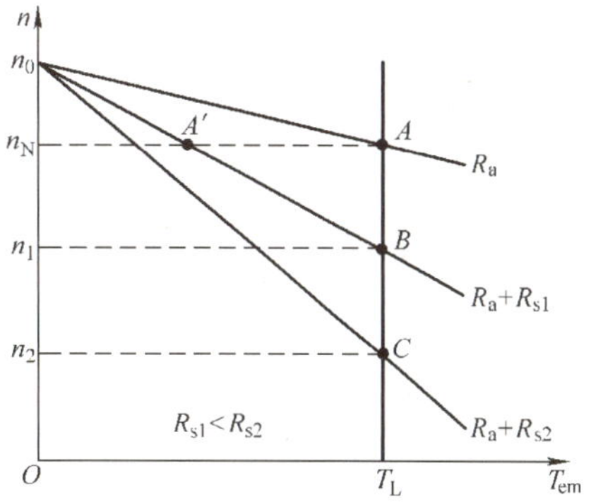

图 1-37　电枢回路串电阻调速过程

现以转速由 n_N 降至 n_1 为例，说明其调速过程。电动机原来在 A 点稳定运行时，$T_{em} = T_L$，$n = n_N$。当串入 R_{s1} 后，电动机的机械特性变为直线 n_0B，因串电阻瞬间转速不突变，故 E_a 不突变，于是 I_a 及 T_{em} 突然减小，工作点平移到 A' 点。在 A' 点，$T_{em} < T_L$，所以电动机开始减速，随着 n 的减小，E_a 减小，I_a 及 T_{em} 增大，即工作点沿 $A'B$ 方向移动，当到达 B 点时，$T_{em} = T_L$，达到了新的平衡，电动机便在转速 n_1 下稳定运行。电枢串电阻调速的优点是设备简单，操作方便；缺点是：

① 由于电阻分段调节，所以调速的平滑性差。

② 低速时特性曲线斜率大，静差率大，所以转速的相对稳定性差。

③ 轻载时调速范围小，额定负载时调速范围一般为 $D \leqslant 2\%$。

④ 如果负载转矩保持不变，则调速前和调速后因磁通不变而使电动机的电磁转矩 T_{em} 和电枢电流 I_a 不变（$T_{em} = C_T \Phi I_a = T_L$），输入功率（$P_1 = U_N I_a$）也不变，但输出功率（$P_2 \propto T_L n$）却随转速下降而减小，减小的部分被串联的电阻消耗掉了，所以损耗较大，效率较低。而且转速越低，所串电阻越大，损耗越大，效率越低，所以这种调速方法是不太经济的。

因此，电枢串电阻调速多用于对调速性能要求不高的生产机械上，如起重机、电车等。

2）降压调速。电动机的工作电压不允许超过额定电压，因此电枢电压只能在额定电压以下进行调节。降压调速的过程如图 1-38 所示。

设电动机拖动恒转矩负载 T_L 在固有特性上的 A 点运行，其转速为 n_N。若电源电压由 U_N 下降至 U_1，达到新的稳态后，工作点将移到对应人为特性曲线上的 B 点，其转速下降为 n_1。

从图中可以看出，电压越低，稳态转速也越低。

转速由 n_N 下降至 n_1 的调速过程如下：电动机原来在 A 点稳定运行时，$T_{em}=T_L$，$n=n_N$。当电压降至 U_1 后，电动机的机械特性变为直线$n_{01}B$。在降电压瞬间，转速 n 不突变，E_a 不突变，所以 I_a 和 T_{em}突变减小，工作点平移到 A'点。在 A'点，$T_{em}<T_L$，电动机开始减速，随着 n 减小，E_a 减小，I_a 和 T_{em} 增大，工作点沿着 $A'B$ 方向移动，到达 B 点时，达到了新的平衡，$T_{em}=T_L$，此时电动机便在较低转速 n_1 下稳定运行。降压调速过程与电枢串电阻调速过程类似。同样，对于恒转矩负载，调速前后电动机的电磁转矩不变，因为磁通不变，所以调速后的稳态电枢电流等于调速前的电枢电流。

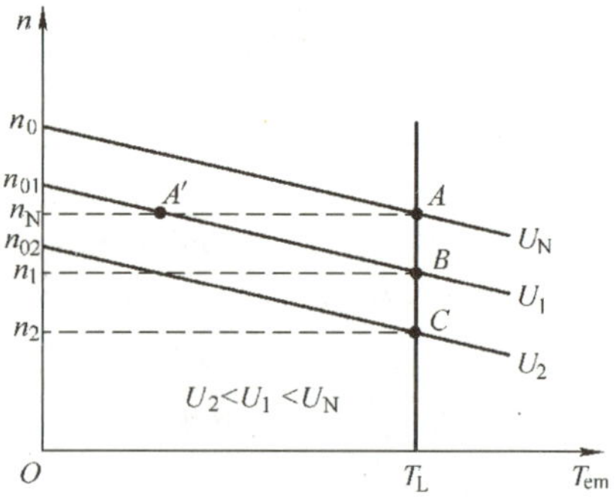

图 1-38 降压调速的过程

降压调速的优点：电源电压能够平稳调节，可以实现无级调速；调速前后机械特性的斜率不变，硬度较高，负载变化时，速度稳定性好；无论轻载还是重载，调速范围相同，一般可达 $D=2.5\sim12$；电能损耗较小。

降压调速的缺点是需要一套电压可连续调节的直流电源，如晶闸管-电动机系统（简称为 SCR-M 系统）。降压调速多用在对调速性能要求较高的生产机械上，如机床、造纸机等。

3）减弱磁通（弱磁）调速。额定运行的电动机，其磁路已基本饱和，即使励磁电流增加很多，磁通也增加很少，从电动机的性能考虑也不允许磁路过饱和。因此，改变磁通只能从额定值往下调，即是弱磁调速，弱磁调速过程如图 1-39 所示。

设电动机拖动恒转矩负载 T_L 在固有特性曲线上的 A 点运行，其转速为 n_N。若磁通由 Φ_N 减小至 Φ_1，则达到新的稳态后，工作点将移到对应人为特性上的 B 点，其转速上升为 n_1。从图中可见，磁通越小，稳态转速将越高。

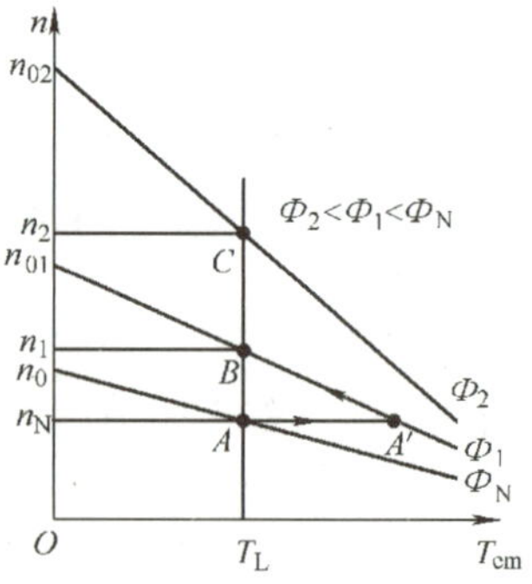

图 1-39 弱磁调速过程

转速由 n_N 上升到 n_1 的调速过程如下：电动机原来在 A 点稳定运行时，$T_{em}=T_L$，$n=n_N$。当磁通减弱到 Φ_1 后，电动机的机械特性变为直线 $n_{01}B$。在磁通减弱的瞬间，转速 n 不突变，电动势 E_a 随着 Φ 而减小，于是电枢电流 I_a 增大。尽管 Φ 减小，但 I_a 增大很多，所以电磁转矩 T_{em}还是增大的，因此工作点移到 A'点。在 A'点，$T_{em}>T_L$，电动机开始加速，随着 n 上升，E_a 增大，I_a 和 T_{em}减小，工作点沿 $A'B$ 方向移动，到达 B 点时，$T_{em}=T_L$ 出现了新的平衡，此时电动机便在较高的转速 n_1 下稳定运行。对于恒转矩负载，调速前后电动机的电磁转矩不变，因为磁通减小，所以调速后的稳态电枢电流大于调速前的电枢电流，这一点与前两种调速方法不同。当忽略电枢反应影响和较小的电阻电压降 R_aI_a 的变化时，可近似认为转速与磁通成反比变化。

弱磁调速的优点：由于在电流较小的励磁回路中进行调节，因而控制方便，能量损耗小，设备简单，而且调速平滑性好。虽然弱磁升速后电枢电流增大，电动机的输入功率增大，但由于转速升高，输出功率也增大，电动机的效率基本不变，因此弱磁调速的经济性是比较好的。

弱磁调速的缺点：机械特性的斜率变大，特性变软；转速的升高受到电机换向能力和机械强度的限制，因此调速范围不可能很大，一般 $D\leqslant2$。

为了扩大调速范围，常常把降压和弱磁两种调速方法结合起来。在额定转速以下采用降压调速，在额定转速以上采用弱磁调速。

3. 他励直流电动机的制动

根据电磁转矩 T_{em} 和转速 n 方向之间的关系，可以把电机分为两种运行状态。当 T_{em} 与 n 方向相同时，称为电动运行状态，简称为电动状态；当 T_{em} 与 n 方向相反时，称为制动运行状态，简称为制动状态。电动状态时，电磁转矩为驱动转矩；制动状态时，电磁转矩为制动转矩。

他励直流电动机的制动有能耗制动、反接制动和回馈制动三种方式。

1）能耗制动。图 1-40 是能耗制动的接线图。开关 S 接电源侧为电动状态运行，此时电枢电流 I_a、电枢电动势 E_a、转速 n 及驱动性质的电磁转矩 T_{em} 的方向如图 1-40 所示。当需要制动时，将开关 S 投向制动电阻 R_B 上，电动机便进入能耗制动状态。

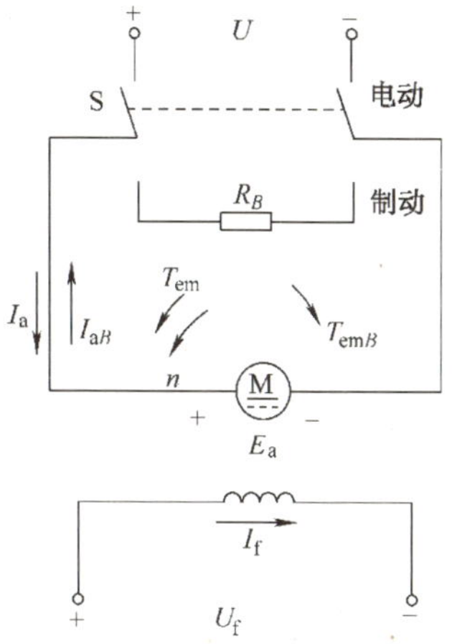

图 1-40　能耗制动的接线图

初始制动时，因为磁通保持不变、电枢存在惯性，其转速 n 不能马上降为零，而是保持原来的方向旋转，于是 n 和 E_a 的方向均不改变。但是，由 E_a 在闭合的回路内产生的电枢电流 I_{aB} 却与电动状态时电枢电流 I_a 的方向相反，由此而产生的电磁转矩 T_{emB}，也与电动状态时 T_{em} 的方向相反，变为制动转矩，于是电机处于制动运行。制动运行时，将动能转换成电能，并消耗在电阻上，直到电机停止转动为止，所以这种制动方式称为能耗制动。

能耗制动时的机械特性，就是在 $U=0$、$\Phi=\Phi_N$、$R=R_a+R_B$ 条件下的一条人为机械特性，即

$$n=-\frac{R_a+R_B}{C_e C_T \Phi_N^2}T_{em} \tag{1-42}$$

可见，能耗制动时的机械特性是一条通过坐标原点的直线，其理想空载转速为零，特性的斜率与在电动状态下电枢串电阻 R_B 时的人为特性的斜率相同，如图 1-41 中直线 BC 所示。

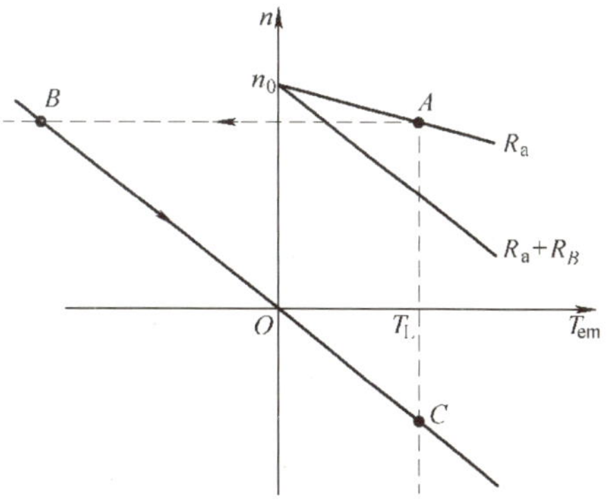

图 1-41　能耗制动机械特性

能耗制动时，电动机工作点的变化情况可用机械特性曲线说明。设制动前工作点在固有特性曲线 A 点处，其 $n>0$，$T_{em}>0$，T_{em} 为驱动转矩。开始制动时，因 n 不突变，工作点将平移到能耗制动特性曲线上的 B 点。在 B 点，$n>0$，$T_{em}<0$，电磁转矩为制动转矩，于是电动机开始减速，工作点沿 BO 方向移动。

若电动机拖动反抗性负载，工作点到达 O 点时，$n=0$，$T_{em}=0$，电机便停转。

若电机拖动位能性负载，工作点到达 O 点时，虽然 $n=0$，$T_{em}=0$，但在位能负载的作用下，电机反转并加速，工作点将沿曲线 OC 方向移动。此时 $n<0$，$T_{em}>0$，电磁转矩仍为制动转矩。随着反向转速的增加，制动转矩也不断增大，当制动转矩与负载转矩平衡时，电机处于稳定的制动运行状态，匀速下放重物，如图 1-41 中的 C 点。

改变制动电阻 R_B 的大小，可以改变能耗制动特性曲线的斜率，从而改变起始制动转矩的

大小以及下放位能负载时的稳定速度。R_B 越小，特性曲线的斜率越小，起始制动转矩越大，而下放位能负载的速度越小。减小制动电阻，可以增大制动转矩，缩短制动时间，提高工作效率。但制动电阻太小，会造成制动电流过大，通常限制最大制动电流不超过 2~2.5 倍的额定电流。选择制动电阻的原则是

$$I_{aB}=\frac{E_a}{R_a+R_B}\leqslant(2\sim2.5)I_N \tag{1-43}$$

即

$$R_B\geqslant\frac{E_a}{(2\sim2.5)I_N}-R_a \tag{1-44}$$

式中，E_a 为制动瞬间（即制动前电动状态时）的电枢电动势。如果制动前电动机为额定运行，则 $E_a=U_N-R_aI_N\approx U_N$。

能耗制动简单，但随着转速的下降，电动势减小，制动电流和制动转矩也随之减小，制动效果变差。

2）反接制动。反接制动分为电压反接制动和倒拉反转反接制动两种。

① 电压反接制动。电压反接制动时的接线图如图1-42所示。开关 S 投向“电动”侧时，电枢接正极性的电源电压，此时电动机处于电动状态运行。制动时，开关 S 投向“制动”侧，此时电枢回路串入制动电阻 R_B 后，接上极性相反的电源电压，即电枢电压由原来的正值变为负值。此时，在电枢回路内，U 与 E_a 顺向串联，共同产生很大的反向电枢电流 I_{aB}。

$$I_{aB}=\frac{-U-E_a}{R_a+R_B}=-\frac{U+E_a}{R_a+R_B} \tag{1-45}$$

反向电枢电流 I_{aB}产生很大的反向电磁转矩 T_{emB}，从而产生很强的制动作用。

电动状态时，电枢电流的大小由 U 与 E_a 之差决定，而反接制动时，电枢电流的大小由 U 与 E_a 之和决定，因此反接制动时电枢的电流是非常大的。为了限制过大的电枢电流，反接制动时必须在电枢回路中串接制动电阻 R_B，R_B 的大小应使反接制动时电枢电流不超过电动机的最大允许电流 I_{max}，$I_{max}=(2\sim2.5)I_N$，因此应串入的制动电阻值为

$$R_B\geqslant\frac{U+E_a}{(2\sim2.5)I_N}-R_a \tag{1-46}$$

电压反接制动时的机械特性就是在 $U=-U_N$、$\Phi=\Phi_N$、$R=R_a+R_B$ 条件下的一条人为机械特性，即

$$n=-\frac{U_N}{C_e\Phi_N}-\frac{R_a+R_B}{C_eC_T\Phi_N^2}T_{em} \tag{1-47}$$

电压反接制动的机械特性如图 1-43 所示。设电动机原来工作在固有特性上的 A 点，反接制动时，由于转速不能突变，工作点平移到反接制动特性上的 B 点，在制动转矩作用下，转速开始下降，工作点沿 BC 方向移动，当到达 C 点时，制动过程结束。在 C 点，$n=0$，但制动的电磁转矩 $T_{em}\neq0$，若电动机拖动反抗性负载，C 点处的电磁转矩便成为电动机的反向起动转矩。当此起动转矩大于负载转矩时，电动机便反向起动，并一直加速到 D 点，进入反向电动状态下稳定运行。当制动的目的就是为了停车时，那么在电动机转速接近于零时，必须立即断开电源。

反接制动时，从电源输入的电功率和从轴上输入的机械功率全部转变成电枢回路上的电功率，一起消耗在电枢回路的电阻（R_a+R_B）上，其能量损耗是很大的。

② 倒拉反转反接制动。倒拉反转反接制动只适用于位能性恒转矩负载。现以起重机下放重物为例来说明。图 1-44a 标出了正向电动状态（提升重物）时电动机的各物理量方向，此时电动机工作在图 1-44c 固有特性上的 A 点。如果在电枢回路中串入一个较大的电阻 R_B，将得到一条斜率较大的人为特性，便可实现倒拉反转反接制动，如图 1-44c 中的直线 n_0D 所示。制动过程如下。

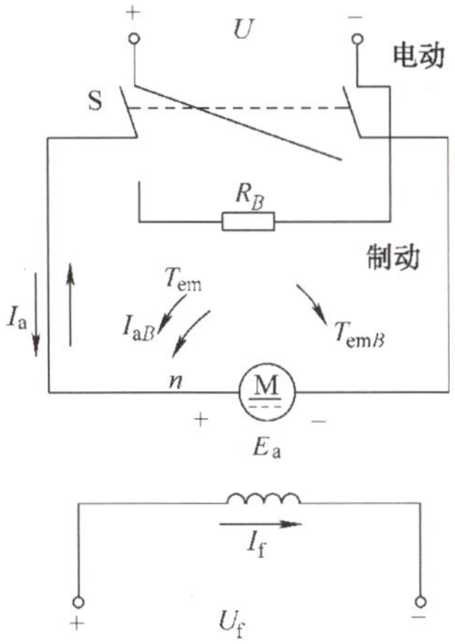

图 1-42　电压反接制动时的接线图

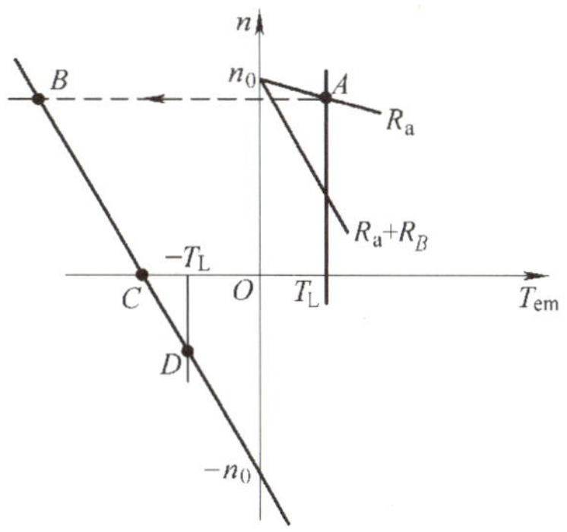

图 1-43　电压反接制动的机械特性

串电阻瞬间，因转速不能突变，所以工作点由固有特性上的 A 点平移到人为特性上的 B 点，此时电磁转矩 T_{em}（$T_{em}=T_B$）小于负载转矩 T_L，于是电动机开始减速，工作点沿人为特性由 B 点向 C 点变化，到达 C 点时，$n=0$，电磁转矩为堵转转矩 T_K，因 T_K 仍小于负载转矩 T_L，所以在重物的重力作用下电动机将反向旋转，即下放重物。因为励磁不变，所以 E_a 随 n 的反向而改变方向。由图 1-44b 可以看出，I_a 的方向不变，故 T_{em} 的方向也不变。这样，电动机反转后，电磁转矩为制动转矩，电动机处于制动状态，如图 1-44c 中的 CD 段。随着电动机反向转速的增加，E_a 增大，电枢电流 I_a 和制动的电磁转矩 T_{em} 也相应增大，当到达 D 点时，电磁转矩与负载转矩平衡。电动机以稳定的转速匀速下放重物。

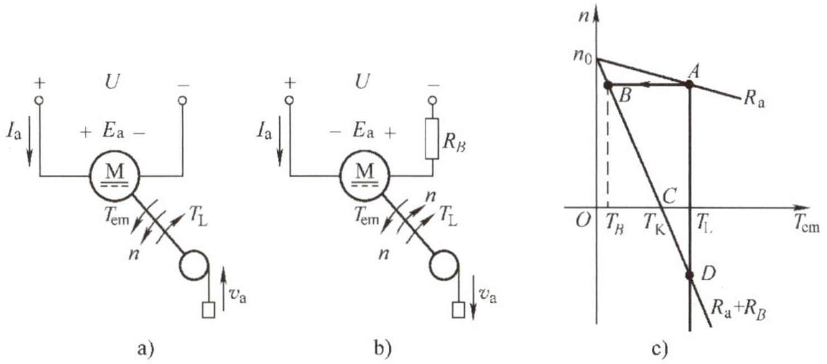

图 1-44　倒拉反转反接制动

a）正向电动　b）反向电动　c）机械特性

电动机串入的电阻 R_B 越大，最后稳定的转速越高，下放重物的速度也越快。电枢回路串入较大的电阻后，电机能出现反转制动运行，主要是位能负载的倒拉作用，又因为此时的 E_a

与 U 也是顺向串联，共同产生电枢电流，这一点与电压反接制动相似，因此把这种制动称为倒拉反转反接制动。

3）回馈制动。电动状态下运行的电动机，在某种条件下（如电动机拖动机车下坡时）会出现运行转速 n 高于理想空载转速 n_0 的情况，此时 $E_a>U$，电枢电流反向，电磁转矩的方向也随之改变，由驱动转矩变成制动转矩。从能量传递方向看，此时电机处于发电状态，将机械能变换成电能回馈给电网，因此称这种状态为回馈制动状态。

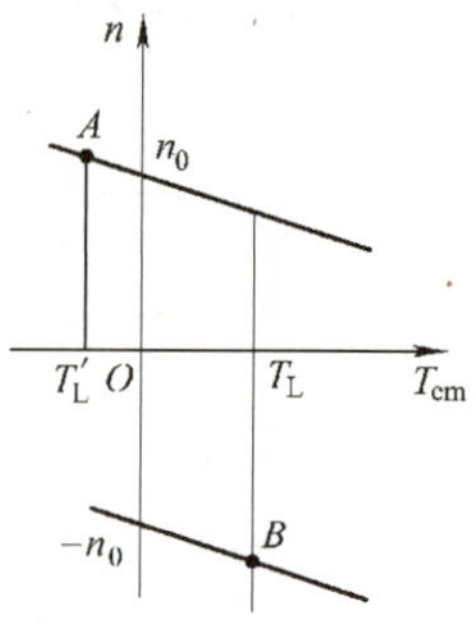

图 1-45 回馈制动的机械特性

回馈制动时的机械特性方程式与电动状态时相同，只是运行在特性曲线上不同的区段。正向回馈制动时的机械特性位于第二象限，反向回馈制动时的机械特性位于第四象限，如图 1-45 中的 n_0A 段和 $-n_0B$ 段。

回馈制动时，由于有功率回馈到电网，因此与能耗制动和反接制动相比，回馈制动是比较经济的，但此时电机的转速很高。

【例 1-3】 一台他励直流电动机的铭牌数据为 $P_N=10\,\text{kW}$，$U_N=220\,\text{V}$，$I_N=53\,\text{A}$，$n_N=1000\,\text{r/min}$，$R_a=0.3\,\Omega$，电枢电流最大允许值为 $2I_N$。1）电动机在额定状态下进行能耗制动，求电枢回路应串接的制动电阻值。2）用此电动机拖动起重机，在能耗制动状态下以 300 r/min 的转速下放重物，电枢电流为额定值，求电枢回路应串入多大的制动电阻。3）若该电机在倒拉反转反接制动的状态下，仍以 300 r/min 的速度下放重物，轴上仍带额定负载，求电枢回路应串入多大的电阻。

解： 1）制动前的电枢电动势为

$$E_a=U_N-R_aI_N=(220-0.3\times53)\,\text{V}=204.1\,\text{V}$$

应串入的制动电阻为

$$R_B=\frac{E_a}{2I_N}-R_a=\left(\frac{204.1}{2\times53}-0.3\right)\Omega=1.625\,\Omega$$

2）因励磁保持不变，则

$$C_e\Phi_N=\frac{E_a}{n_N}=\frac{204.1}{1000}=0.2041$$

下放重物时，转速为-300 r/min，由能耗制动的转速特性 $n=-\dfrac{R_a+R_B}{C_e\Phi_N}I_a$ 得

$$-300=-\frac{0.3+R_B}{0.2041}\times53$$

求得

$$R_B=0.855\,\Omega$$

3）将数据代入倒拉反转反接制动的机械特性：$n=\dfrac{U_N}{C_e\Phi_N}-\dfrac{R_a+R_B}{C_e\Phi_N}I_a$

得

$$-300=\frac{220}{0.2041}-\frac{0.3+R_B}{0.2041}\times53$$

解得

$$R_B=5\,\Omega$$

1.8 实训

1.8.1 用伏安法测直流电动机电枢绕组的冷态电阻

1. 实训目的

1）认识在直流电动机实训中所用的电动机、仪表、变阻器等组件及使用方法。

2）学会用伏安法测直流电动机的电枢绕组的冷态电阻。

2. 实训说明及操作步骤

1）由实训指导人员介绍 DDSZ-1 型电机及电气技术实验装置各面板布置及使用方法，讲解电机实训的基本要求、安全操作和注意事项。

2）用伏安法测电枢的直流电阻。

① 按图 1-46 接线，电阻 R 用 1800 Ω 和 180 Ω 串联共 1980 Ω 阻值并调至最大。A 表为直流电流表，量程选用 5 A 档。

② 经检查无误后接通电枢电源，并调至 220 V。调节 R 使电枢电流达到 0.2 A（如果电流太大，可能由于剩磁的作用使电机旋转，测量无法进行；如果此时电流太小，可能由于接触电阻产生较大的误差），迅速测取电机电枢两端电压 U 和电流 I。将电机分别旋转 1/3 和 2/3 周，同样测取 U、I 三组数据列于表 1-2 中。

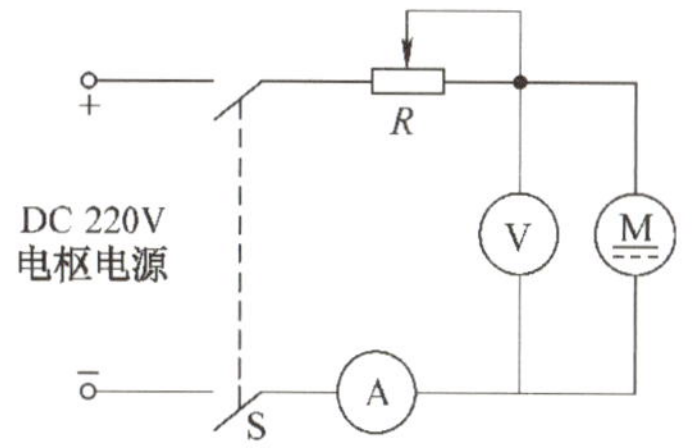

图 1-46　测电枢绕组直流电阻接线图

③ 增大 R 使电流分别达到 0.15 A 和 0.1 A，用同样方法测取六组数据列于表 1-2 中。

取三次测量的平均值作为实际冷态电阻值。表中

$$R_{a3}=\frac{1}{3}(R_{a31}+R_{a32}+R_{a33})\text{；}R_{a2}=\frac{1}{3}(R_{a21}+R_{a22}+R_{a23})\text{；}R_{a1}=\frac{1}{3}(R_{a11}+R_{a12}+R_{a13})$$

$$R_a=\frac{1}{3}(R_{a3}+R_{a2}+R_{a1}) \tag{1-48}$$

表 1-2　用伏安法测直流电机的冷态电阻　　　　室温________℃

序号	U/V	I/A	R（平均）/Ω		R_a/Ω	R_{aref}/Ω
1		0.2	R_{a11} =	R_{a1} =		
			R_{a12} =			
			R_{a13} =			
2		0.15	R_{a21} =	R_{a2} =		
			R_{a22} =			
			R_{a23} =			
3		0.1	R_{a31} =	R_{a3} =		
			R_{a32} =			
			R_{a33} =			

④ 计算基准工作温度时的电枢电阻。由实验直接测得电枢绕组电阻值，此值为实际冷态电阻值。冷态温度为室温。按下式换算到基准工作温度时的电枢绕组电阻值：

$$R_{aref}=R_a\frac{235+\theta_{ref}}{235+\theta_a} \tag{1-49}$$

式中，R_{aref}为换算到基准工作温度时电枢绕组电阻(Ω)；R_a 为电枢绕组的实际冷态电阻(Ω)；θ_{ref}为基准工作温度，对于E级绝缘为75℃；θ_a 为实际冷态时电枢绕组的温度(℃)。

3. 任务单及成绩评定

姓名__________ 学号__________ 工位号__________ 日期__________

名称：用伏安法测直流电动机的电枢绕组的冷态电阻　时间：40 min

序号	项目内容	配分	评分标准	检验结果	扣分	得分
1	接线	40	接线错误一次（-20分）			
			电阻值选择及调整错误（-10分）			
			电流表类型及量程选择错误（-10分）			
			电压表类型及量程选择错误（-10分）			
2	测量步骤及次数	40	没有将电枢电源没有调至220 V（-10分）			
			没有调节 R 使电枢电流达到0.2 A，并测取电动机电枢两端电压 U（-10分）			
			没有将电动机轴分别旋转1/3周，并测取 U、I 三组数据（-10分）			
			没有将电动机轴分别旋转2/3周，并测取 U、I 三组数据（-10分）			
			没有增大 R 使电流分别达到0.15 A和0.1 A，并用同样方法测取六组数据（-10分）			
3	计算基准工作温度时的电枢电阻	20	不会计算三次测量的平均值作为实际冷态电阻值（-10分） 不会计算基准工作温度时的电枢电阻（-10分）			
4	安全文明操作		未清理现场（-5分） 损坏工具（-50分） 发生短路事故（-40分） 违反安全规定（-50分）			
5	考核时限		每超过5 min（-5分）			
6	合计	100		总分		

1.8.2 直流电动机的起动、调速及转向改变

1. 实训目的

学会直流他励电动机的接线、起动、调速及改变转向的方法及操作。

2. 实训说明及操作步骤

1）他励直流电动机的起动。

按图1-47接线。图中他励直流电动机M用DJ15，其额定功率 $P_N=185$ W，额定电压 $U_N=220$ V，额定电流 $I_N=1.2$ A，额定转速 $n_N=1600$ r/min，额定励磁电流 $I_{fN}<0.16$ A。校正直流测功机MG作为测功机使用，TG为测速发电机。A_1、A_2 直流电流表选用200 mA档，A_3、A_4 直流电流表选用5 A档。V_1、V_2 直流电压表选用1000 V档。他励直流电动机励磁回路串接的电阻 $R_{f1}=1800\ \Omega$（用900 Ω+900 Ω）。MG励磁回路串接的电阻 $R_{f2}=1800\ \Omega$（用900 Ω+900 Ω）。他励直流电动机的起动电阻 $R_1=180\ \Omega$（用90 Ω+90 Ω），MG的负载电阻 $R_2=2250\ \Omega$（用900 Ω+900 Ω+900 Ω//900 Ω）。接好线后，检查M、MG及TG之间是否用联轴器直接连接好。

他励直流电动机起动步骤如下。

① 检查按图 1-47 的接线是否正确，电表的极性、量程选择是否正确，电动机励磁回路接线是否牢靠。然后，将电动机电枢串联起动电阻 R_1、MG 的负载电阻 R_2 及 MG 的磁场回路电阻 R_{f2} 调到阻值最大位置，M 的磁场调节电阻 R_{f1} 调到最小位置，断开开关 S，并断开控制屏下方右边的励磁电源开关、电枢电源开关，做好起动准备。

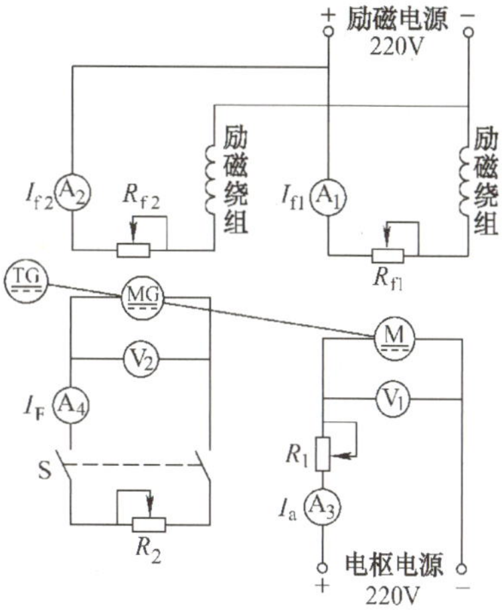

图 1-47　他励直流电动机接线图

② 开启控制屏上的电源总开关，按下其上方的“开”按钮，接通其下方左边的励磁电源开关，观察 M 及 MG 的励磁电流值，调节 R_{f2} 使 I_{f2} 等于校正值（100 mA）并保持不变，再接通控制屏右下方的电枢电源开关，使 M 起动。

③ M 起动后观察转速表指针偏转方向，应为正向偏转，若不正确，可拨动转速表上正、反向开关来纠正。调节控制屏上电枢电源“电压调节”旋钮，使电动机端电压为 220 V。减小起动电阻 R_1 的阻值，直至短接。

④ 合上校正直流测功机 MG 的负载开关 S，调节 R_2 的阻值，使 MG 的负载电流 I_F 改变，即直流电动机 M 的输出转矩 T_2 改变。

2）调节他励电动机的转速。分别改变串入电动机 M 电枢回路的调节电阻 R_1 和励磁回路的调节电阻 R_{f1}，观察转速变化情况。

3）改变电动机的转向。将电枢串联起动变阻器 R_1 的阻值调回到最大值，先切断控制屏上的电枢电源开关，然后切断控制屏上的励磁电源开关，使他励电动机停机。在断电情况下，将电枢（或励磁绕组）的两端接线对调后，再按他励电动机的起动步骤起动电动机，并观察电动机的转向及转速表指针偏转的方向。

3. 注意事项

1）直流他励电动机起动时，须将励磁回路串联的电阻 R_{f1} 调至最小，先接通励磁电源，使励磁电流最大，同时必须将电枢串联起动电阻 R_1 调至最大，然后方可接通电枢电源，使电动机正常起动。起动后，将起动电阻 R_1 调至零，使电机正常工作。

2）他励直流电动机停机时，必须先切断电枢电源，然后断开励磁电源（与起动时的顺序相反）。同时必须将电枢串联的起动电阻 R_1 调回到最大值，励磁回路串联的电阻 R_{f1} 调回到最小值，为下次起动做好准备。

3）测量前注意仪表的量程、极性及其接法，是否符合要求。

4）若要测量电动机的转矩 T_2，必须将校正 MG 的励磁电流调整到校正值 100 mA。

4. 任务单及成绩评定

姓名＿＿＿＿＿＿　学号＿＿＿＿＿　工位号＿＿＿＿＿　日期＿＿＿＿＿＿

名称：直流电动机的起动、调速及转向改变　　时间：40 min

序号	项目内容	配分	评分标准	检验结果	扣分	得分
1	他励直流电动机的起动	60	接线错误一次（-5 分）			
			电流表、电压表极性量程选错一处（-5 分）			
			励磁回路电阻 R_{f2}、起动电阻 R_1、负载电阻 R_2 选错一处（-5 分）			

（续）

序号	项目内容	配分	评分标准	检验结果	扣分	得分
1	他励直流电动机的起动	60	没有做好起动前的初始状态准备（−10分）			
			开启控制屏上的电源总开关，先接通励磁电源开关，调节 R_{f2} 使 I_{f2} 等于校正值（100 mA）并保持不变，再接通控制屏右下方的电枢电源开关，使M起动。操作顺序错误（−10分）			
			没有使电动机端电压为220 V并减小起动电阻 R_1 阻值直至短接（−10分）			
			没有调节 R_2 阻值，使MG的负载电流 I_F 改变（−5分）			
2	调节他励电动机的转速	10	没有调节电枢回路的调节电阻 R_1 观察转速变化（−5分）			
			没有调节励磁回路的调节电阻 R_{f1}（−5分）			
3	改变电动机的转向	30	使他励电动机停机的操作步骤错误（−10分）			
			在断电情况下，将电枢（或励磁绕组）的两端接线对调后，不会换向操作（−10分）			
			重新按他励电动机的起动步骤起动电动机，并观察电动机的转向及转速表指针偏转的方向，没有操作或操作错误（−10分）			
4	安全文明操作		未清理现场（−5分） 损坏工具（−50分） 发生短路事故（−40分） 违反安全规定（−50分）			
5	考核时限		每超过5 min（−5分）			
6	合计	100		总分		

1.8.3 验证他励直流电动机的工作特性和机械特性

1. 实训目的

1）学会用实验方法测取他励直流电动机的工作特性和机械特性。

2）掌握他励直流电动机的调速方法。

3）观察能耗制动过程。

2. 实训项目及操作步骤

1）测取他励直流电动机的工作特性和机械特性。保持 $U=U_N$ 和 $I_f=I_{fN}$ 不变，测取 n、T_2、$\eta=f(I_a)$、$n=f(T_2)$。

① 按图1-48接线。图中他励直流电动机M用DJ15，其额定功率 $P_N=185$ W，额定电压 $U_N=220$ V，额定电流 $I_N=1.2$ A，额定转速 $n_N=1600$ r/min，额定励磁电流 $I_{fN}<0.16$ A。校正直流测功机MG作为测功机使用，TG为测速发电机。A_1、A_2 直流电流表选用200 mA档，A_3、A_4 直流电流表选用5 A档。V_1、V_2 直流电压表选用

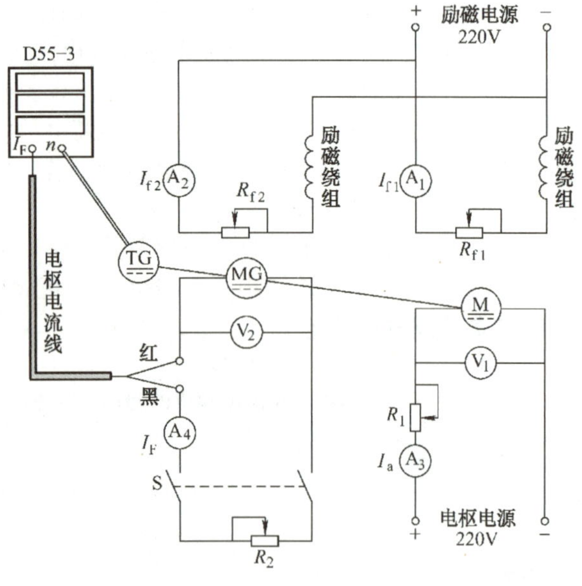

图1-48 他励直流电动机工作特性和机械特性测量接线图

1000 V 档。他励直流电动机励磁回路串接的电阻 $R_{f1}=1800\ \Omega$（用 900 Ω+900 Ω）。MG 励磁回路串接的电阻 $R_{f2}=1800\ \Omega$（用 900 Ω+900 Ω）。他励直流电动机的起动电阻 $R_1=180\ \Omega$（用 90 Ω+90 Ω），MG 的负载电阻 $R_2=2250\ \Omega$（用 900 Ω+900 Ω+900 Ω//900 Ω）。D55-3 为输出转矩 T_2，输出功率 P_2，转速 n 测量模板。接好线后，检查 M、MG 及 TG 之间是否用联轴器直接连接好。

② 将他励直流电动机 M 的磁场调节电阻 R_{f1} 调至最小值，电枢串联起动电阻 R_1 调至最大值，接通控制屏下边励磁电源开关、电枢电源开关使其起动，其旋转方向应符合转速表正向旋转的要求。

③ M 起动正常后，将其电枢串联电阻 R_1 调至零，调节电枢电源的电压为 220 V，调节校正直流测功机的励磁电流 I_{f2} 为校正值（100 mA），再调节其负载电阻 R_2 和电动机的磁场调节电阻 R_{f1}，使电动机达到额定值：$U=U_N$，$I=I_N$，$n=n_N$，此时 M 的励磁电流 I_{f1} 即为额定励磁电流 I_{fN}，并记录该值。负载电阻 R_2 和电动机的磁场调节电阻 R_{f1} 的调节方法：先将 900 Ω 串 900 Ω 的电阻调到零后，用导线将该串联部分短接，然后再慢慢调节 900 Ω//900 Ω 部分，同时慢慢增大 R_{f1}，使 I_{f1} 减小，使电动机的磁通 Φ 减小，转速上升，直至达到额定值。

④ 保持 $U=U_N$，$I_f=I_{fN}$，I_{f2} 为校正值（100 mA）不变的条件下，逐次减小电动机负载（增加 R_2）。测取电动机电枢电流 I_a，转速 n 和测功机的负载电流 I_F、电动机输出转矩 T_2、输出功率 P_2。共取数据 9~10 组，记录于表 1-3 中。

表 1-3　$U=U_N=220$ V，$I_{f1}=I_{fN}=$____ mA，$I_{f2}=100$ mA 条件下的参数

实验数据	I_a/A	1.2	1.1	1.0	0.9	0.8	0.7	0.6	0.5	空载（断开开关 S）
	n/(r/min)									
	I_F/A									
	T_2/(N·m)									
	P_2/W									
计算数据	P_1/W，$P_1=UI$									
	$\eta=\frac{P_2}{P_1}\times100\%$									
	$\delta\%=\frac{n_0-n_N}{n_0}\times100\%$									

2）调速特性。

① 电枢回路串电阻（改变电枢电压 U_a）调速。保持 $U=U_N$、$I_f=I_{fN}=$常数，$T_2=$常数，测取 $n=f(U_a)$。

a. 直流电动机 M 运行后，将电阻 R_1 调至零，I_{f2} 调至校正值，再调节负载电阻 R_2、电枢电压及磁场电阻 R_{f1}，使 M 的 $U=U_N$，$I_a=0.5I_N$，$I_f=I_{fN}$，记下此时 MG 的 I_F 值。

b. 保持此时的 I_F 值（即 T_2 值）和 $I_f=I_{fN}$ 不变，逐次增加 R_1 的阻值，降低电枢两端的电压 U_a，使 R_1 从零调至最大值，每次测取电动机的端电压 U_a，转速 n 和电枢电流 I_a，记录于表 1-4中。

表 1-4　$I_f=I_{fN}=$____ mA，$I_F=$____ A($T_2=$____ N·m)，$I_{f2}=100$ mA 条件下的参数

U_a/V									
n/(r/min)									
I_a/A									

② 改变励磁电流调速。保持 $U=U_N$，T_2=常数，测取 $n=f(I_f)$。

a. 直流电动机运行后，将 M 的电枢串联电阻 R_1 和磁场调节电阻 R_{f1} 调至零，将 MG 的磁场调节电阻 I_{f2} 调至校正值，再调节 M 的电枢电源调压旋钮和 MG 的负载，使电动机 M 的 $U=U_N$，$I=0.5I_N$ 记下此时的 I_F 值。

b. 保持此时 MG 的 I_F 值（T_2 值）和 M 的 $U=U_N$ 不变，逐次增加磁场电阻阻值，直至$n=1.3n_N$，每次测取电动机的 n、I_f 和 I_a，记录于表 1-5 中。

表 1-5 $U=U_N$=____V I_F=____A(T_2=______N·m)，I_{f2}=100 mA 条件下的参数

n/(r/min)								
I_f/mA								
I_a/A								

3）观察能耗制动过程。

① 按图 1-49 接线。能耗制动电阻 R_B 选用 2250 Ω（用 900 Ω+900 Ω+900 Ω//900 Ω）。把 M 的 R_{f1} 调至零，使电动机的励磁电流最大。把 M 的电枢串联起动电阻 R_1 调至最大，把 S_1 合向电枢电源，合上控制屏下方励磁电源、电枢电源开关使电动机起动。

② 运转正常后，将开关 S_1 合向中间位置，使电枢开路。由于电枢开路，电动机处于自由停机，记录停机时间。

③ 将 R_1 调回最大位置，重新起动电动机，待运转正常后，把 S_1 合向 R_B 端，记录停机时间。

④ 选择 R_B 不同的阻值，观察对停机时间的影响。

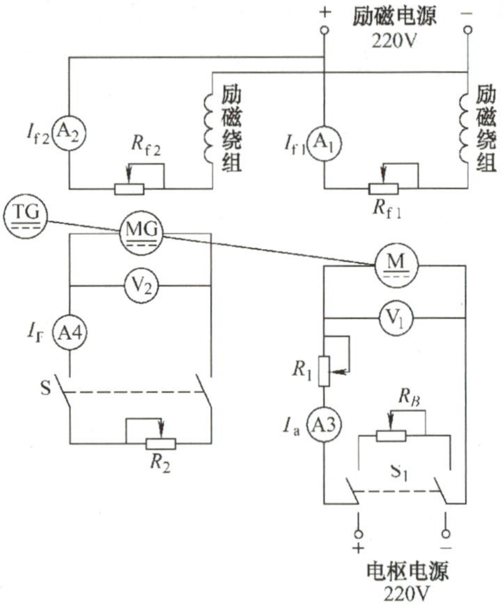

图 1-49 他励直流电动机能耗制动接线图

3. 任务单及成绩评定

姓名____________ 学号________ 工位号________ 日期__________

名称：测量他励直流电动机的工作特性和机械特性 时间：90 min

序号	项目内容	配分	评分标准	检验结果	扣分	得分
1	测取他励直流电动机的工作特性和机械特性	60	接线错误一次（−5 分）			
			电流表、电压表极性量程选错一处（−5 分）			
			励磁回路电阻 R_{f2}、起动电阻 R_1、负载电阻 R_2选错一处（−5 分）			
			没有做好起动前的初始状态准备（−10 分）			
			M 正常启动后，没有使电动机达到额定值 $U=U_N$，$I=I_N$，$n=n_N$并记录该值（−20 分）			
			测取电动机电枢电流 I_a，转速 n 和校正电机的负载电流 I_F、电动机输出转矩 T_2、输出功率 P_2。共取数据 9~10 组并记录，方法不正确或数据不对（−20 分）			

（续）

序号	项目内容	配分	评分标准	检验结果	扣分	得分
2	认识调速特性	20	电枢回路串电阻（改变电枢电压 U_a）调速。测取电动机的端电压 U_a，转速 n 和电枢电流 I_a，并记录，方法不正确或数据不对（-10 分）			
			改变励磁电流调速。保持 $U=U_N$，T_2 = 常数，测取 $n=f(I_f)$，并记录，方法不正确或数据不对（-10 分）			
3	观察能耗制动过程	20	接线错误（-10 分）			
			不能正常起动电动机（-3 分）			
			没有观察并记录自由停机时间（-2 分）			
			没有进行能耗制动并记录停机时间（-5 分）			
4	安全文明操作		未清理现场（-5 分） 损坏工具（-50 分） 发生短路事故（-40 分） 违反安全规定（-50 分）			
5	考核时限		每超过 5 min（-5 分）			
6	合计	100		总分		

1.9 教学检测

一、填空题

1. 直流发电机是基于（　　　　）工作原理，直流电动机的工作原理是基于(　　　　)定律。

2. 电磁力与转子半径之积即为（　　　　）。

3. 直流电机主磁极的作用是产生恒定的、有一定空间分布形状的气隙磁通密度。主磁极由（　　　　　　　　　　　　）构成。

4. 主磁极上的线圈是用来产生主磁通的，称为（　　　　）。

5. （　　　　　　　　）一起完成机械整流，把电枢中的交变电流变成电刷上的直流，或把外部电路中的直流变换为电枢中的交流。

6. 在电机中每一个线圈称为一个（　　），多个元件有规律地连接起来形成（　　　　）。

7. 电刷位于几何中性线上时的电枢反应特点为（　　　　　　　　　　　　　　）和（　　　　　　　　）。

8. 直流电机的感应电动势与（　　　　　　　　　　　　　　　　　　）有关。

9. 造好的直流电机其电磁转矩仅与（　　　　　　　　　　　　　　　　　　）。

10. 他励直流电动机的制动有（　　　　）、(　　　　）和（　　　　）三种方式。

11. 反接制动分为（　　　　）和（　　　　）两种。

二、判断题（对的画√，错的画×）

1. 直流发电机的电枢线圈内部的感应电动势是交变的。(　　)

2. 直流电动机获得反转的方法是改变磁场极性的同时改变电源电压的极性，使流过导体的电流方向改变。(　　)

3. 电磁转矩阻碍发电机旋转，是制动转矩。原动机必须用足够大的拖动转矩来克服电磁

转矩的制动作用，以维持发电机的稳定运行。此时发电机从原动机吸取机械能，转换成电能向负载输出。( )

4. 电动机的电枢电动势是一反电动势，它阻碍电流流入电动机。直流电动机要正常工作，就必须施加直流电源以克服反电动势的阻碍作用，把电流送入电动机。此时电动机从直流电源吸取电能，转换成机械能输出。( )

5. 无论是发电机还是电动机，由于电磁的相互作用，电枢电动势和电磁转矩是同时存在的，电动机的电枢电动势是一正向电动势。( )

6. 换向极用来改善直流电机的换向，电机均应安装换向极。换向极的铁心一般用整块钢板制成，在其上放置换向极绕组，换向极安装在相邻的两主磁极之间。( )

7. 换向器又称为整流子，对于发电机，换向器的作用是把电枢绕组中的交变电动势转变为直流电动势并向外部输出直流电压；对于电动机，它是把外界供给的直流电流转变为绕组中的交变电流以使电机旋转。( )

8. 单叠绕组的特点是相邻元件相互叠压，合成节距与换向节距均为1，即 $y=y_k=1$。( )

9. P_N是指在规定的工作条件下，长期运行时的允许输出功率。对于电动机是指正负电刷间输出的电功率；对于发电机是指轴上输出的机械功率。( )

10. 当电机造好以后，与电机结构有关的常数 C_e不再变化，因此电枢电动势仅与气隙磁通和转速有关。改变转速和磁通均可改变电枢电动势的大小。( )

11. 电机铜损耗与电流的二次方成正比，随着电机的负载变化，称为可变损耗。( )

12. 机械损耗和铁损耗与负载的大小无关，P_{mec}和 P_{Fe}在电机空载时不存在，这两项之和称为空载损耗 P_0。空载损耗 P_0与电机的负载无关，也称不变损耗。( )

13. 电磁功率既可看成是机械功率，又可看成是电功率。( )

14. 当负载电流较小时，转速较大，负载电流增加，转速快速下降，当负载电流趋于零时，电机转速趋于无穷大，因此串励电动机不可以在空载或轻载下运行。( )

15. 由于大多数负载转矩都随转速的升高而增大或者保持恒定，因此只要电动机具有下降的机械特性，就能满足稳定运行的条件。( )

16. 若对静差率这一指标要求过高（即 $\delta\%$值越小），则调速范围 D 就越大；反之，若要求调速范围 D 越大，则转速的相对稳定性越好（静差率 $\delta\%$值越小）。( )

三、选择题

1. 直流电机的定子主要由（ ）组成。

A. 主磁极　　B. 机座　　C. 换向磁极和电刷装置　　D. 端盖

2. 直流电机的转子是电机的转动部分，又叫电枢，由（ ）等部分组成。

A. 电枢铁心和电枢绕组　　B. 换向器

C. 电刷装置　　D. 电机转轴和轴承

3. 单叠绕组有以下特点（ ）。

A. 同一主磁极下的元器件串联在一起组成一个支路，这样有几个主磁极就有几条支路

B. 电刷数等于主磁极数，电刷位置应使支路感应电动势最大

C. 电刷间电动势等于并联支路电动势，即等于每条并联支路中每根导体电动势之和

D. 电枢电流等于各并联支路电流之和

4. 单波绕组有以下特点（ ）。

A. 单波绕组只有一对并联支路，支路对数 a 与磁极对数 p 无关，即 $a=1$

B. 电刷数等于主磁极数，电刷位置应使支路感应电动势最大

C. 电刷间电动势等于并联支路电动势，即等于每条并联支路中每根导体电动势之和
D. 电枢电流等于各并联支路电流之和
5. 下图属于直流电动机他励励磁方式的是（　　）。

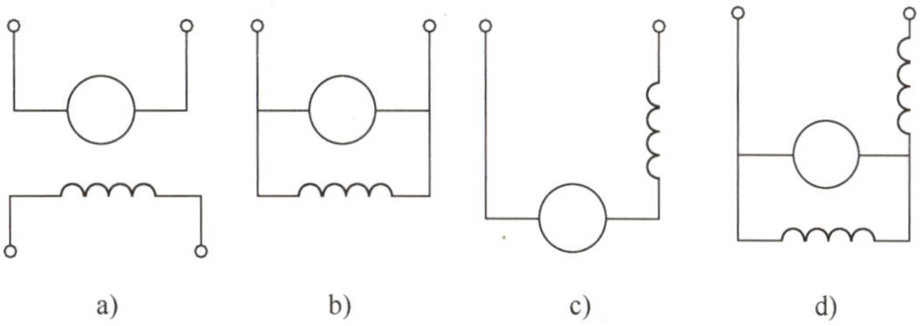

题图 1-1

6. 改善换向的目的在于消除或削弱电火花。由于电磁原因是产生火花的主要因素，所以改善换向的方法有（　　）。
A. 选用合适的电刷，增加电刷与换向片之间的接触电阻　　B. 装设换向极
C. 安装补偿绕组　　D. 减小电枢电流
7. 电机中电磁功率 P_{em} 的表达式是（　　）。
A. $P_{em}=T_{em}\Omega$　　B. $P_{em}=E_aI_a$　　C. $P_{em}=P_1-P_0$　　D. $P_{em}=P_1-P_{Cu}$
8. 电动机恒转矩负载特性是（　　）。

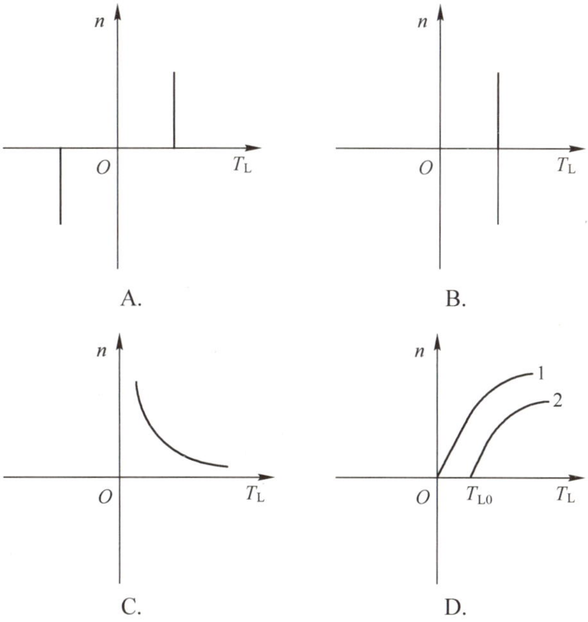

题图 1-2

9. 对直流电动机的起动，一般要求（　　）。
A. 起动转矩要限制在一定的范围内　　B. 要有足够大的起动转矩
C. 起动电流要限制在一定的范围内　　D. 起动设备要简单、可靠
10. 为了限制起动电流，他励直流电动机通常采用（　　）。
A. 电枢回路串电阻起动　　B. 降低电枢电压起动
C. 减小电动机的磁通　　D. 以上三种同时采用

11. 评价调速的指标有（　　）。

A. 调速范围　　B. 静差率

C. 调速的平滑性　　D. 调速的经济性

四、名词解释

1. 直流电机的可逆原理
2. 极距
3. 励磁方式
4. 电枢反应
5. 直流电机的空载磁化特性
6. 直流电动机的机械特性
7. 调速范围
8. 静差率（相对稳定性）

五、简答题

1. 简述直流电动机的工作原理、主要结构及各部分的作用。
2. 直流电机电枢绕组的连接方式中，单叠绕组和单波绕组各有何特点？
3. 直流电动机的励磁方式有几种？画图说明。
4. 什么是电枢反应，对电动机有何影响？
5. 怎么改善直流电机的换向性能？
6. 什么是电动机的转速特性？
7. 如何改变直流电动机的转向？
8. 常见的生产机械的负载特性有几类？画出其特性曲线。
9. 什么是电动机的固有机械特性和人为机械特性？人为机械特性有几类，各有何特点，画图说明。
10. 电力拖动系统稳定运行的条件是什么？
11. 直流电动机为什么不能直接起动？常用的起动方法有几种？
12. 直流电动机调速的方法有几种？各有何特点？
13. 衡量调速性能的指标有什么？
14. 制动的方法有几种？实现的条件是什么？

六、实操题

画图说明单叠绕组的个别线圈断线或与换向片焊接不良的检修方法。

第2章　变压器

本章要点

- 变压器的工作原理及结构
- 变压器的空载、负载运行和等效电路及实训
- 变压器的运行特性及参数测定

2.1　变压器的工作原理及结构

电力变压器是应用电磁感应原理，在频率不变的基础上将电压升高或降低，以利于电力的输送、分配和使用。

电力变压器按功能分，有升压变压器和降压变压器两大类。在电力系统中，发电厂用升压变压器将电压升高；工厂变配电所用降压变压器将电压降低。二次侧为低压的降压变压器称为“配电变压器”。

电力变压器按相数分，有三相变压器和单相变压器。电力变压器按结构形式分有心式变压器和壳式变压器。如果绕组包在铁心外围，则为心式变压器。如果铁心包在绕组外围，则为壳式变压器。电力变压器按调压方式分有无励磁调压和有载调压变压器两大类。电力变压器按绕组数目分，有双绕组变压器、三绕组变压器和自耦变压器三大类。电力变压器按冷却介质分，有干式、油浸式和充气式等。油浸式变压器又分为油浸自冷式、油浸风冷式和强迫油循环风冷（或水冷）三种类型。电力变压器按其绕组导体材料分，有铜绕组和铝绕组两种类型。由于铜绕组变压器在运行中损耗低，现在被广泛应用，如S9系列。

2.1.1　变压器的工作原理

图2-1是单相变压器工作原理图。图中，在闭合的铁心上，绕有两个互相绝缘的绕组，和电源连接的一侧称为一次绕组；输出电能的一侧称为二次绕组。当交流电源电压 u_1 加到一次绕组后，就有交流电流 i_1 通过该绕组，在铁心中产生交变的磁通 Φ。交变的磁通 Φ 沿铁心闭合，同时交链一、二次绕组，在两个绕组中分别产生感应电动势 e_1 和 e_2。如果二次侧带负载，便产生二次电流 i_2，即二次绕组有电能输出。

由电磁感应定律可得：

一次绕组的感应电动势 e_1 为

$$e_1=-N_1\frac{\mathrm{d}\Phi}{\mathrm{d}t} \tag{2-1}$$

二次绕组的感应电动势 e_2 为

$$e_2=-N_2\frac{\mathrm{d}\Phi}{\mathrm{d}t} \tag{2-2}$$

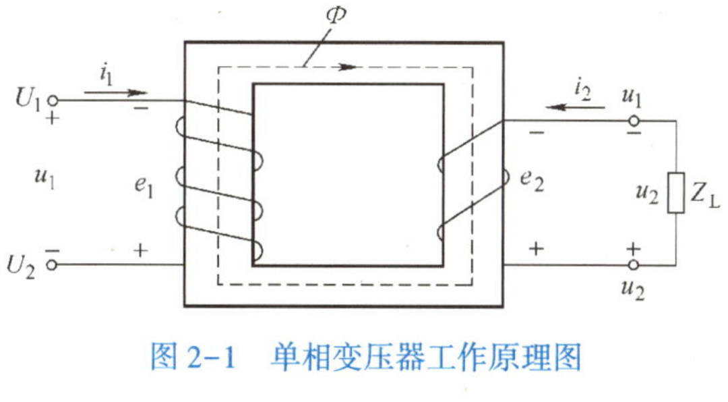

图2-1　单相变压器工作原理图

式中，N_1、N_2 分别为一、二次绕组的匝数；Φ 为主磁通。

由式（2-1）、式（2-2）可得

$$\frac{e_1}{e_2}=\frac{N_1}{N_2} \tag{2-3}$$

由式（2-3）可知：变压器一、二次感应电动势之比等于一、二次绕组的匝数之比。

若忽略变压器一、二次侧的漏电抗和电阻，可以近似地认为

$$\frac{e_1}{e_2}=\frac{N_1}{N_2}=k\approx\frac{U_1}{U_2} \tag{2-4}$$

式中，k 为变压器的电压比。

可见，变压器一、二次侧的匝数不同导致一、二次绕组的电压不等，改变变压器绕组的匝数比（即改变变压器的电压比）就可以改变变压器的输出电压。

2.1.2 变压器的结构

变压器的主要结构包括器身、油箱、冷却装置、保护装置、出线装置和变压器油。结构如图 2-2 所示。器身又称为心体，是变压器最重要的部件，其中包括铁心、线圈、绝缘、引线及分接开关等部件。油箱上还设有放油阀门、蝶阀、油样阀门、接地螺栓及铭牌等零部件。冷却装置包括散热器。保护装置包括储油柜、油表、防爆管、呼吸器、测温元件、热虹吸（净油器）及气体继电器等。出线装置包括高、中、低压套管等。

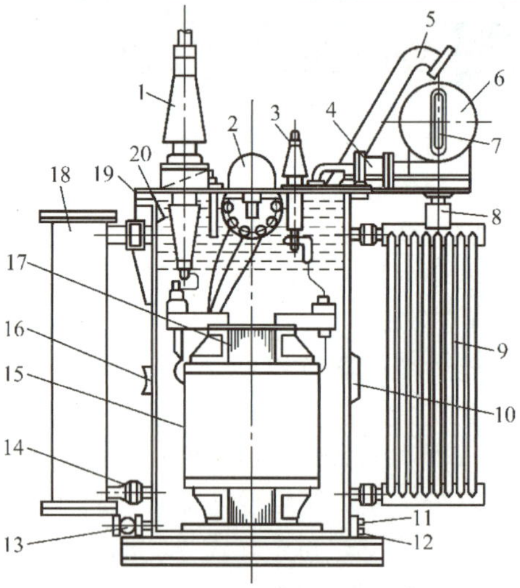

图 2-2 变压器的基本结构

1—高压套管 2—分接开关 3—低压套管 4—气体继电器 5—防爆管 6—储油柜 7—油位表 8—呼吸器 9—散热器 10—铭牌 11—接地螺栓 12—油样阀门 13—放油阀门 14—蝶阀 15—线圈 16—信号温度计 17—铁心 18—净油器 19—油箱 20—变压器油

1）铁心。变压器的铁心结构有两种：壳式和心式。心式是变压器最常采用的结构。铁心是变压器的磁路部分，为了提高磁路的磁导率和降低铁心的涡流损耗，铁心采用了高磁导率的冷轧硅钢片，其厚度一般为 0.25~0.35 mm。硅钢片表面涂有绝缘漆，主要是为了降低涡流损耗。铁心柱截面的形状如图 2-3 所示。小容量变压器一般做成方形或长方形，而大型变压器为了节省材料和充分利用线圈内圆空间，铁心的截面都做成多级阶梯形，并在铁心中设计了散热油道，将铁心运行时产生的热量通过绝缘油循环带走，达到良好的冷却效果。

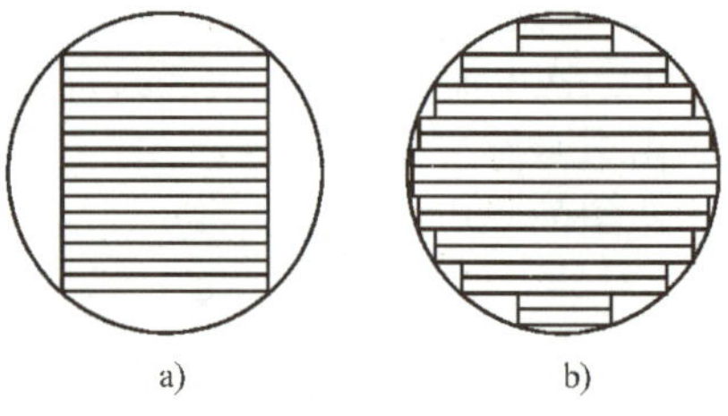

图 2-3 铁心柱截面形状示意图

a）矩形截面 b）多级阶梯形

2）线圈。线圈是变压器的电路部分，它一般用绝缘的铜或铝导线绕制。线圈的导线必须被包扎绝缘，最常用的是纸包绝缘，也有采用漆包线直接绕制的。变压器的线圈采用同心式结构，如图 2-4 所示。同心式的高、低压线圈同心地套在铁心柱上，在一般情况下，总是将低压线圈放在靠近铁心处，将高压线圈放在外面。高压线圈与低压线圈之间，以及低压线圈与铁心柱之间都留有一定的绝缘间隙和散热通道（油道或气道），并

用绝缘纸筒隔开。当低压线圈放在靠近铁心柱时，因为低压线圈与铁心柱所需的绝缘距离比较小，所以线圈的尺寸也就可以缩小，整个变压器的体积也就减小了。

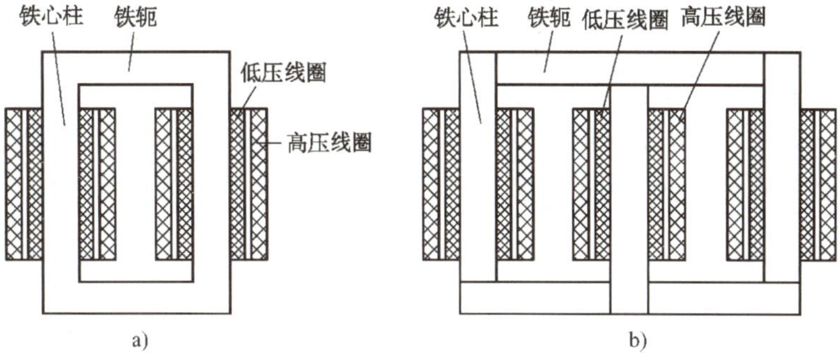

图 2-4　变压器的线圈采用同心式结构
a）单相　b）三相

3）油箱与冷却装置。变压器的器身浸在充满变压器油的油箱里。变压器油既是绝缘介质，又是冷却介质，变压器油受热后形成对流，将铁心和线圈的热量带到箱壁及冷却装置，再散发到周围空气中。变压器的冷却装置是将变压器在运行中产生的热量散发出去，以保证变压器安全运行。变压器的冷却介质有变压器油和空气，干式变压器直接由空气进行冷却，油浸变压器通过油的循环将变压器内部的热量带到冷却装置，再由冷却装置将热量散发到空气中。

4）绝缘套管。变压器套管是将线圈的高、低压引线引到箱外的绝缘装置上，从而起到引线对地（外壳）绝缘和固定引线的作用。套管装于箱盖上，中间穿有导电杆，套管下端伸进油箱与线圈引线相连，套管上部露出箱外，与外电路连接。

5）保护装置。变压器的保护装置包括：储油柜、吸湿器、净油器、防爆管、气体继电器、温度计、油位计及事故排油阀门等。

① 储油柜。储油柜安装在变压器顶部，通过弯管及阀门等与变压器的油箱相连。储油柜侧面装有油位计，储油柜内油面高度随变压器油的热胀冷缩而变动。储油柜的作用保证变压器油箱内充满油，减少了油与空气的接触面积，适应绝缘油在温度升高或降低时体积的变化，防止绝缘油的受潮和氧化。

② 吸湿器。吸湿器又称为呼吸器，作用是清除和干燥进入储油柜空气的杂质和潮气，呼吸器通过一根联管引入储油柜内高于油面的位置。柜内的空气随着变压器油位的变化通过呼吸器吸入或排除。呼吸器内装有硅胶，硅胶受潮后会变成红色，应及时更换或干燥。

③ 净油器。净油器内装活性氧化铝吸附剂，通过联管和阀门装在变压器油箱上，靠上下层油的温差使油通过净油器进行环流，同时吸附剂将油中的水分、渣滓、酸和氧化物等进行吸附，使油保持清洁和延缓老化。

④ 防爆管（压力释放器）。防爆管的主体是一根长的钢质圆管，其端部管口装有 3 mm 厚玻璃片密封，当变压器内部发生故障时，温度急剧上升，使油剧烈分解产生大量气体，箱内压力剧增，玻璃片破碎，气体和油从管口喷出，流入储油坑，防止了油箱爆炸起火或变形。

⑤ 气体继电器。气体继电器安装在储油柜与变压器的联管中间。当变压器内部发生故障产生气体或油箱漏油使油面降低时，气体继电器动作，发出信号，若事故严重，可使断路器自动跳闸，对变压器起保护作用。

⑥ 温度计。变压器的温度计直接监视着变压器的上层油温。

⑦ 油位计。油位计又称为油标或油表，是用来监视变压器油箱油位变化的装置。变压器

的油位计都装在储油柜上，为便于观察，在油管附近的油箱上标出相当于油温为-30℃、+20℃和+40℃时的三个油面线标志。

6）分接开关。为了使配电系统得到稳定的电压，必要时需要利用变压器调压。变压器调压的方法是在高压侧（中压侧）绕组上设置分接开关，用以改变线圈匝数，从而改变变压器的变压比，进行电压调整。抽出分接的这部分线圈电路称为调压电路，这种调压的装置，称为分接开关，或称为调压开关，俗称为“分接头”。

2.1.3 电力变压器的联结组标号

电力变压器的联结组标号，是指变压器一、二次绕组因联结方式不同而形成变压器一、二次侧对应的线电压之间的不同相位关系。为了形象地表示一、二次绕组线电压之间的关系，采用“时钟表示法”，即把一次绕组的线电压作为时钟的长针，并固定在“12”上，二次绕组的线电压作为时钟的短针，短针所指的数字即为三相变压器的联结组标号，该标号也是将二次绕组的线电压滞后于一次绕组线电压的相位差除以30°所得的值。这里介绍配电变压器常见的几种联结组标号。

1）Yyn0联结的配电变压器。Yyn0联结的接线、相量图如图2-5所示。图中“·”表示同名端，其一次线电压与对应的二次线电压之间的相位差为0°。联结组标号为零点。

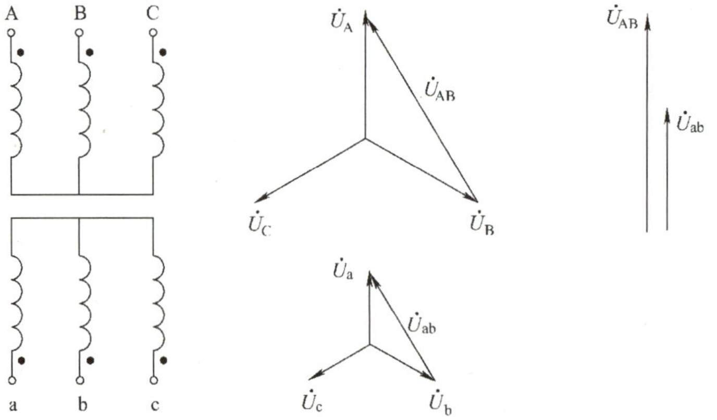

图2-5 变压器Yyn0联结的接线、相量图

2）Dyn11联结的配电变压器。Dyn11联结的接线、相量图如图2-6所示。其二次绕组的线电压滞后于一次绕组线电压30°，联结组标号为11点。

2.1.4 变压器的技术参数

① 额定容量S_N(kV·A)。指在额定工作状态下变压器能保证长期输出的容量。由于变压器的效率很高，规定一、二次侧的容量相等。

② 额定电压U_N(kV或V)。指变压器长时间运行时所能承受的工作电压。一次额定电压U_{1N}是指规定加到一次侧的电压；二次侧的额定电压U_{2N}是指变压器一次侧加额定电压时，二次侧空载时的端电压，在三相变压器中，额定电压指的是线电压。

③ 额定电流I_N(A)。变压器的额定电流是变压器在额定容量下允许长期通过的电流。三相变压器的额定电流指的是线电流。对于单相变压器$S_N=U_NI_N$；对于三相变压器$S_N=\sqrt{3}U_NI_N$。

④ 额定频率f_N(Hz)。我国规定的标准频率为50 Hz。

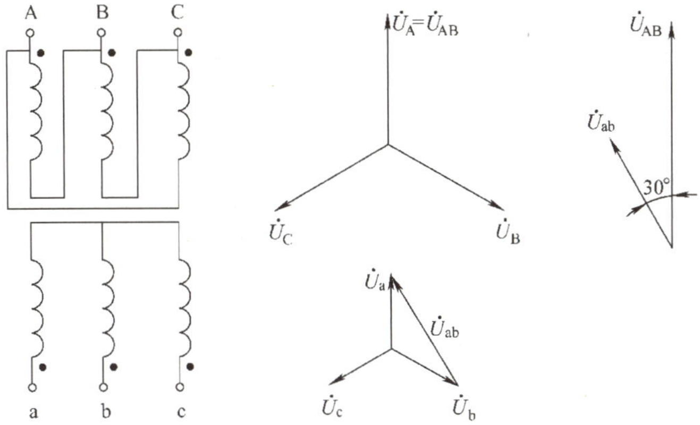

图 2-6 变压器 Dyn11 联结的接线、相量图

⑤ 短路电压（$U_K\%$）。将变压器二次侧短路，一次侧施加电压并慢慢升高电压，直到二次侧产生的短路电流等于二次侧的额定电流 I_{2N} 时，一次侧所加的电压称为短路电压 U_K，用相对于额定电压的百分数表示：$U_K\%=\dfrac{U_K}{U_{1N}}\times100\%$。

⑥ 空载电流（$I_0\%$）。当变压器二次侧开路，一次侧加额定电压 U_{1N} 时，流过一次绕组的电流为空载电流 I_0，用相对于额定电流的百分数表示：$I_0\%=\dfrac{I_0}{I_{1N}}\times100\%$。

空载电流的大小主要取决于变压器的容量、磁路的结构、硅钢片质量等因素，它一般为额定电流的 3%~5%。

⑦ 空载损耗 P_0。指变压器二次侧开路，一次侧加额定电压 U_{1N} 时变压器的损耗，它近似等于变压器的铁损。空载损耗可以通过空载试验测得。

⑧ 短路损耗 P_K。指变压器一、二次绕组流过额定电流时，在绕组的电阻中所消耗的功率。短路损耗可以通过短路试验测得。

2.2 变压器的空载运行及等效电路

1. 单相变压器空载运行的电磁关系

单相变压器空载运行的电磁关系如图 2-7 所示。当一次绕组接入交流电源电压 $\dot{U}_1$ 后，在一次绕组内产生一个交变电流 $\dot{I}_0(\dot{I}_1)$。由于二次绕组开路，故 $\dot{I}_2=0$，此时一次绕组中的电流 $\dot{I}_0$ 称为空载电流。空载电流 $\dot{I}_0$ 在一次绕组中产生空载磁动势 $\dot{F}_0=N_1\dot{I}_0$，它产生交变的磁通。该磁通一部分既交链于一次绕组又交链于二次绕组、以铁心作闭合回路的磁通，称作主磁通，用 $\dot{\Phi}_0$ 表示；另一部分只交链于一次绕组、以非磁性介质（空气或油）作闭合回路的磁通，称为一次漏磁通，用 $\dot{\Phi}_{1\sigma}$ 表示。因为铁心的磁导率比非磁性介质（空气或油）的磁导率大很多，铁心的磁阻小，所以磁通绝大部分沿铁心闭合，一般主磁通可占总磁

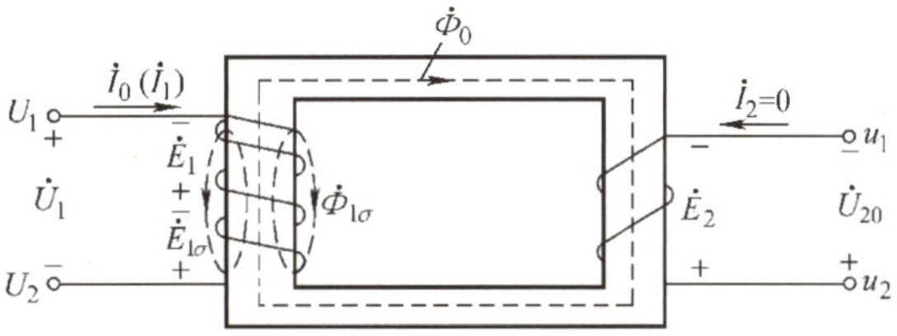

图 2-7 单相变压器空载运行的电磁关系

通的99%以上，而漏磁通仅占1%以下。根据电磁感应原理，主磁通 $\dot{\Phi}_0$ 将在一、二次绕组中感应电动势 $\dot{E}_1$ 和 $\dot{E}_2$，起到了传递能量的作用；而漏磁通 $\dot{\Phi}_{1\sigma}$ 只在一次绕组中感应一次漏磁电动势 $\dot{E}_{1\sigma}$，仅起到漏抗压降的作用。

2. 变压器各电磁量参考方向的规定

变压器中的电压、电流、磁通和电动势都是时间的交变量，因此它们的参考方向原则上是可以任意规定的。习惯上将变压器的一次绕组看作负载，一次侧各相量参考方向的规定遵循电动机惯例；将变压器的二次绕组看作电源，二次侧各相量参考方向的规定遵循发电机惯例，如图2-7所示。

（1）一次侧各电磁量参考方向的规定

1）一次电压 $\dot{U}_1$ 的参考方向：从 U_1 指向 U_2。

2）一次电流 $\dot{I}_0$（负载时为 $\dot{I}_1$）的参考方向：按电动机惯例，$\dot{I}_0$（$\dot{I}_1$）与 $\dot{U}_1$ 方向一致，即由 U_1 经绕组流向 U_2。

3）磁通 $\dot{\Phi}_0$ 和 $\dot{\Phi}_{1\sigma}$ 的参考方向：与产生它的电流 $\dot{I}_0$ 之间的关系符合右手螺旋定则。

4）感应电动势 $\dot{E}_1$ 和 $\dot{E}_{1\sigma}$ 的参考方向：由电磁感应定律，$\dot{E}$ 与 $\dot{\Phi}$ 之间的关系按右手螺旋定则确定，即 $\dot{E}_1$ 和 $\dot{E}_{1\sigma}$ 的参考方向与 $\dot{I}_0$ 的参考方向一致。

（2）二次侧各电磁量参考方向的规定

1）二次感应电动势 $\dot{E}_2$ 的参考方向：与 $\dot{E}_1$ 一样，由电磁感应定律，$\dot{E}_2$ 与 $\dot{\Phi}_0$ 之间的关系按右手螺旋定则确定。

2）电流 $\dot{I}_2$ 的参考方向：空载时，$\dot{I}_2=0$，当二次侧接上负载后，在 $\dot{E}_2$ 的作用下，就有电流 $\dot{I}_2$ 输出，$\dot{I}_2$ 与 $\dot{E}_2$ 的参考方向相同。

3）电压 $\dot{U}_{20}$ 的参考方向：按“发电机”惯例，$\dot{U}_{20}$ 与 $\dot{I}_2$ 的参考方向一致由 u_2 指向 u_1。

3. 感应电动势

（1）主磁通感应的电动势

设主磁通按正弦规律变化，即

$$\Phi_0=\Phi_m\sin\omega t \tag{2-5}$$

式中，Φ_m 为主磁通的幅值；$\omega=2\pi f$ 为磁通变化的角频率。

一、二次绕组感应电动势的瞬时值为

$$\begin{aligned} e_1 &=-N_1\frac{d\Phi_0}{dt}=-N_1\omega\Phi_m\cos\omega t=2\pi f N_1\Phi_m\sin(\omega t-90°) \\ &=E_{1m}\sin(\omega t-90°) \end{aligned} \tag{2-6}$$

同理有

$$\begin{aligned} e_2 &=-N_2\frac{d\Phi_0}{dt}=-N_2\omega\Phi_m\cos\omega t=2\pi f N_2\Phi_m\sin(\omega t-90°) \\ &=E_{2m}\sin(\omega t-90°) \end{aligned} \tag{2-7}$$

可见，当主磁通按正弦规律变化时，它所产生的感应电动势也按正弦规律变化，但在时间、相位上滞后于主磁通90°。

一、二次绕组感应电动势的有效值分别为

$$E_1=\frac{E_{1m}}{\sqrt{2}}=4.44fN_1\Phi_m \quad (2-8)$$

$$E_2=\frac{E_{2m}}{\sqrt{2}}=4.44fN_2\Phi_m \quad (2-9)$$

一、二次绕组感应电动势的相量表达式分别为

$$\dot{E}_1=-j4.44fN_1\dot{\Phi}_m \quad (2-10)$$

$$\dot{E}_2=-j4.44fN_2\dot{\Phi}_m \quad (2-11)$$

由此可知，一、二次绕组感应电动势的大小与电源频率、绕组匝数及主磁通最大值成正比，在相位上滞后于主磁通 90°。

（2）漏磁通感应的电动势

用同样的方法可推出：

$$E_{1\sigma}=4.44fN_1\Phi_{1\sigma m} \quad (2-12)$$

漏磁感应电动势也可用漏抗压降的形式表示：

$$\dot{E}_{1\sigma}=-jX_1\dot{I}_0 \quad (2-13)$$

式中，$X_1=2\pi fL_{1\sigma}$为一次绕组漏电抗，该值很小，且不随电源电压及负载情况而变。

4. 空载电流

变压器的空载电流 $\dot{I}_0$ 包含两个分量：一个是励磁分量，其作用是建立主磁通 $\dot{\Phi}_0$，其相位与主磁通 $\dot{\Phi}_0$ 相同，为一无功电流，用 $\dot{I}_{0r}$表示；另一个是铁损分量，其作用是供给因主磁通在铁心中交变时，而产生的磁滞损耗和涡流损耗（统称为铁损），此电流为一有功分量，用 $\dot{I}_{0a}$表示。故空载电流 $\dot{I}_0$ 可写成

$$\dot{I}_0=\dot{I}_{0r}+\dot{I}_{0a} \quad (2-14)$$

由于 $\dot{I}_{0r}\gg\dot{I}_{0a}$，故可认为 $\dot{I}_0\approx\dot{I}_{0r}$，即把空载电流近似看作无功性质的励磁电流。

空载电流越小越好。相同容量的变压器，其铁心的导磁性能越好，空载电流就越小。空载电流的大小一般用 $I_0\%$表示，是变压器的主要技术参数之一。

5. 变压器空载运行时的电动势平衡方程

由图 2-7 可知，一次侧的电动势平衡方程为

$$\dot{U}_1=-\dot{E}_1-\dot{E}_{1\sigma}+R_1\dot{I}_0=-\dot{E}_1+R_1\dot{I}_0+jX_1\dot{I}_0=-\dot{E}_1+Z_1\dot{I}_0 \quad (2-15)$$

式中，$Z_1=R_1+jX_1$，为一次绕组的漏阻抗。

由于 I_0 和 Z_1 都很小，所以漏阻抗压降 I_0Z_1 更小，可以忽略不计。因此一次侧的电动势平衡方程可以写为

$$\dot{U}_1\approx-\dot{E}_1 \quad (2-16)$$

若用有效值表示，即

$$U_1\approx E_1=4.44fN_1\Phi_m \quad (2-17)$$

可得

$$\Phi_m=\frac{E_1}{4.44fN_1}\approx\frac{U_1}{4.44fN_1} \quad (2-18)$$

由重要的式（2-18）可知，变压器的主磁通 Φ_m 和电源的电压 U_1 成正比，和电源的频率

f 成反比，和一次侧的匝数 N_1 成反比，而与磁路所用材料的性质和尺寸无关。那么，变压器为什么还要装铁心呢？

由磁路欧姆定律（$\Phi=\dfrac{F}{R_m}=\dfrac{IN}{R_m}$，其中磁阻 $R_m=\dfrac{l}{\mu s}$，和铁心的材质和几何尺寸有关）可知，当电源电压 U_1、频率 f 和变压器匝数 N_1 一定时，主磁通 Φ_m 也一定，因此 $I_0 \propto R_m$，即励磁电流 I_0 和主磁路磁阻 R_m 成正比，铁磁材料的磁导率 μ 大，R_m 小，所以变压器安装铁心是为了减小励磁电流 I_0。

空载时 $\dot{I}_2=0$，二次侧的电动势平衡方程为

$$\dot{U}_{20}\approx\dot{E}_2 \tag{2-19}$$

6. 变压器空载时的等效电路

变压器的工作原理建立在电磁感应定律的基础上。为了分析和计算变压器性能方便，将变压器运行中的电磁之间的相互关系用一个模拟电路来等效，变压器空载时的等效电路如图 2-8 所示。图中 R_1 为一次绕组的电阻，X_1 为漏电抗，对应于漏磁通，$Z_1=R_1+\mathrm{j}X_1$ 为漏阻抗，$Z_m=R_m+\mathrm{j}X_m$ 为励磁阻抗，R_m 为励磁电阻，对应于铁损的等效电阻，$P_0\approx P_{Fe}=I_0^2R_m$；$X_m$ 为励磁电抗，对应于主磁通的电抗，变压器铁心的导磁性能越好，X_m 的值越大，当铁心磁饱和时，X_m 的值减小。空载电流在 Z_m 上的阻抗压降为

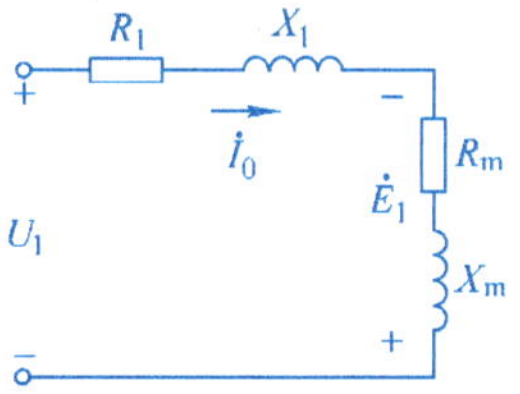

图 2-8　变压器空载时的等效电路

$$-\dot{E}_1=Z_m\dot{I}_0=(R_m+\mathrm{j}X_m)\dot{I}_0 \tag{2-20}$$

将式（2-20）代入式（2-15），便得

$$\dot{U}_1=-\dot{E}_1+R_1\dot{I}_0+\mathrm{j}X_1\dot{I}_0=(R_m+\mathrm{j}X_m+R_1+\mathrm{j}X_1)\dot{I}_0 \tag{2-21}$$

对于电力变压器，由于一次漏阻抗很小，可忽略不计，$\dot{U}_1\approx(R_m+\mathrm{j}X_m)\dot{I}_0$，变压器空载等效电路就成为只有一个励磁阻抗的电路了。

7. 变压器的电压比

对于单相变压器，电压比为一、二次绕组的主电动势的比，也为一、二次绕组匝数的比。即

$$k=\frac{E_1}{E_2}=\frac{N_1}{N_2}\approx\frac{U_1}{U_{20}}=\frac{U_{1N}}{U_{2N}} \tag{2-22}$$

对于三相变压器，电压比为一、二次绕组的相电动势的比，近似为一、二次额定相电压之比。而三相变压器的额定电压为线电压，所以：
变压器为 Yd 联结时有

$$k=\frac{U_{1N}}{\sqrt{3}U_{2N}} \tag{2-23}$$

变压器为 Dy 联结时有

$$k=\frac{\sqrt{3}U_{1N}}{U_{2N}} \tag{2-24}$$

2.3 变压器的负载运行及等效电路

变压器的一次侧接在额定频率、额定电压的交流电源上，二次接负载的运行状态为负载运

行，如图 2-9 所示。

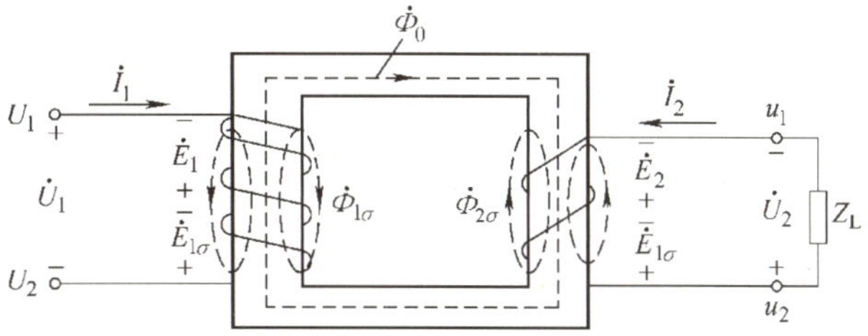

图 2-9　变压器的负载运行

1. 负载运行时的磁动势平衡方程

变压器空载运行时，空载电流 $\dot{I}_0$ 产生磁动势 $\dot{F}_0=N_1\dot{I}_0$，它在铁心中产生主磁通 $\dot{\Phi}_0$，而 $\dot{\Phi}_0$ 在一、二次绕组中感应主电动势 $\dot{E}_1$ 和 $\dot{E}_2$，一次绕组中流过空载电流 $\dot{I}_0$，此时变压器处于空载时的电磁平衡状态。

当变压器二次绕组接上负载后，在 $\dot{E}_2$ 的作用下，有电流 $\dot{I}_2$ 产生，因此产生二次磁动势 $\dot{F}_2=N_2\dot{I}_2$，也作用于铁心上且 $\dot{F}_2$ 力图削弱主磁通。此时铁心中合成磁动势为 $N_1\dot{I}_1+N_2\dot{I}_2=\dot{F}_1+\dot{F}_2$，它产生负载时的主磁通。由于电源电压 $\dot{U}_1$ 为一常值，主磁通 $\dot{\Phi}_0$ 保持不变（和空载运行时的主磁通基本相同），因此负载时产生主磁通的合成磁动势 $\dot{F}_1+\dot{F}_2$ 和空载时产生主磁通的励磁磁动势相等，即

$$\dot{F}_0=\dot{F}_1+\dot{F}_2$$

$$N_1\dot{I}_0=N_1\dot{I}_1+N_2\dot{I}_2 \tag{2-25}$$

式（2-25）为变压器负载运行时的磁动势平衡方程。

将式（2-25）两边除以 N_1 后可得

$$\dot{I}_1=\dot{I}_0+\left(-\frac{N_2}{N_1}\dot{I}_2\right)=\dot{I}_0+\left(-\frac{\dot{I}_2}{k}\right)=\dot{I}_0+\dot{I}_{1L} \tag{2-26}$$

式中，$\dot{I}_{1L}$ 为一次电流的负载分量，$\dot{I}_{1L}=-\dfrac{\dot{I}_2}{k}$。

上式为磁动势平衡方程的电流表示形式。

可见变压器负载运行时，一次电流 $\dot{I}_1$ 由两部分组成：一个是励磁电流 $\dot{I}_0$，产生主磁通 $\dot{\Phi}_0$；另一个是负载分量电流 $\dot{I}_{1L}$，用以抵消二次磁动势的作用，以维持主磁通 $\dot{\Phi}_0$ 基本不变。二次电流增加或减少，必然引起一次电流的增加或减少。相应地，当二次输出功率增加或减少时，一次侧从电网吸取的功率必然同时增加或减少。

变压器负载运行时，由于 $\dot{I}_0 \ll \dot{I}_1$，所以

$$\dot{I}_1\approx-\frac{\dot{I}_2}{k}\ \text{或}\ \frac{I_1}{I_2}\approx\frac{N_2}{N_1}=\frac{1}{k} \tag{2-27}$$

上式说明一、二次电流大小近似与绕组匝数成反比。可见变压器变电压同时也能变电流。

2. 负载运行时的电动势平衡方程

变压器负载运行时，除由合成磁动势 $\dot{F}_1+\dot{F}_2$ 产生主磁通 $\dot{\Phi}_0$ 在一、二次绕组感应电动势 $\dot{E}_1$ 和 $\dot{E}_2$ 外，$\dot{F}_1$ 和 $\dot{F}_2$ 还分别产生只交链于各自绕组的漏磁通 $\dot{\Phi}_{1\sigma}$ 和 $\dot{\Phi}_{2\sigma}$，并分别在一、二次绕组中感应漏磁电动势 $\dot{E}_{1\sigma}$ 和 $\dot{E}_{2\sigma}$。

由图 2-9 可知：

一次侧：$\dot{U}_1=-\dot{E}_1-\dot{E}_{1\sigma}+R_1\dot{I}_1=-\dot{E}_1+R_1\dot{I}_1+jX_1\dot{I}_1=-\dot{E}_1+Z_1\dot{I}_1$ (2-28)

式中，$\dot{E}_{1\sigma}$为一次漏磁电动势，$\dot{E}_{1\sigma}=-jX_1\dot{I}_1$。

二次侧：$\dot{U}_2=\dot{E}_2+\dot{E}_{2\sigma}-R_2\dot{I}_2=\dot{E}_2-(R_2+jX_2)\dot{I}_2=\dot{E}_2-Z_2\dot{I}_2$ (2-29)

式中，$\dot{E}_{2\sigma}$为二次漏磁电动势，$\dot{E}_{2\sigma}=-jX_2\dot{I}_2$，$X_2$为二次漏电抗；$Z_2$为二次漏阻抗，$Z_2=R_2+jX_2$。

变压器二次侧电压也可写成 $\dot{U}_2=Z_L\dot{I}_2$ (2-30)

式中，Z_L为负载阻抗。

3. 变压器负载运行的等效电路

变压器的等效电路既能正确反映变压器内部电磁过程，又便于工程计算，等效电路是用纯电路来代替既有电路关系、又有电磁耦合的实际变压器。负载时变压器有一、二两个独立的电路，相互之间靠主磁通联系在一起。若用一个等效电路代替实际的变压器，需将两个独立的电路直接连在一起，铁心磁路的工作状况用电路来等效代替。为此需将二次侧的量折算到一次侧。为了区别，在二次侧的量的右上角加一撇。折算后必须保证原变压器的电磁关系不变、各功率和损耗不变。折算方法如下。

1）二次电动势和电压折算值为原二次侧值乘以电压比k，即$\dot{E}_2'=k\dot{E}_2$，$\dot{E}_{2\sigma}'=k\dot{E}_{2\sigma}$，$\dot{U}_2'=k\dot{U}_2$。

2）二次电流折算值为原二次侧电流除以电压比k，即$\dot{I}_2'=\dfrac{1}{k}\dot{I}_2$。

3）二次侧的电阻、漏电抗及负载阻抗的折算值为原二次侧值乘以k^2，即$R_2'=k^2R_2$，$X_2'=k^2X_2$，$Z_L'=k^2Z_L$。

折算后可以将两个独立电路直接连在一起，即得变压器负载时的等效电路。

1）T形等效电路如图2-10所示。

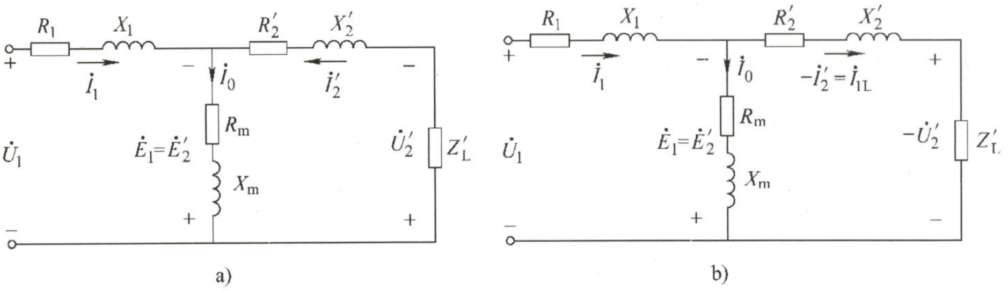

图2-10 T形等效电路

在T形等效电路中，R_1为一次绕组的电阻；X_1为一次侧的漏电抗，对应于一次侧的漏磁通；R_2'为二次绕组的电阻折算到一次侧的值，X_2'为二次侧的漏电抗折算到一次侧的值，它对应于二次侧的漏磁通；R_m和X_m的串联支路为变压器的励磁支路，R_m为励磁电阻，对应于铁损的等效电阻；X_m为励磁电抗，对应于主磁通的电抗。从等效电路图中可以看出：$\dot{I}_1=\dot{I}_0+(-\dot{I}_2')=\dot{I}_0+(-\dot{I}_2/k)=\dot{I}_0+\dot{I}_{1L}$正是变压器磁势平衡方程的电流表示形式。可见在等效电路中将铁心磁路的工作情况用电路形式代替。

在T形等效电路中，电阻R_1和R_2'上消耗的电功率$R_1I_1^2$和$R_2'I_2'^2$分别为一、二次绕组的铜损P_{Cu1}和P_{Cu2}，消耗在励磁电阻R_m上的电功率$R_mI_0^2$代表变压器的铁损P_{Fe}，U_1I_1为变压器输

入的视在功率 S_1，$U_2'I_2'$为输出的视在功率 S_2'，$E_1I_1=E_2'I_2'$为变压器一次侧通过电磁感应传递给二次侧的视在功率。

2）简化等效电路如图 2-11 所示。

一般变压器 $\dot{I}_0 \ll \dot{I}_1$，可把励磁电流 $\dot{I}_0$忽略，即去掉励磁支路得到图 2-11 所示的简单的串联电路，称为变压器的简化等效电路。在简化等效电路中：

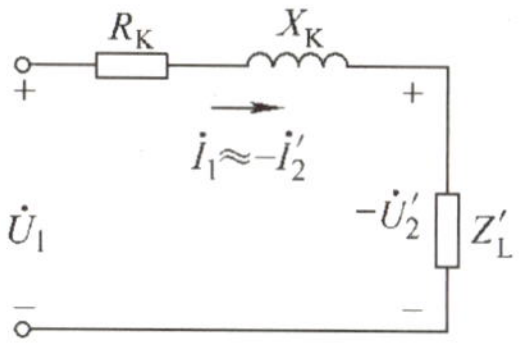

图 2-11　简化等效电路

$R_K=R_1+R_2'$，为短路电阻；

$X_K=X_1+X_2'$，为短路电抗；

$Z_K=R_K+jX_K'$，为短路阻抗，其值较小。

由于短路阻抗的值较小，当变压器短路时，其短路电流值很大。

2.4 变压器的运行特性

2.4.1 变压器的外特性与电压变化率

1. 变压器的外特性

当电源电压和负载的功率因数等于常数时，二次端电压随负载电流变化的规律为变压器的外特性，即 $U_2=f(I_2)$。

由变压器的简化等效电路可以看出，在变压器负载运行时，由于变压器内部存在电阻和漏抗，故当负载电流流过时，变压器内部将产生阻抗压降，使二次端电压随负载电流的变化而变化。图 2-12 为不同性质的负载时，变压器的外特性曲线。由图可知，变压器二次电压的大小不仅与负载电流的大小有关，而且还与负载的功率因数有关。

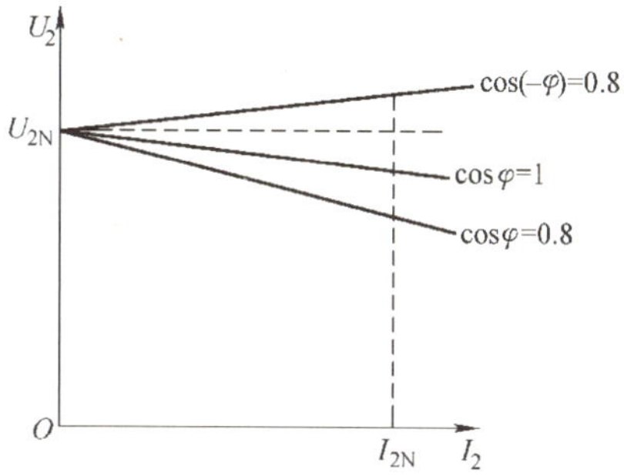

图 2-12　变压器的外特性曲线

2. 电压变化率

所谓电压变化率是指变压器一次侧施以交流 50Hz 的额定电压，二次空载电压 U_{20}与带负载后的某一功率因数下二次电压 U_2 之差，与二次额定电压 U_{2N}的比值用 ΔU 表示，即

$$\Delta U=\frac{U_{20}-U_2}{U_{2N}}\times 100\%=\frac{U_{2N}-U_2}{U_{2N}}\times 100\% \tag{2-31}$$

电压变化率 ΔU 是表征变压器运行性能的重要指标之一，它的大小反映了供电电压的稳定性。电压变化率的大小与负载的大小、性质（感性、容性、阻性）及变压器的短路阻抗有关。当变压器的负载为纯电阻性质时，电压变化率较小；当变压器的负载为感性时，电压变化率较大，且为正值。

2.4.2 变压器的损耗和效率

1. 变压器的损耗

变压器在能量传递过程中会产生能量损耗。但变压器没有旋转部分，无机械损耗。变压器的损耗主要包括铁损和一、二次绕组的铜损两部分。

变压器的效率是很高的。变压器的一次绕组从电源侧获得有功功率 P_1，除了一小部分变压器的内部损耗外，都转变为输出功率 P_2。变压器在运行中产生的内部损耗包括变压器铁损和铜损两部分。

1）变压器的铁损 P_{Fe}。变压器一次侧加交流电压时，在铁心中产生交变的磁通，从而在铁心中产生了磁滞损耗和涡流损耗，称之为变压器的铁损。变压器在空载运行时的损耗为

$$P_0 = I_0^2 R_1 + P_{Fe} \tag{2-32}$$

由于空载电流 I_0 和一次绕组电阻 R_1 都比较小，所以 $I_0^2 R_1$ 可以忽略不计，因此变压器的空载损耗主要是铁损，即 $P_{Fe} \approx P_0$。变压器的铁损与磁通密度的幅值的二次方成正比，与电源频率的1.3次方成正比。当电源电压不变时，变压器主磁通的幅值基本不变，因此当频率恒定时，变压器的铁损只和外加电源电压的大小有关。当电源电压一定时，其铁损基本不变，即与负载大小基本无关，故称之为“不变损耗”。

2）变压器的铜损 P_{Cu}。当有电流通过变压器一、二次绕组时，就要产生一定的功率和电能损耗，即铜损为

$$P_{Cu} = I_1^2 R_1 + I_2^2 R_2 \tag{2-33}$$

可见变压器铜损的大小主要取决于负荷电流的大小。若 P_{CuN} 为变压器额定负载时的铜损，其值近似为变压器的短路损耗，可通过短路试验测得，则变压器的在任意负载下的铜损可以表示为

$$P_{Cu} = I_1^2 R_1 + I_2^2 R_2 = \left(\frac{I_2}{I_{2N}}\right)^2 P_{CuN} = \beta^2 P_{CuN} \tag{2-34}$$

式中，$\beta = I_2 / I_{2N}$ 为变压器的负载系数。可见变压器的铜损与负载系数的二次方成正比。

2. 变压器的效率 η

变压器的效率为

$$\eta = \frac{P_2}{P_1} \times 100\% = \frac{P_2}{P_2 + P_{Fe} + P_{Cu}} \times 100\% \tag{2-35}$$

变压器的效率一般在95%以上。当变压器负载的功率因数一定时，变压器的效率与负载系数的关系称为变压器的效率特性，如图2-13所示。从图中可以看出，当变压器的输出功率为0时，效率也为0，随着输出功率的增加，效率也增加，达到最大值后，随着负载电流的增加效率开始降低。这是因为变压器的铁损基本不变，而铜损则与负荷电流的二次方成正比，当负载电流增加到一定程度后，铜损很快增大使得变压器的效率下降。可以证明，当变压器的铜损与铁损相等时，变压器的效率达到最大值。一般变压器的最大效率出现在负载系数为0.5~0.6时。

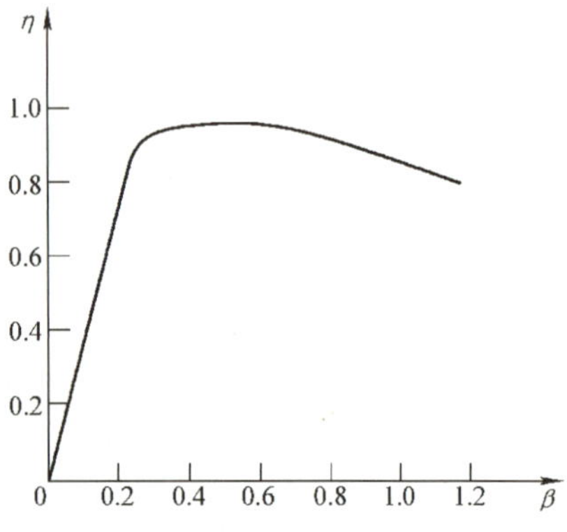

图2-13 变压器的效率特性

2.5 实训 变压器参数的测定

1. 实训目的

1）通过空载试验测定变压器的电压比和励磁参数 R_m、X_m 和 Z_m。

2）通过短路试验测定变压器的参数 R_K、X_K、Z_K。

3）学会用测出的参数画出变压器的T形等效电路图。

2. 实训项目

1）空载试验。测取空载特性 $U_0 = f(I_0)$，$P_0 = f(U_0)$，$\cos\varphi = f(U_0)$。

2）短路试验。测取短路特性 $U_K=f(I_K)$，$P_K=f(I_K)$，$\cos\varphi_K=f(I_K)$。

3. 试验步骤

（1）空载试验

1）在三相调压交流电源断电的条件下，按图 2-14 接线。被测单相变压器，其额定容量 $P_N=77W$，$U_{1N}/U_{2N}=220V/55V$，$I_{1N}/I_{2N}=0.35A/1.4A$。变压器的低压线圈 a、x 接电源，高压线圈 A、X 开路。

需要注意的是：空载试验可以在任何一侧做，为了试验安全，通常空载试验在低压侧进行。

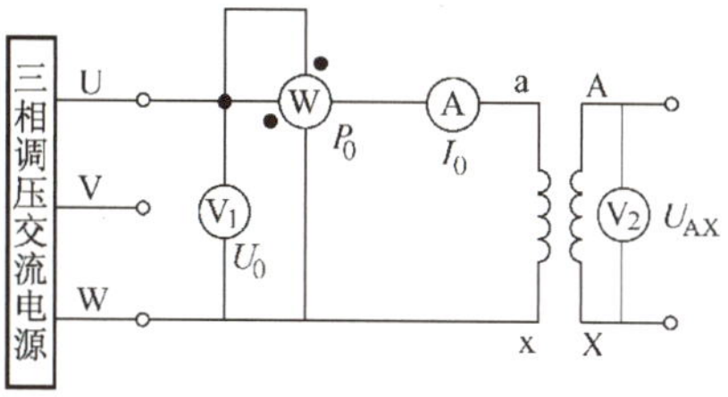

图 2-14　空载试验接线图

2）选好所有电表量程。将控制屏左侧调压器旋钮向逆时针方向旋转到底，即将其调到输出电压为零的位置。

3）合上交流电源总开关，按下“开”按钮，便接通了三相交流电源。调节三相调压器旋钮，使变压器空载电压 $U_0=1.2U_N$，然后逐次降低电源电压，在 $1.2\sim0.2U_N$ 的范围内，测取变压器的 U_0、I_0、P_0。

4）测取数据时，$U=U_N$ 点必须测，在该点附近再找几个较密的点进行测量，共测取数据 7~8 组。记录于表 2-1 中。

5）为了计算变压器的电压比，在 U_N 以下测取一次电压的同时测出二次电压数据也记录于表 2-1 中。

表 2-1　变压器空载试验

序号	试验数据				计算数据	
	U_0/V	I_0/A	P_0/W	U_{AX}/V	$I_0\%=\frac{I_0}{I_N}\times100\%$	$\cos\varphi_0=\frac{P_0}{U_0I_0}$

6）空载试验数据分析。

① 计算电压比。由空载试验测变压器的一、二次电压的数据，计算出电压比，然后取其平均值作为变压器的电压比 $k(k=U_{AX}/U_{ax})$。

② 绘出空载特性曲线 $I_0=f(U_0)$，$P_0=f(U_0)$，$\cos\varphi_0=f(U_0)$。

③ 计算励磁参数 R_m、X_m 和 Z_m。从空载特性曲线上查出对应于 $U_0=U_N$ 时的 I_0 和 P_0 值。由等效电路可知，空载时变压器没有输出功率，此时输入的有功功率 P_0 包含一次绕组的铜损 $R_1I_0^2$ 和铁心的铁损 $P_{Fe}=R_mI_0^2$ 两部分。若忽略 R_1、$X_1(R_1\ll R_m,\ X_1\ll X_m)$，则 $P_0\approx P_{Fe}$，并由下式可求得励磁参数。

$$Z_m=\frac{U_0}{I_0},R_m=\frac{P_0}{I_0^2},X_m=\sqrt{Z_m^2-R_m^2} \tag{2-36}$$

需要注意的是：因空载电流、铁心损耗及励磁阻抗均随电压的大小而变化，即与铁心的饱和程度有关，所以空载电流和空载功率应取额定电压时的值，以此来计算励磁阻抗。若要求取折算到高压侧的励磁阻抗，则必须将试验求取的低压侧的值乘以电压比的二次方，即高压侧的值分别为 k^2Z_m、k^2R_m、k^2X_m。

（2）短路试验

1）切断三相调压交流电源，按图 2-15 接线（以后每次改接电路时都要关断电源）。将变压器的高压线圈接电源，低压线圈直接短路。

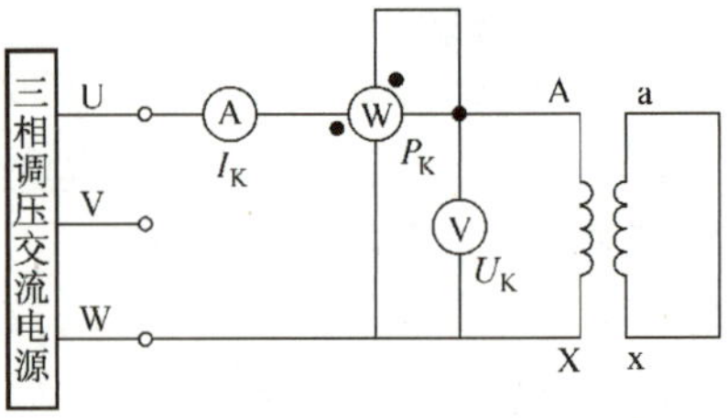

图 2-15 短路试验接线图

注意：短路试验也可以在任何一侧做，为试验安全，短路试验通常在高压侧进行；短路试验操作要快，否则线圈发热会引起电阻变化。

2）选好所有电表量程，将交流调压器旋钮调到输出电压为零的位置。

3）接通交流电源，逐次缓慢增加输入电压，直到短路电流等于 $1.1I_N$ 为止，在（0.2~1.1）I_N 范围内测取变压器的 U_K、I_K、P_K。

4）测取数据时，$I_K=I_N$ 点必须测，共测取数据 6~7 组记录于表 2-2 中。试验时记下周围环境温度（℃）。

表 2-2 变压器短路试验数据记录　　室温____℃

序号	试验数据			计算数据
	U_K/V	I_K/A	P_K/W	$\cos\varphi_K=\frac{P_K}{U_KI_K}$

5）短路试验数据分析。

① 绘出短路特性曲线 $U_K=f(I_K)$、$P_K=f(I_K)$、$\cos\varphi_K=f(I_K)$。

② 计算短路参数。从短路特性曲线上查出对应于短路电流 $I_K=I_N$ 时的 U_K 和 P_K 值。由于短路试验时，外加电压比额定值低很多，铁心中的主磁通很小，铁损很小，可以忽略不计。因此可以认为短路损耗即为一、二次绕组的铜损，即 $P_K=P_{Cu}$。在等效电路上可以认为励磁支路处于开路状态，所以可以由所测数据算出试验环境温度为 θ(℃) 时的短路参数，即

$$Z_K=\frac{U_K}{I_K},R_K=\frac{P_K}{I_K^2},X_K=\sqrt{Z_K^2-R_K^2} \tag{2-37}$$

需要注意的是：短路试验是在高压侧进行的，测得的参数是高压侧的数值，若需要折算到低压侧应除以 k^2。

由于短路电阻 R_K 随温度变化，因此，算出的短路电阻应按国家标准换算到基准工作温度 75℃时的阻值。

对于铜绕组变压器有

$$R_{K75℃}=\frac{234.5+75}{234.5+\theta}R_K \tag{2-38}$$

式中，234.5 为铜导线的常数，若用铝导线常数应改为 228；θ 为试验时的室温。

75℃时的短路阻抗为

$$Z_{K75℃}=\sqrt{R_{K75℃}^2+X_K^2} \tag{2-39}$$

负载损耗 P_K 也应换算到 75℃时的数值，即

$$P_{K75℃}=R_{K75℃}I_{1N}^2 \tag{2-40}$$

③ 计算短路电压（阻抗电压）百分值。短路电流为额定电流时一次侧所加的电压为短路电压（U_{KN}）。它是额定电流在短路阻抗上的电压降，故也称作阻抗电压。短路电压 U_K 也应换算到 75℃时的数值。

$$U_{K75℃}=Z_{K75℃}I_{1N} \tag{2-41}$$

短路电压通常以额定电压的百分值表示：

$$u_K\%=\frac{Z_{K75℃}I_{1N}}{U_{1N}}\times100\%；u_{Ka}\%=\frac{R_{K75℃}I_{1N}}{U_{1N}}\times100\%；u_{Kr}\%=\frac{X_KI_{1N}}{U_{1N}}\times100\% \tag{2-42}$$

式中，$u_K\%$为短路电压百分值；$u_{Ka}\%$为短路电压有功分量百分值；$u_{Kr}\%$为短路电压无功分量百分值。

4. 画出变压器 T 形等效电路

利用空载和短路试验测定的参数，画出被试变压器折算到高压的 T 形等效电路。对于 T 形等效电路可以认为：

$$R_1\approx R_2'=\frac{1}{2}R_K；X_1\approx X_2'=\frac{1}{2}X_K。$$

5. 任务单及成绩评定

姓名__________　学号__________　工位号__________　日期__________

名称：变压器的参数的测定　　时间：40 min

序号	项 目 内 容	配分	评 分 标 准	检验结果	扣分	得分
1	空载试验。测取空载特性	45	接线错误一次（-5 分）			
			电表极性量程选错一处（-5 分）			
			电源电压测量范围不正确（-5 分）			
			缺少 $U=U_N$ 点及在该点附近的测量数据（-10 分）			
			没有测量二次电压数据（-10 分）			
			空载试验数据分析错误一处（-5 分）			
2	短路试验。测取短路特性	45	接线错误一次（-5 分）			
			电表极性量程选错一处（-5 分）			
			短路电流测量范围不正确（-5 分）			
			缺少 $I=I_N$ 点及在该点附近的测量数据（-10 分）			
			短路试验数据分析错误一处（-5 分）			
3	绘制变压器 T 形等效电路图	10	不会利用试验数据计算 T 形等效电路中的参数（-5 分）			
			不会绘制变压器 T 形等效电路图（-5 分）			

（续）

序号	项目内容	配分	评分标准	检验结果	扣分	得分
4	安全文明操作		未清理现场（−5分） 损坏工具（−50分） 试验方法不当损坏变压器（−40分） 违反安全规定（−50分）			
5	考核时限		每超过5min（−5分）			
6	合计	100		总分		

2.6 教学检测

一、填空题

1. 变压器的主要结构包括（　　　　　　　　　　　　　　　　　　　　　　　　　　　　　　　　）。

2. 铁心是变压器的磁路部分，为了提高磁路的磁导率和降低铁心的涡流损耗，铁心采用了（　　　　　　　　　　　），其厚度一般为（　　　　　）mm。

3. 绕组是变压器的电路部分，它一般用（　　　　　　　　　）绕制。

4. 变压器（　　）是将线圈的高、低压引线引到箱外的绝缘装置，它起到引线对地（　　）绝缘和固定引线的作用。

5. 当电源电压和负载的功率因数等于常数时，二次电压随负载电流变化的规律为变压器的（　　　　）。

6. 当电源电压不变时，变压器主磁通的幅值基本不变，因此当频率恒定时，变压器的铁损耗只与（　　　　　　　　　）有关。当电源电压一定时，其铁损耗基本（　　　　），与（　　　　）基本无关，故称之为“不变损耗”。

7. 变压器的铜损耗与（　　　　　　　　）成正比。

8. 一般变压器的最大效率出现在负载系数为（　　　　　）时。

二、判断题（错的画×、对的画√）

1. 电力变压器是应用电磁感应原理，在频率不变的基础上将电压升高或降低，以利于电力的输送、分配和使用。（　　）

2. 电力变压器的绕组采用同心式结构，同心式的高、低压绕组同心地套在铁心柱上，在一般情况下，总是将高压绕组放在靠近铁心处，将低压绕组放在外面。（　　）

3. 变压器中的油既是绝缘介质，又是冷却介质。（　　）

4. 储油柜的作用是保证变压器油箱内充满油，减少了油与空气的接触面积，适应绝缘油在温度升高或降低时体积的变化，防止绝缘油的受潮和氧化。（　　）

5. 气体继电器安装在储油柜与变压器的联管中间。当变压器内部发生故障产生气体或油箱漏油使油面降低时，可使断路器自动跳闸，对变压器起保护作用。（　　）

6. 变压器的温度计用来监视变压器的下层油温。（　　）

7. 呼吸器内装有硅胶，硅胶受潮后会变成红色，应及时更换或干燥。（　　）

8. 变压器调压的方法是在低绕组上设置分接开关，用以改变线圈匝数，从而改变变压器的电压比，进行电压调整。（　　）

9. 变压器额定容量 S_N(kV·A) 指在额定工作状态下变压器能保证长期输出的容量。由于变压器的效率很高，所以规定一、二次侧的容量相等。（　　）

10. 对于单相变压器 $S_N=U_NI_N$；对于三相变压器，$S_N=3U_NI_N$。( )

11. 空载电流的大小主要取决于变压器的容量、磁路的结构、硅钢片质量等因素，一般为额定电流的 3%~5%。( )

12. 变压器的主磁通Φ_m与电源的电压U_1成正比，与电源的频率f成反比，与一次侧的匝数N_1成反比，而与磁路所用材料的性质和尺寸无关。( )

13. 变压器安装铁心是为了减小励磁电流I_0。( )

三、选择题

1. ( ) 的作用是清除和干燥进入储油柜空气的杂质和潮气，可通过一根联管引入储油柜内高于油面的位置。

A. 吸湿器 B. 净油器 C. 防爆管 D. 气体继电器

2. Yyn0 联结的配电变压器，其一次线电压与对应的二次线电压之间的相位差为 ( )。

A. 120° B. 0° C. 60° D. 180°

3. Dynll 联结的配电变压器，其二次绕组的线电压滞后于一次绕组线电压 ( )。

A. 30° B. 120° C. 330° D. 360°

四、名词解释

1. 电力变压器的联结组标号
2. 变压器的额定电压 U_N。
3. 短路电压 (U_K%)。
4. 空载电流 (I_0%)。
5. 空载损耗 P_0。
6. 短路损耗 P_K。

五、简答题

1. 简述变压器的基本工作原理。
2. 简述变压器的基本结构。
3. 变压器的主磁通与什么因素有关？变压器为何要安装铁心？
4. 画出变压器空载运行和负载运行时的等效电路，并说明各个量的含义。
5. 什么是变压器的外特性、电压变化率？
6. 变压器的铁损耗和铜损耗与什么因素有关？
7. 变压器的效率在什么时候最高？
8. 变压器的电压比如何定义？

培养工匠人才，发扬工匠精神

中华民族历来具有尚贤爱才的优良传统，随着社会进步及科学技术日新月异，越来越多的企业认识到要做强做优企业自身，必须有一大批高素质的技能型人才支撑，技能型人才如同实体经济“金字塔”的底座，基础不稳，“塔身”难立。“中国制造”要升级，“大国工匠”不可缺，培养高素质的技能型人才是不可缺失的一环。当下，我们亟待以“工匠精神”涵养人才，在实际生产工作中培养技能人才敬业、精益、专注、创新的素养，让员工如工匠一样，喜欢不断雕琢自己的产品，不断改善自己的工艺，享受着产品在双手中升华的过程，精益求精，乐此不疲。形成如此氛围，届届相传，代代永续，则能造就“大国工匠”层出不穷的局面。

第 3 章 三相异步电动机

本章要点

- 三相异步电动机的工作原理与结构
- 三相异步电动机绕组的基本知识
- 三相异步电动机的运行和等效电路
- 三相异步电动机的机械特性、起动、调速和制动
- 电动机技能训练

3.1 三相异步电动机的工作原理与结构

3.1.1 三相异步电动机的工作原理

1. 圆形旋转磁场的产生、旋转方向和旋转速度

（1）圆形旋转磁场的产生

在三相交流电动机的定子上安放着结构完全相同、在空间位置各相差 120°电角度的三相对称的绕组 U1-U2、V1-V2、W1-W2，如图 3-1a 所示。定子绕组可以接成星形或三角形。向这三相绕组通入对称的三相交流电 i_U、i_V、i_W，并假定电流从绕组的首端流入、尾端流出时电流的瞬时值为正值，反之，电流从绕组的尾端流入、首端流出时电流的瞬时值为负值，如图 3-1b 所示。流入用“×”表示，流出用“·”表示。

当 $\omega t=0°$时，U 相电流为正的最大值，电流从 U1 流入，U2 流出；V、W 相电流为负值，电流均从尾端流入，首端流出。用右手螺旋定则可以判断在 $\omega t=0°$时刻由三相交流电产生的合成磁场的方向正好位于 U 相绕组的轴线上。

当 $\omega t=120°$时，V 相电流为正的最大值，电流从 V1 流入，V2 流出；U、W 相电流为负值，电流均从尾端流入，首端流出。此时合成磁场的方向正好位于 V 相绕组的轴线上。

当 $\omega t=240°$时，W 相电流为正的最大值，电流从 W1 流入，W2 流出；U、V 相电流为负值，电流均从尾端流入，首端流出。此时合成磁场的方向正好位于 W 相绕组的轴线上。

当 $\omega t=360°$时，和 $\omega t=0°$的情况相同，合成磁场的方向正好位于 U 相绕组的轴线上。

可见，电流变化了一个周期，合成磁场也从起始位置顺时针旋转了一周。

从上面的分析可以看出，对称的三相绕组中通入对称的三相交流电形成的是圆形旋转磁场。

（2）旋转磁场的方向

由图 3-1b 可以看出，通入电流出现最大值的顺序是 U→V→W。将 i_U 接 U 相绕组，将 i_V 接 V 相绕组，将 i_W 接 W 相绕组，则旋转磁场的旋转方向也为 U→V→W（见图 3-1a），正好和电流出现最大值的顺序相同，即旋转磁场由电流超前相转向电流滞后相。

若任意调换电动机两相绕组所接交流电源的相序，如将 i_U 接 U 相绕组，将 i_V 接 W 相绕组，将 i_W 接 V 相绕组，三相绕组出现电流最大值的顺序是 U→W→V，用图解法分析可知，合

成磁场的旋转方向也为 U→W→V。

可见，旋转磁场的转向决定于通入定子绕组中的三相交流电的相序，旋转磁场总是由电流超前相转向电流滞后相。只要任意调换电动机两相绕组所接交流电源的相序，即可改变旋转磁场的转向。

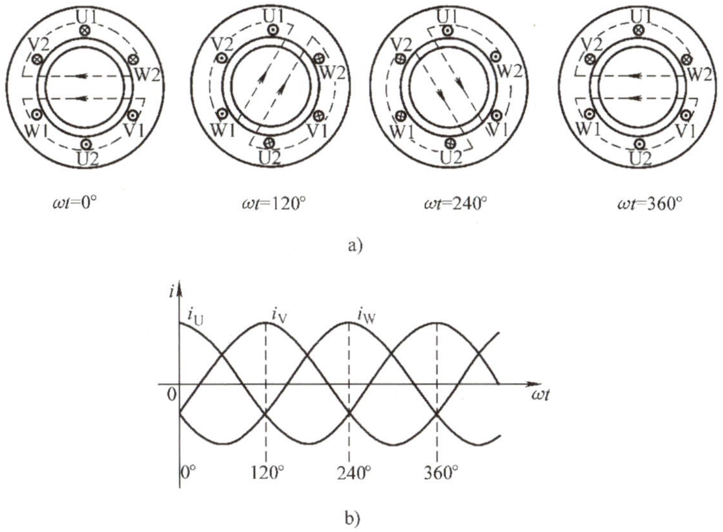

图 3-1　两极电动机旋转磁场的产生

a）旋转磁场的产生过程　b）三相对称的交流电的波形图

（3）旋转磁场的转速

旋转磁场的转速称为同步转速 n_1(r/min)，它与电网的频率 f_1(Hz) 及电动机的磁极对数 p 有关：

$$n_1 = \frac{60f_1}{p} \tag{3-1}$$

2. 三相异步电动机的工作原理及转差率

（1）工作原理

图 3-2 所示为一台两极三相异步电动机的断面图。当向定子对称三相绕组 U1-U2、V1-V2、W1-W2 通入对称的三相交流电时，就产生一个以同步转速 n_1 沿顺时针方向旋转的磁场。图 3-2 所示为某一个时刻的定子旋转磁场的方向。转子导体开始是静止的，故转子与旋转磁场之间有相对运动，转子导体将切割旋转磁场而产生感应电动势，感应电动势的方向用右手定则判断，如图 3-2 所示。用右手定则时注意：右手定则指的是磁场静止不动，而导体在做切割磁力线的运动。这里是磁场在旋转，转子导体静止，因此使用右手定则时，可以假定磁场不动而导体按反时针方向旋转切割磁力线。因转子绕组自身闭合，转子绕组内便有感应电流。转子导体的电流在旋转磁场中要受到电磁力的作用，电磁力的方向可用左手定则判断，如图 3-2 所示。电磁力对转轴形成电磁转矩，由图可以看出，电磁转矩将拖着转子顺着旋转磁场的方向旋转。

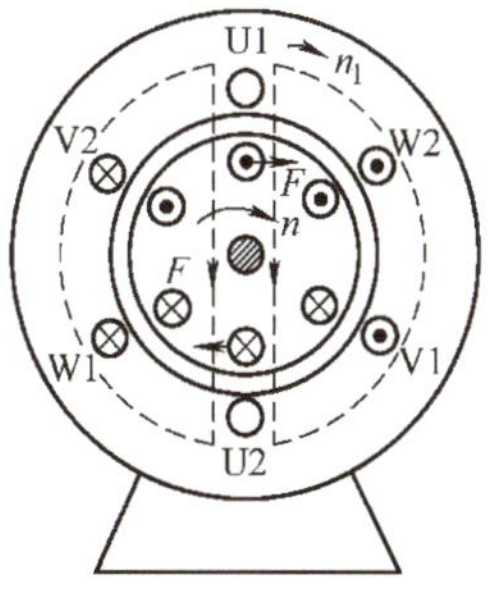

图 3-2　两极三相异步电动机的剖面示意图

电动机的旋转方向与旋转磁场的转向相同，而旋转磁场的转向又取决于电动机三相电流的相序。因此要改变电动机的转向，只要改变电流的相序，即任意对调电动机的两根电源线，便可使电动机反转。

异步电动机的转速 n 恒小于同步转速 n_1，只有这样，转子绕组才能切割旋转磁场产生感应电动势和感应电流，进一步形成电磁转矩使电动机旋转。如果 $n=n_1$，转子绕组和旋转磁场之间无相对运动，转子绕组不产生感应电动势和感应电流。可见 $n<n_1$ 是异步电动机工作的必要条件。由于电动机转速 n 与同步转速 n_1 不同，故称为异步电动机。又由于异步电动机的转子绕组并不直接与电源相接，而是依靠电磁感应原理来产生感应电动势和感应电流，从而产生电磁转矩使电动机旋转，因此又称为感应电动机。

（2）异步电动机的转差率

同步转速 n_1 与电动机转速 n 之差（n_1-n）与同步转速 n_1 的比值称为转差率 s。

$$s=\frac{n_1-n}{n_1} \tag{3-2}$$

转差率 s 是异步电动机的重要参数。异步电动机转速在 0～ n_1 范围内变化时，其转差率 s 在 0～1 范围内变化。在电动机起动瞬间（转子尚未转动），$n=0$，此时 $s=1$；当电动机空载运行时，转速 n 很高，$n\approx n_1$，此时 $s\approx 0$。

异步电动机负载越大，转速就越慢，其转差率也越大；反之电动机负载越小，转速就越高，其转差率也越小。故转差率直接反映转速的高低或电动机负载的大小，电动机在额定工作状态下运行时，转差率的值很小，在 0.01～0.06 之间，即异步电动机的额定转速很接近同步转速。

3.1.2 三相异步电动机的结构

三相异步电动机种类繁多，若按转子结构可分为笼型和绕线转子异步电动机两大类；若按机壳的防护形式分类，笼型异步电动机可分为防护式、封闭式、开启式，其外形如图 3-3 所示；按冷却方式异步电动机可以分为自冷式、自扇冷式、管道通风式、液体冷却式。异步电动机分类方法虽不同，但各类三相异步电动机的基本结构却是相同的。

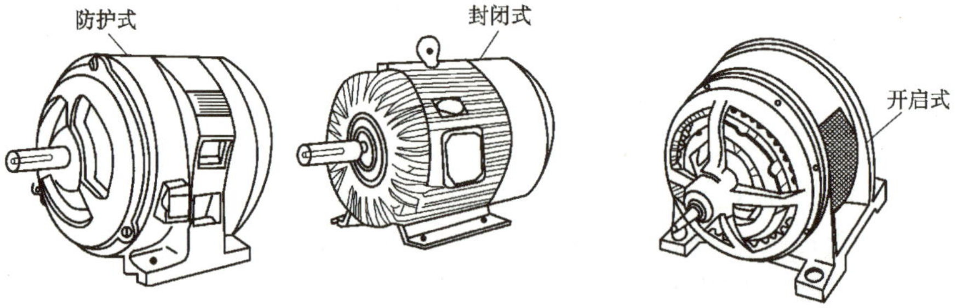

图 3-3 防护式、封闭式、开启式三相异步电动机的外形图

三相笼型异步电动机的结构如图 3-4 所示，主要由定子、转子和气隙三大部分组成。

1. 定子部分

定子部分是异步电动机静止不动的部分，主要包括定子铁心、定子绕组和机座。

1）定子铁心是电动机主磁路的一部分，为减小铁损常采用 0.5 mm 厚的两面涂有绝缘漆的硅钢片冲片叠压而成，定子机座和铁心冲片如图 3-5 所示。铁心内圆上有均匀分布的槽，用以嵌放三相定子绕组。

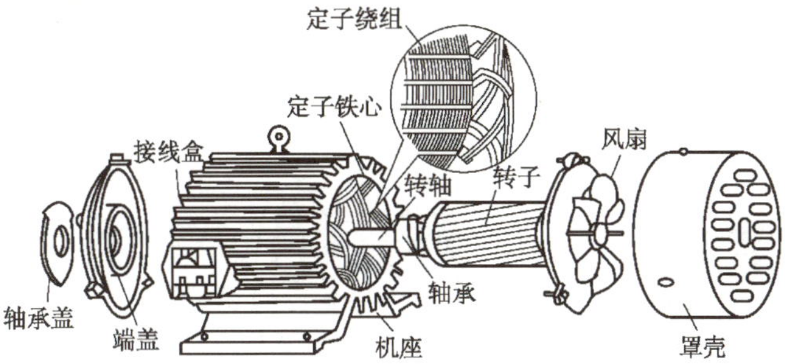

图 3-4　三相笼型异步电动机的结构

2）定子绕组是电动机的电路部分，常用高强度漆包铜线按一定规律绕制成线圈，分布均匀地嵌入定子内圆槽内，用以建立旋转磁场，实现能量转换。

三相绕组（U、V、W）六个出线端引至机座上的接线盒内与六个接线柱相连，根据设计要求可接成星形或三角形，接线盒内的接线如图 3-6 所示。在接线盒内，三个绕组的六个线头排成上下两排，并规定下排的三个接线柱自左至右排列的编号为 U1、V1、W1，上排自左至右的编号为 W2、U2、V2。不论是制造和维修时都按这个序号排列。

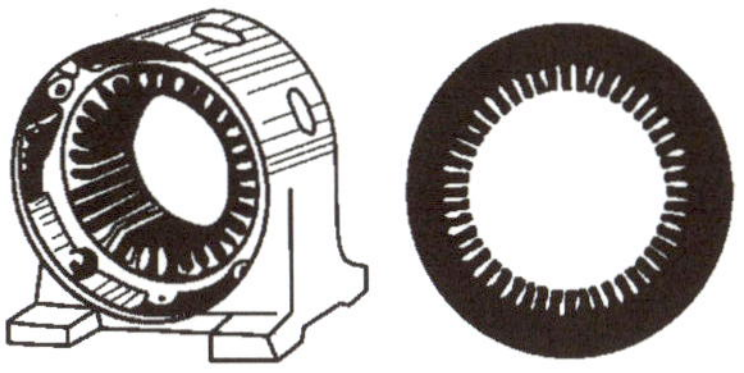

a)　　b)

图 3-5　定子机座和铁心冲片
a）定子机座　b）铁心冲片

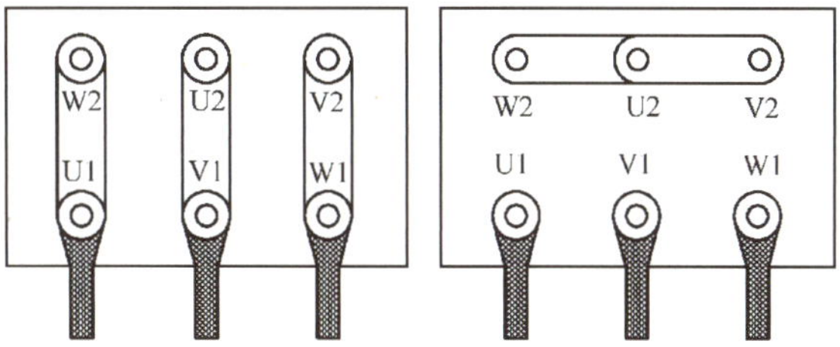

a)　　b)

图 3-6　接线盒内接线
a）三角形联结　b）星形联结

3）机座用于固定和支撑定子铁心和端盖，因此机座应有较好的机械强度和刚度，常用铸铁或铸钢制成，大型电动机常用钢板焊接而成。小型封闭式异步电动机表面有散热筋片，以增加散热面积。

2. 转子部分

转子部分是电动机的旋转部分，主要由转子铁心、转子绕组、转轴等组成。

转子铁心是电动机主磁路的一部分。采用 0.5mm 厚硅钢片冲片叠压而成，转子铁心外圆上有均匀分布的槽，用以嵌放转子绕组，转子铁心冲片如图 3-7 所示。一般小型异步电动机转子铁心直接压装在转轴上。

转子绕组是转子的电路部分，用以产生转子电动势和转矩，转子绕组有笼型和绕线式两种。根据转子绕组的结构形式，异步电动机分为笼型异步电动机和绕线转子异步电动机两种。

1）笼型转子。笼型转子绕组是在转子铁心每个槽内插入等长的铜导条。两端分别用铜制短路环焊接成一个整体，形成一个闭合的多相对称回路，如图 3-8a 所示。大型电动机采用铜导条绕组，而中小型异步电动机笼型转子槽内常采用铸铝，将导条、端环同时一次浇注成型，如图 3-8b 所示。

2）绕线转子。绕线转子异步电动机的定子绕组与笼型定子绕组相同，而转子绕组与定子绕组类似，采用绝缘漆包铜线绕制成三相绕组嵌入转子铁心槽内，将它接成星形联结，三个端头分别固定在转轴上的三个相互绝缘的集电环上，再经压在集电环上的三组电刷与外电路相连，一般绕线转子异步电动机在转子回路中串电阻，以改变电动机的起动和调速性能。三个电阻的另一端也接成星形，绕线转子如图 3-9 所示。

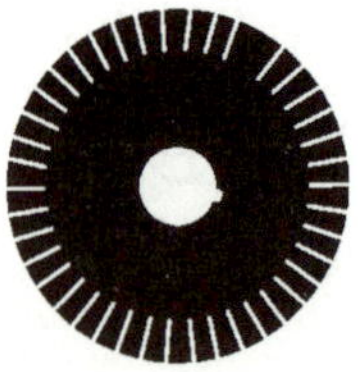

图 3-7 转子铁心冲片

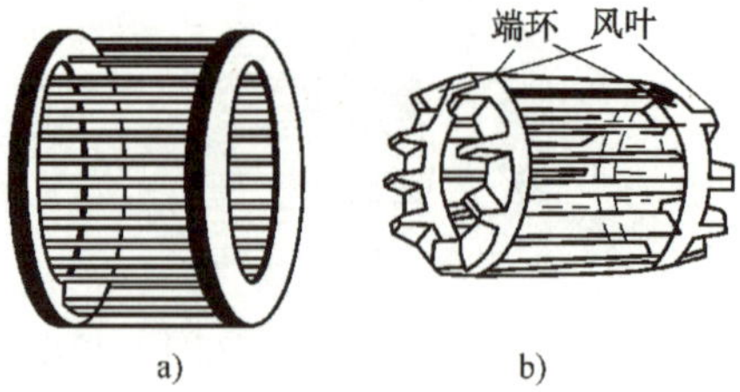

图 3-8 笼型转子
a）铜导条绕组 b）铸铝绕组

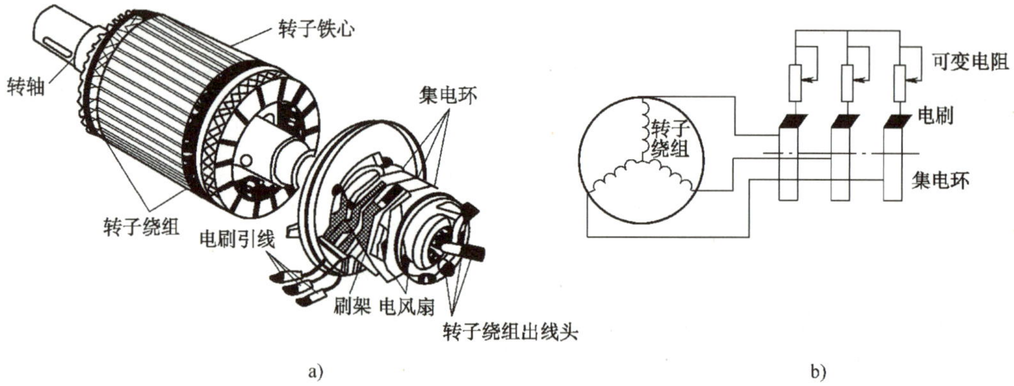

图 3-9 绕线转子
a）绕线转子 b）绕线转子串接电阻接线图

3. 气隙

异步电动机定、转子之间的气隙很小，中小型异步电动机一般为 0.2~1.5 mm。气隙大小对电动机性能影响很大，气隙越大，磁阻也越大，产生同样大的磁通，所需的励磁电流 I_0 也越大，电动机的功率因数也就越低。但气隙过小，将给装配造成困难，运行时定、转子发生摩擦，而使电动机运行不可靠。

3.1.3 三相异步电动机铭牌的主要技术参数

在电动机的铭牌上主要标注了电动机的型号和主要的技术数据，电动机在铭牌上规定的技术参数和工作条件下的运行为额定运行。铭牌数据是正确选用和维修电动机的参考。三相异步电动机铭牌举例见表 3-1。下面将分别介绍铭牌中的数据。

表 3-1 三相异步电动机的铭牌举例

三相异步电动机			
型号 Y2—200L—4	功率 30 kW	电流 57.63 A	电压 380 V
频率 50 Hz	接法△	转速 1470 r/min	LW79 dB/A
防护等级 IP54	工作制 S1	F 级绝缘	质量 270 kg
××电 机 厂			

1. 型号

异步电动机的型号主要包括产品代号、设计序号、规格代号和特殊环境代号。产品代号表示电动机的类型，如 Y 表示异步电动机，YR 表示绕线转子异步电动机等，电动机型号含义举例如下。

Y 2—200L—4

- Y：异步电动机
- 2：第二次改型设计
- 200：中心高200mm
- L：机座长度代号(S—短机座，M—中机座，L—长机座)
- 4：磁极数

Y 630—10/1180

- Y：异步电动机
- 630：功率为630kW
- 10：磁极数为10极
- 1180：定子铁心外径为1180mm

2. 三相异步电动机的额定值

1）额定功率 P_N：指电动机额定状态下运行时，电动机转轴输出的机械功率。单位为 kW 或 W。对于三相异步电动机，$P_N=\sqrt{3}U_N I_N \eta_N \cos\varphi_N$，其中 U_N 为电动机的额定电压（V），I_N 为电动机的额定电流（A），η_N 为电动机的额定效率，$\cos\varphi_N$ 为电动机的额定功率因数。对于 380 V 的电动机，若只看数值，$I_N \approx 2P_N$，因此可以根据电动机的额定功率估算出额定电流，即一千瓦两个电流。

2）额定电压 U_N(V)：指电动机额定工作状态时，加在定子绕组上的线电压。

3）额定电流 I_N(A)：指电动机额定工作状态时，流入定子绕组的线电流。

4）额定转速 n_N(r/min)：指电动机额定工作状态时的电动机转速。

5）额定频率 f_N(Hz)：指电动机定子侧电压的频率。我国电网 $f_N=50$ Hz。

3. 接线

接线是指在额定电压下运行时，电动机定子三相绕组的联结方式，有三角形联结和星形联结两种。定子绕组采用哪种接线方式取决于定子绕组的耐压等级，若定子绕组能承受 220 V 的电压，电源电压为 220 V 则采用三角形联结，若电源电压为 380 V，则采用星形联结。

4. 工作制

工作制可分为额定连续工作制 S1、短时工作制 S2、断续工作制 S3 三种。

5. 防护等级

“IP”和其后面的数字表示电动机外壳的防护等级。“IP”表示国际防护等级，其后面的第一个数字代表防尘等级，共分 0~6 七个等级；其后面的第二个数字代表防水等级，共分 0~8 九个等级，数字越大，表示防护的能力越强。

3.2 三相异步电动机绕组的基本知识

1. 交流电动机绕组的几个基本概念

1）线圈（元件）。线圈是由绝缘导线，按一定形状、尺寸在绕线模上绕制而成，可由一匝或多匝组成，如图 3-10 所示。再嵌入定子铁心槽内，按一定规律连接成绕组，故线圈是交流绕组的基本单元，又称元件。线圈放在铁心槽内的直线部分，称为有效边，槽外部分为端接部分，为节省材料，在嵌线工艺允许的情况下，端部应尽可能短。

2）极距 τ。两个相邻磁极的中心线之间沿定子铁心内表面所跨过的距离称为极距 τ。极距一般用每个极面下所占的槽数来表示，即 $\tau=Z/2p$，其中 Z 为定子的槽数，p 为磁极对数。

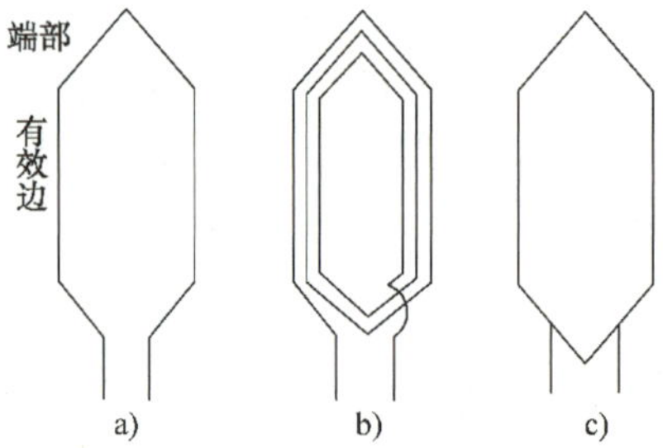

图 3-10 线圈示意图
a）单匝线圈 b）多匝线圈
c）多匝线圈简化图

3）线圈节距 y。一个线圈的两有效边所跨过的定子圆周上的距离称为节距，一般用槽数表示。节距 y 应等于或接近于极距 τ。当 $y=\tau$ 时，称为整距绕组；当 $y<\tau$ 时（$y=5/6\tau$ 或 $4/5\tau$），称为短距绕组。一般采用短距绕组。

4）机械角度与电角度。电动机定子圆周所对应的几何角度为360°，该几何角度称为机械角度。而从电磁观点来看，转子导体每经过一对磁极，所产生的感应电动势也就变化一个周期，即360°电角度。故一对磁极的电角度便为360°。若电动机有 p 对磁极，转子导体转一周（机械角度为360°），所产生的感应电动势也就变化 p 个周期，则电角度为 $p\times360°$。所以：电角度 $=p\times$ 机械角度。

5）槽距角 α。相邻两槽之间的电角度称为槽距角，用 α 表示，由于定子槽在定子圆周内分布是均匀的，所以 $\alpha=\dfrac{p\times360°}{Z}$，其中，$Z$ 为定子槽数，p 为磁极对数。

6）每极每相槽数 q。每一个极面下每相所占的槽数为每极每相槽数，即 $q=\dfrac{Z}{2pm}$，其中 m 为绕组相数。

7）相带。每个磁极下的每相绕组（即 q 个槽）所占的电角度为相带。因为每个磁极占的电角度为180°，被三相绕组均分，则相带为 180°/3=60°，即在一个磁极下一相绕组占60°电角度，称为60°相带。

8）极相组（线圈组）。将一个相带内的 q 个线圈串联起来就构成一个极相组，又称为线圈组。

2. 交流电动机绕组的分布原则和分类

三相电动机应具有三相对称绕组，且在空间上应均匀分布且互差120°电角度；并且相邻磁极下的导体的感应电动势方向相反，所以交流电动机绕组的排列应遵守以下原则。

1）每相绕组所占槽数要相等，且均匀分布。把定子总槽数 Z 分为 $2p$ 等分，每一等分表示一个极距 $Z/2p$；再将每一个极距内的槽数按相数分成3组（三相电动机），每一组所占槽数即为每极每相槽数。

2）根据节距的概念，节距 y 应等于或接近于极距，所以沿一对磁极对应的定子内圆相带的排列顺序 U1、W2、V1、U2、W1、V2，这样各相绕组线圈所在的相带 U1、V1、W1（或 U2、V2、W2）的中心线恰好为120°电角度，三相绕组分布端面图如图 3-11 所示，图 3-11a、b 分别是2极24槽、4极24槽绕组分布图。图中所标的60°为电角度，即60°相带。

3）规定 U1、V1、W1 为绕组的首端，U2、V2、W2 为绕组的尾端，且当电流由首端流入、尾端流出时为正，当电流由尾端流入、首端流出时为负。这样从正弦交流电波形图的角度看，除电流为零值外的任何瞬时，都是一相为正，两相为负，或两相为正，一相为负。按照图 3-11 画出的2极24槽、4极24槽绕组分布状况，表明了当 i_U、i_V 为正，i_W 为负时的电流方向。

4）把属于各相的导体顺着电流方向连接起来，便得到三相对称绕组。

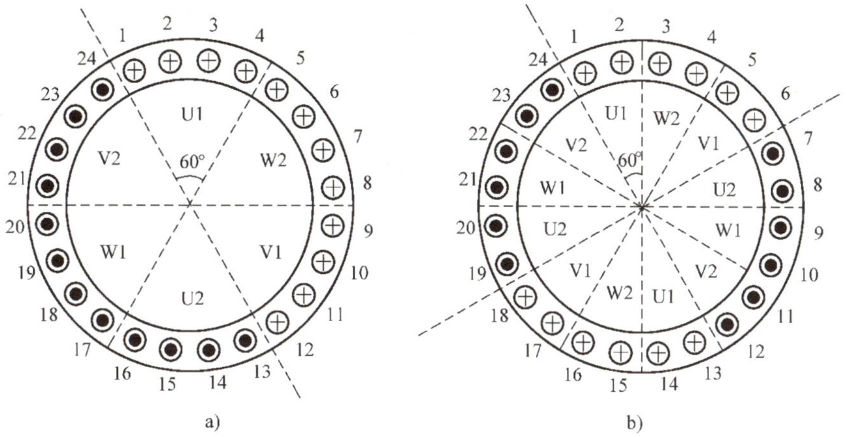

图 3-11　三相绕组分布端面图

a）2 极 24 槽 60°相带　b）4 极 24 槽 60°相带

三相交流电动机的绕组按槽内导体的槽数可分为单层绕组和双层绕组。小型异步电动机一般采用单层绕组，而大、中型异步电动机一般采用双层绕组。

下面将主要介绍三相单层绕组的几种常用的连接形式。

3. 三相单层绕组

单层绕组的每个槽内只放一个线圈边，电动机的线圈数是电动机槽数的一半。三相单层绕组分为链式绕组、同心式绕组和交叉式绕组。

（1）链式绕组

已知一台 Y2-90L-4 型三相异步电动机，定子槽数 $Z=24$，$2p=4$，画出单层链式绕组的展开图。

1）计算极距 τ、每极每相槽数 q、槽距角 α。

$$\tau=\frac{Z}{2p}=\frac{24}{4}=6$$

$$q=\frac{Z}{2mp}=\frac{24}{2\times3\times2}=2$$

$$\alpha=\frac{p\times360^\circ}{Z}=\frac{2\times360^\circ}{24}=30^\circ$$

2）分极分相。首先将槽依次编号，将定子的全部槽数按极数分，每极下分有 6 槽，磁极按 S、N、S、N 排列。再将每极下的槽数分成 U、V、W 三相。要求 U1、V1、W1 依次相差 120°电角度，按 60°相带的排列顺序，并将各槽号填入表 3-2 中。同样将分极分相画在绕组展开图中，并标出定子导体的电流方向，同一极性下导体的电流方向相同。

表 3-2　24 槽 4 极电动机 60°相带排列表

磁　极		S			N		
第一对极	相带	U1	W2	V1	U2	W1	V2
	槽号	1,2	3,4	5,6	7,8	9,10	11,12
第二对极	相带	U1	W2	V1	U2	W1	V2
	槽号	13,14	15,16	17,18	19,20	21,22	23,24

3）组成线圈，确定各相绕组的电源引出线，并顺着电流方向把同相线圈连接起来。

由于采用短距绕组，$y=\tau-1=6-1=5$，按绕组节距要求把相邻异极下的同一相槽中的线圈边连成线圈，所以U1相带中的槽中的线圈边与U2相带中的槽中的线圈边组成4个线圈：2~7，8~13，14~19，20~1。然后顺着电流方向把同相线圈连接起来，24槽4极单层链式U相绕组的展开图如图3-12所示。可以看出线圈的连接规律是“头接头，尾接尾”，构成U相绕组的展开图。

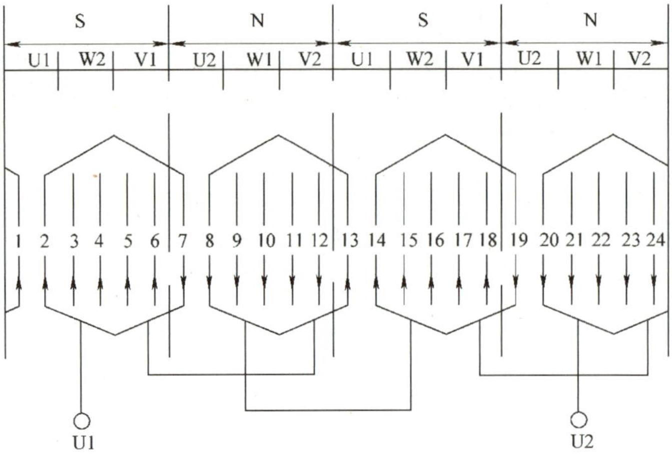

图3-12 24槽4极单层链式U相绕组的展开图

同样V1相带中槽中的线圈边与V2相带中槽中的线圈边组成4个线圈：6~11，12~17，18~23，24~5；W1相带中的槽中的线圈边与W2相带中槽中的线圈边组成4个线圈：10~15，16~21，22~3，4~9。

各相绕组的电源引出线U1、V1、W1应依次相差120°电角度，由于相邻两槽相隔的电角度为30°，则120°电角度应相隔120°/30°=4槽，现将U1定在2号槽，则V1应定在2+4=6号槽，W1应定在6+4=10号槽。然后顺着电流方向把同相线圈连接起来，则构成了24槽4极单层链式三相绕组的展开图，如图3-13所示。由图可见，链式绕组的每个线圈的节距相等，制造方便，连接线较短，主要用于$q=2$的电动机中。

（2）同心式绕组

同心式绕组的特点是：在q个线圈中，线圈的节距不等，有大小线圈之分，大线圈总是套在小线圈的外面，线圈的轴线重合，所以称为同心式，24槽4极U相同心式绕组如图3-14所示。

若将上述电动机保持图3-12中的各相的槽号及各相的电流不变，极距τ、每极每相槽数q、槽距角α都不变，而改成同心式连接。首先组成线圈，U相：1~8组成一个节距等于7的大线圈，2~7组成一个节距等于5的小线圈，同样，13~20组成大线圈，14~19组成小线圈。同心的大小线圈套在一起顺着电流方向串联起来，构成一相绕组，如图3-14所示。V相：5~12组成一个节距等于7的大线圈，6~11组成一个节距等于5的小线圈，同样，17~24组成大线圈，18~23组成小线圈。W相：9~16组成一个节距等于7的大线圈，10~15组成一个节距等于5的小线圈，同样，21~4组成大线圈，22~3组成小线圈。

各相绕组的电源引出线U1、V1、W1应依次相差120°电角度，现将U1定在1号槽，则V1在5号槽，W1在9号槽。顺着电流方向把同相线圈连接起来，则构成了24槽4极三相同心式绕组的展开图，如图3-15所示。由图可见同心式绕组的端部连接线较长。

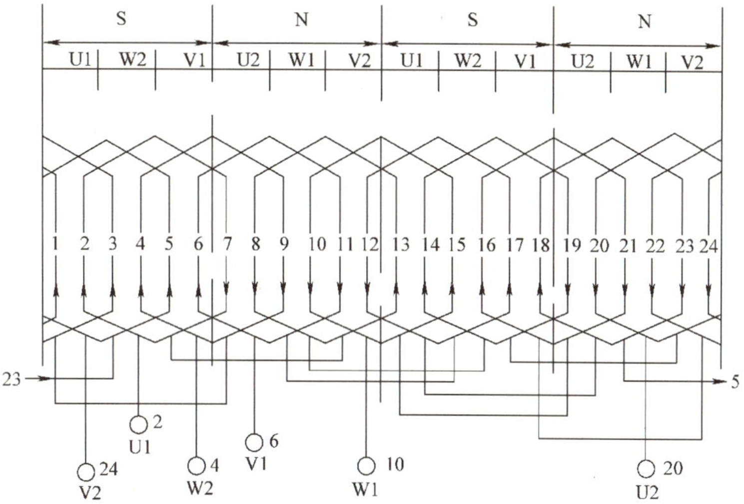

图 3-13　24 槽 4 极单层链式三相绕组的展开图

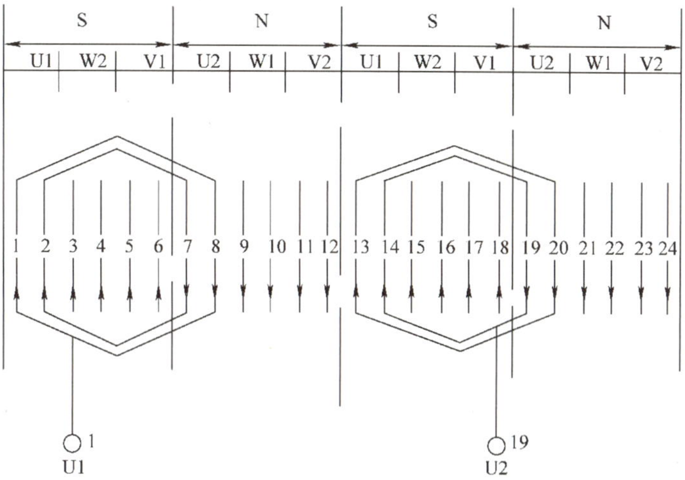

图 3-14　24 槽 4 极 U 相同心式绕组

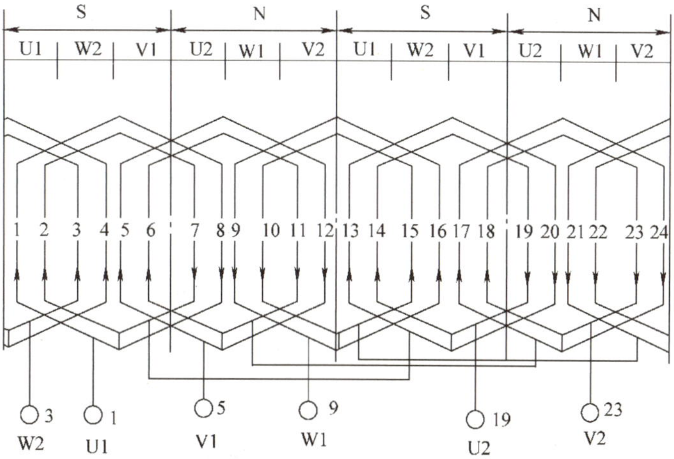

图 3-15　24 槽 4 极三相同心式绕组的展开图

（3）交叉式绕组

已知一台Y2-132S-4型三相异步电动机，$Z=36$ 槽，$2p=4$ 极。画出三相交叉式绕组展开图。

1）计算极距 τ、每极每相槽数 q、槽距角 α。

$$\tau=\frac{Z}{2p}=\frac{36}{4}=9$$

$$q=\frac{Z}{2mp}=\frac{36}{2\times3\times2}=3$$

$$\alpha=\frac{p\times360°}{Z}=\frac{2\times360°}{36}=20°$$

2）分极分相。首先将槽依次编号，将定子的全部槽数按极数分，每极下分有9槽，磁极按S、N、S、N排列。再将每极下的槽数分成U、V、W三相。要求U1、V1、W1依次相差120°电角度，按60°相带的排列顺序，并将各槽号填入表3-3中。同样将分极分相画在绕组展开图中，并标出定子导体的电流方向，同一极性下导体的电流方向相同。

表3-3 36槽4极电动机60°相带排列表

磁极		S			N		
第一对极	相带	U1	W2	V1	U2	W1	V2
	槽号	1,2,3	4,5,6	7,8,9	10,11,12	13,14,15	16,17,18
第二对极	相带	U1	W2	V1	U2	W1	V2
	槽号	19,20,21	22,23,24	25,26,27	28,29,30	31,32,33	34,35,36

3）组成线圈，并确定各相绕组的电源引出线，并顺着电流方向把同相线圈连接起来。

U1相带中任何一槽的线圈边与U2相带任何一槽的线圈边都可以组成一个线圈，但考虑采用短距绕组，节距应尽可能短，将2~10和3~11组成节距等于8的大线圈，并串联成一组，将12~19组成节距等于7的小线圈；同样将20~28，21~29组成大线圈，并串联成一组，将30~1组成一个小线圈。将U相的4组大小不同的线圈顺着电流方向连接起来，得到36槽4极U相交叉式绕组的展开图，如图3-16所示。由图可以看出，它是大小线圈交叉连接，故称为交叉式。

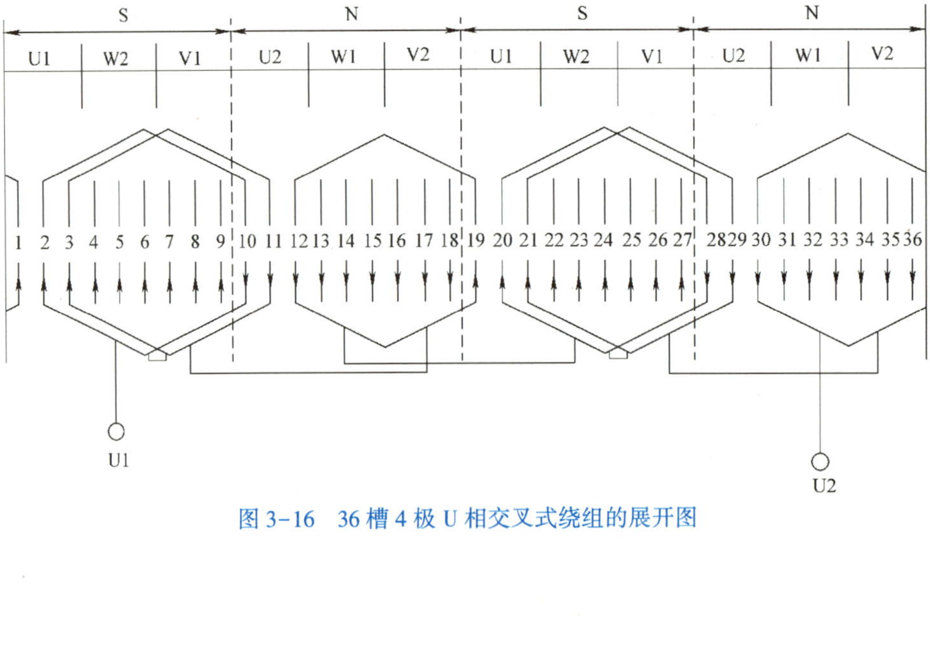

图3-16 36槽4极U相交叉式绕组的展开图

同样 V1 相带中的槽中的线圈边与 V2 相带中槽中的线圈边组成 4 组线圈：8~16，9~17 两个大线圈，串成一组线圈，18~25 组成一个小线圈，26~34，27~35 两个大线圈，串成一组线圈，36~7 组成一个小线圈；W1 相带中的槽中的线圈边与 W2 相带中槽中的线圈边组成 4 组线圈：14~22，15~23 构成一组大线圈，24~31 构成小线圈，32~4，33~5 构成一组大线圈，6~13 构成小线圈。

各相绕组的电源引出线 U1、V1、W1 应依次相差 120°电角度，由于相邻两槽相隔的电角度为 20°，则 120°电角度应相隔 120°/20°=6 槽，现将 U1 定在 2 号槽，则 V1 应定在 2+6=8 号槽，W1 应定在 8+6=14 号槽。然后顺着电流方向把同相线圈连接起来，则构成了 36 槽 4 极单层交叉式绕组的展开图，如图 3-17 所示。

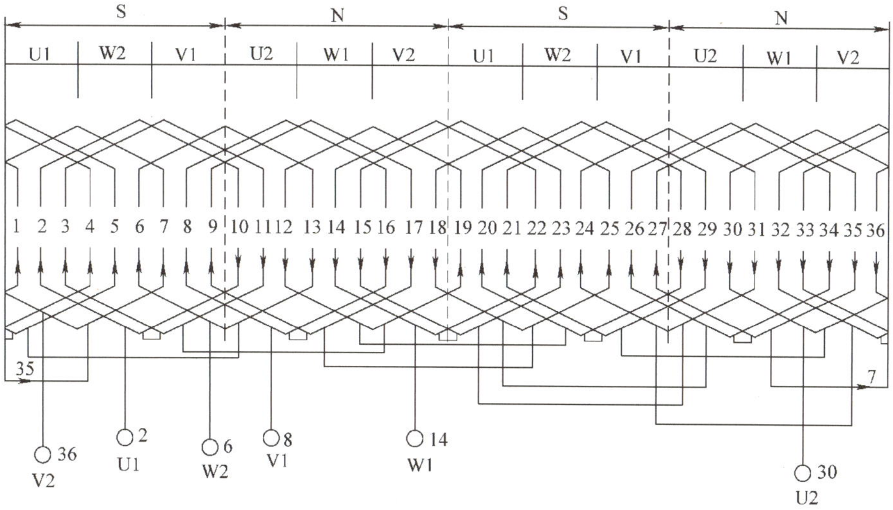

图 3-17 36 槽 4 极单层交叉式绕组的展开图

由图可见，交叉式绕组由两大一小线圈交叉布置，交叉式绕组的端部连接线较短，有利于节约材料。交叉式绕组主要用于 $q>1$ 的奇数（如 $q=3$），4 极或 2 极电动机中。

单层绕组的优点是不存在层间绝缘的问题，不会在槽内发生层间或相间绝缘击穿，单层绕组的制造工艺较简单，被广泛地应用于 10 kW 以下的异步电动机。但单层绕组不宜用于大中型的电动机。

3.3 三相异步电动机的空载运行

三相异步电动机的定子和转子之间只有磁的耦合，没有电的直接联系，它是靠电磁感应作用，将能量从定子传递到转子。这一点和变压器完全相似。三相异步电动机的定子绕组相当于变压器的一次绕组，转子绕组则相当于变压器的二次绕组。因此，分析变压器内部电磁关系的基本方法也同样适用于异步电动机。

三相异步电动机定子绕组接在对称的三相电源上，转子轴上不带机械负载的运行称空载运行。异步电动机空载运行时，由于轴上不带机械负载，其转速很高，接近同步转速，即 $n\approx n_1$，s 很小。此时定子旋转磁场与转子之间的相对切割速度几乎为 0，于是转子的感应电动势 $E_2\approx0$，转子的电流 $I_2\approx0$，转子磁动势 $F_2\approx0$。

1. 主、漏磁通的分布

当三相异步电动机定子绕组通入三相对称交流电时，将产生旋转磁动势，该磁动势产生的磁通绝大部分穿过气隙，并同时交链于定转子绕组，这部分磁通称为主磁通，用 $\dot{\Phi}_0$表示。主磁通的路径为：定子铁心→气隙→转子铁心→气隙→定子铁心，构成闭合回路。主磁通同时交链定、转子绕组并在其中分别产生感应电动势。由于异步电动机的转子绕组为三相或多相短路绕组，在转子感应电动势的作用下，转子绕组中有电流产生，转子电流与定子磁场相互作用产生电磁转矩，实现异步电动机的机电能量转换。除主磁通外的磁通称为漏磁通，包括定子绕组的槽部漏磁通和端部漏磁通等，漏磁通沿磁阻很大的空气隙形成闭合回路，因此它比主磁通小很多。漏磁通仅在定子绕组中产生漏磁感应电动势，不起能量转换的媒介作用，只起电抗压降的作用。

2. 空载电流

异步电动机空载运行时的定子电流称为空载电流，用 $\dot{I}_0$表示。与变压器一样，空载电流 $\dot{I}_0$由两部分组成：一是专门产生主磁通 $\dot{\Phi}_0$的无功分量 $\dot{I}_{0r}$，另一个是专门用来供给铁心损耗的有功分量电流 $\dot{I}_{0a}$。由于 $\dot{I}_{0r} \gg \dot{I}_{0a}$，故可以认为 $\dot{I}_0 \approx \dot{I}_{0r}$，即空载电流为无功性质的电流。

3. 空载运行时的感应电动势

主磁通在定子绕组中感应的电动势为

$$\dot{E}_1 = -\mathrm{j}4.44 f_1 N_1 k_{w1} \dot{\Phi}_0 \tag{3-3}$$

式中，f_1 为定子绕组感应电动势的频率，即电网的频率 50 Hz；N_1 为定子每相绕组的匝数；k_{w1} 为定子绕组的绕组系数，$k_{w1}<1$。

漏磁通在定子绕组感应的电动势可用漏抗压降的形式表示为

$$\dot{E}_{1\sigma} = -\mathrm{j}X_1 \dot{I}_0 \tag{3-4}$$

式中，X_1 为定子漏电抗，是对应于定子漏磁通的电抗。

4. 空载时的等效电路

异步电动机空载时的等效电路和变压器相同，如图 3-18 所示。图中，$\dot{U}_1$定子绕组上外加电压，$\dot{I}_0$为相电流，R_1 为定子每相电阻，X_1 为定子漏电抗，R_m 为励磁电阻，是反映铁损的等效电阻，X_m 为励磁电抗，与主磁通 $\dot{\Phi}_0$相对应，在一定的励磁电流下，X_m 越大，则产生的磁通越大。

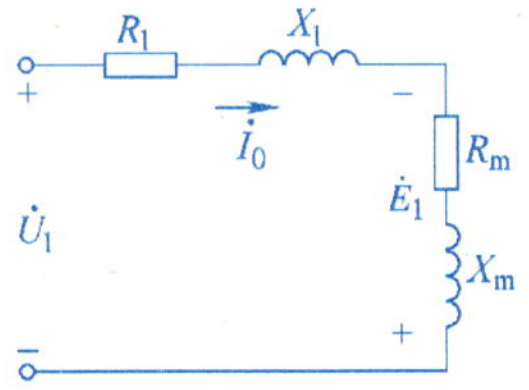

图 3-18 异步电动机空载时的等效电路

由于异步电动机磁路中存在着气隙，主磁路磁阻大，同变压器相比，若建立相同的磁通所需的励磁电流大，则 X_m 小。大容量的电动机的 $I_0\%$为 20%～30%，而变压器的 $I_0\%$仅为 2%～10%。

异步电动机的漏磁通较大，其对应的漏电抗也比变压器的大。

3.4 三相异步电动机的负载运行及等效电路

1. 负载运行时的电磁关系

负载运行是指异步电动机的定子外加对称三相电压，转子带上机械负载时的运行状态。异步电动机空载运行时，转子转速接近同步转速，转子电流 $\dot{I}_2 \approx 0$，转子磁动势 $\dot{F}_2 \approx 0$。当异步电动机带上机械负载时，转子的转速下降，定子旋转磁场切割转子绕组的相对速度 $\Delta n = n_1 - n$ 增大，转子感应电动势 $\dot{E}_2$和转子电流 $\dot{I}_2$增大。此时定子三相电流 $\dot{I}_1$合成产生基波磁动势$\dot{F}_1$，转子对称的多相（或三相）电流 $\dot{I}_2$合成产生基波旋转磁动势 $\dot{F}_2$，这两个旋转磁动势同速、同向旋转，处于相对静止状态。$\dot{F}_1$ 和 $\dot{F}_2$ 共同作用于气隙中，形成合成磁动势（$\dot{F}_0=\dot{F}_1+\dot{F}_2$），电动机在这个合成磁动势作用下产生交链于定子绕组、转子绕组的主磁通 $\dot{\Phi}_0$，并分别在定子绕组、转子绕组中感应电动势 $\dot{E}_1$ 和 $\dot{E}_{2s}$（$\dot{E}_{2s}$ 和转差率 s 有关）。同时定、转子磁动势 $\dot{F}_1$ 和 $\dot{F}_2$ 分别产生只交链于本侧的漏磁通 $\dot{\Phi}_{1\sigma}$ 和 $\dot{\Phi}_{2\sigma}$，感应相应的漏磁电动势 $\dot{E}_{1\sigma}$ 和 $\dot{E}_{2\sigma}$。

2. 旋转磁场对转子绕组作用产生的各电磁量

转子不动时，气隙旋转磁场以同步转速 n_1 切割转子绕组，当转子以转速 n 旋转后，旋转磁场就以（n_1-n）的相对速度切割转子绕组，因此当转子转速 n 变化时，转子绕组各电磁量随之变化。

（1）转子感应电动势的频率

感应电动势的频率正比于导体与磁场的相对切割速度，故转子绕组感应电动势的频率为

$$f_2=\frac{p(n_1-n)}{60}=\frac{(n_1-n)}{n_1}\frac{pn_1}{60}=sf_1 \tag{3-5}$$

式中，f_1 为电网频率，转子绕组感应电动势的频率 f_2 与转差率 s 成正比。

当转子不动时 $n=0$，$s=1$，则 $f_2=f_1$；当转子接近同步转速时（如空载运行），$n\approx n_1$，$s\approx 0$，则 $f_2\approx 0$；异步电动机额定运行时，s 很小，通常在 0.01～0.06 之间，若电网频率为 50 Hz，则转子感应电动势的频率仅在 0.5～3 之间，所以异步电动机在正常运行时转子绕组感应电动势的频率很低。

（2）转子绕组的感应电动势

转子旋转时的转子绕组感应电动势的有效值 E_{2s} 为

$$E_{2s}=4.44f_2N_2k_{w2}\Phi_0 \tag{3-6}$$

式中，N_2 为转子每相绕组的匝数；k_{w2} 为转子绕组的绕组系数。

当转子不转（$f_2=f_1$）时转子的感应电动势 E_2 为

$$E_2=4.44f_1N_2k_{w2}\Phi_0 \tag{3-7}$$

故可得

$$E_{2s}=sE_2 \tag{3-8}$$

当电源电压 U_1 一定时，Φ_0 就一定，故 E_2 为常数。可见 $E_{2s}\propto s$，即转子绕组的感应电动势和转差率成正比。当转子不转时，$n=0$，$s=1$，旋转磁场切割转子的相对速度最快，此时转子的感应电动势最大；当转子转速增加时，转差率将随之减小，E_{2s} 下降；额定运行时转差率很小，转子绕组的感应电动势也就很小。

（3）转子绕组的漏阻抗

由于电抗与频率成正比，故转子旋转时的转子绕组漏电抗 X_{2s} 为

$$X_{2s}=2\pi f_2L_2=sX_2 \tag{3-9}$$

式中，L_2 为转子绕组的漏电感；$X_2=2\pi f_1L_2$ 为转子不转时的漏电抗，为常数。

显然，转子旋转时的转子绕组的漏电抗也正比于转差率。当转子不动时，$n=0$，$s=1$，转子的漏电抗最大，随着转子转速的升高转子绕组的漏电抗减小。

转子绕组的漏阻抗为

$$Z_{2s}=R_2+jX_{2s}=R_2+jsX_2 \tag{3-10}$$

式中，R_2 为转子绕组的电阻。

（4）转子绕组的电流

异步电动机的转子绕组正常运行时处于短路状态，其端电压 $U_2=0$，所以转子绕组的每相

电流 I_2 的有效值为

$$I_2=\frac{sE_2}{\sqrt{R_2^2+(sX_2)^2}} \tag{3-11}$$

式（3-11）说明转子绕组的电流 I_2 也和转差率 s 有关。当 $s=0$ 时，$I_2=0$，当转子转速降低，转差率 s 增大，转子绕组的电流也随之增大。

（5）转子绕组功率因数

转子绕组的功率因数为

$$\cos\varphi_2=\frac{R_2}{\sqrt{R_2^2+(sX_2)^2}} \tag{3-12}$$

式（3-12）说明转子绕组的功率因数和转差率 s 有关。当 $s\approx0$ 时，$\cos\varphi_2\approx1$；当 s 增加时，$\cos\varphi_2$ 则减小。起动瞬间，$\cos\varphi_2$ 最小，即电动机在起动时，转子绕组的功率因数最低。

综上所述，转子绕组侧除 R_2 外，其余各量均与转差率 s 有关。因此 s 是异步电动机的一个重要参数。

3. 三相异步电动机的 T 形等效电路

三相异步电动机与变压器一样，定转子绕组之间只有磁的耦合而无电的直接联系。在分析异步电动机运行及计算时，也采用与变压器相似的等效电路，把定子、转子之间的电磁关系用等效电路形式来表示，便于分析和计算。电动机定、转子侧的频率不相等，定、转子的相数、绕组系数、匝数不一定相同，因此要做出异步电动机的等效电路，必须首先进行频率折算，把旋转的转子等效成静止的转子，转子侧感应电动势和电流的频率为 f_1；再进行转子绕组折算，用一个和定子绕组具有相同相数 m_1、匝数 N_1 及绕组系数 k_{w1} 的等效转子绕组来代替相数 m_2、匝数 N_2 及绕组系数 k_{w2} 的实际转子绕组。图 3-19 所示为三相异步电动机的 T 形等效电路，类似于变压器的等效电路。

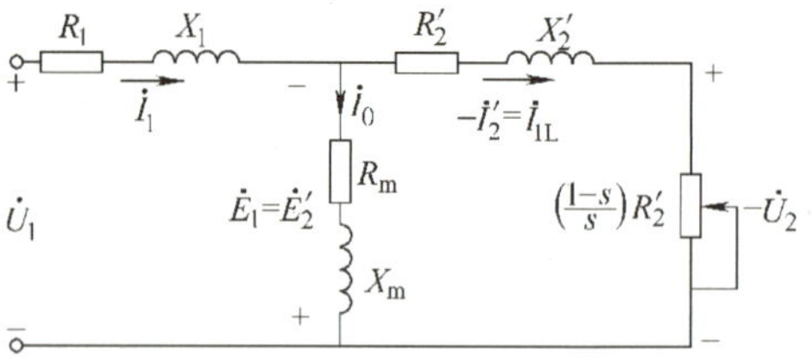

图 3-19 三相异步电动机的 T 形等效电路

在等效电路中，$\frac{1-s}{s}R_2'$是模拟总机械功率的等效电阻。该电阻上所消耗的功率就等于电动机转轴上的机械功率和机械损耗之和，该电阻上的电压降等于转子的端电压。

当转子不转（如堵转）时，$n=0$，$s=1$，$\frac{1-s}{s}R_2'=0$，异步电动机处于短路运行状态，此时无机械功率输出，异步电动机的定、转子电流均很大；而当转子旋转且轴上带有机械负载时，$s\neq1$，$\frac{1-s}{s}R_2'\neq0$，此时有机械功率输出；当转子转速趋于同步转速（如电动机空载运行）时，$n\to n_1$，$s\to0$，则$\frac{1-s}{s}R_2'\to\infty$，等效电路近乎开路，转子电流很小，总机械功率也很小。

在等效电路中机械负载的变化是由 s 来体现的。当转子轴上的机械负载增大时，转速减慢，转差率增大，转子电流增大，以产生较大的电磁转矩来与负载转矩平衡。此时定子电流也将增大，电动机从电源吸收更多的电功率来供给电动机本身的损耗和轴上输出的机械功率。

3.5 三相异步电动机的功率、转矩平衡方程式及工作特性

1. 功率平衡

三相异步电动机运行时，定子从电网吸收电功率，通过电磁感应作用变成机械能由转子输出。电动机在实现机电能量转换的过程中，必然会产生各种损耗。根据能量守恒定律，输出功率应等于输入功率减去总损耗。

由电网供给电动机的功率为输入功率：

$$P_1 = m_1 U_1 I_1 \cos\varphi_1 \tag{3-13}$$

式中，m_1 为定子绕组的相数，三相异步电动机 $m_1 = 3$。

定子电流流过定子绕组时，电流 I_1 在定子绕组电阻 R_1 上的功率称为定子铜损，计算公式为

$$P_{Cu1} = m_1 R_1 I_1^2 \tag{3-14}$$

旋转磁场在铁心中产生铁损，铁损在 T 形等效电路中可看作励磁电流 I_0 在励磁电阻 R_m 上消耗的功率。

$$P_{Fe} = m_1 R_m I_0^2 \tag{3-15}$$

因此从输入功率 P_1 中扣除定子铜损 P_{Cu1} 和铁损 P_{Fe}，剩余的功率是由气隙磁场通过电磁感应关系由定子传递到转子侧的电磁功率 P_{em}，即

$$P_{em} = P_1 - (P_{Cu1} + P_{Fe}) \tag{3-16}$$

由等效电路可得

$$P_{em} = m_1 E_2' I_2' \cos\varphi_2 = m_1 I_2'^2 \left(R_2' + \frac{1-s}{s} R_2'\right) = m_1 I_2'^2 \frac{R_2'}{s} \tag{3-17}$$

转子电流流过转子绕组时，电流 I_2 在转子绕组 R_2'上的功率损耗称为转子铜损：

$$P_{Cu2} = m_1 R_2' I_2'^2 \tag{3-18}$$

由式（3-17）和式（3-18）可得

$$\frac{P_{Cu2}}{P_{em}} = s \text{ 或 } P_{Cu2} = s P_{em} \tag{3-19}$$

传递到转子侧的电磁功率减去转子的铜损为电动机的总机械功率 P_{MEC}：

$$P_{MEC} = P_{em} - P_{Cu2} \tag{3-20}$$

由等效电路可知

$$P_{MEC} = m_1 \frac{1-s}{s} R_2' I_2'^2 \tag{3-21}$$

由式（3-17）和式（3-21）可得 $\frac{P_{MEC}}{P_{em}} = 1-s$ 或 $P_{MEC} = (1-s) P_{em}$　　(3-22)

电动机正常运行时，由定子经气隙传递到转子侧的电磁功率有一小部分 sP_{em}转变为转子的铜损，其余大部分$(1-s)P_{em}$转变为总的机械功率。

总机械功率 P_{MEC}扣去机械损耗 P_{mec}和附加损耗 P_{ad}即为电动机轴上输出的机械功率：

$$P_2 = P_{MEC} - (P_{mec} + P_{ad}) \tag{3-23}$$

异步电动机运行时从电源输入的功率 P_1 到转轴上输出功率 P_2 的全过程为

$$P_2 = P_1 - P_{Cu1} - P_{Fe} - P_{Cu2} - P_{mec} - P_{ad} = P_1 - \Sigma P \tag{3-24}$$

2. 转矩平衡

旋转体的机械功率等于作用在旋转体上的转矩与其机械角速度 Ω 的乘积，$\Omega=\frac{2\pi n}{60}$。将式（3-23）两边同除以机械角速度 Ω 便得到稳态时异步电动机的转矩平衡方程式：

$$\frac{P_2}{\Omega}=\frac{P_{MEC}}{\Omega}-\frac{P_{mec}+P_{ad}}{\Omega} \tag{3-25}$$

即

$$T_2=T_{em}-T_0 \tag{3-26}$$

式中，$T_{em}=P_{MEC}/\Omega$ 为电动机的电磁转矩，为驱动性质转矩；$T_2=P_2/\Omega$ 为电动机轴上输出的机械转矩，为制动性质转矩；$T_0=\frac{P_{mec}+P_{ad}}{\Omega}$为对应于机械损耗和附加损耗的转矩，称为空载转矩，也是制动性质转矩。

3. 工作特性

三相异步电动机的工作特性是指在额定电压和额定频率运行时，电动机的转速 n、输出转矩 T_2、定子电流 I_1、功率因数 $\cos\varphi_1$、效率 η 与输出功率 P_2 之间的关系曲线。图 3-20 为三相异步电动机工作特性曲线。下面分别加以说明。

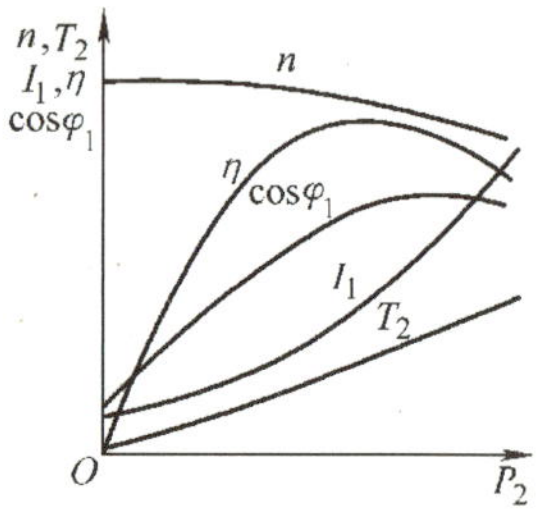

图 3-20 三相异步电动机工作特性曲线

（1）转速特性 $n=f(P_2)$

空载时 $P_2=0$，$s\approx0$，$n\approx n_1$。随着负载的增大，s 也增大，转速 n 则降低，这时转子的感应电动势 E_{2s} 增大，转子电流 I_{2s} 增大，以产生更多的电磁转矩来与负载转矩平衡。因此随着输出功率 P_2 的增加，转速特性 $n=f(P_2)$ 是一条稍微下降的曲线。

（2）转矩特性 $T_2=f(P_2)$

由于 $T_2=\frac{P_2}{\Omega}=\frac{P_2}{\frac{2\pi n}{60}}$，空载时 $P_2=0$，$T_2=0$；负载时，随着输出功率 P_2 的增加，T_2 也增加，由于转速特性 $n=f(P_2)$ 是一条稍微下降的曲线，因此 T_2 上升的速度略快于 P_2 上升的速度。由空载到满载时，n 变化很小，故 $T_2=f(P_2)$ 可以近似看成一条直线。

（3）定子电流特性 $I_1=f(P_2)$

由等效电路可知，$\dot{I}_1=\dot{I}_0+(-\dot{I}_2')$，空载时，$\dot{I}_2'\approx0$，$\dot{I}_1\approx\dot{I}_0$；负载时随着输出功率 P_2 的增加，转子电流增大，所以 I_1 随 P_2 的增大而增大。

（4）定子功率因数特性 $\cos\varphi_1=f(P_2)$

三相异步电动机需要从电网吸收感性无功功率来建立磁场，所以三相异步电动机的功率因数总是滞后的。空载时定子电流主要是无功励磁电流，因此功率因数很低。负载运行时，随负载的增加，功率因数逐渐上升，额定负载附近的功率因数最高。当超过额定负载时，由于转速迅速降低，转差率迅速增大，使得转子的功率因数 $\cos\varphi_2$ 下降，于是转子电流的无功分量增加，相应的定子电流的无功分量也增大，导致定子功率因数 $\cos\varphi_1$ 下降。

（5）效率特性 $\eta=f(P_2)$

三相异步电动机的效率为 $\eta=\frac{P_2}{P_1}=\frac{P_2}{P_2+\Sigma P}$，$\Sigma P$ 为三相异步电动机的总损耗，也可分为不

变损耗和可变损耗。空载时，$P_2=0$，$\eta=0$，带负载时随着输出功率 P_2 的增加效率 η 也增加。当负载增大到使可变损耗等于不变损耗时效率最高。若负载继续增大，效率反而下降。对于中小型三相异步电动机最高效率出现在 $0.75P_N$。

3.6 三相异步电动机的机械特性

3.6.1 机械特性表达式

三相异步电动机机械特性是指电动机的转速 n 与电磁转矩 T_{em} 之间的关系，即 $n=f(T_{em})$。因为异步电动机的转速 n 与转差率 s 之间存在着一定的关系，所以异步电动机机械特性通常也用 $T_{em}=f(s)$ 表示。

三相异步电动机的电磁转矩有三种表达方式，分别为物理表达式、参数表达式和实用表达式。

1. 物理表达式

$$T_{em}=C_T\Phi_0 I_2'\cos\varphi_2 \tag{3-27}$$

式中，C_T 为电动机的转矩常数。物理表达式说明异步电动机的电磁转矩产生的物理本质是由主磁通 Φ_0 与转子电流的有功分量 $I_2'\cos\varphi_2$ 相互作用的结果。

2. 参数表达式

参数表达式表示电磁转矩和电动机的参数、电动机的转速（或转差率）之间的关系。分析和计算异步电动机机械特性一般不用物理表达式，而采用参数表达式。

三相异步电动机的电磁转矩的参数表达式为

$$T_{em}=\frac{m_1 p U_1^2 \dfrac{R_2'}{s}}{2\pi f_1\left[\left(R_1+\dfrac{R_2'}{s}\right)^2+(X_1+X_2')^2\right]} \tag{3-28}$$

式中，m_1 为定子相数；p 为磁极对数；U_1 为定子相电压；f_1 为电源频率；R_1 和 X_1 为定子每相绕组电阻、漏抗；R_2' 和 X_2' 为折算到定子侧的转子电阻和漏抗。

上述参数是不随转差率 s 变化的常量。当电动机的转差率 s（或转速 n）变化时，可由式（3-28）算出相应的电磁转矩 T_{em}，进而做出图3-21所示三相异步电动机的机械特性曲线。

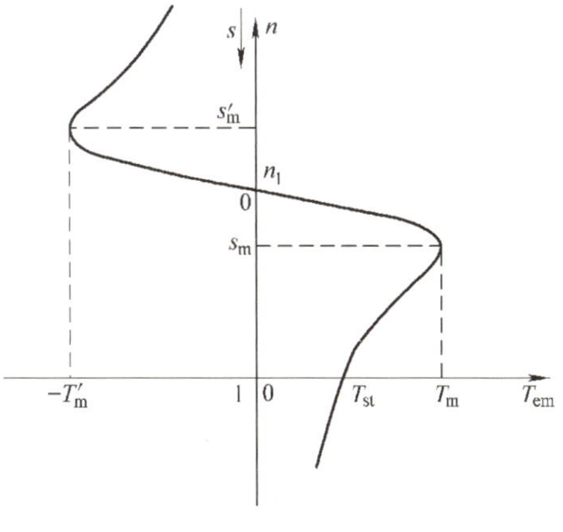

图 3-21　三相异步电动机的机械特性曲线

当同步转速 n_1 为正时，机械特性曲线跨第一、二、四象限。在第一象限时，$0<n<n_1$，$0<s<1$，n_1，T_{em} 均为正值，电动机处于电动运行状态；在第二象限时，$n>n_1$，$s<0$，n 为正值，T_{em} 为负值，电动机处于发电机运行状态；在第四象限时，$n<0$，$s>1$，n 为负值，T_{em} 为正值，电动机处于电磁制动运行状态。

在机械特性曲线上，有三个重要的参数：最大转矩 T_m、临界转差率 s_m 和起动转矩 T_{st}。

（1）最大转矩 T_m 和临界转差率 s_m

转矩有两个最大值，一个出现在电动状态，另一个出现在发电状态。最大转矩 T_m 对应的

转差率为临界转差率 s_m。若考虑 $R_1 \ll X_1+X_2'$，则可近似认为

$$s_m \approx \pm \frac{R_2'}{X_1+X_2'} \tag{3-29}$$

$$T_m \approx \pm \frac{m_1 p U_1^2}{4\pi f_1 (X_1+X_2')} \tag{3-30}$$

式中，“+”号对应电动状态；“-”号对应发电状态。由式（3-29）、式（3-30）可以得出：

- T_m 与 U_1^2 成正比，近似地与（X_1+X_2'）成反比，T_m 与 R_2' 无关。
- s_m 与 R_2' 成正比，近似地与（X_1+X_2'）成反比，s_m 与 U_1 无关。

以上结论对研究电动机的人为机械特性是非常有用的。

电动机运行时，若负载转矩短时突然增大，且大于 T_m，则电动机因为承载不了而停转。为了保证电动机不会因短时过载而停转，一般电动机都具有一定的过载能力。最大电磁转矩与额定转矩之比称为电动机的过载能力，用 λ_T 表示，即

$$\lambda_T = \frac{T_m}{T_N} \tag{3-31}$$

一般电动机的过载能力 $\lambda_T = 1.6 \sim 2.2$，起重、冶金机械专用电动机的 $\lambda_T = 2.2 \sim 2.8$。

（2）起动转矩 T_{st}

起动转矩 T_{st} 是三相异步电动机接至电源开始起动瞬间的电磁转矩。将 $s=1(n=0)$ 代入式（3-28）得起动转矩为

$$T_{st} = \frac{m_1 p U_1^2 R_2'}{2\pi f_1 [(R_1+R_2')^2+(X_1+X_2')^2]} \tag{3-32}$$

由式（3-32）可以得出：

- T_{st} 与 U_1^2 成正比。
- 电抗参数 X_1+X_2' 越大，T_{st} 越小。
- 在一定范围内增大 R_2' 时，T_{st} 随之增大。

由于 s_m 随 R_2' 成正比增大，而 T_m 与 R_2' 无关，所以绕线转子异步电动机可以在转子回路串入适当的电阻 R_{st}，增大起动转矩。

对于笼型三相异步电动机，无法在转子回路中串电阻，起动转矩大小只能在设计时考虑，在额定电压下，其 T_{st} 是一个恒值。T_{st} 与 T_N 之比称为起动转矩倍数，用 k_{st} 表示，即

$$k_{st} = \frac{T_{st}}{T_N} \tag{3-33}$$

k_{st} 是表征笼型三相异步电动机起动能力大小的参数。显然，$T_{st} > T_L$ 时电动机才能起动。一般笼型三相异步电动机的 $k_{st} = 1.0 \sim 2.0$，起重和冶金机械专用笼型三相异步电动机的 $k_{st} = 2.8 \sim 4.0$。

3. 实用表达式

利用电动机的技术数据和铭牌数据求得电动机的机械特性，即为机械特性的实用表达式。在忽略 R_1 的条件，电动机机械特性的实用表达式为

$$T_{em} = \frac{2T_m}{\dfrac{s}{s_m} + \dfrac{s_m}{s}} \tag{3-34}$$

式（3-34）中的 T_m 和 s_m 可由电动机额定数据方便地求得。

$$T_m = \lambda_T T_N = \lambda_T \left(9550\frac{P_N}{n_N}\right) \tag{3-35}$$

式中，P_N 为额定功率（kW）；n_N 为额定转速（r/min）；T_m 为最大转矩（N·m）。

$$s_m = s_N(\lambda_T + \sqrt{\lambda_T^2 - 1}) \tag{3-36}$$

求出 T_m 和 s_m 后，式（3-34）便成为已知的机械特性方程。

3.6.2　三相异步电动机固有机械特性和人为机械特性

1. 固有机械特性

三相异步电动机的固有机械特性是指电动机在额定电压和额定频率下，按规定的接线方式接线，定子和转子电路不外接电阻或电抗时的机械特性。三相异步电动机的固有机械特性如图 3-22 所示。

起动点 A：起动瞬间，$n=0$，$s=1$，$T_{em}=T_{st}$，定子电流为 $I_{st}=(4\sim7)I_N$。

最大转矩点 B：$s=s_m$，$T_{em}=T_m$。B 点是机械特性曲线中线性段（D-B）与非线性段（B-A）的分界点，通常情况下，电动机在线性段上（$0<s<s_m$）工作是稳定的，而电动机在非线性段上工作是不稳定的，所以 B 点也是电动机稳定运行的临界点，临界转差率 s_m 也是由此得名。

额定运行点 C：$n=n_N$，$S=S_N$，$T_{em}=T_N$，额定运行时转差率很小，电动机的额定转速略小于同步转速，这说明固有特性的线性段为硬特性。

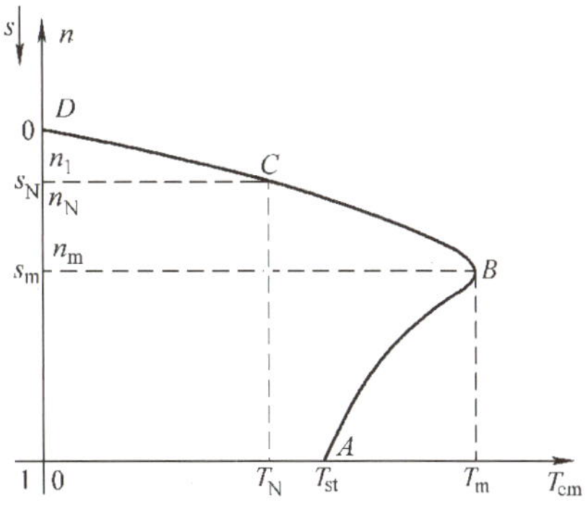

图 3-22　三相异步电动机的固有机械特性

同步转速点 D 是电动机的理想空载点，此时 $n=n_1$，$s=0$，$T_{em}=0$，如果没有外界转矩的作用，异步电动机本身不可能达到同步转速点。

2. 人为机械特性

三相异步电动机的人为特性是指人为地改变电源参数或电动机参数而得到的机械特性。由电磁转矩的参数表达式可知，可以改变的电源参数有：U_1 电压和 f_1 频率；可以改变的电动机参数有：磁极对数 p、定子电路参数 R_1 和 X_1、转子电路参数 R_2' 和 X_2' 等。所以，三相异步电动机的人为特性种类很多，这里只介绍两种常见的人为特性。

（1）降低定子电压时的人为特性

当定子电压 U_1 降低时，T_{em}（包括 T_{st} 和 T_m）与 U_1^2 成正比减小，s_m、n_1 与 U_1 无关而保持不变，所以可得 U_1 下降后的人为机械特性如图 3-23 所示。由图可见，降低电压后的人为机械特性，其线性段的斜率变大，即特性变软。T_{st} 和 T_m 均按与 U_1^2 成正比的关系减小，即电动机的起动转矩倍数和过载能力均显著下降。如果电动机在额定负载下运行，U_1 降低后将导致 n 下降，s 增大，转子电动势 $E_{2s}=sE_2$ 增大，转子电流增大，从而引起定子电流增大，导致电动机过载。长期欠电压过载运行，必然使电动机过热，电动机的使用寿命缩短。另外

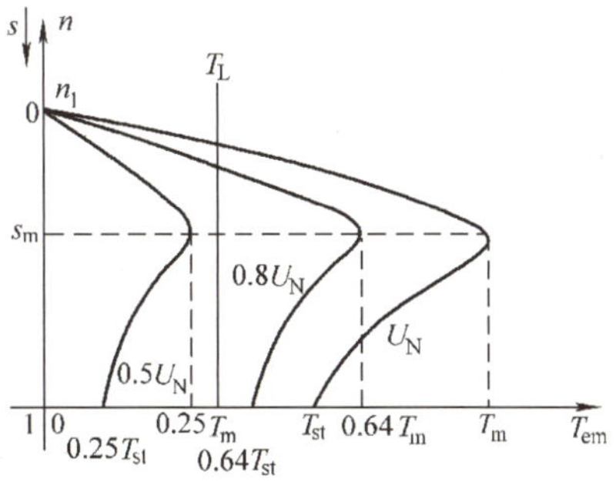

图 3-23　U_1 下降后的人为机械特性

电压下降过多，可能出现最大转矩小于负载转矩的情况，这时电动机将停转。

（2）转子电路串接对称电阻时的人为机械特性

如图3-24a所示，在绕线转子异步电动机的转子三相电路中，可以串接三相对称电阻 R_s，转子回路串电阻后，n_1、T_m 不变，而 s_m 则随外接电阻 R_s 的增大而增大。其人为机械特性如图3-24b所示。在一定范围内增加转子电阻，可以增大电动机的起动转矩。当所串接的电阻（如图中的 R_{s3}）使其 $s_m=1$ 时，对应的起动转矩达到最大转矩，如果再增大转子电阻，起动转矩反而会减小。另外转子串接对称电阻后，其机械特性线性段的斜率增大，特性变软。

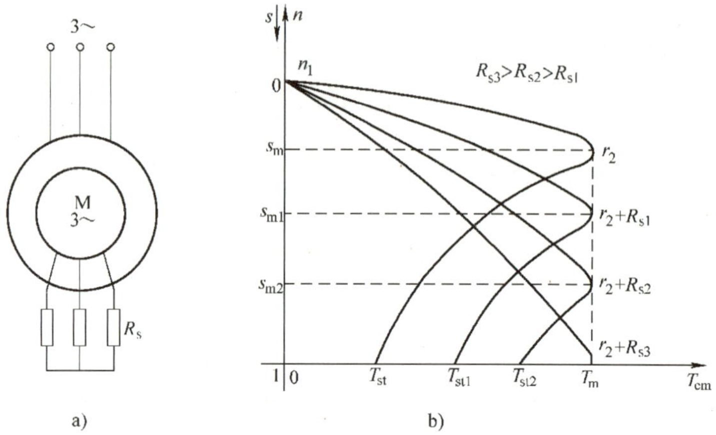

图3-24 转子电路串接对称电阻时的人为机械特性

a）电路图 b）机械特性

3.7 三相异步电动机的起动

电动机的起动是指电动机接通电源后，由静止状态加速到稳定运行状态的过程。对异步电动机的起动性能的要求是：起动电流要小，以减小对电网的冲击；起动转矩要大，以加速起动过程，缩短起动时间。

3.7.1 三相笼型异步电动机的起动

1. 直接起动

直接起动也称为全压起动。起动时，电动机定子绕组直接接入额定电压的电网上。直接起动简单，不需要复杂的起动设备，但直接起动的起动电流 I_{st} 大，起动转矩 T_{st} 小，只用于小容量电动机。

1）起动电流 I_{st} 大。对于普通笼型异步电动机，起动电流倍数 $K_I=I_{st}/I_N$ 的值在4~7之间。起动电流大的原因是：起动时，转子电动势很大，所以转子电流很大，根据磁动势平衡关系，定子电流也必然很大。

2）起动转矩 T_{st} 不大。对于普通笼型异步电动机，起动转矩倍数 $k_{st}=T_{st}/T_N$ 的值在1~2之间。为什么直接起动时，起动电流大，但起动转矩不大呢？原因有两个：一是根据工作特性曲线起动时功率因数很低，$I_2'\cos\varphi_2$ 小，由机械特性物理表达式 $T_{em}=C_T\Phi_0 I_2'\cos\varphi_2$ 可知，起动转矩小；其次起动电流大，定子绕组漏抗压降大，使定子绕组感应电动势 E_1 减小，导致 Φ_0 减小，起动转矩小。

直接起动一般只用于小容量电动机，如 7.5 kW 以下。若电动机的起动电流倍数 K_I 满足电动机容量与电网容量的经验公式，即式（3-37），电动机便可直接起动，否则应采用降压起动法。

$$k_I \leqslant \frac{1}{4}\left[3+\frac{\text{电网容量}(\mathrm{kV\cdot A})}{\text{电动机容量}(\mathrm{kW})}\right] \tag{3-37}$$

2. 降压起动

三相笼型异步电动机采用全电压起动，控制电路简单，起动电流大，当电动机容量较大，不允许采用全压直接起动时，应采用降压起动。有时为了减小或限制电动机起动时对机械设备的冲击，即便允许采用直接起动的电动机，也往往采用降压起动。降压起动的目的是为了限制起动电流，起动时，通过起动设备使加到电动机上的电压小于额定电压，待电动机的转速上升到一定数值时，再给电动机加上额定电压运行。降压起动虽然限制了起动电流，但是由于起动转矩和电压的二次方成正比，因此降压起动时，电动机的起动转矩也减小，所以降压起动多用于空载或轻载起动。

三相笼型异步电动机降压起动方法有：自耦变压器降压起动、Y-△降压起动等。

（1）Y-△降压起动

Y-△降压起动是起动时将定子绕组接成星形，起动结束后，将定子绕组接成三角形运行。这种方法只适用于正常运行时定子绕组为三角形连接的电动机。Y-△降压起动原理接线图如图 3-25 所示。Y-△降压起动时，起动电流和起动转矩都降为直接起动时的 1/3。Y-△降压起动方法简单，起动设备简单，应用广泛。因为一般用途的小型异步电动机，当容量大于 4 kW 时，定子绕组都采用三角形联结。由于起动转矩是直接起动时的 1/3，这种方法多用于空载或轻载起动。

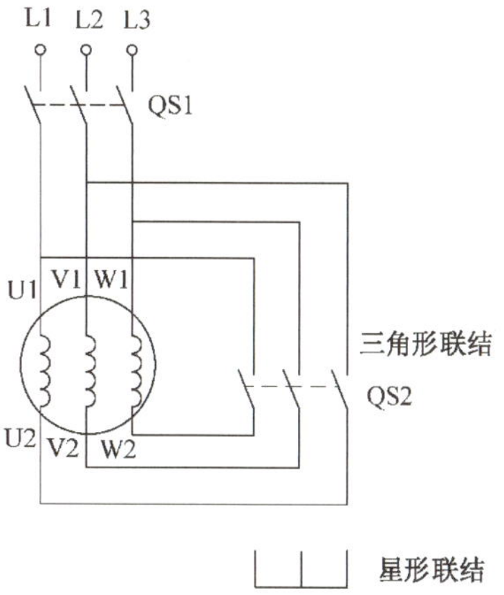

图 3-25　Y-△降压起动原理接线图

（2）自耦变压器降压起动

自耦变压器降压起动是通过自耦变压器把电压降低后，再加到电动机的定子绕组上，以达到减小起动电流的目的。起动时电源电压接到自耦变压器的一次侧，自耦变压器的二次侧接电动机的定子绕组，起动结束后，切除自耦变压器，电源电压直接接到电动机的定子绕组上。

采用自耦变压器降压起动时，起动电流和起动转矩都降低到直接起动时的 $1/k^2$，起动用的自耦变压器有 QJ2 和 QJ3 两个系列，QJ2 三个抽头比（$1/k$）分别为 73%、64%、55%，QJ3 型的三个抽头比分别为 80%、60%、40%。

这种起动方法对定子绕组采用星形或三角形接法的电动机都适用，可以获得较大的起动转矩，根据需要选用自耦变压器二次侧的抽头，但是设备体积大。这种方法常用于 10 kW 以上的三相异步电动机。

【例 3-1】　一台三相笼型异步电动机，$P_N=75\,\mathrm{kW}$，$n_N=1470\,\mathrm{r/min}$，$U_N=380\,\mathrm{V}$，定子△联结，$I_N=137.5\,\mathrm{A}$，起动电流倍数 $k_I=6.5$，起动转矩倍数 $k_{st}=1.0$，拟带半载起动，电网容量为 1000 kV · A，能直接起动吗？能否采用Y-△降压起动？若选用 QJ2 系列自耦变压器降压起动，试选用合适的抽头。

解：（1）电网允许电动机直接起动的条件是

$$k_I \leqslant \frac{1}{4}\left[3+\frac{电网容量(kV\cdot A)}{电动机容量(kW)}\right]=\frac{1}{4}\left[3+\frac{1000}{75}\right]=4.08$$

因为电动机的起动电流倍数 $k_I=6.5>4.08$，故不能采用直接起动。

（2）若采用Y-△起动，则

$$I'_{st}=\frac{1}{3}I_{st}=\frac{1}{3}k_I I_N=\frac{1}{3}\times 6.5I_N=2.17I_N$$

$$T'_{st}=\frac{1}{3}T_{st}=\frac{1}{3}k_{st}T_N=\frac{1}{3}\times T_N=0.33T_N<0.5T_N$$

因为 $T'_{st}<0.5T_N$，所以不能采用Y-△降压起动。

（3）选用QJ2系列自耦变压器降压起动，QJ2三个抽头比（$1/k$）分别为73%、64%、55%。

选用55%抽头时有

$$k=\frac{1}{0.55}=1.82$$

$$I'_{st}=\frac{1}{k^2}I_{st}=\frac{1}{1.82^2}\times 6.5I_N=1.96I_N \text{（满足要求）}$$

$$T'_{st}=\frac{1}{k^2}T_{st}=\frac{1}{1.82^2}\times 1T_N=0.3T_N<0.5T_N \text{（不满足要求）}$$

可见起动转矩不满足要求。

选用64%抽头时，计算过程同上，结果也是起动转矩不能满足要求。

选用73%抽头时有

$$k=\frac{1}{0.73}=1.37$$

$$I'_{st}=\frac{1}{k^2}I_{st}=\frac{1}{1.37^2}\times 6.5I_N=3.46I_N<4.08I_N \text{（满足要求）}$$

$$T'_{st}=\frac{1}{k^2}T_{st}=\frac{1}{1.37^2}\times 1\times T_N=0.53T_N>0.5T_N \text{（满足要求）}$$

可见，选用73%抽头时，起动电流和起动转矩均满足要求，所以该电动机选用QJ2型自耦变压器73%的抽头降压起动。

3.7.2 三相绕线转子异步电动机的起动

三相笼型异步电动机直接起动时，起动电流大起动转矩小；降压起动时，虽然减小了起动电流，但起动转矩也随电压的二次方关系减小，因此笼型异步电动机只能用于空载或轻载起动。

对于三相绕线转子异步电动机，若转子回路串入适当的电阻，既能限制起动电流，又能增大起动转矩，这种起动方法适用于大、中容量异步电动的重载起动。绕线转子异步电动机起动分为转子串电阻和转子串频敏变阻器。

1. 转子串电阻起动

为了在整个起动过程中得到较大的起动转矩，并使起动过程比较平滑，应在转子回路中串入多级对称电阻。起动时，随着转速的升高逐级切除起动电阻。图3-26为三相绕线转子异步电动机转子串接对称电阻分级起动的接线图和起动时的机械特性。

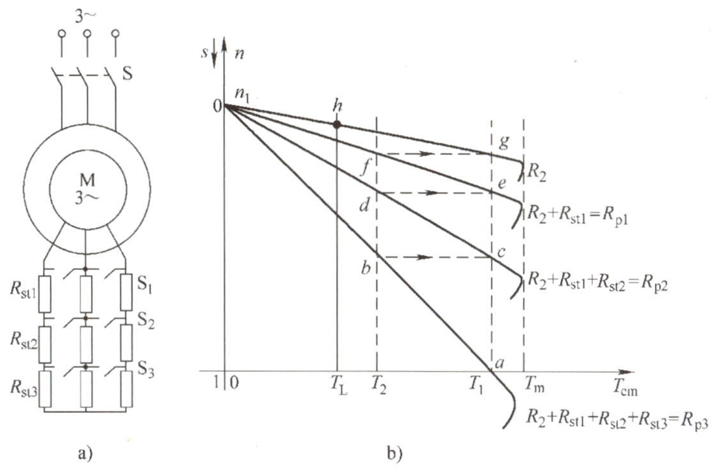

图 3-26　三相绕线转子异步电动机转子串接对称电阻分级起动的接线图和起动时的机械特性
a）接线图　b）机械特性

起动开始时，接触器触点 S 闭合，S_1、S_2、S_3 断开，起动电阻全部串入转子回路中，转子每相电阻为 $R_{p3}=R_2+R_{st1}+R_{st2}+R_{st3}$，对应的机械特性如图 3-32b 中曲线 R_{p3}。起动瞬间，转速 $n=0$，电磁转矩 $T_{em}=T_1$（T_1 称为最大加速转矩），因 T_1 大于负载转矩 T_L，于是电动机从 a 点沿曲线 R_{p3}开始加速。随着 n 上升，T_{em}逐渐减小，当减小到 T_2 时（对应于 b 点），触点 S_3 闭合，切除 R_{st3}，切换电阻时的转矩值 T_2 称为切换转矩。切除 R_{st3}后，转子每相电阻变为 $R_{p2}=R_2+R_{st1}+R_{st2}$，对应的机械特性变为曲线 R_{p2}。切换瞬间，转速 n 不突变，电动机的运行点由 $b\to c$ 点，T_{em} 由 T_2 跃升为 T_1。依此类推，最后在 f 点触点 S_1 闭合，切除 R_{st1}，转子绕组直接短路，电动机运行点由 $f\to g$ 点后沿固有特性加速到负载点 h，稳定运行，起动结束。在起动过程中，一般取最大加速转矩 $T_1=(0.7\sim0.85)T_m$，切换转矩 $T_2=(1.1\sim1.2)T_L$。

2. 转子串接频敏变阻器起动

三相绕线转子异步电动机采用转子串接电阻起动时，若想起动平稳，则必须采用较多的起动级数，这必然导致起动设备复杂化。为了克服这个问题，可以采用频敏变阻器起动。频敏变阻器是一个铁损很大的三相电抗器，从结构上看，它像是一个没有二次绕组的心式三相变压器，它的铁心用较厚的钢板叠成，铁损很大；三相绕组分别绕在三个铁心柱上并作星形联结，然后接到转子集电环上。电动机起动时，转子串入频敏变阻器。起动瞬间，$n=0$，$s=1$，转子电流频率 $f_2=sf_1=f_1$（最大），频敏变阻器铁心的涡流损耗与频率的二次方成正比，铁损最大，相当于转子回路中串入一个较大的电阻 R_m。起动过程中，随着 n 上升，s 减小，$f_2=sf_1$逐渐减小，铁损逐渐减小，R_m 也随之减小，相当于逐级切除转子回路串入的电阻。起动结束后，切除频敏变阻器，转子回路直接短路。

因为频敏变阻器的等效电阻 R_m 是随频率 f_2 的变化而自动变化，它相当于一种无触点的变阻器。在起动过程中，它能自动、无级地减小电阻使起动过程平稳、快速。

3.8 三相异步电动机的调速

由三相异步电动机的转速关系式 $n=n_1(1-s)=60f_1(1-s)/p$ 可以看出，异步电动机的调速可分为以下三大类。

- 变极调速：改变定子绕组的磁极对数 p。
- 变频调速：改变供电电源的频率 f_1。
- 变转差率调速：改变电动机的转差率方法有绕线转子异步电动机转子串电阻调速、串级调速和改变定子电压调速。

1. 变极调速

在电源频率不变的条件下，改变电动机的极对数，电动机的同步转速就会发生变化，从而改变电动机的转速，若极对数减小一半，同步转速 n_1 就提高一倍，电动机的转速 n 也几乎升高一倍。

通常将用改变定子绕组的接法来改变极对数的电动机称为多速电动机。其转子均采用笼型转子，其转子感应的极对数能自动与定子相适应。这种电动机在制造时，从定子绕组中抽出一些线头，以便于使用时调换。下面以 4 极电机一相绕组来说明变极原理。

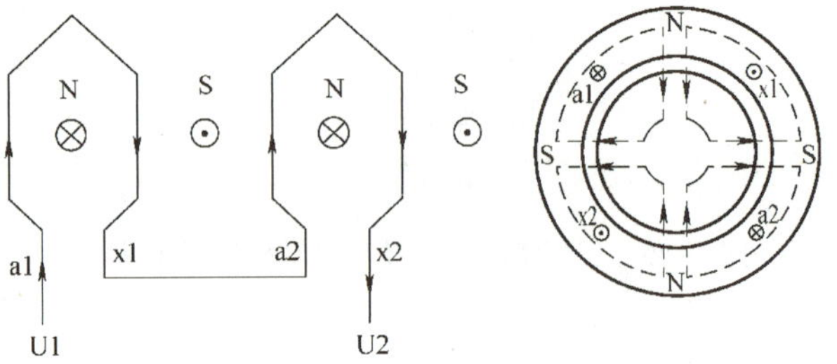

图 3-27　绕组变极原理图（$2p=4$）

图 3-27 中画出的是 4 极电机 U 相绕组中的两个线圈，每个线圈代表 U 相绕组的一半称为半相绕组。将两个半相绕组顺向头尾串联，根据线圈的电流方向，可以判断出定子绕组产生 4 极磁场，$p=2$。

若将两个半绕组的连接方式改为图 3-28 的连接方法，则 U 相绕组的中的半相绕组 a2-x2 的电流反向，根据线圈的电流方向，可以判断出定子绕组产生 2 极磁场，$p=1$。

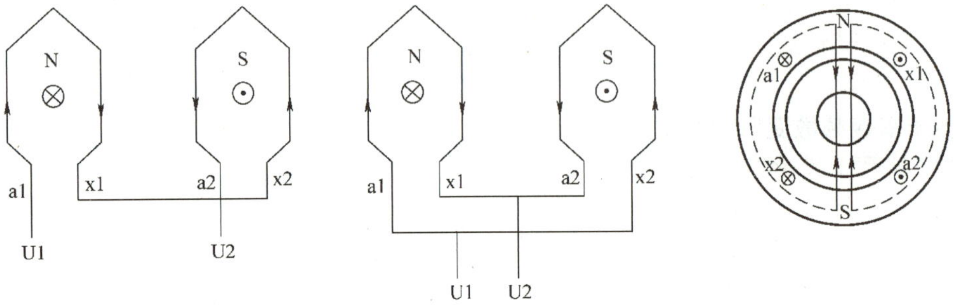

图 3-28　绕组变极原理图（$2p=2$）

可见，使定子每相绕组的一半绕组中的电流方向改变，就可以改变磁极对数。

目前，在我国多极电动机定子绕组联结方式常用的有三种，如图 3-29 所示：从星形改成双星形，写为Y-YY；从三角形改成双星形，写为△-YY；由星形联结改成反向串联的星形联结，写为顺串Y-反串Y。这三种接法可使电动机极对数减小一半。在改接绕组时，为了使电动机转向不变，应把绕组的相序改接一下。这是因为：电角度=p×机械角度，定子圆周的机械角度不变，当 p 变化时，电角度将变化，如当 $p=1$ 时，U、V、W 三相绕组在空间分布的电角度依次为 0°、120°、240°；而当 $p=2$ 时，U、V、W 三相绕组在空间分布的电角度依次为 0°、2×120°=240°、2×240°=480°（即 120°），可见变极前后三相绕组的相序发生了变化，因此变极后只有对调定子的两相绕组的出线端，才能保证电动机的转向不变。

变极调速主要用于各种机床及其他设备上。它所需设备简单，体积小，质量小，但电动机引出头较多，调速级数少，级差大，不能实现无级调速。但电动机在每个转速等级上都具有较硬的机械特性，稳定性好。Y-YY调速前后，电动机的转速增大一倍，调速后容许输出的功率增大一倍，而容许输出的转矩不变，是恒转矩调速，适用于恒转矩负载。△-YY和顺串Y-反串Y调速前后，电动机的转速增大一倍，而容许输出的转矩近似减小一半，调速后容许输出的功率近似不变，属于恒功率调速，适用于恒功率负载。

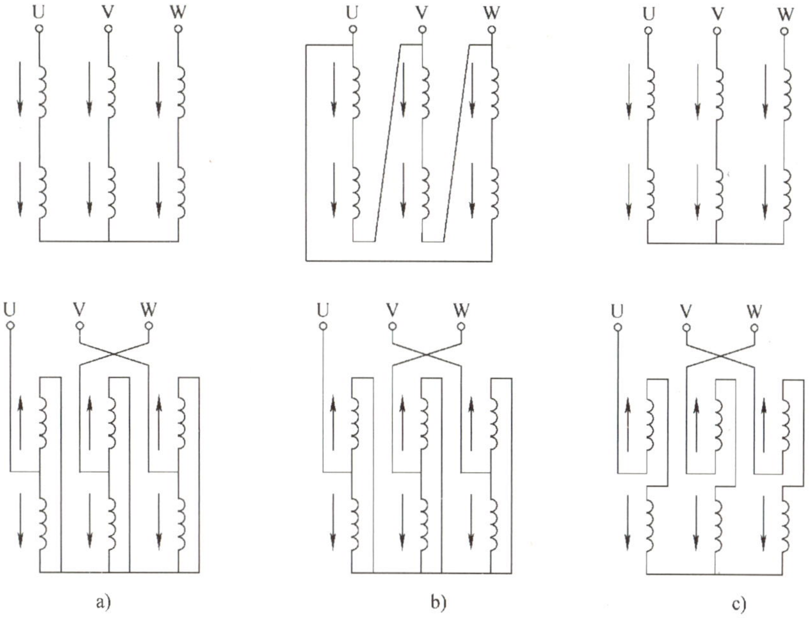

图 3-29　双速电动机常用的变极接线方式
a）Y-YY　b）△-YY　c）顺串Y-反串Y

2. 变频调速

三相异步电动机的转速为 $n=60f_1(1-s)/p$，因此，改变三相异步电动机的电源频率 f_1，也可达到调速的目的。

电动机正常运行时，三相异步电动机的每相电压 $U_1 \approx E_1 = 4.44 f_1 N_1 k_{w1} \Phi_0$，若电源电压 U_1 不变，当降低电源频率 f_1 调速时，则磁通 Φ_0 将增加，将使铁心过饱和，从而导致励磁电流和铁损的大量增加，电动机温升过高等；而当 f_1 增大时，Φ_0 将减少，电磁转矩及最大转矩减少，电动机的过载能力下降。这些是不允许的。因此在变频调速的同时，为保证磁通 Φ_0 不变，就必须在改变频率的同时改变电源电压。一般认为在任何类型的负载下变频调速时，若能保持电动机的过载能力不变，则电动机的运行性能较为理想。额定频率称为基频，变频调速时，可以从基频向上调，也可以从基频向下调。

1）从基频向下调的变频调速。降低电源频率时，必须同时降低电源电压。保持 U_1/f_1 为常数，则 Φ_0 为常数，这是恒转矩调速方式。若忽略定子电阻 R_1，降低电源频率 f_1 调速的人为机械特性特点为：同步转速 n_1 与 f_1 成正比，最大转矩 T_{max}不变，转速降落 Δn = 常数，特性斜率不变（与固有机械特性平行），机械特性较硬，在一定静差率的要求下，调速范围宽，而且稳定性好，由于频率可以连续调节，因此变频调速为无级调速，平滑性好，效率较高。

2）从基频向上调的变频调速。升高电源电压（$U_1>U_N$）是不允许的。因此，升高频率向上调速时，只能保持电压为 U_N 不变，频率越高，磁通 Φ_0 越低，这种方法是一种降低磁通的方法，类似他励直流电动机弱磁升速情况。保持 U_N 不变升速，近似为恒功率调速方式。

3）变频电源。异步电动机变频调速的电源是一种能调压的变频装置。现有的交流供电电源都是恒压恒频的，所以只有通过变频装置才能获得变压变频电源。目前，多采用变频器。

变频器的作用是将直流电源（可由交流经整流获得）变成频率可调的交流电（称为交-直-交变频器）或是将交流电源直接转换成频率可调的交流电（交-交变频器），以供给交流负载作用。交-交变频器将工频交流电变换成所需频率的交流电，不经中间环节，也称为直接变频器。

变频调速由于调速性能优越，能平滑调速，调速范围广，效率高，已经在很多领域获得广泛应用，如轧钢机、工业水泵、鼓风机、起重机、纺织机等。其主要缺点是系统较复杂、成本较高。

3. 变转差率调速

改变定子电压调速、转子电路串电阻调速和串级调速都属于改变转差率调速。这些调速方法的共同特点是在调速过程中都产生大的转差率。前两种调速方法都是把转差功率消耗在转子电路里，很不经济，而串级调速则能将转差功率加以吸收或大部分反馈给电网，提高了经济性能。

（1）改变电源电压调速

对于转子电阻大、机械特性曲线较软的笼型异步电动机而言，如加在定子绕组上的电压发生改变，对于恒转矩负载 T_L 对应于不同的电源 U_1、U_2、U_3，可获得不同的工作点 a_1、a_2、a_3，大转子电阻高转差率异步电动机如图 3-30 所示，显然电动机的调速范围很宽。其缺点是低压时机械特性太软，转速变化大，可采用带速度反馈的闭环控制系统提高低速时机械特性的硬度。

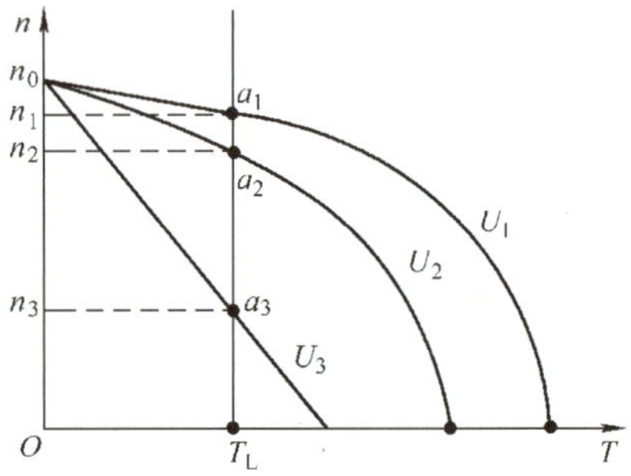

图 3-30 大转子电阻高转差率异步电动机

改变电源电压调速这种方法主要应用于专门设计的较大转子电阻的高转差率的笼型异步电动机，靠改变转差率 s 调速。目前广泛采用晶闸管交流调压电路来实现。这种调速方法，当转子电阻较小时，调节速度的范围不大。

（2）绕线转子异步电动机转子回路串接电阻调速

从三相绕线转子异步电动机转子回路串接对称电阻的机械特性上可以看出，转子串入附加电阻时，n_1、T_m 不变，但 S_m 增大，机械特性的斜率增大。若带恒转矩负载，工作点将随着转子回路串联电阻的增加而下移，转差率增加，对应的工作点的转速将随着转子串联电阻的增大而减小。这种调速方法的优点是方法简单，但调速是有级的，转子的铜损随着转差率的增加而增加，经济性差。主要用于中小容量的三相绕线转子异步电动机，如桥式起重机等。

（3）串级调速

串级调速就是在转子回路中不串接电阻，而是串接一个与转子电动势 $\dot{E}_{2S}$ 同频率的附加电动势 $\dot{E}_{ad}$，通过改变 $\dot{E}_{ad}$ 的大小和相位，就可以调节电动机的转速。这种调速方法适用于绕线转子异步电动机。串级调速有低同步串级调速和超同步串级调速。低同步串级调速是 $\dot{E}_{ad}$ 和 $\dot{E}_{2S}$ 的相位相反，串入 $\dot{E}_{ad}$ 后，转速降低了，串入的附加电动势越大，转速降得越多，$\dot{E}_{ad}$ 装置从转子回路吸收电能回馈到电网。超同步串级调速是 $\dot{E}_{ad}$ 和 $\dot{E}_{2S}$ 的相位相同，串入 $\dot{E}_{ad}$ 后，转速升高了，$\dot{E}_{ad}$ 装置和电源一起向转子回路输入电能。

串级调速性能比较好，但附加电动势装置比较复杂。随着可控硅技术的发展，现已广泛应用于水泵和风机节能调速，例如应用于不可逆轧钢机、压缩机等生产机械的调速。

3.9 三相异步电动机的制动

三相异步电动机运行于电动状态时，电磁转矩与转速的方向相同，是驱动性质的。运行于制动状态时，电磁转矩和转速的方向相反，是制动转矩。制动可以使电动机快速停车，或者使位能性负载（如起重机下放重物，运输工具在下坡运行时）获得稳定的下降速度。异步电动机的制动方法有机械制动和电气制动。机械制动是利用机械设备（如电磁抱闸）在电动机断电后，使电动机迅速停转。电气制动是利用电磁转矩与转速方向相反的原理制动的，常用的制动方法有反接制动、能耗制动和回馈制动。

1. 反接制动

当异步电动机转子的旋转方向与定子磁场的旋转方向相反时，电动机处于反接制动状态。它有两种情况，一是在电动状态下突然将电源两相反接，使定子旋转磁场的方向由原来的顺转子转向改为逆转子转向，这种情况下的制动称为电源两相反接的反接制动；二是保持定子磁场的转向不变，而转子在位能负载作用下进入倒拉反转，这种情况下的制动称为倒拉反转的反接制动。

（1）电源两相反接的反接制动

在电动机处于电动运行时，将定子绕组的电源两相反接，因机械惯性，转子的转向不变。由于电源相序的改变，使旋转磁场的方向变为和转子的旋转方向相反，转子绕组中的感应电动势、感应电流和电磁转矩的方向都改变，电磁转矩变为制动转矩。如图 3-31a 所示，设电动机处于电动运行状态时，KM1 闭合，KM2 断开，其机械特性为图 3-31b 的曲线 1，其工作点在固有机械特性曲线的 A 点。当把定子绕组的电源进线两相对调时，KM2 闭合，KM1 断开，其机械特性为图 3-31b 的曲线 2。当定子电源两相反接瞬间，转子的转速不能突变，工作点由 A 点平移到 B 点，在制动的电磁转矩的作用下，电动机迅速减速，工作点沿曲线 2 移动，到达 C 点时，转速为 0，制动过程结束，如需停车，应立即切断电源，否则电动机将反向起动。所以在一般的反接制动电路中常利用速度继电器来反应转速，以实现自动控制。

由于反接制动时，转子与旋转磁场的相对速度接近于两倍的同步转速，定子绕组中流过的反接制动电流相当于直接起动时电流的两倍，冲击很大。为了减少冲击电流，通常对于三相笼型异步电动机的定子回路串接电阻来限制反接制动电流。反接制动电阻可以采用对称接法和不对称接法。图 3-31a 中采用的是对称接法，对称接法在定子三相绕组中都串入制动电阻，不对称接法是只在两相绕组中串入制动电阻。制动电阻的对称接法可以在限制制动转矩的同时限制制动电流。制动电阻的不对称接法在没有串入制动电阻的那一相，仍具有较大的电流，因此一般采用对称接法。电动机定子绕组正常工作时的相电压

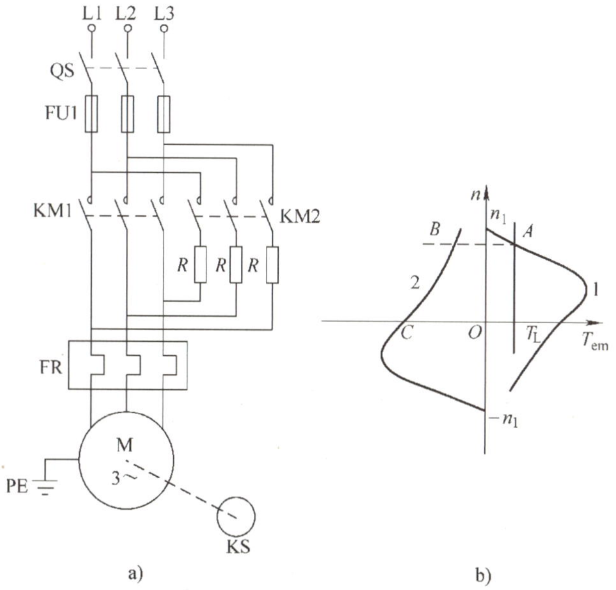

图 3-31　电源两相反接的反接制动

a）电源反接制动主电路　b）电源反接制动机械特性

为 380 V 时，要限制反接制动电流不大于起动电流时，采用对称接法每相应串入的电阻值可按 $R=1.5\times220/I_{st}\Omega$，$I_{st}$为电动机直接起动的电流。采用不对称接法时，电阻值应为对称接法电阻值的 1.5 倍。绕线转子异步电动机则可在转子回路中串入制动电阻。

反接制动的优点是制动转矩大，效果好，制动迅速，控制设备简单。但是制动过程冲击大，易损坏传动部件，在反接制动过程中，电动机转子靠惯性旋转的机械能和从电网吸收的电能全都转变成电能消耗在电枢绕组上，能量消耗大，反接制动适用于制动要求迅速且不频繁的场合。

（2）倒拉反转的反接制动

倒拉反转反接制动适用于三相绕线转子异步电动机拖动位能性负载的情况，它能够使重物获得稳定的下放速度。绕线转子异步电动机倒拉反转反接制动的过程和直流电动机相同。要实现倒拉反转反接制动，转子回路必须串接足够大的电阻，使工作点位于第四象限。这种制动目的主要是限制重物下放速度。

2. 能耗制动

能耗制动就是在电动机脱离三相电源之后，在定子绕组上加一个直流电压，通入直流电流，如图 3-32a 所示，定子绕组产生一个恒定的磁场，转子因惯性继续旋转而切割该恒定的磁场，在转子导体中便产生感应电动势和感应电流。

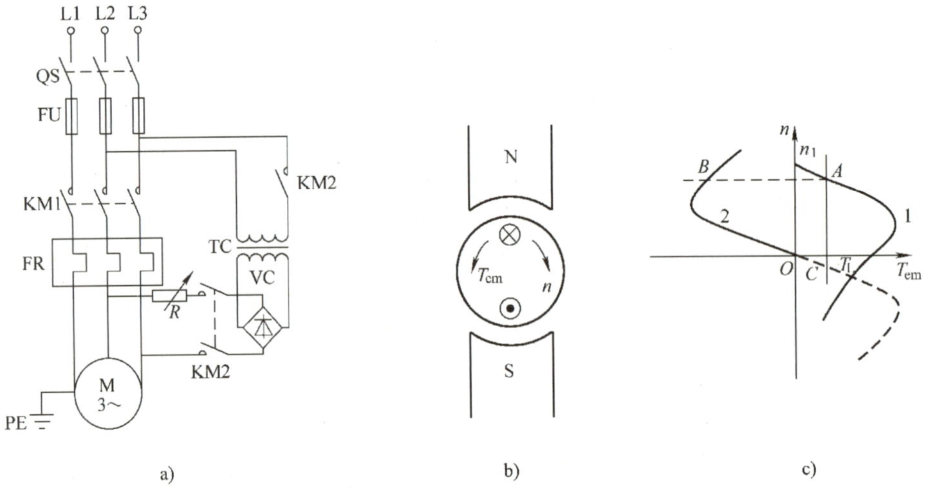

图 3-32 三相异步电动机的能耗制动
a）主电路 b）原理图 c）机械特性

按图 3-32b 设定的磁场方向和转子旋转方向，用右手定则可以判定转子导体中的感应电流和感应电动势的方向，转子感应电流在恒定的磁场中受到电磁力的作用，用左手定则可以判断转子导体受力的方向，该电磁力在电动机转轴上形成的电磁转矩为制动转矩，因此转速迅速下降，当转速下降到 0 时，转子的感应电动势和感应电流都为 0，制动过程结束。这种制动方法实质上是把转子靠惯性旋转的动能转变为电能消耗在转子绕组上，故称为能耗制动。能耗制动的机械特性如图 3-32c 所示。能耗制动时的机械特性曲线通过坐标原点，其形状和电动机接交流电正常运行时的机械特性的形状相似，如曲线 2。

电动机运行时工作在固有机械特性曲线 1 的 A 点上，当接触器 KM1 断开，KM2 闭合后，直流电源接在定子绕组上，开始能耗制动，在制动瞬间，因转速不能突变，工作点便由 A 点平移到能耗制动的特性曲线的 B 点上，在制动转矩的作用下电动机开始减速，工作点沿曲线 2 移至坐标原点时，$n=0$，$T_{em}=0$，如果电动机拖动的是反抗性负载（即由摩擦力产生转矩的机械），则电动机停转，实现制动停车。如果电动机拖动的负载是位能性负载（即由重力产生转矩的机械），当转速过零时，若要停车，必须立即用机械抱闸将电动机轴刹住，否则电动机在位能性负载的倒拉下反转，最后将稳定运行在 C 点（$T_{em}=T_L$），系统在能耗制动的状态下使重物保持匀速下降。能耗制动时的制动转矩的大小与通入定子绕组的直流电流的大小有关。电流大，产生的恒定的磁场强，制动转矩就大，电流可以通过 R 进行调节。但通入的直流电流不能太大，一般为空载电流的3~5 倍，否则会烧坏定子绕组。

能耗制动广泛应用于要求平稳的准确停车的场合，也可应用于起重机一类带位能性负载的机械上，用来限制重物下降的速度，使重物保持匀速下降。

3. 回馈制动

若三相异步电动机在电动状态运行，在外力的作用下（如起重机下放重物时），使电动机的转速 n 超过了同步转速 n_1（转向不变），这时电动机处于回馈制动状态。

回馈制动时，$n>n_1$，此时电动机转子导体与旋转磁场的相对切割方向同电动状态时相反，则转子电流、电磁转矩的方向也相反，T_{em}与 n 方向相反，变为制动转矩。此时电动机将轴上的机械能转变成电能并回馈到电网，故称为回馈制动，异步电动机处于发电运行状态。

在实践中三相异步电动机回馈制动有两种情况：一种是位能负载下放；另一种是电动机变极调速或变频调速过程。

回馈制动的优点是经济性能好，可将负载的机械能转换成电能反送到电网上。缺点是仅当电动机的转速 $n>n_1$（同步转速）时才能实现制动，应用范围较窄。

3.10 电动机的维护与检修

1. 电动机正常运行的监视和维护

1）电动机温升的监视。判断电动机是否过热常用的方法如下。

① 凭手的感觉。触摸电动机，看是否烫得马上缩手。

② 在外壳上滴几滴水，注意是否会急剧汽化并伴有“咝咝”声。

③ 用铝箔包住酒精温度计下端，插入拧开的吊环螺纹内，所测温度加 15℃为绕组温度。

④ 在轴承上滴几滴水，如冒出热气，说明温度已超过 80℃；如听到“咝咝”声，说明温度已超过 95℃。

2）电动机电流的监视。大容量电动机用电流表进行监视，容量较小的电动机应经常用钳形电流表测量。正常情况下，环境温度为 40℃时，其线电流不得超过额定值。环境温度每升高或降低 1℃，工作电流可相应地减小或增大 1%。三相不平衡电流误差不得超过 10%。

3）电源电压的监视。电压波动不得超过±5%，三相电压不对称度误差不得超过 5%。

4）故障现象的监视。电动机正常运行时，应平稳、轻快，无异常气味、异常声响。电动机在运行中发生下列情况时，应立即停车，仔细检查，找出故障并予以排除。

① 发生人身触电事故。

② 冒烟、起火。

③ 剧烈振动。

④ 机械损坏。

⑤ 轴承剧烈发热。

⑥ 窜轴冲击、扫膛、转速突降、温度迅速上升等。

2. 电动机的定期检查和保养

1）电动机小修。不拆卸电动机，属一般外部检查、擦拭。

2）电动机大修。应解体检修，包括外部检查，内外擦拭清洗，定子、转子绕组故障的检查和修理，轴承及定子、转子铁心的检查和修理，引线、接地装置的检查和修理，控制、保护装置的检查和调整，起动设备、传动装置、仪器仪表的检查和调整，最后进行试运转。

3. 电动机运行故障的原因

1）电源方面造成的故障。

① 电压过高或过低。电压过高，会引起绝缘击穿、电动机损坏，或可造成磁路过饱和、铁损增大、电流增大、铜损增大，导致即使空载或轻载也会造成电动机过热而不能正常工作。电压过低，起动时会造成起动困难或不能起动，定子电流大，熔丝熔断；若能起动，则起动时间长，电流大，达不到额定转速，温度升高甚至冒烟烧毁。运行中电压过低，会造成电动机过载、转速下降、电流增大、绕组过热，甚至出现堵转现象，如不及时切断电源，将很快烧毁电动机。

② 电源电压不平衡。会破坏旋转磁场的对称性，使电动机发出低沉的“嗡嗡”声，机身振动，并造成电动机过热。

③ 电源缺相、断线。起动时断一相，电动机不能起动，转子左右摆动，发出“嗡嗡”声；若断二相、三相，则不能起动而没有任何声响。运行时断一相，将出现单相运行，转矩减小、转速下降、电流增大、绕组过热，甚至烧毁电动机；运行中若断二相、三相，则电动机停转，但不会损坏电动机。

2）负载方面造成的故障。电动机容量选择不当、电动机过载、被拖动的机械有故障、转动不灵活、传动带过紧拉力过大等可造成电动机过载。电动机过载，起动时会使电动机不能起动，合闸后熔丝爆断；运行时会造成转速下降、电流增大，温度过高，甚至造成电动机堵转，电流剧增。如不及时切断电源，会烧毁电动机。

3）工作环境方面造成的故障。环境温度过高，散热条件不好，即使电流未超过允许值，电动机也会过热。环境潮湿，绝缘材料容易受潮，使绝缘强度降低，容易造成击穿短路故障。空气中含有腐蚀性气体或尘埃，会使绝缘材料、电动机外壳、导线接头等被腐蚀而损坏，给电动机运行带来不良后果。

4）安装和装配方面造成的故障。机座不稳固、底脚螺钉松动等，会导致运行时发生振动，产生噪声，容易损坏机件和轴承。电动机转子未校平衡、电动机与被拖动机械之间中心线没有校正好、皮带松紧度不合适等，都会造成电动机过载、轴承发热，并引起电动机的振动。

5）电动机本身的故障

① 机械故障。如轴承损坏、轴承磨损造成转子下沉，转轴弯曲、变形，铁心变形，机座和端盖裂纹，端盖止口未合严，电动机内部过脏等会造成定、转子相擦，使电动机产生强烈的振动和响声，相擦表面产生高温，甚至冒烟冒火，引起绝缘材料焦脆，甚至烧毁绕组。

② 电气故障。

a. 接地。是指定子绕组中的导体与机壳、铁心相碰，容易造成人身触电事故，引起绕组发热，造成绕组短路，使电动机无法工作。

b. 断路。一相断路，会造成缺相运行。并绕导线中一根或几根断路、并联支路中一路或几路断路，会造成不对称运行，引起发热和振动。

c. 短路。有相间短路和匝间短路两种。会造成电流增大、绕组发热、三相电流不平衡，造成电动机的振动和噪声，严重时使电动机冒烟、烧毁。

d. 接错。有线圈嵌反，头尾接错，极相组接反，一相绕组接反，并联支路接错，△、Y联结接错等情况。绕组接错接反，会造成空载电流增大且严重不平衡，使转速下降，温度上升，产生强烈的振动和噪声，甚至引起电动机冒烟、烧毁。

e. 转子断条或端环断裂。断条将造成电流不平衡，使磁场和转矩也不平衡，造成机身振动。严重断条会使电动机无法起动，运行时会突然停转。

6）维护情况的影响。平时维护不善，电动机带“病”运行，使故障扩大和加剧，这是造成电动机损坏的重要原因。

4. 电动机运行故障的判断和排除

1）电动机不能起动，且没有任何声响。

可能原因：①熔丝熔断两相以上；②开关或起动设备有两相以上接触不良；③Y联结的电动机绕组有二相、三相断路，△联结的电动机绕组有三相断路。

检查顺序或要点：先检查熔丝是否熔断，再检查开关、起动设备以及电动机绕组是否接触不良或断路。

简单处理方法：①更换熔丝；②检查接触不良处，予以修复；③找出故障点修好。

2）电动机不能起动，且有“嗡嗡”。

可能原因：①熔丝熔断一相；②开关或起动设备有一相断线或接触不良；③Y联结的电动机绕组有一相断路；△联结的电动机绕组有一相、二相断路；④电源电压过低。

检查要点：先检查熔丝是否熔断，再检查开关、起动设备是否接触不良，最后检查电动机绕组是否断路。

简单处理方法：①更换熔丝；②检查接触不良处，予以修复；③找出故障点修好；④找出电压低的原因，调整或恢复电压后再工作。

3）电动机不能起动，熔丝熔断。

可能原因：①定子绕组一相反接；②定子绕组有接地、短路故障；③接线错误，将Y联结的电动机接成△联结；④起动设备操作不当；⑤负载过大；⑥负载机械卡死或传动装置有故障；⑦定子和转子相摩擦；⑧熔丝的额定电流过小。

检查要点：开关推上熔丝即爆断，大多是一相首尾接反、Y联结误接成△联结以及绕组短路、接地故障。检查时应首先考虑熔丝是否过小，接法、操作是否正确，然后检查传装置、负载机械有无卡死，以及负载大小（检查时将电动机和负载机械分开，如电动机能正常起动，则应检查被拖动机械消除故障）。

处理方法：①分清三相首尾，接好；②检查绕组短路、接地处，重新修好；③改接过来；④检查起动设备；⑤检查负载；⑥检查负载机械传动装置；⑦找出相摩擦原因，修复；⑧合理选择熔丝。

4）电动机起动困难，转速较低。

可能原因：①电源电压过低；②电动机接法错误，将△联结的电动机接成Y联结；③△联结的电动机有一相绕组断路；④笼型转子导条或端环断裂；⑤电动机过载。

检查要点：首先查看接法是否与铭牌相符，然后检查负载和电源电压是否正常，最后检查定子绕组和转子的故障。

处理方法：①调整电压或等电压正常时再起动；②按正确接法改过来；③检查断路处，重新修好；④重新铸铝或换新转子；⑤减轻负载。

5）电动机三相电流不平衡且温度过高，甚至冒烟。

可能原因：①电源电压不平衡；②电动机绕组中有短路或接地故障；③重换线圈后，部分线圈接线错误；④电动机绕组断路。

检查要点：首先检查熔丝、开关电源线与接头是否有接触不良处，然后检查电源电压是否断路，最后检查绕组是否短路、接地和接错，若没有重换线圈，且过去运行正常，则不必检查绕组是否接错。

处理方法：①查出电路电压不平衡的原因，排除；②查出短路或接地处，并予以修复；③查出接错处，改接过来；④找出断路点，重新接好。

6）电动机三相电流同时增大，温度过高，甚至冒烟。

可能原因：①电源电压过高或过低；②电动机过载；③被拖动机械故障；④电动机绕组接法错误。

检查要点：首先检查定子绕组的接线是否与铭牌相符，然后检查电路电压是否正常，最后调整负载、检查被拖动的机械。

处理方法：①调整电路电压或等电压正常时再工作；②减轻负载；③检查负载机械和传动装置；④改接过来。

7）电流没有超过额定值，但温度过高。

可能原因：①环境温度过高；②通风不畅；③电动机灰尘、油泥过多，影响散热。

处理方法：①设法降低环境温度或降低电动机的使用容量；②清理风道或搬开影响通风的东西；③清除灰尘、油泥。

8）电动机有不正常的振动。

可能原因：①电动机基座不稳固或校正不好；②风扇叶片损坏造成转子不平衡；③轴弯或有裂纹；④传动带接头不好；⑤机座和铁心配合不紧密；⑥电动机单相运动；⑦绕组有短路和接地故障；⑧并联绕组有支路断路；⑨转子导条或端环断裂。

处理方法：①加固基座或重新校正；②更换风扇或设法校定转子；③更换弯轴或校正弯轴；④重新接好；⑤重新加固；⑥查找电路或绕组的断线和接触不良处，并予以修复；⑦查找短路和接地处，并予以修复；⑧查出断线处，予以修复；⑨重新铸铝或另换新转子。

检查要点：首先判断振动是机械方面引起的还是电气方面引起的。判断的方法是：若接通电源，电动机发生振动，切断电源电动机仍有振动，则为机械故障；若接通电源有振动，切断电源振动消失，则为电气故障。机械方面接前五项检查，电气方面按后四项分别检查；但首先应检查电路，例如熔丝是否熔断，接头或开关是否接触不良等。

9）电动机运行时有噪声。

可能原因：①轴承损坏或润滑油严重缺少，润滑油中有杂质；②定转子相擦；③风罩或转轴上零件松动；④风罩内有杂物；⑤轴承内圈和轴配合不紧密；⑥机座和铁心配合不紧密；⑦电动机单相运转；⑧绕组有短路或接地；⑨线圈有接线错误；⑩并联支路中有支路断路；⑪电源电压过低；⑫转子导条和端环断裂；⑬电动机过载。

处理方法：①更换或清洗轴承，并换润滑油；②找出相摩擦原因，予以排除；③固紧风罩或其他零件；④清除杂物；⑤堆焊轴承挡，并按规格尺寸车削加工好，使其紧密配合；⑥重新加固；⑦检查电路，绕组断线或接触不良处予以排除；⑧检查短路，接地处理好；⑨查出接错处并改接过来；⑩检查断路点，重新接好；⑪设法调整电压或等电压正常再工作；⑫转子重新铸铝或更换转子；⑬减轻负载。

检查要点：首先确定噪声是由机械方面引起的，还是由电气方面引起的。判断方法是若接上电源，有噪声存在，切断电源噪声消失，则为电气故障；若不管接上电源或切断电源，声音都存在，则为机械故障。机械方面的原因按前6项原因分别检查，电气方面的按后7项分别检查。

10）轴承过热。

可能原因：①传动皮带过紧或联轴器装配不良；②端盖或轴承盖没装配好（不平行）；

③轴承与端盖配合过松（走外圆）或过紧；④轴承与轴配合过松（走内圆）或过紧；⑤润滑脂太脏或变质；⑥润滑脂过多或过少；⑦轴承损坏。

处理方法：①调整传动带松紧、校正联轴器；②将端盖或轴承盖止口装平，旋紧螺栓；③过松时将端盖镶套，过紧时则重新加工；④过松时将轴颈喷涂金属，过紧时则重新加工；⑤清洗轴承、更换润滑脂；⑥润滑脂应加到油腔的 1/3～1/2；⑦更换轴承。

5. 电动机的检修

1）对定、转子进行清扫、检查。用皮老虎或压缩空气吹净灰尘垢物，用毛刷再做清扫。检查绕组的外观，看其有否破损及绝缘是否老化。

2）轴承的清洗、检查与换油。用汽油将轴承清洗干净，不要残留旧润滑油脂。用手转动轴承外圈，检查其是否滑动灵活，有无过松、卡住的情况；观察滚珠、滚道表面有无斑痕、锈迹，以决定是否更换。

更换轴承时，必须用轴承拆卸工具来拆卸轴承。拆卸轴承时，拆卸工具的钩爪必须钩在轴承内圈上，缓慢拉出。工具的丝杆应保持与电动机在同一直线上，轴承过紧可边敲击丝杆（在轴向敲）边旋动。如内圈过薄，钩爪挂不上时，可用铁板夹在其中再拉。

安装新轴承要把有标志的一面朝外，用铜棒或套筒安装。敲打时着力要均匀。用铜棒敲打时要按对角进行周边敲打。

换油时，加入的润滑油脂应适量，一般以轴承室容积的 1/3～1/2 为宜。润滑油脂量过大会使电动机运转时轴承发热。

3）用绝缘电阻表测定子绕组的绝缘电阻。有两项内容：一是绕组对地绝缘电阻，二是三相绕组间的绝缘电阻。应采用 500 V 绝缘电阻表。测量接线为：测定子绕组对地（外壳）绝缘电阻时，E 端接外壳，L 端接绕组，对三相绕组分别进行测量；测量三相绕组间的绝缘时，L 和 E 端钮分别接被测两相绕组。用摇表测出的绝缘电阻应不低于 0.5 MΩ。

4）用万用表检查定子绕组，并判定其首尾端。检查定子绕组也有两项内容：一是有无断线，二是粗略测其直流电阻。检查时所用的万用表，应选用较好的表，量程应放在电阻的“×1”档，使用前做好调零。注意检查绕组引出线，如发现引出线绝缘损坏、老化或过短，应更换。用万用表检查绕组的首、尾端可参见实训部分。

3.11 实训

3.11.1 电动机绕组的检测技能训练

1. 实训目的

1）学习电动机绕组出线端的判断方法。

2）学习测量电动机绕组电阻值的方法。

3）掌握调压器、万用表及电桥的使用方法。

2. 实训设备及器材

三相电动机（JO2-42-4，7.5 kW）、单相调压器、直流双臂电桥（QJ26-1）、万用表（MF47）、24 V 指示灯、导线、白胶布若干及电工常用工具一套。

3. 实训内容

（1）判断电动机出线端的组别

方法一：导通法。万用表拨到电阻 R×1 kΩ 档，一支表笔接电动机任一根出线，另一支表笔分别接其余出线，测得有阻值时两表笔所接的出线即是同一绕组。同样可区分其余出线的组别。判断后做好标记。

方法二：电压表法。将小量程电压表一端接电动机任一根出线，另一端分别接其余出线，同时转动电动机轴。当表针摆动时，电压表所接的两根出线属同一绕组。同样可区分其余出线的组别。判断后做好标记。

用万用表的电压1 V档代替电压表也可以进行判断。但应注意，必须缓慢转动电动机轴，防止指针大幅度反打损坏表头。

（2）电动机绕组首末端判断方法

1）方法一：绕组串联指示灯法。

按图3-33接线，具体操作步骤如下。

① 将调压器二次输出电压调到36 V后断开一次电源，将电动机任一相绕组的两根出线接到调压器二次输出端子上。

② 将电动机其余两相绕组的出线各取一根短接好，另外两根出线接指示灯。

③ 接通调压器一次电源后观察指示灯。灯亮时，表明短接的两根出线为电动机两相绕组的异名端（即一首一尾）；灯不亮则表明短接的两线为两相绕组的同名端（即同为首或尾）。用同样的方法可判断另一相首末端。

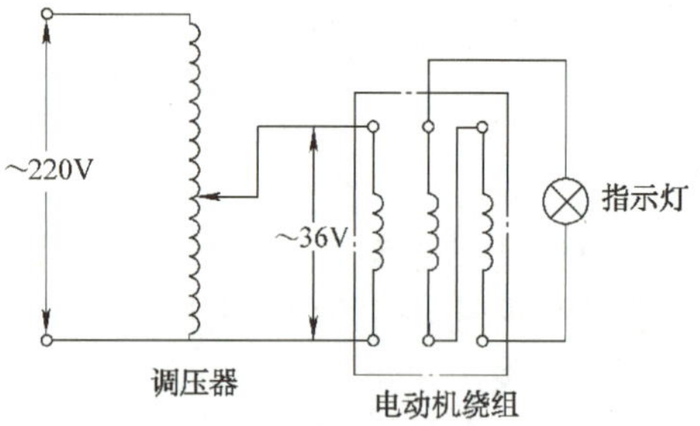

图3-33 绕组串联示灯法判断电动机绕组首末端

注意： 接通电源前应仔细检查接线，防止短路事故。观察指示灯亮（或暗）后立即切断电源，避免电动机绕组和调压器绕组过热。

2）方法二：绕组串联电压表法。

按图3-34接线，与示灯法的区别是用交流电压表代替示灯。操作步骤与方法一相同。当电压表有显示时，接表的两根出线为电动机两相绕组的异名端。如无电压表，可用万用表交流50 V档代替。

3）方法三：电流表法。

按图3-35接线，具体操作步骤如下。

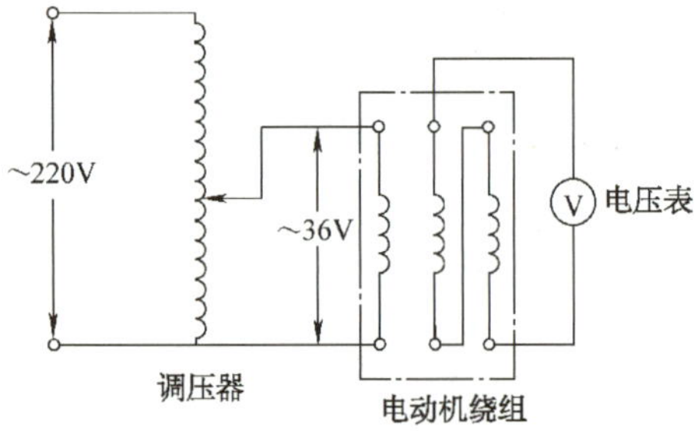

图3-34 绕组串联电压表法判断电动机绕组首末端

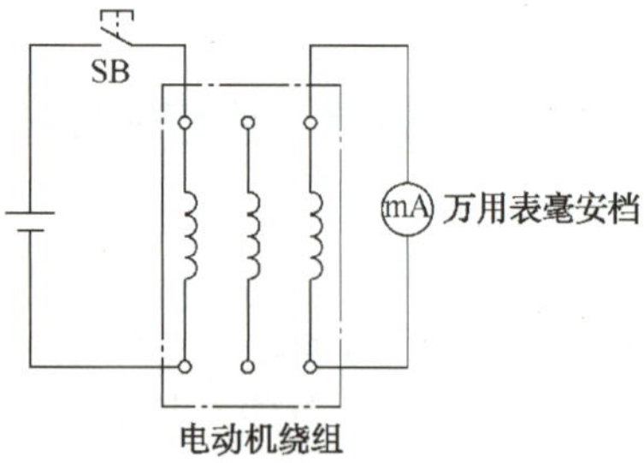

图3-35 电流表法判断电动机绕组首末端

① 将电动机任一绕组的两根出线通过一只常开按钮接到电池两端。

② 将万用表拨到直流0.5 mA档，两支表笔接其余任意一相绕组的两条引出线。

③ 注意观察表头，按下按钮时，如表针正向摆动，表明电池正极和万用表黑表笔所接的出线为电动机两相绕组的同名端；若表针反向摆动，则表明电池正极与红表笔所接的出线为两相绕组的同名端。判断后做好标记。

4）方法四：万用表法。

用万用表检查绕组的首末端可参见图 3-36 进行接线，用万用表的毫安档测试。转动电动机的转子，如表的指针不动，说明三相绕组是首首相连，尾尾相连。如指针摆动，可将任一相绕组引出线首尾位置调换后再试，直到表针不动为止。

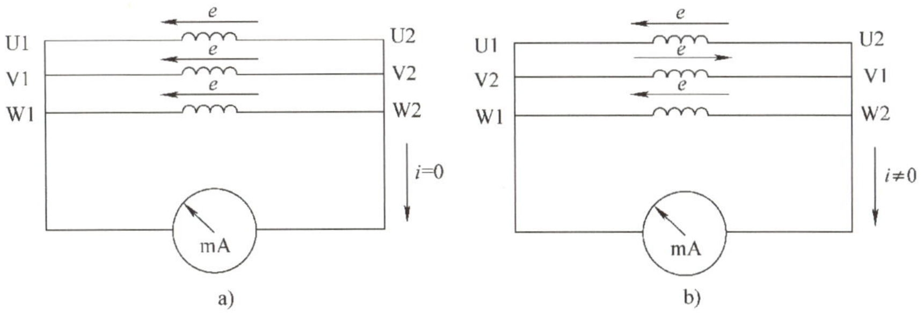

图 3-36　用万用表检查绕组的首末端

a）指针不动，绕组头尾连接正确　b）指针摆动，绕组头尾连接不对

（3）测量电动机绕组的电阻值

1）方法一：万用表法。

用万用表的电阻档测量电动机绕组的电阻值误差很大。例如：7.5 kW 电动机的一相绕组电阻值约为 1.2 Ω，而万用表的电阻 $R\times1$ 档最小刻度为 1（Ω），所以测量结果的准确值为1 Ω，而其余的 0.2 Ω 是估计值。需要检查各绕组的电阻值差别时就不符合要求了。用万用表测量功率为几十至几百瓦的小电动机绕组时尚可，但也不很准确。测量前先进行万用表的机械调零，根据待测电动机的阻值选用适当的档位后，再将两支表笔短接进行调零。如指针摆不到 0 位时，则应更换电池。

2）方法二：电桥法。

3-1　电桥法测量电动机绕组的电阻值

用电桥测量电动机绕组的电阻可以得到准确的测量值。使用 QJ26-1 型直流双臂电桥可以测量 11 Ω 以下的电阻，相对误差仅 ±2%。具体操作步骤如下。

① 验表。检查电桥的两组电源，如电池电压不足则应更换。按下检流计按钮 G，调节检流计上方的零位调节旋钮，使指针指零位；然后打开 9 V 电压开关 W，如指针偏离零位，则调节 W 使指针回零，松开按钮 G。

② 接线。图 3-37 所示为从待测绕组的首端和尾端接线端子各引出两根连线（使用的导线应尽量粗一些，截面 2.5 mm^2 以上，尽量短些，以能接入电桥为限）。两根导线不得绞接。应各自弯成圆环状，两导线圆环中间加一圆垫片，依次套入接线端子紧固牢靠。将两接线端子上、下的两根连线分别接入电桥的电流端钮（C1、C2）和电位端（P1、P2）。

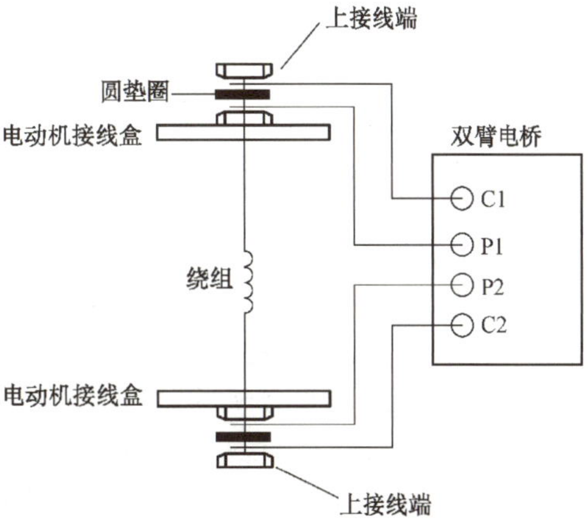

图 3-37　电桥法测量电动机绕组

③ 根据万用表测得的绕组电阻值适当选择比较臂的电阻值、比率臂的比值。

④ 测量。按下电源按钮B，稍候再按下检流计按钮G，如检流计指针偏向“+”方向，则增大比较臂阻值（反之则减小比较臂的阻值），直到电桥平衡（即检流计指针指零）。先松开G，再松开B，防止绕组感应电动势损坏检流计。

⑤ 读取比较臂阻值和比率臂的比值，按下式计算：

待测绕组的电阻值=比率×比较臂阻值（两读数盘数值之和）

同样可测得其余两相绕组的阻值。并记录测量结果：第一相绕组电阻为（ ）Ω；第二相绕组电阻为（ ）Ω；第三相绕组电阻为（ ）Ω。

4. 任务单及成绩评定

姓名＿＿＿＿＿＿ 学号＿＿＿＿＿ 工位号＿＿＿＿＿ 日期＿＿＿＿＿＿

名称：电动机绕组的检测　时间：40 min

序号	项目内容	配分	评分标准	检验结果	扣分	得分
1	判断电动机出线端的组别	20	用导通法判断。万用表量程及测量方法选择错误（-5分）；测量后没有做出标记（-5分）			
			用电压表法判断。电压表量程及测量方法选择错误（-5分）；测量后没有做出标记（-5分）			
2	判断电动机绕组的首末端	30	绕组串联指示灯法（或绕组串联电压表法）。接线正确（+5分），测量步骤正确（+5分），判断结果正确（+5分）			
			用万用表检查绕组的首、末端，接线及万用表的档位选择正确（+5分），测量步骤正确（+5分），判断结果正确（+5分）			
3	测量电动机绕组的电阻值	50	用万用表的电阻档初步测量电动机绕组的电阻值。万用表档位选择正确（+5分），使用方法正确（+5分），估计值正确（+5分）			
			用电桥测量电动机绕组的电阻。验表（+10分），接线（+10分），选择比较臂的电阻值（+10分）、测量比率臂的比值（+5分），读取比较臂阻值和比率臂的比值（+5分），计算结果正确（+10分）			
4	安全文明操作		未清理现场（-5分） 损坏工具（-50分） 损坏仪表（-50分） 违反安全规定（-50分）			
5	考核时限		每超过5 min（-5分）			
6	合计	100		总分		

3.11.2 三相异步电动机的空载、短路（堵转）及负载试验

1. 试验目的

1）学会三相异步电动机的空载试验的方法，作出空载特性曲线，通过测量空载电流 I_0、空载功率 P_0，计算励磁参数 R_m、X_m、铁损 P_{Fe}和机械损耗 P_{mec}。

2）学会三相异步电动机的短路（堵转）试验的方法，作出短路特性曲线，通过测量短路电流 I_K、短路功率 P_K，计算短路阻抗 Z_K、短路电阻 R_K、X_K。

3）用直接负载法测取三相笼型异步电动机的工作特性。

4）通过测定三相笼型异步电动机的参数，绘制三相异步电动机的等效电路。

2. 预习要点

1）异步电动机的工作特性指哪些特性?

2）异步电动机的等效电路有哪些参数？它们的物理意义是什么？

3. 空载试验及数据分析

（1）试验步骤

1）按图 3-38 接线。电动机绕组为△接法（$U_N=220\,V$），电动机直接与测速发电机 TG 同轴连接，电动机轴上不带任何负载，处于空载运行状态。

2）把交流调压器调至电压最小位置，接通电源，逐渐升高电压，使电动机起动旋转，观察电动机旋转方向。如转向不符合要求，必须切断电源，调整电源相序。

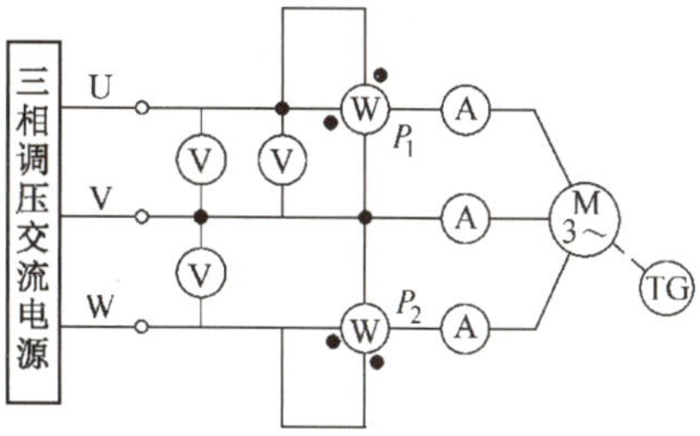

图 3-38　三相笼型异步电动机试验接线图

3）保持电动机在额定电压下空载运行数分钟，使机械损耗达到稳定后再进行试验。

4）调节电压由 $1.2U_N$ 开始逐渐降低电压，直至电流或功率显著增大为止。在该范围内读取空载电压、空载电流、空载功率。在测取空载试验数据时，在额定电压附近多测几点，共取数据 7~9 组记录于表 3-4 中。

表 3-4　空载试验数据

序号	$U_0=\frac{U_{AB}+U_{BC}+U_{CA}}{3}$				$I_0=\frac{I_A+I_B+I_C}{3}$				$P_0=P_1+P_2$			$\cos\varphi_0$
	U_{AB}	U_{BC}	U_{CA}	U_0	I_A	I_B	I_C	I_0	P_1	P_2	P_0	

（2）数据分析

1）作空载特性曲线：$I_0=f(U_0)$、$P_0=f(U_0)$、$\cos\varphi_0=f(U_0)$。

2）铁损和机械损耗的分离。当异步电动机空载时，转子电流 $I_2\approx0$，转子的铜损可以忽略不计，则 $P_0\approx m_1I_{0\varphi}^2R_1+P_{Fe}+P_{mec}$。

与变压器空载时的空载损耗近似等于铁损不同，异步电动机的空载电流较大，定子空载时的铜损不能忽略，同时转子旋转有机械损耗，因此求励磁电阻 R_m 不能像变压器那么简单，要先从空载损耗中分离出铁损来。

从空载损耗中减去定子空载时的铜损，就可得铁损和机械损耗之和：

$$P_0-m_1I_{0\varphi}^2R_1\approx P_{Fe}+P_{mec}$$

由于铁损与磁通的二次方成正比，即与电压的二次方成正比；而机械损耗的大小仅与转速有关，与端电压高低无关。因此把不同电压下的机械损耗和铁损之和与电动机端电压的二次方值画成曲线 $P_{Fe}+P_{mec}=f(U_{0\varphi}^2)$，并把这一曲线延长到纵轴 $U_{0\varphi}=0$ 处，得交点 A，过 A 点作与横轴平行的虚线，虚线以下部分就是与电源电压大小无关的机械损耗，虚线以上部分就是与电压的二次方成正比的铁心损耗，如图 3-39 所示。

3）由空载试验数据求励磁回路参数（参看异步电动机的空载等效电路）。由空载曲线上查得空载电压为额定电压（$U_{0\varphi}=U_0=U_N$）时的空载电流 I_0 和空载损耗 P_0 以及从铁损和机械损耗的分离曲线上查得的 U_N^2 时的铁损 P_{FeN}，即可计算励磁参数。

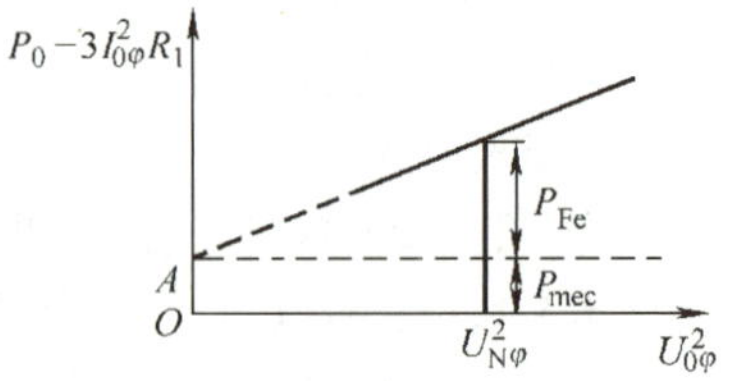

图 3-39 铁损耗和机械损耗的分离

空载阻抗：$Z_0=\dfrac{U_{0\varphi}}{I_{0\varphi}}=\dfrac{\sqrt{3}U_0}{I_0}$；空载电阻：$R_0=\dfrac{P_0}{3I_{0\varphi}^2}=\dfrac{P_0}{I_0^2}$；

空载电抗：$X_0=\sqrt{Z_0^2-R_0^2}$。式中，$U_{0\varphi}=U_0$为电动机空载时的相电压、$I_{0\varphi}=\dfrac{I_0}{\sqrt{3}}$为电动机空载时的相电流、$P_0$ 为电动机的三相空载功率（电动机△联结）。

励磁电抗：$X_m=X_0-X_1$。

式中，X_1 为定子绕组的漏电抗，由短路试验求得。

励磁电阻：$R_m=\dfrac{P_{FeN}}{3I_{0\varphi}^2}=\dfrac{P_{FeN}}{I_0^2}$。

4. 短路（堵转）试验及数据分析

（1）试验步骤

短路试验是在转子堵转，即 $s=1$ 及等效电阻$\dfrac{1-s}{s}R_2'=0$ 的情况下进行的。试验接线图同空载试验接线图，如图 3-38 所示。用制动工具把三相电动机的转轴堵转。调压器调至零，合上交流电源，调节调压器使之逐渐升压至短路电流为 $1.2I_N$，再逐渐降压至短路电流为 $0.3I_N$ 为止。在由 $1.2I_N$ 降压至 $0.3I_N$ 的过程中读取短路电压、短路电流、短路功率。共取数据5~6组记录于表 3-5 中。

表 3-5 短路试验数据

序号	$U_K=\frac{U_{AB}+U_{BC}+U_{CA}}{3}$				$I_K=\frac{I_A+I_B+I_C}{3}$				$P_K=P_1+P_2$			$\cos\varphi_K$
	U_{AB}	U_{BC}	U_{CA}	U_K	I_A	I_B	I_C	I_K	P_1	P_2	P_K	

（2）数据分析

1）作短路特性曲线：$I_K=f(U_K)$、$P_K=f(U_K)$。

2）由短路试验数据求短路参数（参看异步电动机的 T 形等效电路）。因为短路试验时，电压较低，磁通较低，产生它的励磁电流 I_0 很小，可以认为励磁支路开路，$I_1\approx I_2'$，铁损忽略不计，输入的功率全部消耗在定、转子的铜损上。因此：

$$P_K\approx 3I_1^2R_1+3I_2'^2R_2'\approx 3I_1^2(R_1+R_2')=3I_1^2R_K$$

短路阻抗 $Z_K=\frac{U_{K\varphi}}{I_{K\varphi}}=\frac{\sqrt{3}U_K}{I_K}$；短路电阻：$R_K=\frac{P_K}{3I_1^2}=\frac{P_K}{3I_{K\varphi}^2}=\frac{P_K}{I_K^2}$；短路电抗：$X_K=\sqrt{Z_K^2-R_K^2}$

式中，$U_{K\varphi}$，$I_{K\varphi}$，P_K 为电动机堵转时的相电压、相电流、三相短路功率（电动机为△接法），$U_{K\varphi}=U_K$；$I_{K\varphi}=\frac{I_K}{\sqrt{3}}$；计算时取 $I_K=I_N$，U_K、P_K 是对应于短路特性曲线 $I_K=I_N$ 时的值。

转子电阻折算到定子侧的值为 $R_2'\approx R_K-R_1$。

式中，R_1 为定子绕组的电阻。

一般假设定、转子的漏电抗为：$X_1\approx X_2'\approx X_K/2$。

5. 负载试验

（1）试验步骤

1）负载试验接线图如图 3-40 所示。同轴连接负载（校正直流测功机）。图中 R_f 的阻值为 1800 Ω（900 Ω+900 Ω），R_L 的阻值为 2250 Ω（900 Ω+900 Ω+900 Ω//900 Ω）。

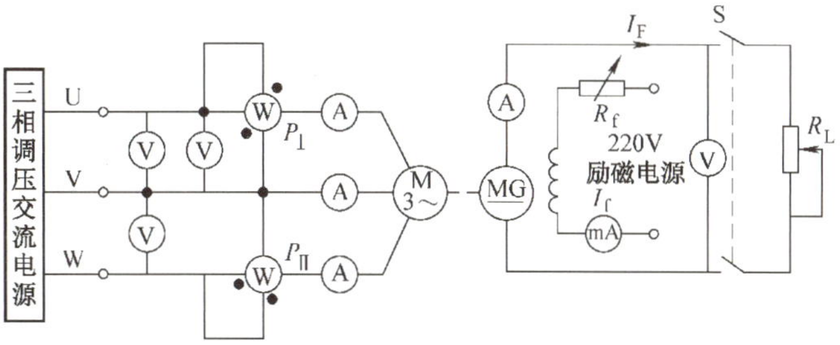

图 3-40　负载试验接线图

2）合上交流电源，调节调压器，使之逐渐升压至额定电压并保持不变。

3）合上校正过的直流测功机的励磁电源，调节励磁电流至校正值（100 mA）并保持不变。

4）调节负载电阻 R_L（注：先调节 900 Ω+900 Ω 电阻，调至零后用导线短接，再调节 900//900 Ω 电阻），使异步电动机的定子电流逐渐上升，直至电流上升到 $1.25I_N$。然后，逐渐减小负载直至空载，在这范围内读取异步电动机的定子电流、输入功率、转速、直流电动机的负载电流 I_F 等数据。共取数据 8~9 组记录于表 3-6 中。

表 3-6　负载试验数据（$U_{1\varphi}=U_{1N}=220V$（Δ），I_f=____ mA）

序号	I_1/A，$I_1=\frac{I_A+I_B+I_C}{3}$				P_1/W，$P_1=P_{Ⅰ}+P_{Ⅱ}$			I_F/A	T_2/(N·m)	n/(r/min)
	I_A	I_B	I_C	I_1	$P_{Ⅰ}$	$P_{Ⅱ}$	P_1			

(2) 试验数据分析

1) 做工作特性曲线 P_1、I_1、η、s、$\cos\varphi_1=f(P_2)$。

2) 由负载试验数据计算工作特性，填入表3-7中。

表3-7 电动机工作特性数据表（$U_1=220\text{ V}$（Δ），$I_f=$____ mA）

序号	电动机输入		电动机输出		计算值			
	I_1/A	P_1/W	T_2/(N·m)	n/(r/min)	P_2/W	S	η(%)	$\cos\varphi_1$

注：计算公式为：$I_1=\dfrac{I_A+I_B+I_C}{3}$；$s=\dfrac{n_1-n}{n_1}$；$\cos\varphi_1=\dfrac{P_1}{\sqrt{3}U_1I_1}$；$P_2=0.105nT_2$；$\eta=\dfrac{P_2}{P_1}\times100\%$。

式中，I_1 为定子绕组线电流（A）；U_1为定子绕组线电压（V）；s 为转差率；η 为效率。

6. 根据空载试验和短路试验的数据画出三相异步电动机的T形等效电路

7. 由损耗分析法求额定负载时的效率

电机的总损耗：$\Sigma P=P_{Fe}+P_{Cu1}+P_{Cu2}+P_{mec}+P_{ad}$

P_{Fe}：铁损；P_{mec}：机械损耗；$P_{Cu1}=3I_{1\varphi}^2R_1$：定子铜损；$P_{Cu2}=sP_{em}$：转子铜损；$P_{ad}$：杂散损耗，取为额定负载时输入功率的0.5%。

P_{em}为电磁功率（W）：$P_{em}=P_1-P_{Cu1}-P_{Fe}$

于是求得额定负载时的效率为：$\eta=\dfrac{P_1-\Sigma P}{P_1}\times100\%$

式中，P_1、s、I_1 由工作特性曲线上 P_2 为额定功率 P_N 时查得。P_{Fe}由图3-39求出。

8. 任务单及成绩评定

姓名________ 学号________ 工位号________ 日期________

名称：三相异步电动机的空载、短路（堵转）及负载试验 时间：80 min

序号	项目内容	配分	评分标准	检验结果	扣分	得分
1	空载试验及数据分析	30	接线正确，仪表极性、量程选择正确（+5分）			
			试验步骤正确（+5分）			
			测取空载试验数据范围及数值正确（+5分）			
			作空载特性曲线（+5分）			
			分离铁损耗和机械损耗（+5分）			
			由空载试验数据求励磁回路参数（+5分）			

（续）

序号	项目内容	配分	评分标准	检验结果	扣分	得分
2	短路（堵转）试验及数据分析	20	试验步骤正确（+5 分）			
			测取空载试验数据范围及数值正确（+5 分）			
			作短路特性曲线（+5 分）			
			由短路试验数据求短路参数（+5 分）			
3	负载试验及数据分析	30	接线正确，仪表极性、量程选择正确（+5 分）			
			试验步骤正确（+5 分）			
			测取负载试验数据范围及数值正确（+5 分）			
			绘制工作特性曲线（+5 分）			
			由负载试验数据计算工作特性（+5 分）			
4	T 形等效电路	10	根据空载试验和短路试验的数据画出三相异步电动机的 T 形等效电路（+10 分）			
5	效率	10	由损耗分析法求额定负载时的效率			
6	安全文明操作		未清理现场（−5 分） 损坏工具（−50 分） 损坏仪表（−50 分） 违反安全规定（−50 分）			
7	考核时限		每超过 5 min（−5 分）			
8	合计	100		总分		

3.11.3　测量电动机的绝缘电阻、空载电流、转速及运行温度技能训练

1. 实训目的

1）学会使用绝缘电阻表测量电动机绝缘电阻。

2）学会使用钳形表测量电动机的空载电流。

3）学会使用转速表测量电动机的转速。

4）掌握使用点温计测量电动机的运行温度。

2. 实训设备

绝缘电阻表、钳形表、转速表、转速计、半导体点温计、电动机及常用电工工具一套。

3. 实训内容

（1）测量三相笼型异步电动机绝缘电阻

3-2　测量三相异步电动机的绝缘电阻

1）选用绝缘电阻表。测量额定电压 500 V 以下的旧电动机的绝缘电阻可选用 500 V 绝缘电阻表；测量额定电压 500 V 以下的新电动机或额定电压在 500 V 以上的电动机可选用 1000 V 绝缘电阻表。

2）对绝缘电阻表进行检查。绝缘电阻表的外观应清洁、无破损；摇把应灵活；表针无卡死现象；各端钮齐全；测试线绝缘应良好。将绝缘电阻表水平放置，两支表笔分开，摇动手柄，表针指向无穷大（∞）处。做短路试验，将两表笔短接、轻摇手柄，表指针应指 0 Ω 处。注意：做绝缘电阻表短路试验时，表针指零后不要继续摇手柄，以防损坏绝缘电阻表；不能使用双股绝缘导线或绞型线做测量线，以避免引起测量误差。

3）摇表测定子绕组相间绝缘电阻。将绝缘电阻表水平放置，把两支表笔中的一支接到电动机一相绕组的接线端上（如U相），另一支接到电动机另一相绕组的接线端上（如V相），顺时针由慢到快摇动手柄至转速120r/min，摇动手柄1min，读取数据。数据读完后，先撤表笔后停止摇表。按以上方法再测U相与W相，V相与W相之间的绝缘电阻，并记录在表3-8中。

4）摇表测绕组对机壳的绝缘电阻。将绝缘电阻表的黑色表笔（E）接于电动机外壳的接地螺栓上，红色表笔（L）接于绕组的接线端上。摇动手柄转速至120r/min，摇动手柄1min，读取数据。然后，先撤表笔后停止摇表。按以上方法再用摇表测V相对机壳，W相对机壳的绝缘电阻，并记录测量结果。

5）绝缘电阻合格值。新电动机绝缘电阻值不应小于1MΩ；旧电动机定子绕组绝缘电阻值每伏工作电压不小1kΩ；绕线转子异步电动机转子绕相每伏工作电压不小于0.5kΩ。

将测量数据与上述合格值进行比较。绝缘电阻值大于合格值的电动机可以使用。

表3-8 三相笼型异步电动机绝缘电阻

项目	U-V	V-W	W-U	U-地	W-地	V-地
测量值						
结果分析						

（2）测量电动机的空载电流

3-3 测量电动机的空载电流

1）选表。测量笼型异步电动机空载电流可选用磁电式钳形电流表，而测量绕线转子异步电动机转子绕组电流应选用电磁式钳形电流表，可根据被测电动机铭牌上的额定电流值选择合适量程的钳形电流表。

2）验表。钳形电流表的外壳应清洁完整、绝缘良好、干燥；钳口应能紧密闭合；使用前应进行机械调零。

3）测量。根据被测电流的大小，选择钳形电流表适当的档位，如无法估计被测电流大小，则应先将量程置于最大档；使被测导线位于钳口内的中央读数，当测量使表针过于偏向表盘两端时，应打开钳口将表退出，更换量程后重新嵌入进行测量，读数时眼睛的视线应垂直于表盘，将读数乘以倍率得出测量结果，并记录在表3-9中。

注意： 测量者应戴绝缘手套或干燥的线手套；注意与带电体的安全距离；测量电动机电流时仅钳入电源一根相线，如测量值太小（钳形电流表已换到最小量程）；可将导线绕几圈放入钳口测量，然后将测量结果除以放进钳口内的导线根数；如测量时有杂音，可将钳口打开一下再闭合即可消除；测量完毕应将量程放于最大量限，防止再次使用时，未转换量程而损坏电表；不宜用钳形表去测裸导体中的电流。

表3-9 三相笼型异步电动机的空载电流

项目				
测量值				
结果分析				

（3）测量电动机的转速

1）方法一：使用离心式转速表测电动机的转速。

① 检查电动机的各端子接线和接地线，检查电动机轴头，如果有油污应先擦净。

② 检查转速表的测轴转动是否灵活。根据电动机轴头的情况选择合适的测速器在测轴上卡好，

先将调速盘旋转到最低测速范围，转动测速器观察分度盘上的指针显示是否正常。根据电动机铭牌上的转速值，选择适当的测速范围，即将调速盘上的刻度数值转到与分度盘相同的水平面。

例如：从电动机铭牌查得转速为 1450 r/min，使用 LZ-45 转速表测速，从调速盘查得转速幅度Ⅲ为 450~1800 r/min，则将调速盘转到转速幅度Ⅲ。如不知道电动机的转速，则应选择最高转速范围Ⅴ，然后根据读得转速降低转速范围。

③ 测速。电动机起动后，使测速器与电动机轴缓慢接触，注意使两轴保持同一水平轴线，逐步加力使测轴与电动机轴转速一致。测速器不可打滑。保持良好接触，但也不能过分用力。由于选择转速幅度Ⅲ，所以从分度盘外圈读取指针所指向的数字乘以 100 即为所测的转速（若使用转速幅度Ⅱ、Ⅳ、则读取分度盘内圈数字再乘以相应的倍率）。测量后将调速盘转到测速范围Ⅴ。

2）方法二：使用 HT-331 数字式转速计测电动机的转速。

① 验表。打开转速计背面的电池盒盖，装入 4 节电量充足的 5 号电池，注意要按盒内的标记装入，不可将极性装反，盖好电池盒盖。按下转速计正面的按钮，显示屏应显示“0000”，用手转动测轴，显示屏应显示转速值，并能保持读数 1 s 左右。

② 选择适当的测速器卡在测轴上，使测轴与电动机轴保持同一轴线，与电动机轴头接触良好并保持同一转速，从显示屏上直接读测量结果。

注意： 被测电动机应安装牢固、接地可靠、运行平稳；测量环境应有足够的照明；测量者应穿规定的工作服，注意与旋转部件保持安全距离并有人监护。

（4）测量电动机的运行温度

1）验表。半导体点温计的外壳应清洁、完好，探头引线应完好，插头接插良好，点温计内应安装电压规格符合要求的干电池；使用前先进行表针的机械调零和满刻度调零，然后将旋钮置于“测量”位置备用。

2）测量。将被测电动机的吊环卸下，可在吊环孔内放入少许棉絮以防电动机振动损坏点温计探头，为保证热量传导，可在吊环孔内加少量机油；然后将探针小心地放入孔内，使探头与被测电动机铁心良好接触，待点温计指针稳定后读取测量值。该测量值即为电动机铁心的运行温度。据此温度可推算电动机绕组的运行温度和计算电动机的温升。

注意： 测量时要保持与电动机等设备的安全距离；点温计探头为玻璃封装的半导体 PN 结，强度低，易损坏，应注意保护；测量环境应有足够的照明；不能有强电磁场；点温计使用后应关闭电源，长期不用应取出电池，保存在干燥、无腐蚀性气体的场所。

4. 任务单及成绩评定

姓名＿＿＿＿＿＿　学号＿＿＿＿＿　工位号＿＿＿＿＿　日期＿＿＿＿＿

名称：测量电动机的绝缘电阻、空载电流、转速及运行温度　时间：80 min

序号	项目内容	配分	评分标准	检验结果	扣分	得分
1	测量三相笼型异步电动机的绝缘电阻	25	正确选用绝缘电阻表（+5 分）			
			对绝缘电阻表进行检查（+5 分）			
			测定子绕组相间绝缘电阻并记录（+5 分）			
			测绕组对机壳的绝缘电阻并记录（+5 分）			
			对测量结果分析（+5 分）			

（续）

序号	项 目 内 容	配分	评 分 标 准	检验结果	扣分	得分
2	测量电动机的空载电流	25	正确选用钳形电流表及量程（+5分）			
			验表及调零（+5分）			
			测量、读数正确（+10分）			
			测量完毕应将量程放于最大限（+5分）			
3	测量电动机的转速	25	检查电动机的各端子接线和接地线，检查电动机轴头（+5分）			
			检查转速表（+5分）			
			选择适当的测速器（+5分）			
			测轴与电动机轴保持同一轴线（+5分）			
			读测量结果（+5分）			
4	测量电动机的运行温度	25	验表、调零（+10分）			
			测量电动机铁心的运行温度（+10分）			
			推算电动机绕组的运行温度（+5分）			
5	安全文明操作		未清理现场（−5分） 损坏工具（−50分） 损坏仪表（−50分） 违反安全规定（−50分）			
6	考核时限		每超过5min（−5分）			
7	合计	100		总分		

3.11.4 电动机的拆装技能训练

1. 实训目的

1）熟悉三相笼形转子异步电动机的结构；掌握其拆装的正确步骤和方法。

2）掌握对检修后的笼形转子异步电动机进行一般性检查和试验的项目及方法。

2. 准备工作

1）准备所用工具：电工常用工具、锤子、铜棒、轴承拆卸工具及扁铲。

2）材料：垫木、汽油、润滑脂、毛刷、棉纱、油盘及7.5kW电动机。

3）仪表：万用表、钳形电流表及绝缘电阻表。

3. 实训内容及要求

（1）认识工具

拆装电动机时，常用工具有：拉钩、油盘、活扳手、榔头、紫铜棒、螺钉旋具、钢套筒和毛刷等，如图3-41所示。

（2）电动机的解体和组装

要求按电动机的零部件进行解体并抽出转子。检修后组装的电动机要符合质量要求，即润滑良好，转子转动轻便灵活无扫膛，零部件完好无伤损，紧固部分牢固可靠，转子轴伸径向偏摆在0.2mm以内。

（3）电动机的检修

1）对定、转子进行检查、清扫。

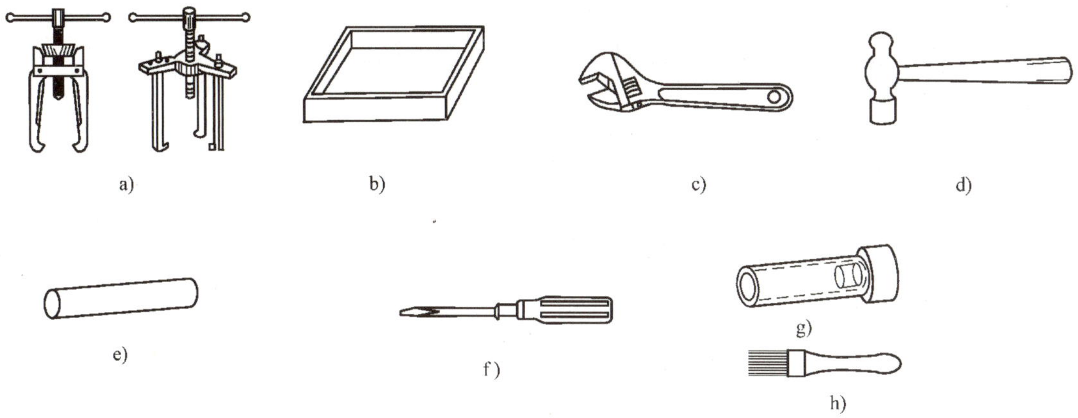

图 3-41　拆装电动机的常用工具
a）拉钩　b）油盘　c）活扳手　d）榔头　e）紫铜棒　f）螺钉旋具　g）钢套筒　h）毛刷

2）检查轴承并清洗、换油。轴承磨损超限或损坏应更换。

3）测量定子绕组的绝缘电阻。

4）用万用表检查定子绕组并判定首、末端。

5）根据测量检查结果判定绕组是否符合标准。

4. 操作步骤

（1）电动机拆卸方法

为了确保维修质量，在拆卸前应在电动机接线头、端盖等处做好标记和记录，以便装配后使电动机能恢复到原状态。不正确的拆卸，很可能损坏零件或绕组，甚至扩大故障，增加修理的难度，造成不必要的损失。

1）将带轮或联轴器上固定螺栓或销钉松脱，用专用拆卸工具将其从电动机轴上拉出。

由于长时间使用或锈蚀，拆卸带轮及轴承比较困难。在实践中，发明了一种简易的手扳拉具，它是一种拆卸带轮、联轴器或轴承等的专用工具。用拉具拆卸带轮或联轴器时，拉脚应钩住其外缘，如图 3-42a 所示；在拆卸轴承时拉脚应钩在轴承的内环上，如图 3-42b 所示。将拉具的丝杠顶尖对准轴中心的顶尖孔，缓慢地旋转丝杠并且应始终保持丝杠与被拉物在同一轴线上，即可把带轮或轴承卸下，而且能保证轴颈部不受损伤。

2）拆除风扇罩，松开风扇的夹紧螺栓，用木槌或紫铜棒轻轻敲击风扇轴孔部位，使之与电动机轴间松动，将风扇从轴上取下。

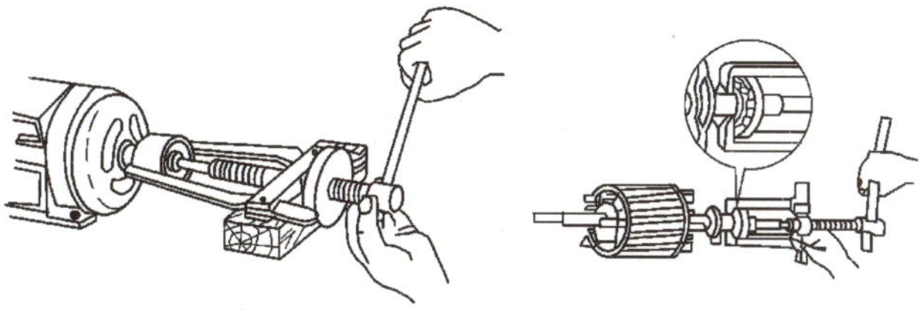

图 3-42　用拉钩拆卸带轮、联轴器、轴承
a）用拉钩拆卸带轮或联轴器　b）用拉钩拆卸轴承

3）拆除一端的轴承盖和端盖。先在端盖和机壳接缝处做好标记。拆除轴承盖螺栓，将轴承盖从轴上取下；再拆除端盖的紧固螺栓，沿轴向敲打端盖，使其与机座分离后拆下。

4）将另一端的端盖上也做好标记，拆除端盖上的紧固螺栓，敲打端盖使之与机座分离。用手将端盖和转子一起从定子中抽出。抽出转子时应小心，不要擦伤定子绕组。为防止擦伤定子绕组绝缘，应将转子少许抬起再进行操作，也可先在定、转子间垫入厚纸片。

5）将与转子相联的轴承盖紧固螺栓拆除，把轴承盖及端盖逐个从轴上拆除。

（2）电动机的装配

电动机装配的步骤大体上和拆卸的步骤相反。装配前要做好电动机内部的清理工作。在装端盖时要按标记就位，并用锤子轮流敲击端盖上有脐的部位，使端盖与机座上的止口吻合。拧端盖螺栓时要按对角线方向轮流紧固。组装好后用手转动转子轴，看其转动是否灵活。如转子转动不灵活、感觉较沉，则可将端盖和轴承盖上所有螺栓松一下，用锤子轻轻敲击端盖和轴承盖，边敲边转；待转子转动灵活后，将螺栓拧紧。

（3）三相笼型异步电动机检修后一般性检查和试验

修理后的电动机为保证其检修质量，应做以下的检查和试验。

1）修后装配质量检查。轴承盖及端盖螺栓是否拧紧，转子转动是否灵活，轴伸部分是否有明显的偏摆。绕线转子电动机还应检查电刷装配情况是否符合要求。在确认电动机一般情况良好后，才能进行试验。

2）绝缘电阻的测定。修复后的电动机绝缘电阻的测定一般在室温下进行。额定工作电压在500 V以下的电动机，用500 V绝缘电阻表测定其相间绝缘和绕组对地绝缘。小修后的绝缘电阻应不低于0.5 MΩ，大修更换绕组后的绝缘电阻一般不应低于5 MΩ。

3）空载电流的测定。试验时，应在电动机定子绕组上加三相平衡的额定电压，且电动机不带负荷，空载试验电路图如图3-43所示。测得的电动机任意一相空载电流与三相电流平均值的偏差不得大于10%，试验时间为1 h。试验时可检查定子铁心是否过热或温升不均匀，轴承温度是否正常，倾听电动机起动和运行有无异常响声。

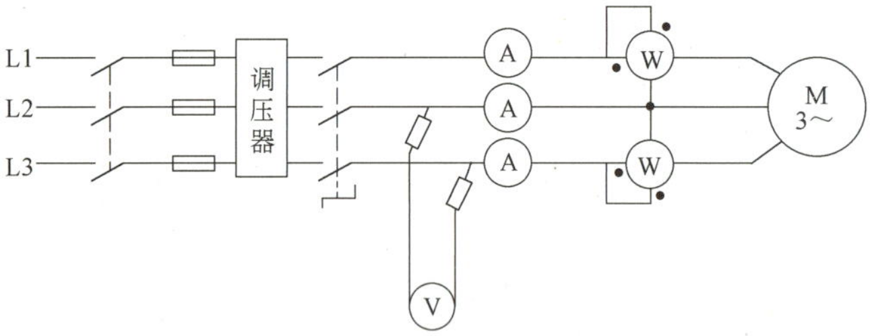

图3-43　空载试验电路图

4）耐压试验。电动机大修后，应进行绕组对机壳及绕组相间的绝缘强度（即耐压）试验。对额定功率为1 kW及以上且额定电压为380 V的电动机，其试验电压为交流50 Hz，有效值为1760 V。对额定功率小于1 kW且额定电压为380 V的电动机，其试验电压有效值为1260 V。

5. 任务单及成绩评定

姓名________ 学号________ 工位号________ 日期________

名称：电动机拆装　时间：80 min

序号	项目内容	配分	评分标准	检验结果	扣分	得分
1	电动机解体	30	在拆卸前在电动机接线头、端盖等处做好标记和记录（+5分）			
			将带轮或联轴器上固定螺栓或销钉松脱，用专用拆卸工具将其从电动机轴上拉出（+5分）			
			拆除风扇罩（+5分）			
			拆除一端的轴承盖和端盖（+5分）			
			将另一端的端盖上也做好标记，将端盖和转子一起从定子中抽出，把轴承盖及端盖逐个从轴上拆除（+10分）			

（续）

序号	项目内容	配分	评分标准	检验结果	扣分	得分
2	电动机的装配	30	装配前要做好电动机内部的清理工作（+5 分）			
			在装端盖时要按标记就位（+5 分）			
			装配步骤正确（+15 分）			
			组装好后用手转动转子轴，看其转动是否灵活（+5 分）			
3	三相笼型转子异步电动机检修后的常规检查和试验	40	检修后装配质量检查（+10 分）			
			绝缘电阻的测定（+10 分）			
			空载电流的测定（+10 分）			
			耐压试验（+10 分）			
4	安全文明操作		未清理现场（-5 分） 损坏工具（-50 分） 损坏仪表（-50 分） 违反安全规定（-50 分）			
5	考核时限		每超过 5 min（-5 分）			
6	合计	100		总分		

3.12 教学检测

一、填空题

1. 对称的三相绕组中通入对称的三相交流电形成的是（　　　　　　）。

2. 异步电动机转速在 $0\sim n_1$ 范围内变化时，其转差率 s 在（　　）范围内变化

3. 当电动机起动瞬间（转子尚未转动）时，$n=0$，此时 $s=$（　　）；当电动机空载运行时，转速 n 很高，$n\approx n_1$，此时 $s\approx$（　　）。

4. 电动机在额定工作状态下运行时，转差率的值很小，在（　　　　）之间，异步电动机的额定转速很接近同步转速。

5. 三相笼型异步电动机主要由（　　）、（　　）和（　　）三大部分组成。

6. 在接线盒内，三个绕组的六个线头排成上下两排，并规定下排的三个接线柱自左至右排列的编号为 U1、V1、W1，上排自左至右的编号为（　　）、（　　）、（　　）。

7. 根据转子绕组的结构类型，异步电动机分为（　　　　）、（　　　　　　）两种。

8. 三相异步电动机定、转子之间的气隙很小，中小型异步电动机一般为（　　）mm。

9. 三相异步电动机的工作制可分为（　　　　）、（　　　　）和（　　　　　　）三种。

10. 单层绕组分为（　　　　）、（　　　　）和（　　　　　　）三种。

11. 三相异步电动机额定运行时，s 很小，通常在（　　　　）之间，若电网频率为 50 Hz，则转子感应电动势的频率仅在（　　）之间，所以异步电动机在正常运行时转子绕组感应电动势的频率很低。

12. 对于普通三相笼型异步电动机，起动电流倍数 $K_I=$（　　）。

13. 三相笼型感应电动机降压起动方法有（　　　　　）、（　　　　　　）等。

14. Y-△降压起动只适用于正常运行时定子绕组为（　　　　）连接的电动机。

15. Y-△降压起动时，起动电流和起动转矩都降为直接起动时的（　　）。

16. 三相绕线转子异步电动机起动分为（　　　　）和（　　　　　）。

17. 三相异步电动机的调速可分（　　）、（　　）和（　　　）三大类。

18. 三相异步电动机反接制动有两种情况，一是（　　　　）的反接制动；二是（　　）的反接制动。

19. 电动机定子绕组正常工作时的相电压为380 V时，若要限制反接制动电流不大于起动电流，采用对称接法每相应串入的电阻值 $R=$（　　　　）Ω，I_{st}为电动机直接起动的电流。采用不对称接法时，电阻值应为对称接法电阻值的（　　）倍。

20. 当三相异步电动机在电动状态运行时，在外力的作用下，使电动机的转速 n 超过了同步转速 n_1，这时电动机处于（　　）制动状态。

21. 电动机维修换油时，加入的润滑油脂应适量，一般以轴承室容积的（　　　　）为宜。润滑油脂量过大会使电动机运转时轴承发热。

22. 用绝缘电阻表测定子绕组的绝缘电阻有两项内容：一是（　　　　　　），二是（　　　　）。

二、判断题（对的画√、错的画×）

1. 旋转磁场的转向决定于通入定子绕组中的三相交流电的相序，只要任意调换电动机两相绕组所接交流电源的相序，即可改变旋转磁场的转向。（　　）

2. 定子铁心是电动机主磁路的一部分，为减小铁耗常采用3 mm厚的两面涂有绝缘漆的硅钢片冲片叠压而成。（　　）

3. 定子绕组是电动机的电路部分，常用高强度漆包铜线按一定规律绕制成而成，分布均匀地嵌入定子内圆槽内，用以建立旋转磁场，实现能量转换。（　　）

4. 三相笼型转子绕组是在转子铁心每个槽内插入等长的裸铜导条。两端分别用铜制短路环焊接成一个整体，形成一个闭合的三相对称回路。（　　）

5. "IP"和其后面的数字表示电动机外壳的防护等级。"IP"表示国际防护等级，其后面的第一个数字代表防水等级，共分0~6七个等级；其后面的第二个数字代表防尘等级，共分0~8九个等级，数字越大，表示防护的能力越强。（　　）

6. 单层绕组的优点是不存在层间绝缘的问题，不会在槽内发生层间或相间绝缘击穿，单层绕组的制造工艺较简单，被广泛地应用于10 kW以下的异步电动机。但单层绕组不宜用于大中型的电动机。（　　）

7. 三相异步电动机空载运行时，由于轴上不带机械负载，其转速很高，接近同步转速，及 $n\approx n_1$，s 很小。此时定子旋转磁场与转子之间的相对切割速度几乎为0，于是转子的感应电动势 $E_2\approx 0$，转子电流 $I_2\approx 0$，转子磁动势 $F_2\approx 0$。（　　）

8. 由于三相异步电动机磁路中存在着气隙，主磁路磁阻大，同变压器相比，若建立相同的磁通所需的励磁电流大，则 X_m 大。大容量的电动机的 $I_0\%$ 为20%~30%。（　　）

9. 当转子轴上的机械负载增大时，转速减慢，转差率增大，转子电流增大，以产生较大的电磁转矩与负载转矩平衡。此时定子电流也将增大，电动机从电源吸收更多的电功率来供给电动机本身的损耗和轴上输出的机械功率。（　　）

10. T_m 与 U_1^2 成反比，近似地与 (X_1+X_2') 成反比，T_m 与 R_2' 无关。（　　）

11. s_m 与 R_2' 成正比，近似地与 (X_1+X_2') 成反比，s_m 与 U_1 无关。（　　）

12. 一般电动机的过载能力 $\lambda_T=1.6\sim 2.2$，起重、冶金机械专用电动机的 $\lambda_T=2.2\sim 2.8$。（　　）

13. Y-△降压起动是起动时将定子绕组接成三角形，起动结束后，将定子绕组接成星形运行。(　　)

14. Y-△降压起动多用于空载或轻载起动。(　　)

15. 变极后调速只有对调定子的两相绕组的引出线端，才能保证电动机的转向不变。(　　)

16. 从基频向下变频调速，降低电源频率时，必须同时降低电源电压，保持 U_1/f_1 为常数，则 Φ_0 为常数，这是恒功率调速方式。(　　)

17. 变频器的作用是将直流电源（可由交流经整流获得）变成频率可调的交流电（称为交-直-交变频器）或是将交流电源直接转换成频率可调的交流电（交-交变频器），以供给交流负载作用。(　　)

18. 倒拉反转反接制动适用于三相绕线转子异步电动机拖动位能性负载的情况，它能够使重物获得稳定的下放速度。(　　)

19. 能耗制动时的制动转矩的大小与通入定子绕组的直流电流的大小有关。电流大，产生的恒定磁场强，制动转矩就大，所以要通入较大的直流电流。(　　)

20. 大容量电动机用电流表进行电流监视，容量较小的电动机应经常用钳形电流表测量。(　　)

21. 电源电压不平衡会破坏旋转磁场的对称性，使电动机发出低沉的“嗡嗡”声，机身振动，并造成电动机过热。(　　)

22. 运行时断一相、断二相将出现缺相运行，转矩减小，转速下降，电流增大，绕组过热，甚至烧毁电动机。(　　)

23. 绕组接错或接反，会造成空载电流增大且严重不平衡，使转速下降，温度上升，产生强烈的振动和噪声，甚至引起电动机冒烟、烧毁。(　　)

三、选择题

1. 下图中属于三相笼型转子的是（　　）。

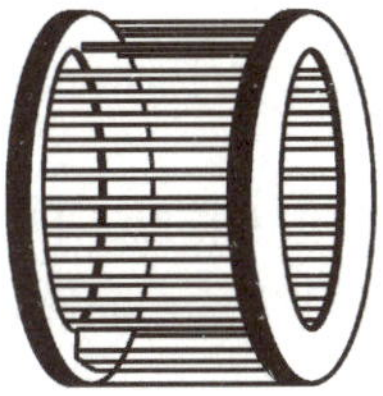

A.

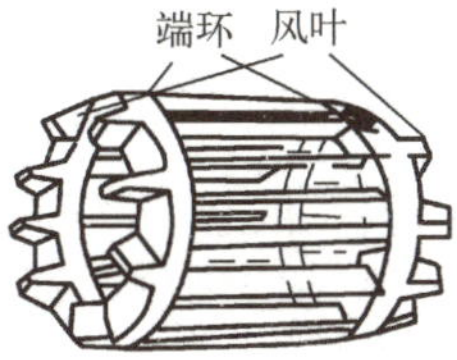

B.

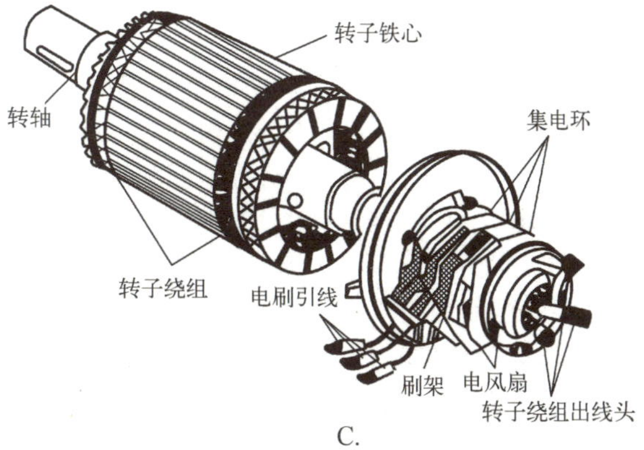

C.

2. 电动机型号 Y2—200L—4 中，4 表示（　　）。

A. 磁极数　　B. 磁极对数　　C. 机座长度代号　　D. 中心高

3. 对于 380 V 的电动机，$P_N = 7\text{ kW}$，估算该电动机的额定电流为（　　）A。

A. 7　　B. 14　　C. 3.5　　D. 10

4. 若定子绕组能承受 220 V 的电压，若电源电压为 380 V，则定子绕组采用（　　）联结。

A. 星形 B. 三角形 C. 星形或者三角形

5. 三相异步电动机的电磁转矩参数表达式为（ ）。

A. $T_{em}=\dfrac{m_1pU_1^2\dfrac{R_2'}{s}}{2\pi f_1\left[\left(R_1+\dfrac{R_2'}{S}\right)^2+(X_1+X_2')^2\right]}$

B. $T_{em}=C_T\Phi_0I_2'\cos\varphi_2$

C. $T_{em}=\dfrac{2T_m}{\dfrac{s}{s_m}+\dfrac{s_m}{s}}$

6. △-YY和顺串Y-反串Y调速，调速前后，电动机的转速（ ），而允许输出的转矩近似（ ），调速后容许输出的功率近似（ ），属于恒功率调速，适用于恒功率负载。

A. 增大一倍 B. 减小一半 C. 不变

7.（ ）都属于转差率调速。

A. 改变定子电压调速 B. 转子电路串电阻调速 C. 串级调速 D. 变极调速

8. 能耗制动就是在电动机脱离三相电源之后，在定子绕组上加一个（ ），通入（ ），定子绕组产生一个（ ），转子因惯性继续旋转而切割该恒定的磁场，在转子导体中便产生感应电动势和感应电流。

A. 直流电压 B. 直流电流 C. 恒定的磁场 D. 交变的磁场

9. 判断电动机是否过热常用的方法有（ ）。

1）凭手的感觉。触摸电动机，看是否烫得马上缩手。

2）在外壳上滴几滴水，注意是否急剧汽化并伴有“咝咝”声。

3）用铝箔包住酒精温度计下端，插入拧开的吊环螺孔内，所测温度加 15℃为绕组温度。

4）在轴承上滴几滴水，如冒出热气，说明温度已超过 80℃；如听到“咝咝”声，说明温度已超过 95℃。

10. 起动时断（ ），电动机不能起动，转子左右摆动，发出“嗡嗡”声。

A. 一相 B. 二相 C. 三相 D. 都有可能

11. 起动时断（ ）电动机不能起动且没有任何声响。

A. 一相 B. 二相 C. 三相 D. 以上都有可能

12. 电动机不能起动，且没有任何声响。可能原因有（ ）。

A. 熔丝熔断两相以上 B. 开关或起动设备有两相以上接触不良

C. Y形联结的电动机绕组有二、三相断路 D. △形联结的电动机绕组有三相断路

13. 电动机不能起动，且有“嗡嗡”。可能原因有（ ）。

A. 熔丝熔断一相

B. 开关或起动设备有一相断线或接触不良

C. Y形联结的电动机绕组有一相断路，△形联结的电动机绕组有一相、二相断路

D. 电源电压过低

14. 电动机不能起动，熔丝熔断。可能原因有（ ）。

A. 定子绕组一相反接 B. 定子绕组有接地、短路故障

C. 接线错误，将Y形联结的电动机接成△形联结 D. 负载过大

15. 电动机起动困难，转速较低。可能原因有（　　）。

A. 电源电压过低或电动机过载

B. 电动机接法错误，将△形联结的电动机接成Y形联结

C. △联结的电动机一相绕组断路

D. 笼型转子导条或端环断裂

16. 用摇表测电动机的绝缘电阻应采用（　　）兆欧表。用摇表测出的绝缘电阻应不低于（　　）MΩ。

A. 500 V　　B. 1000 V　　C. 0.5　　D. 10

四、名词解释

1. 转差率
2. 极距
3. 电角度
4. 相带
5. 电动机的过载能力

五、简答题

1. 三相异步电动机的旋转磁场的转速、转向由什么决定？

2. 若三相异步电动机的转子开路，定子绕组接通三相电源后，能产生旋转磁场吗？电动机会转动吗？为什么？

3. 何谓三相异步电动机的负载运行，有何特点？

4. 为什么三相异步电动机空载运行时功率因数很低？

5. 一台三相异步电动机，$s_N = 0.03$，此时通过气隙传递的电磁功率有百分之几转化为转子的铜损耗？百分之几转化为机械功率？

6. 什么是电动机的过载倍数、起动转矩倍数？如何表示？

7. 三相笼型异步电动机的起动方法有几种？

8. 三相绕线转子异步电动机起动方法有几种？

9. 三相异步电动机的调速方法有几种？

10. 改变转差率调速的方法有几种？

11. 三相异步电动机制动的方法有几种？如何实现？

六、计算题

1. 一台三相异步电动机 $f_N = 50$ Hz，$n_N = 960$ r/min，求该电动机的极对数 p 和额定转差率 s_N。

2. 一台四极三相异步电动机，$s_N = 0.03$，求它的额定转速。

3. 一台三相异步电动机，额定功率 $P_N = 55$ kW，电网频率为 50 Hz，额定电压 $U_N = 380$ V，额定效率 $\eta_N = 0.79$，额定功率因数 $\cos\varphi_N = 0.89$，额定转速 $n_N = 570$ r/min，试求：(1) 同步转速 n_1；(2) 极对数 p；(3) 额定电流 I_N；(4) 额定转差率 s_N。

七、画图题

1. 已知一台三相交流电动机，$Z = 24$，$2p = 2$，试画出三相单层同心式绕组展开图。

2. 画出三相异步电动机负载运行时的等效电路，并说明各个量的含义。并用等效电路说明当三相异步电动机的机械负载增加时，为什么定子电流会随着转子电流的增加而增加。

3. 何谓三相异步电动机的空载运行，有何特点？画出空载运行时的等效电路，并说明各个量的含义。

4. 降低定子电压时的人为机械特性有何特点？画图说明。

5. 绕线转子异步电动机转子电路串接对称电阻时的人为机械特性有何特点？画图说明。

八、实操题

1. 判断电动机绕组的出线端有哪几种常用的方法？

2. 使用钳形电流表测量电动机空载电流时如何操作？有哪些注意事项？

3. 电动机绝缘电阻是怎样测量的，有哪些测量项目？应注意哪些问题？一般异步电动机绝缘电阻合格值是多少？

4. 测量电动机转速时有哪些注意事项？如何读取转速计测量值？

5. 如何测量电动机的运行温度，应怎样操作？

工匠精神含义

工匠精神，英文是 Craftsman's spirit，是一种职业精神，它是职业道德、职业能力、职业品质的体现，是从业者的一种职业价值取向和行为表现。“工匠精神”的基本内涵包括敬业、精益、专注、创新等方面的内容。

工匠们对细节有很高要求，追求完美和极致，对精品有着执着的坚持和追求，把产品品质从0提高到1，其利虽微，却能让技能长久造福于世。工匠精神是社会文明进步的重要尺度，是中国制造前行的精神源泉，是企业竞争发展的品牌资本，是企业员工个人成长的道德指引。工匠精神就是追求卓越的创造精神、精益求精的品质精神、用户至上的服务精神。

第 4 章 特种电动机

本章要点

- 直流伺服电动机的结构及运行特性
- 交流伺服电动机的工作原理及控制方式
- 步进电动机的工作原理、结构及控制

4.1 伺服电动机

伺服电动机可以把输入的电压信号变换成为电动机轴上的角位移和角速度等机械信号输出。根据伺服电动机的控制电压来分，伺服电动机可分为直流伺服电动机和交流伺服电动机两大类。直流伺服电动机的输出功率通常为 1~600 W，可用于功率较大的控制系统中；交流伺服电动机的输出功率较小，一般为 0.1~100 W，用于功率较小的控制系统。

伺服电动机在控制系统中一般用作执行元件。根据被控对象的不同，由伺服电动机组成的伺服系统一般有三种基本控制方式，即位置控制、速度控制和力矩控制，通常，位置和速度控制用得较多。

4.1.1 直流伺服电动机

1. 直流伺服电动机的结构

直流伺服电动机的控制电源为直流电压。根据其功能可分为：普通型直流伺服电动机、盘形电枢直流伺服电动机、空心杯电枢直流伺服电动机和无槽电枢直流伺服电动机等几种。

1）普通型直流伺服电动机。普通型直流伺服电动机的结构与他励直流电动机的结构相同，由定子和转子两大部分组成。根据励磁方式又可分为电磁式和永磁式两种。电磁式伺服电动机的定子磁极上装有励磁绕组，励磁绕组接励磁控制电压产生磁通；永磁式伺服电动机的磁极是永久磁铁，其磁通是不可控的。与普通直流电机相同，直流伺服电动机的转子一般由硅钢片叠压而成，转子外圈有槽，槽内装有电枢绕组，绕组通过换向器和电刷与外边的电枢控制电路相连接。为提高控制精度和响应速度，伺服电动机的电枢铁心长度与直径之比，要比普通直流电动机大，其气隙也较小。

当定子中的励磁磁通和转子中的电流相互作用时，就会产生电磁转矩驱动电枢转动，恰当地控制转子中电枢电流的方向和大小，就可以控制伺服电动机的转动方向和转动速度。电枢电流为零时，伺服电动机停止不动。普通的电磁式和永磁式直流伺服电动机性能接近，其惯性较其他类型伺服电动机大。

2）盘形电枢直流伺服电动机。图 4-1 为盘形电枢直流伺服电动机的结构示意图。盘形电枢直流伺服电动机的定子由永久磁铁和前后铁扼共同组成，磁铁可以在盘形电枢的一侧，也可在其两侧。盘形伺服电动机的转子电枢由线圈沿转轴的径向圆周排列，并用环氧树脂浇注成圆盘形。盘形绕组中通过的电流是径向电流，而磁通是轴向的，径向电流与轴向磁通相互作用产生电磁转矩，使伺服电动机旋转。

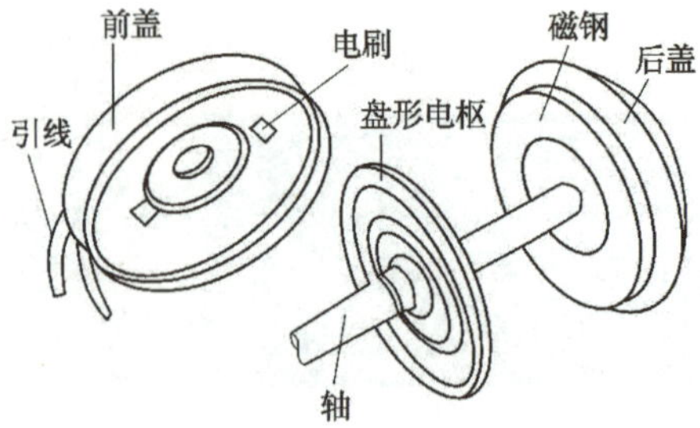

图 4-1 盘形电枢直流伺服电动机的结构示意图

3）空心杯电枢直流伺服电动机。空心杯电枢直流伺服电动机有两个定子，包括一个由软磁材料构成的内定子和一个由永磁材料构成的外定子，外定子产生磁通，内定子主要起导磁作用。空心杯伺服电动机的转子由单个成型线圈沿轴向排列成空心杯形，并用环氧树脂浇注成型。空心杯电枢直接装在转轴上，在内外定子间的气隙中旋转。图 4-2 是空心杯电枢永磁式直流伺服电动机的结构图。

4）无槽电枢直流伺服电动机。无槽电枢直流伺服电动机与普通伺服电动机的区别是无槽电枢直流伺服电动机的转子铁心上不开元件槽，电枢绕组元件直接放置在铁心的外表面，然后用环氧树脂浇注成型。图 4-3 为无槽电枢直流伺服电动机的结构简图。

后三种伺服电动机与普通伺服电动机相比，转动惯量小，动态特性较好，适用于快速系统。

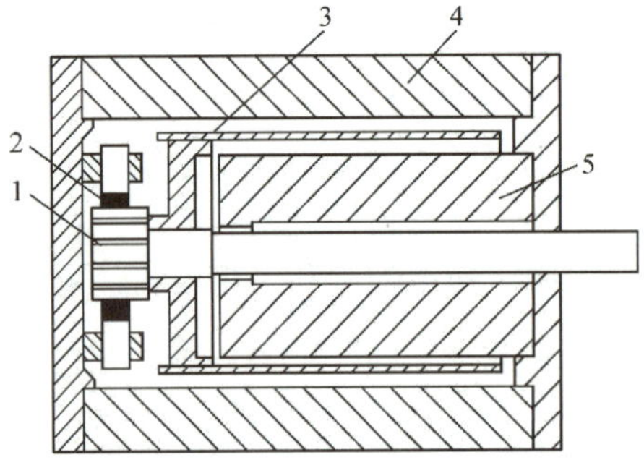

图 4-2 空心杯电枢永磁式直流伺服电动机的结构图
1—换向器 2—电刷 3—空心杯电枢
4—外定子 5—内定子

图 4-3 无槽电枢直流伺服电动机的结构简图

2. 直流伺服电动机的运行特性

在忽略电枢反应的情况下，直流伺服电动机的电压平衡方程可表示如下：

$$U=E_a+R_aI_a \tag{4-1}$$

当磁通恒定时，电枢反电动势为

$$E_a=C_e\Phi n=k_en \tag{4-2}$$

式中，k_e 为电动势常数。

直流伺服电动机的电磁转矩为

$$T_{em}=C_T\Phi I_a=k_TI_a \tag{4-3}$$

式中，k_T 为转矩常数。

转速关系式为

$$n=\frac{U}{k_e}-\frac{R_a}{k_ek_T}T_{em} \tag{4-4}$$

根据式（4-4）可得出直流伺服电动机的机械特性和调节特性。

1）机械特性。机械特性是指在控制电枢电压保持不变的情况下，直流伺服电动机的转速

n 随转矩变化的关系。当电枢电压为常值时，式（4-4）可写成

$$n=n_0-kT_{em} \tag{4-5}$$

式中，$n_0=\dfrac{U}{k_e}$；$k=\dfrac{R_a}{k_e k_T}$。

当转矩为零时，电动机的转速仅与电枢电压有关，此时的转速为直流伺服电动机的理想空载转速，理想空载转速与电枢电压成正比，即

$$n=n_0=\frac{U}{k_e} \tag{4-6}$$

当转速为零时，电动机的转矩仅与电枢电压有关，此时的转矩称为堵转转矩，堵转转矩与电枢电压成正比，即

$$T_{em}=T_D=\frac{U}{R_a}k_T \tag{4-7}$$

图 4-4 为给定不同的电枢电压得到的直流伺服电动机的机械特性。从机械特性曲线可知，不同电枢电压下的机械特性曲线为一组平行线，其斜率为 $-k$。从图中可以看出，当控制电压一定时，不同的负载转矩对应不同的机械转速。转矩 T 增大时，转速 n 降低。

2）调节特性。直流伺服电动机的调节特性是指负载转矩恒定时，电动机转速与电枢电压的关系。当转矩一定时，根据式（4-4）可知，转速与电压的关系也为一组平行线，当电动机的转矩 T 不变时，控制电压增加，转速成正比地增加，直流伺服电动机的调节特性如图 4-5 所示，其斜率为 $1/k_e$。由图可知，调节特性与横轴的交点所对应的电压值为始动电压，只有当控制电压大于始动电压时，电动机才会转动。负载转矩 T_L 不同时，始动电压也不同，T_L 越大，始动电压越高，死区越大，伺服电动机越不灵敏，所以伺服电动机不可带太大的负载。

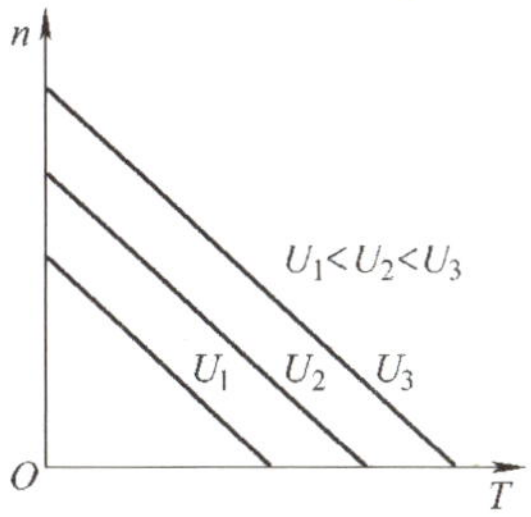

图 4-4　电枢控制直流伺服电动机的机械特性

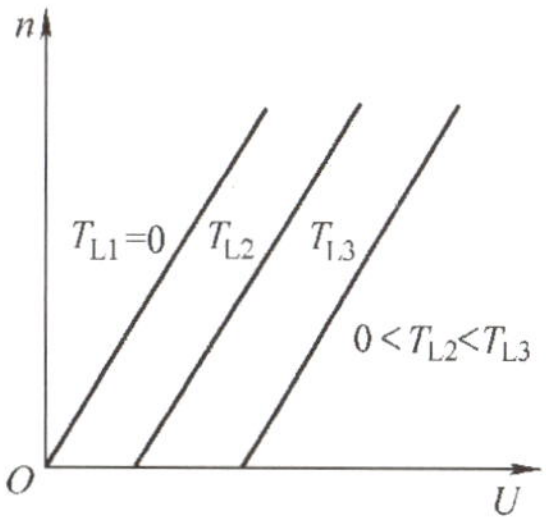

图 4-5　直流伺服电动机的调节特性

直流伺服电动机的优点是：机械特性和调节特性的线性度好，调整范围大，起动转矩大，效率高；不会出现自转现象，所以常用在功率稍大的系统中，其输出功率为 1～600 W。缺点是：电枢电流较大，电刷和换向器维护工作量大。目前开始应用的无刷直流电动机克服了该缺点。

4.1.2　交流伺服电动机

1. 交流伺服电动机的工作原理

交流伺服电动机一般是两相交流电动机，由定子和转子两部分组成。交流伺服电动机的转子有笼型和杯型两种，其转子电阻都比较大，其目的是使转子在转动时产生制动转矩，使其在控制绕组不加电压时，能及时制动，防止自转。交流伺服电动机的定子为两相绕组，并在空间相差 90°电角度。两个定子绕组结构完全相同，一个绕组为励磁绕组，另一个绕组为控制绕组。

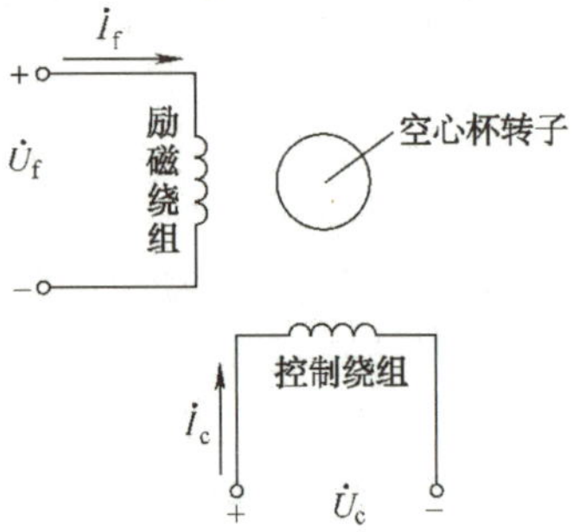

图 4-6 交流伺服电动机的工作原理

图 4-6 为交流伺服电动机的工作原理，$\dot{U}_f$ 为励磁电压，$\dot{U}_c$ 为控制电压，这两个交流电压的相位互差 90°。当励磁绕组和控制绕组均加互差 90°电角度的交流电压时，在空间形成圆形旋转磁场（控制电压和励磁电压的幅值相等）或椭圆形旋转磁场（控制电压和励磁电压幅值不等），转子在旋转磁场的作用下旋转。当控制电压和励磁电压的幅值相等时，控制两者的相位差也能产生旋转磁场。

伺服电动机的特点是：①伺服电动机有较宽的调速范围；②当励磁电压不为零，控制电压为零时其转速为零；③机械特性应为线性并且动态特性好；④伺服电动机的转子电阻大，转动惯量小；⑤交流伺服电动机在负载一定时，控制电压越高，转速越高，在控制电压一定时，负载增加，转速下降。交流伺服电动机的输出功率为 0.1~100 W。

2. 交流伺服电动机的控制方式

交流伺服电动机的控制方式有三种，即幅值控制、相位控制和幅相控制。

1）幅值控制。控制电压和励磁电压保持相位差 90°，只改变控制电压幅值，这种控制方法称为幅值控制。图 4-6 为幅值控制伺服电动机的控制接线图，使用时控制电压 $\dot{U}_c$ 的幅值在额定值与零之间变化，励磁电压 $\dot{U}_f$保持为额定值。

幅值控制交流伺服电动机具有以下特性。

① 当励磁电压为额定电压，控制电压为零时，伺服电动机转速为零，电动机不转。

② 当励磁电压为额定电压，控制电压也为额定电压时，伺服电动机转速最大，转矩也为最大。

③ 当励磁电压为额定电压，控制电压在额定电压与零电压之间变化时，伺服电动机的转速从最高转速至零转速间变化。

2）相位控制。相位控制时控制电压和励磁电压均为额定电压，通过改变控制电压和励磁电压相位差，可实现对伺服电动机的控制。

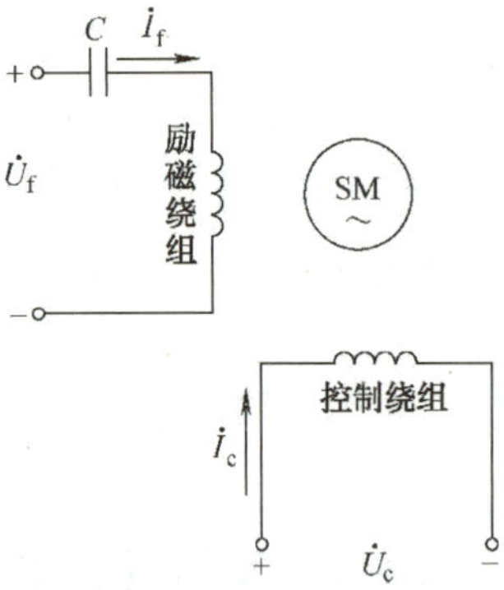

图 4-7 幅相控制接线图

设控制电压与励磁电压的相位差为 β，$\beta=0\sim90°$。根据 β 的取值可得出气隙磁场的变化情况。当 $\beta=0°$时，控制电压与励磁电压同相位，气隙总磁通势为脉振磁通势，伺服电动机转速为零不转动；当 $\beta=90°$时，为圆形旋转磁通势，伺服电动机转速最大，转矩也为最大；当 $\beta=0\sim90°$变化时，磁通势从脉振磁通势变为椭圆形旋转磁通势最终变为圆形旋转磁通势，伺服电动机的转速由低向高变化。β 值越大越接近圆形旋转磁通势。相位控制时的电路图如图 4-6 所示。

3）幅相控制。幅相控制是对幅值和相位差都进行控制，通过改变控制电压的幅值及控制电压与励磁电压的相位差来控制伺服电动机的转速。图 4-7 为幅相控制接线图。

当控制电压的幅值改变时，电动机转速发生变化，此时励磁绕组中的电流随之发生变化，励磁电流的变化引起电容器端电压的变化，使控制电压与励磁电压之间的相位角 β 改变。

幅相控制的机械特性和调节特性不如幅值控制和相位控制，但由于线路比较简单，不需要移相器，因此在实际应用中用得较多。

4.2 步进电动机

步进电动机是一种用电脉冲信号进行控制，并将电脉冲信号转换成相应的角位移或直线位移的执行器。给一个脉冲信号，步进电动机就转动一个角度。因此步进电动机也称为脉冲电动机。

步进电动机的角位移量与电脉冲数成正比，其转速与电脉冲频率成正比，通过改变脉冲频率可以调节电动机的转速。如果停机后某些绕组仍保持通电状态，则还具有自锁能力。步进电动机的最大缺点是在重负载和高速的情况下，容易发生失步。

4.2.1 步进电动机的工作原理

1. 步进电动机的结构

步进电动机在结构上分为定子和转子两部分，现以图 4-8 所示的三相反应式步进电动机为例加以说明。定子上有六个磁极，每个磁极上绕有励磁绕组，相对的两个磁极组成一相，分成 A、B、C 三相。转子无绕组，它是由带齿的铁心制成的。步进电动机是按电磁吸引的原理进行工作的。当定子绕组按顺序轮流通电时，A、B、C 三对磁极就依次产生磁场，并每次对转子的某一对齿产生电磁引力，将其吸引过来，而使转子一步步转动。每当转子某一对齿的中心线与定子磁极中心线对齐时，磁阻最小，转矩为零。如果控制电路不停地按一定方向切换定子绕组各相电流，转子便按一定方向不停地转动。步进电动机每次转过的角度称为步距角。

2. 步进电动机的工作原理

为进一步了解步进电动机的工作原理，下面以图 4-9 为例来说明其转动的整个过程，假设转子上有四个齿，相邻两齿间夹角（齿距角）为 90°。当 A 相通电时，转子 1、3 齿被磁极 A 产生的电磁引力吸引过去，使 1、3 齿与 A 相磁极对齐。接着 B 相通电，A 相断电，磁极 B 又把距它最近的一对齿 2、4 吸引过来，使转子按逆时针方向转动 30°。然后 C 相通电，B 相断电，转子又逆时针旋转 30°，依此类推，定子按 A→B→C→A 顺序通电，转子就一步步地按逆时针方向转动，每步转 30°。若改变通电顺序，按 A→C→B→A 使定子绕组通电，步进电动机就按顺时针方向转动，同样每步转 30°。这种控制方式叫三相单三拍方式，“单”是指每次只有一相绕组通电，“三拍”是指每三次换接为一个循环。由于每次只有一相绕组通电，在切换瞬间将失去自锁转矩，容易失步，另外，只有一相绕组通电，易在平衡位置附近产生振荡，稳定性不佳，故实际应用中不采用单三拍工作方式。

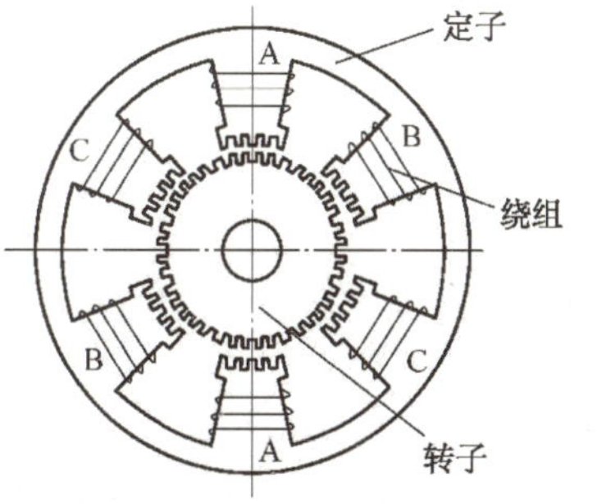

图 4-8　三相反应式步进电动机结构

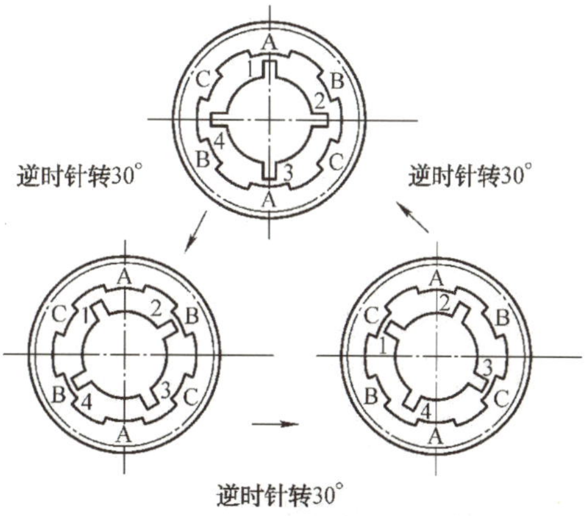

图 4-9　步进电动机工作原理

三相步进电动机除了单三拍工作方式外，还经常采用三相双三拍和三相六拍控制方式。

三相双三拍控制方式，即通电顺序按 AB→BC→CA→AB（逆时针方向）或 AC→CB→BA→AC（顺时针方向）进行，其步距角仍为 30°。由于双三拍控制每次有二相绕组通电，而且切换时总保持一相绕组通电，所以工作比较稳定。

三相六拍控制方式，按 A→AB→B→BC→C→CA→A 顺序通电，即首先 A 相通电，然后 A 相不断电，B 相再通电，即 A、B 两相同时通电，接着 A 相断电而 B 相保持通电状态，然后再使 B、C 两相通电，依此类推，每切换一次，步进电动机逆时针转过 15°。如通电顺序改为A→AC→C→CB→B→BA→A，则步进电动机以步距角 15°顺时针旋转。三相六拍控制方式比三相三拍控制方式步距角小一半，因而精度更高，且转换过程中始终保证有一个绕组通电，工作稳定，因此这种方式被大量采用。

实际应用的步进电动机如图 4-8 所示，转子铁心和定子磁极上均有齿距相等的小齿，且齿数要有一定比例的配合。

3. 步进电动机的主要性能指标

1）步距角和步距误差。步距角是指每一拍转子转过的一个空间角度。步距角和步进电动机的相数、通电方式及电动机转子齿数的关系如下：

$$\alpha=\frac{360°}{KmZ} \tag{4-8}$$

式中，α 是步进电动机的步距角；m 是电动机相数；Z 是转子齿数；K 是系数，相邻两次通电相数相同（单拍或双拍工作方式），$K=1$；相邻两次通电相数不同（单双拍混合），$K=2$。同一相数的步进电动机可有两种步距角，通常为 1.2/0.6、1.5/0.75、1.8/0.9、3/1.5 度等。

步距误差是指步进电动机运行时，转子每一步实际转过的角度与理论步距角之差值。连续走若干步时，上述步距误差的累积值称为步距的累积误差。步进电动机的步距累积误差将以一转为周期重复出现。

2）静态转矩与矩角特性。当步进电动机上某相定子绕组通电之后，转子齿将力求与定子齿对齐，使磁路中的磁阻最小，转子处在平衡位置不动（$\theta=0$）。如果在电动机轴上外加一个负载转矩 T_L，转子会偏离平衡位置向负载转矩方向转过一个角度 θ，此角度 θ 称为失调角。有失调角之后，步进电动机就产生一个静态转矩（也称为电磁转矩），这时静态转矩等于负载转矩。静态转矩与失调角 θ 的关系称为矩角特性，如图 4-10 所示，近似为正弦曲线。该矩角特性上的静态转矩最大值称为最大静转矩。

3）最大起动转矩。图 4-11 为三相单三拍矩角特性曲线，图中的 A、B 分别是相邻 A 相和

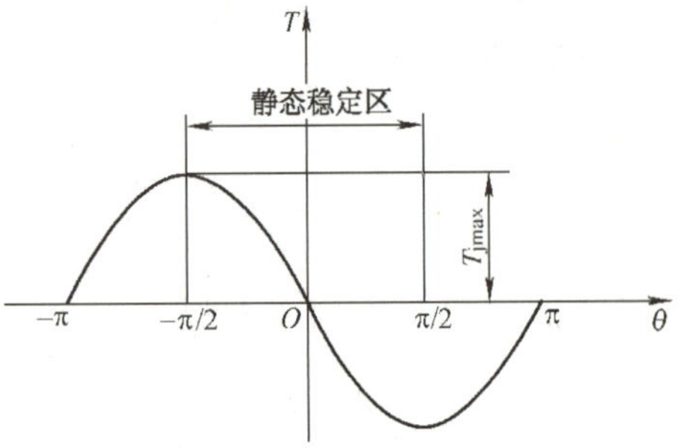

图 4-10 矩角特性

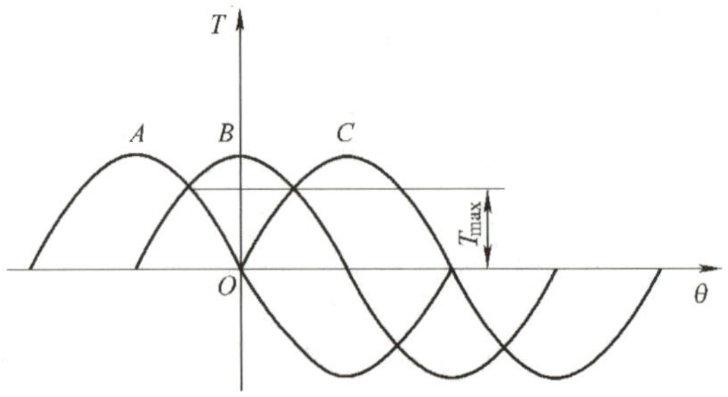

图 4-11 三相单三拍矩角特性曲线

B 相的静态矩角特性曲线，它们的交点所对应的转矩是步进电动机的最大起动转矩。如果外加负载转矩大于起动转矩，电动机就不能起动，因而起动转矩是电动机能带动负载转动的极限转矩。

4）起动频率。空载时，步进电动机由静止状态突然起动，并进入不失步的正常运行的最高频率，称为起动频率或突跳频率，加给步进电动机的指令脉冲频率如大于起动频率，就不能正常工作。步进电动机在带负载（尤其是惯性负载）下的起动频率比空载要低。而且，随着负载加大（在允许范围内），起动频率会进一步降低。

5）连续运行频率。步进电动机起动后，其运行速度能根据指令脉冲频率连续上升而不丢步的最高工作频率，称为连续运行频率。其值远大于起动频率，它也随着电动机所带负载的性质和大小而异，与驱动电源也有关系。

6）矩频特性与动态转矩。矩频特性是描述步进电动机连续稳定运行时，输出转矩与连续运行频率之间的关系。当步进电动机正常运行时，若输入脉冲频率逐渐增加，则电动机所能带动负载转矩将逐渐下降。在使用时，一定要考虑动态转矩随连续运行频率的上升而下降的特点。

4.2.2　步进电动机的控制

步进电动机的控制需要有专用的驱动电源，否则不能正常工作。步进电动机的控制指令是一串脉冲方波，不能形成连续的旋转磁场，为了使步进电动机能旋转或步进，就要形成旋转磁场，这必须依靠环形分配器才能完成。图 4-12 所示为步进电动机控制框图。图中，CP 为控制系统输出的脉冲信号，DIR 为方向控制信号。CP 信号的脉冲个数控制步进电动机的转角，CP 的频率控制步进电动机的速度，DIR 方向信号控制步进电动机的旋转方向。

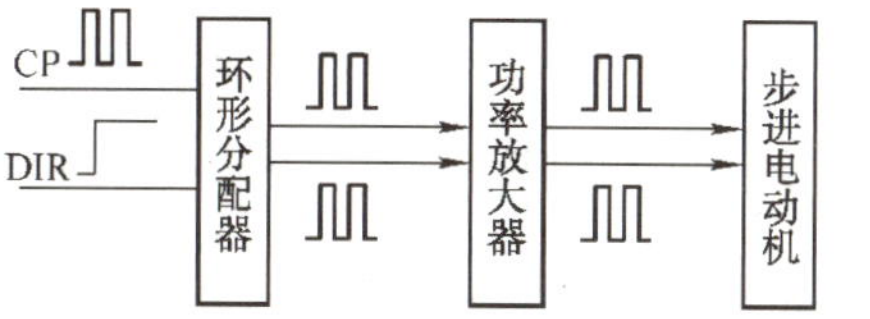

图 4-12　步进电动机控制框图

1. 环形分配器

环形分配器的主要作用是使电动机各相绕组按一定的顺序导通和切断，并根据输入指令使电动机正转或反转。因此，环形分配器是按步进电动机的控制绕组数和工作方式进行设计的。脉冲环形分配器主要有两种形式：一种为软件环形分配器，由软件控制依次给绕组通断电；另一种是硬件环形分配器，早期为触发器，现在普遍采用专门的集成电路分配器。软件环形分配器分配灵活，但占用系统时间。硬件环形分配器速度快，但分配不够灵活。集成元器件的使用，使环形分配器的体积大大缩小，可靠性和抗干扰能力也大大提高。实际使用时，脉冲输入控制信号需通过光电耦合器隔离，再送给环形分配器。采用了光电耦合器以后，提高了系统的抗干扰能力。

2. 功率放大器

步进电动机的脉冲控制信号一般都很弱，必须经过功率放大器才能驱动步进电动机。功率放大器的作用是将环形分配器输出的各相电信号进行放大。目前应用较多的步进驱动主要有高低压驱动、恒流斩波驱动、调频调压驱动、细分控制驱动。

功率放大器又称步进驱动器，其性能好坏取决于以下几个方面。

① 提供足够幅值、前后沿较好的励磁电流。

② 本身功耗小、变换频率高。

③ 能长时间稳定、可靠运行。

④ 成本低且易于维护。

4.3 教学检测

一、填空题

1. 伺服电动机可以把输入的电压信号变换成为（　　　　　　）和（　　　　　　）等机械信号输出。

2. 根据伺服电动机的控制电压来分，伺服电动机可分为（　　　　　　）和（　　　　　　）两大类。

3. 根据被控对象的不同，由伺服电动机组成的伺服系统一般有三种基本控制方式，即（　　　　）、（　　　　）和（　　　　），通常（　　　　）控制用得较多。

4. 当定子中的励磁磁通和转子中的电流相互作用时，就会产生电磁转矩驱动电枢转动，恰当地控制（　　　　　　　　），就可以控制伺服电动机的（　　　　　　　）。电枢电流为（　　）时，伺服电动机则停止不动。

5. 交流伺服电动机的定子为两相绕组，并在空间相差（　　）电角度。两个定子绕组结构完全相同，一个绕组为（　　　　），另一个绕组为（　　　　）。

6. 交流伺服电动机的控制方式有三种，即（　　　　）、（　　　　）和（　　　　）。

7. 步进电动机是一种用（　　　　　　）进行控制，并将（　　）转换成相应的（　　）或（　　）的执行器。

8. 步进电动机其角位移量与（　　　　）成正比，其转速与（　　　　　）成正比，通过改变（　　　　）可以调节电动机的转速。

二、判断题（对的画√、错的画×）

1. 直流伺服电动机的输出功率通常为1~600 W，可用于功率较大的控制系统中；交流伺服电动机的输出功率较小，一般为0.1~100 W，用于功率较小的控制系统。（　　）

2. 电磁式伺服电动机的定子磁极上装有励磁绕组，励磁绕组接励磁控制电压产生磁通；永磁式伺服电动机的磁极是永久磁铁，其磁通是不可控的。（　　）

3. 负载转矩T_L不同时，始动电压也不同，T_L越小，始动电压越低，死区越小，伺服电动机越灵敏，所以伺服电动机不可带太大的负载。（　　）

4. 交流伺服电动机在负载一定时，控制电压越高，转速越高，在控制电压一定时，负载增加，转速下降。（　　）

5. 当控制电压与励磁电压的相位差在0~90°变化时，磁通势从脉振磁通势变为椭圆形旋转磁通势，最后变为圆形旋转磁通势，伺服电动机的转速由低向高变化。（　　）

6. 步进电动机停机后某些绕组仍保持通电状态，不具有自锁能力。（　　）

7. 步进电动机的最大缺点是在重负载和高速的情况下，容易发生失步。（　　）

8. 步进电动机实际应用中采用单三拍工作方式。（　　）

三、选择题

1. 直流伺服电动机的优点是（　　）。

A. 机械特性和调节特性的线性度好，调整范围大　　B. 起动转矩大，效率高

C. 不会出现自转现象

D. 常用在功率稍大的系统中，其输出功率为1~600 W

2. 交流伺服电动机的输出功率为（　　）W。

A. 0.1~100　　B. 1~600

C. 600～1000　　D. 800

3. 幅值控制交流伺服电动机具有（　　）特性。

A. 当励磁电压为额定电压，控制电压为零时，伺服电动机转速为零，电动机不转

B. 当励磁电压为额定电压，控制电压也为额定电压时，伺服电动机转速最大，转矩也为最大

C. 当励磁电压为额定电压，控制电压在额定电压与零电压之间变化时，伺服电动机的转速从最高转速至零转速间变化

4. 三相六拍控制方式，按（　　）顺序通电。

A. A→B→C→A　　B. AB→BC→CA→AB

C. A→AB→B→BC→C→CA→A　　D. AC→CB→BA→AC

四、名词解释

1. 幅值控制
2. 相位控制
3. 幅相控制
4. 步距角

五、简答题

1. 简述伺服电动机的作用及分类。
2. 画图说明直流伺服电动机的机械特性和调节特性各有何特点？
3. 简述交流伺服电动机的工作原理。
4. 交流伺服电动机的控制方式有几种，各有何特点？
5. 简述步进电动机的工作原理。

工匠精神内涵

工匠精神就是一种认真、敬业的精神，其核心是：不仅仅把工作当作赚钱养家糊口的工具，而是树立起对职业敬畏、对工作执着、对产品负责的态度，注重细节，不断追求完美和极致，给客户无可挑剔的体验。将一丝不苟、精益求精的工匠精神融入每一个环节，做出打动人心的一流产品。与工匠精神相对的是“差不多精神”——差不多就行了。我国制造业存在大而不强、产品档次整体不高、自主创新能力较弱等现象，多少与工匠精神缺乏有关。

实际生产工作中着力培养技能人才敬业、精益、专注、创新等方面的素养，让工匠精神在企业生产中发扬光大。

第 5 章 常用低压电器

本章要点

- 常用低压电器的定义及分类
- 接触器、继电器、常用的开关电器、熔断器和主令电器的用途、基本结构、基本工作原理、主要技术参数、选用原则、运行维护及故障检修
- 中间继电器和时间继电器的认识，组合开关和交流接触器拆装的技能训练

5.1 低压电器概述

1. 低压电器的定义

凡是对电能的生产、输送、分配和使用起控制、调节、检测、转换及保护作用的电工器械均可称为电器。用于交流 50 Hz 额定电压 1200 V 以下，直流额定电压 1500 V 以下的电路内起通断、保护、控制或调节作用的电器称为低压电器。

2. 低压电器的分类

低压电器的品种规格繁多，构造各异，按其用途可分为：

1）配电电器。用于配电系统，进行电能的输送和分配，如熔断器、刀开关、转换开关及低压断路器等。

2）控制电器。主要用于自动控制系统和用电设备中，如接触器、继电器、主令电器、电阻器及电磁铁等。

按其动作方式可分为：

1）自动操作电器。依靠外部信号的作用或本身参数的变化自动完成接通或断开操作的电路，如接触器、继电器等。

2）手动操作电器。用手直接进行操作的电器，如按钮、转换开关等。

按其执行机构又可分为：

1）有触点电器。利用触点的接通和分断来通断电路，如接触器、低压断路器等。

2）无触点电器。利用电子电路发出检测信号，执行指令，达到控制电路的目的，如接近开关、光电开关、电子式时间继电器等。

近年来，我国低压电器产品发展很快，通过自行设计新产品和从国外著名厂家引进技术，产品品种和质量都有明显的提高，符合新国家标准、部颁标准和达到国际电工委员会（IEC）标准的产品不断增加。当前，低压电器继续沿着体积小、质量小、安全可靠、使用方便的方向发展，主要途径是利用微电子技术提高传统电器的性能；在产品品种方面，正大力发展电子化的新型控制电器，如接近开关、光电开关、电子式时间继电器、固态继电器与接触器、漏电继电器、电子式电动机保护器和半导体起动器等，以适应控制系统迅速电子化的需要。

本章主要介绍在机械设备电气控制系统中经常用到的低压电器，着重介绍部分技术先进、符合 IEC 标准的电器产品，为阅读和理解电气控制电路打好基础。

5.2 接触器

5.2.1 接触器的用途及分类

接触器是一种通用性很强的电磁式电器，它可以频繁地接通和分断交、直流主电路，并可实现远距离控制，主要用来控制电动机，也可控制电容器、电阻炉和照明器具等电力负载。

接触器按主触点通过电流的种类，可分为交流接触器和直流接触器。交流接触器常用于远距离接通和分断电压至 660 V、电流至 600 A 的交流电路，以及频繁起动和控制交流电动机。直流接触器常用于远距离接通和分断直流电压至 440 V、直流电流至 1600 A 的直流电路，并用于直流电动机的控制。

按其主触点的极数（主触点的对数）还可分为单极、双极、三极、四极和五极等多种。交流接触器的主触点通常是三极，直流接触器为双极。接触器的主触点一般置于灭弧罩内，有一种真空接触器则是将主触点置于密闭的真空泡中，它具有分断能力高、寿命长、操作频率高、体积小及质量小等优点。近年来还出现了由晶闸管组成的无触点接触器。

接触器的文字符号是 KM，接触器的图形符号如图 5-1 所示。

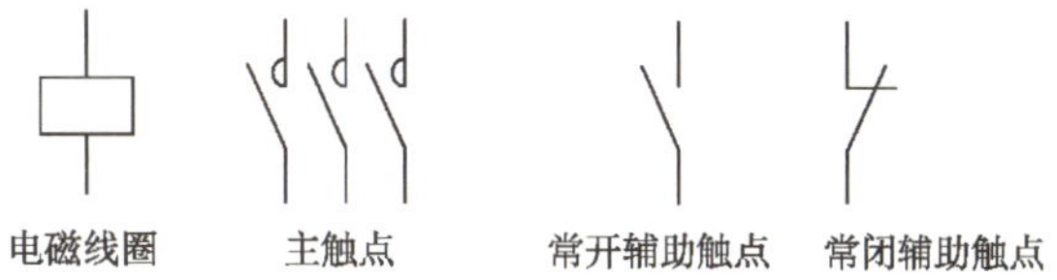

图 5-1 接触器的图形符号

5.2.2 接触器的工作原理及结构

5-1 交流接触器的结构

1. 交流接触器

交流接触器主要由电磁机构、触点系统、弹簧和灭弧装置等组成。其工作原理是：当线圈中有工作电流通过时，在铁心中产生磁通，由此产生对衔铁的电磁力。当电磁吸力克服弹簧力时，使衔铁与铁心闭合，同时通过传动机构由衔铁带动相应的触点动作。当线圈断电或电压显著降低时，电磁吸力消失或降低，衔铁在弹簧的作用下返回，并带动触点恢复到原来的状态。

（1）电磁机构

电磁机构的主要作用是将电磁能量转换成机械能量，带动触点动作，完成通断电路的控制作用。电磁机构由铁心（静铁心）、衔铁（动铁心）和线圈等几部分组成。根据衔铁的运动方式不同，可以分为转动式和直动式，交流接触器电磁系统结构图如图 5-2 所示。交流接触器的铁心一般都是 E 型直动式电磁机构，如 CJ0、CJ10 系列，也有的采用衔铁绕轴转动的拍合式，如 CJ12、CJ12B 系列接触器。为了减少剩磁，保证断电后衔铁可靠地释放，E 型铁心中柱较短，铁心闭合后上下中柱间形成 0.1~0.2mm 的气隙。

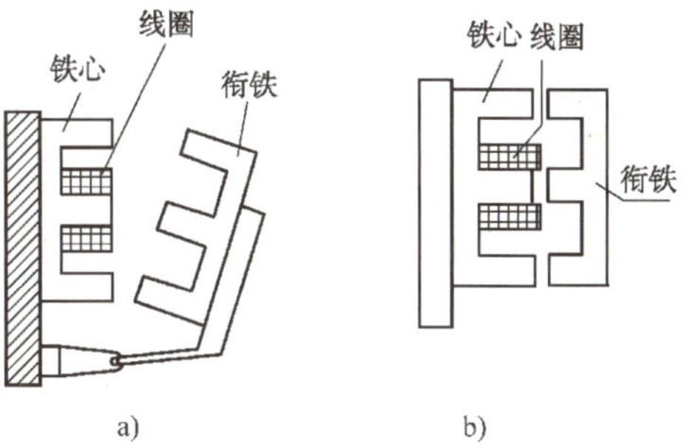

图 5-2 交流接触器电磁系统结构图
a）衔铁转动式 b）衔铁直动式

交流接触器的线圈中通过交流电，产生交变的磁通，并在铁心中产生磁滞损耗和涡流损耗，使铁心发热。为了减少交变的磁场在铁心中产生的磁滞损耗和涡流损耗，交流接触器的铁心一般用硅钢片叠压而成；线圈由绝缘的铜线绕成有骨架的短而粗的形状，将线圈与铁心隔开，便于散热。

交流接触器的线圈中通过交流电，产生交变的磁通，其产生的电磁吸力在最大值和零之间脉动。因此当电磁吸力大于弹簧反力时，衔铁被吸合，当电磁吸力小于弹簧的反力时衔铁开始释放，这样便产生振动和噪声。为了消除振动和噪声，在交流接触器的铁心端面上装入一个铜制的短路环，短路环的结构如图 5-3 所示。

在铁心端面装入短路环后，交变的磁通 $\dot{\Phi}_m$ 经过铁心端面时被分成两部分 $\dot{\Phi}_{1m}$ 和 $\dot{\Phi}_{2m}$，且 $\dot{\Phi}_{1m}$ 和 $\dot{\Phi}_{2m}$ 同相位，短路环的作用原理如图 5-4 所示。$\dot{\Phi}_{2m}$ 经过短路环在其中产生感应电动势 $\dot{E}$，$\dot{E}$ 滞后于 $\dot{\Phi}_{2m}90°$，$\dot{E}$ 在短路环中产生感应电流 $\dot{I}$，$\dot{I}$ 在短路环附近产生磁通 $\dot{\Phi}$，$\dot{\Phi}$ 和 $\dot{I}$ 同相位，使得穿过短路环的磁通变为 $\dot{\Phi}_2=\dot{\Phi}_{2m}+\dot{\Phi}$，而未经过短路环的磁通变为 $\dot{\Phi}_1=\dot{\Phi}_{1m}-\dot{\Phi}$。由相量图可见，$\dot{\Phi}_2$ 和 $\dot{\Phi}_1$ 之间不再同相位，这样就使得 $\dot{\Phi}_2$ 和 $\dot{\Phi}_1$ 分别产生的电磁力 $\dot{F}_2$ 和 $\dot{F}_1$ 不会同时为 0，所以总吸力 $\dot{F}$ 不再为 0。如果短路环设计合理，总吸力 $\dot{F}$ 将比较平坦，衔铁就不会产生振动和噪声了。

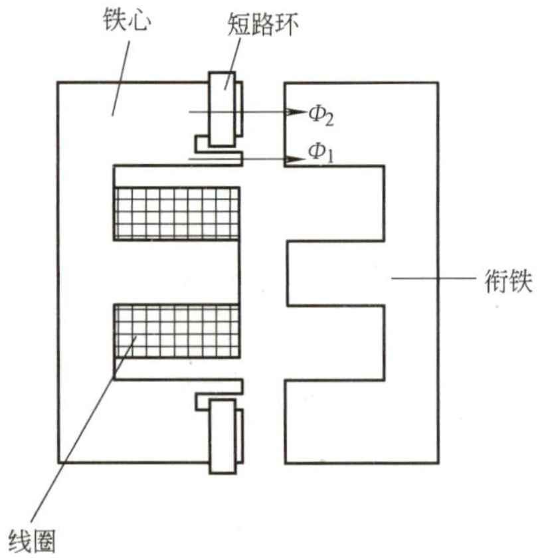

图 5-3 短路环的结构

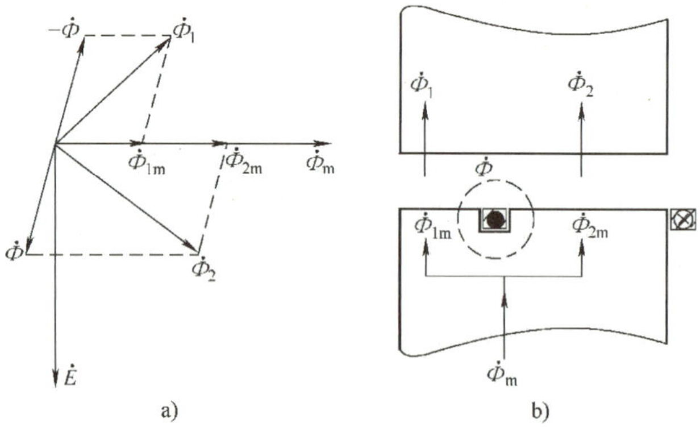

图 5-4 短路环的作用原理
a）铁心端面磁通相量图 b）铁心端面磁通分布

（2）触点系统

交流接触器的触点由主触点和辅助触点构成。主触点用于通断电流较大的主电路，由接触面积较大的常开触点组成，一般有三对。辅助触点用以通断电流较小的控制电路，由常开触点和常闭触点组成。所谓常开触点（又叫动合触点）是指电器设备在未通电或未受外力的作用时的常态下，触点处于断开状态；常闭触点（又叫动断触点）是指电器设备在未通电或未受外力的作用时的常态下，触点处于闭合状态。触点的结构有桥式和指式两类。交流接触器一般采用双断点桥式触点，如图 5-5 所示。触点一般采用导电性能良好的纯铜材料制成，因铜的表面容易氧化生成一层不易导电的氧化铜，所以在触点表面嵌有银片，氧化后的银片仍有良好的导电性能。

指形触点如图 5-6 所示。因指形触点在接通与分断时动触点沿静触点产生滚动摩擦，可以去掉氧化膜，故其触点可以用纯铜制造，特别适合于触点分合次数多、电流大的场合。

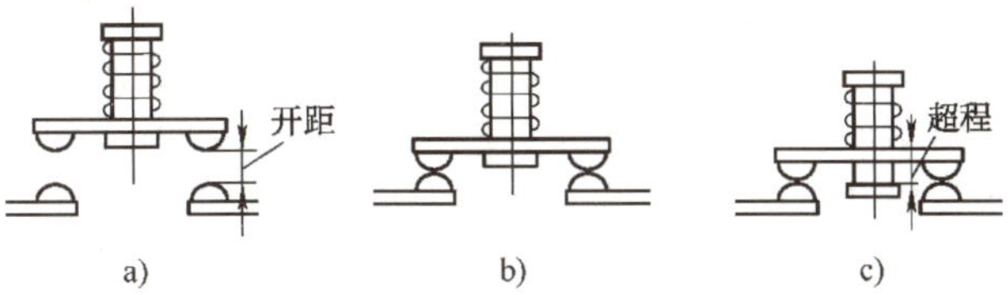

图 5-5 双断点桥式触点
a）完全分开位置 b）刚接触位置 c）完全闭合位置

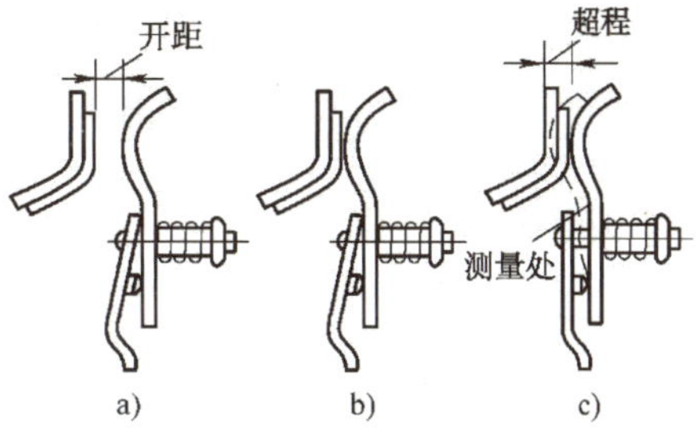

图 5-6 指形触点
a）完全分开位置 b）刚接触位置 c）完全闭合位置

（3）灭弧系统

触点在分断电流瞬间，在触点间的气隙中就会产生电弧，电弧的高温能将触点烧损，并且电路不易断开，可能造成其他事故，因此，应采用适当的措施迅速熄灭电弧。

对于小容量的接触器常采用双断口桥式触点和电动力进行灭弧，在主触点上装有灭弧罩。对于容量较大（20 A 以上）的交流接触器一般采用灭弧栅灭弧。

（4）其他部件

其他部件包括底座、反作用弹簧、缓冲弹簧、触点压力弹簧、传动机构和接线柱。反作用弹簧的作用是当吸引线圈断电时，迅速使主触点、常开触点分断；缓冲弹簧的作用是缓冲衔铁吸合时对铁心和外壳的冲击力；触点压力弹簧的作用是增加动静触点之间的压力，增大接触面积，降低接触电阻，避免触点由于接触不良而过热。

2. 直流接触器

直流接触器主要用于控制直流电压至 440 V、直流电流至 1600 A 的直流电力线路，常用于频繁地操作和控制直流电动机。直流接触器的结构和工作原理与交流接触器基本相同，在结构上也是由电磁机构、触点系统和灭弧装置等组成，但也有不同之处。

（1）电磁机构

电磁机构由铁心、线圈和衔铁组成。线圈中通过的是直流电，产生的是恒定的磁通，不会在铁心中产生磁滞损耗和涡流损耗，所以铁心不发热，铁心可以用整块铸钢或铸铁制成。并且由于磁通恒定，其产生的吸力在衔铁和铁心闭合后是恒定不变的，因此在运行时没有振动和噪声，所以在铁心上不需要安装短路环。在直流接触器运行时，电磁机构中只有线圈产生热量，为了使线圈散热良好，通常将线圈绕制成长而薄的圆筒形，没有骨架，与铁心直接接触，便于散热。

（2）触点系统

直流接触器的主触点接通或断开较大的电流，常采用滚动接触的指形触点，一般有单极或双极两种。辅助触点开断电流较小，常做成双断口桥式触点。

（3）灭弧装置

直流接触器的主触点在分断大的直流电时，产生直流电弧，较难熄灭，一般采用灭弧能力较强的磁吹式灭弧装置。

5.2.3 接触器的主要技术参数及型号

1. 接触器的主要技术参数

1）额定电压。接触器铭牌上标注的额定电压是指主触点正常工作的额定电压。交流接触器常用的额定电压等级有：127 V、220 V、380 V、660 V；直流接触器常用的电压等级有：110 V、220 V、440 V、660 V。

2）额定电流。接触器铭牌上标注的额定电流是指主触点的额定电流。交、直流接触器常用的额定电流的等级有：10 A、20 A、40 A、60 A、100 A、150 A、250 A、400 A、600 A。

3）线圈的额定电压。指接触器吸引线圈的正常工作电压值。交流线圈常用的电压等级为：36 V、110 V、127 V、220 V、380 V；直流线圈常用的电压等级为：24 V、48 V、110 V、220 V、440 V。选用时交流负载选用交流接触器，直流负载选用直流接触器，但交流负载频繁动作时可采用直流线圈的交流接触器。

4）主触点的接通和分断能力。指主触点在规定的条件下能可靠地接通和分断的电流值。在此电流值下，接通时主触点不发生熔焊，分断时不应产生长时间的燃弧。

接触器的使用类别不同，对主触点的接通和分断能力的要求也不同。常见的接触器的使用类别、典型用途及主触点要求达到的接通和分断能力见表5-1。

表5-1 常见的接触器的使用类别、典型用途、主触点的接通和分断能力

电流种类	使用类别	主触点接通和分断能力	典型用途
交流（AC）	AC1	允许接通和分断额定电流	无感或微感负载、电阻炉
	AC2	允许接通和分断4倍额定电流	绕线转子异步电动机的起动和制动
	AC3	允许接通6倍额定电流和分断额定电流	笼型异步电动机的起动和分断
	AC4	允许接通和分断6倍额定电流	笼型异步电动机的起动、反转、反接制动
直流（DC）	DC1	允许接通和分断额定电流	无感或微感负载、电阻炉
	DC3	允许接通和分断4倍额定电流	并励电动机的起动、反转、反接制动
	DC5	允许接通和分断4倍额定电流	串励电动机的起动、反转、反接制动

5）额定操作频率。指接触器在每小时内的最高操作次数，交、直流接触器的额定操作频率为1200次/h或600次/h。

6）机械寿命。指接触器所能承受的无载操作的次数。

7）电寿命。指在规定的正常的工作条件下，接触器带负载操作的次数。

2. 交流接触器的主要型号

交流接触器的品种和规格很多，常用的有CJ10、CJ20、B、3TB、LC1-D、CJ40等系列交流接触器。

1）CJ10系列交流接触器。如图5-7所示，CJ10系列交流接触器适用于交流50 Hz，电压至380 V，电流至150 A的电力线路，供远距离接通与分断线路之用，并适于频繁地起动和控制交流电动机。其吸引线圈的额定电压交流为36 V、127 V、220 V、380 V；直流为110 V、220 V。吸引线圈在额定电压的85%~105%时可以正常工作，在线圈电流切断后，常开触点应完全开启，而不停留在中间位置。CJ10型系列交流接触器为直动式，主触点采用双断点桥式触点，20 A以上的接触器均装有灭弧装置。电磁系统为双E型铁心磁轭两边铁柱端面嵌有短路环，衔铁中柱较短，闭合后留有空气间隙，为了削弱剩磁的作用。

图5-7 CJ10系列交流接触器

2）CJ20系列交流接触器。CJ20系列交流接触器如图5-8所示。CJ20系列交流接触器适用于交流50 Hz、电压至660 V、电流至630 A的电力线路，供远距离接通与分断线路之用，并适于频繁起动和控制交流电动机。并与热继电器或电子式保护装置组成电磁起动器，以保护电路。CJ20 型系列交流接触器为直动式，主触点采用双断点桥式触点，U 形铁心。辅助触点采用通用的辅助触点，根据需要可制成不同组合以适应不同需要。辅助触点的组合有 2 对常开触点 2 对常闭触点；4 对常开触点 2 对常闭触点；也可根据需要交换成 3 对常开触点 3 对常闭触点或 2 对常开触点 4 对常闭触点。CJ20 系列交流接触器的结构优点是体积小，重量轻，易于维护。

3）CDC10 系列交流接触器，如图 5-9 所示。

主要用于交流 50 Hz，额定工作电压最高至 660 V。其中，AC3 使用类别下额定工作电压为 380 V 时的额定工作电流至 150 A，660 V 时的额定工作电流至 100 A 的电力系统中接通和断开电路或控制交流电动机的运转。

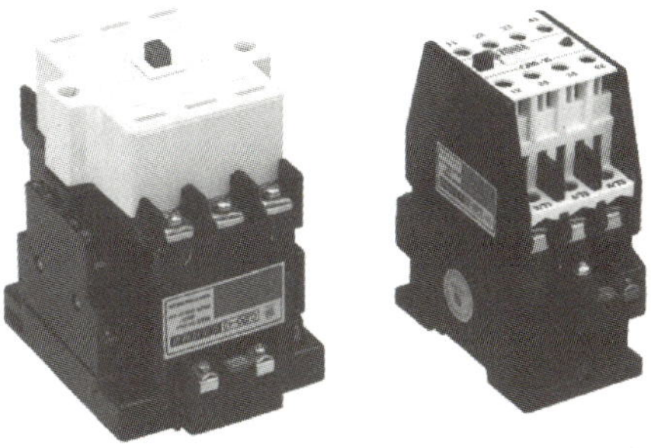

图 5-8　CJ20 系列交流接触器

图 5-9　CDC10 系列交流接触器

CDC10 系列交流接触器在 40 A 及以下规格为直动式、双断点立体布局，上层为触头系统，下层为电磁系统，辅助触头位于两侧；60 A 以上规格为转动式，双断点平面布局，左边是触头系统，右边是电磁系统，辅助触头位于电磁系统的下部。

CDC10 系列交流接触器在各接线处印有明确的接线端子数字标志，含义如下。

线圈进线端：A1。

线圈出线端：A2。

主电路的三相进线端：1、3、5（L1、L2、L3）。

主电路的三相出线端：2、4、6（T1、T2、T3）。

常开辅助触头进线端：23、43。

常开辅助触头出线端：24、44。

常闭辅助触头进线端：11、31。

常闭辅助触头出线端：12、32

4）NC1 系列交流接触器

正泰 NC1 系列交流接触器，如图 5-10 所示，主要用于交流为 50 Hz（或 60 Hz），额定工作电压为 690 V，在 AC3 使用类别下额定工作电流为 95A 的电路中，供远距离接通和分断电路之用，可与合适的热过载继电器组成电磁起动器以保护可能发生操作过负荷的电路，接触器适用于频繁地起动和控制交流电动机。

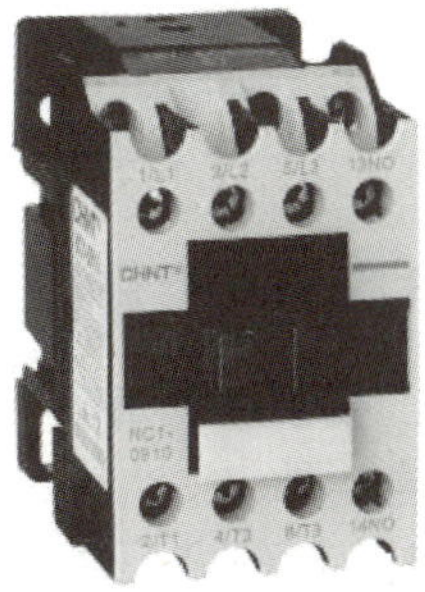

图 5-10　NC1 系列交流接触器

NC1-N 系列可逆交流接触器可以作为电动机的可逆控制用，它的机械联锁机构保证了两台可逆接触器触头转换工作的可靠性。

为了适应某些特殊场合的需要，NC1 系列交流接触器设计了带直流操作系统的交流接触器。

NC1 接触器可以采用积木式安装方式加装辅助触头组（F4 系列）、空气延时头（F5 系列）、热继电器等附件，组合成多种派生产品。

3. 直流接触器的主要型号

常用的直流接触器的主要型号有 CZ0 系列和 CZ18 系列。

1）CZ0 系列直流接触器，如图 5-11 所示。适用于直流电压 440 V 以下、电流 600 A 及以下电路，用作远距离接通和分断直流电力线路，及频繁起动、停止直流电动机及控制直流电动机的换向及反接制动。其主触点的额定电流有 40 A、100 A、150 A、250 A、400 A、600 A。主触点的灭弧装置由串联磁吹线圈和横隔板陶土灭弧罩组成。

图 5-11 CZ0 系列直流接触器

2）CZ18 系列直流接触器。适用于直流电压 440 V 以下、电流至 1600 A 及以下电路，用作远距离接通和分断直流电力线路，及频繁起动、停止直流电动机及控制直流电动机的换向及反接制动。其主触点的额定电流有 40 A、80 A、160 A、315 A、630 A、1000 A。

5.2.4 接触器的选择

接触器的选用主要依据以下几个方面。

1）选择接触器的类型。根据负载电流的种类来选择接触器的类型。交流负载选择交流接触器，直流负载选用直流接触器。

2）选择主触点的额定电压。主触点的额定电压应大于或等于负载的额定电压。

3）选择主触点的额定电流。主触点的额定电流应不小于负载电路的额定电流，如果用来控制电动机的频繁起动、正反转或反接制动，应将接触器的主触点的额定电流降低一个等级使用。在低压电气控制系统中，380 V 的三相异步电动机是主要的控制对象，如果知道了电动机的额定功率，则控制该电动机的接触器的额定电流的数值大约是电动机功率值的两倍。

4）选择接触器吸引线圈的电压。交流接触器线圈额定电压一般直接选用 380/220 V，直流接触器可选线圈的额定电压和直流控制回路的电压一致。直流接触器的线圈加直流电压，交流接触器的线圈一般加交流电压。如果把加直流电压的线圈加上交流电压，因线圈阻抗太大，电流太小，则接触器往往不吸合；如果将加交流电压的线圈加上直流电压，则因电阻太小，电流太大，会烧坏线圈。

5）根据使用类别选用相应产品系列。如生产中大量使用小容量笼型异步电动机，负载为一般任务，则选用 AC3 类；如控制机床电动机起动、反转、反接制动的接触器，负载任务较重，则选用 AC4 类。

5.2.5 接触器的运行维护与故障检修

1. 安装注意事项

接触器在安装使用前应将铁心端面的防锈油擦净。接触器一般应垂直安装于垂直于地面的平面上，倾斜度不超过 5°；安装孔的螺钉应装有垫圈，并拧紧螺钉防止松脱或振动；避免异物落入接触器内。

2. 日常维护

1）定期检查接触器的零部件，要求可动部分灵活，紧固件无松动。已损坏的零件应及时修理或更换。

2）保持触点表面的清洁，不允许占有油污，当触点表面因电弧烧蚀而附有金属小颗粒时，应及时去掉。银和银合金触点表面因电弧作用而生成黑色氧化膜时，不必锉去，因为这种氧化膜的导电性很好，锉去反而缩短了触点的使用寿命。触点的厚度减小到原厚度 1/4 时，应更换触点。

3）接触器不允许在去掉灭弧罩的情况下使用，因为这样在触点分断时很可能造成相间短路事故。陶土制成的灭弧罩易碎，避免因碰撞而损坏。要及时清除灭弧室内的炭化物。

3. 接触器的故障检修

接触器除了触点和电磁系统的故障外，还常见下列故障。

1）触点断相。由于某相触点接触不好或连接螺钉松脱，使电动机缺相运行，发出“嗡嗡”声，此时应立即停车检修。

2）触点熔焊。接触器的触点因为长时间通过过载电流而引起两相或三相触点熔焊，此时虽然按“停止”按钮，但触点不能断开，电动机不会停转，并发出“嗡嗡”声。此时应立即切断电动机控制的前一级开关，停车检查修理。

3）灭弧罩碎裂。原来带有灭弧罩的接触器决不允许不带灭弧罩使用，若发现灭弧罩碎裂应及时更换。

交流接触器常见故障、原因及排除方法见表 5-2。

表 5-2　交流接触器常见故障、原因及排除方法

故障现象	可能原因	排除方法
吸不上或吸不足（即触点已闭合而铁心尚未完全吸合）	1）电源电压太低或波动过大 2）线圈断线，配线错误及触点接触不良 3）线圈的额定电压与使用条件不符 4）衔铁或机械可动部分被卡住 5）触点弹簧压力过大	1）调高电源电压 2）更换线圈，检查线路，修理控制触点 3）更换线圈 4）清除卡阻物 5）按要求调整触点参数
不释放或缓慢释放	1）触点弹簧压力过小 2）触点熔焊 3）机械可动部分被卡住，转轴生锈或歪斜 4）反力弹簧损坏 5）铁心端面有油污或尘埃附着 6）E 形铁心寿命结束，剩磁增大	1）调整触点压力 2）排除熔焊故障，更换触点 3）排除卡住现象，修理受损零件 4）更换反力弹簧 5）清理铁心端面 6）更换 E 形铁心
电磁铁噪声大	1）电源的电压过低 2）弹簧反作用力过大 3）短路环断裂（交流） 4）铁心端面有污垢 5）磁系统歪斜，使铁心不能吸平 6）铁心端面过度磨损而不平	1）提高操作回路电压 2）调整弹簧压力 3）更换短路环 4）清刷铁心端面 5）调整机械部分 6）更换铁心
线圈过热或烧损	1）电源电压过高或过低 2）线圈的额定电压与电源电压不符 3）操作频率过高 4）线圈由于机械损伤或附有导电灰尘而匝间短路	1）调整电源电压 2）调换线圈或接触器 3）选择其他合适的接触器 4）排除短路故障，更换线圈并保持清洁
触点灼伤或熔焊	1）触点压力过小 2）触点表面有金属颗粒异物 3）操作频率过高，或工作电压过大，断开容量不够 4）长期过载使用 5）负载侧短路，触点的断开容量不够大	1）调高触点弹簧压力 2）清理触点表面 3）调换容量较大的接触器 4）调换合适的接触器 5）改用较大容量的电器

5.3 继电器

继电器是一种根据电或非电信号的变化来接通或断开小电流（一般小于5A）控制电路的自动控制电器。继电器的输入量（如电流、电压、温度、压力等）变化到某一定值时继电器动作，其触点便接通和断开控制回路。由于继电器的触点用于控制电路中，通断的电流小，所以继电器的触点结构简单，不安装灭弧装置。

继电器的种类很多，用途广泛，按输入信号不同可以分为：电流继电器、电压继电器、时间继电器、热继电器，以及温度、压力、速度继电器等。按工作原理又可以分为：电磁式继电器，感应式继电器、电动式继电器及电子式继电器等。按输出形式还可分为：有触点和无触点两类。下面对经常使用的几种继电器进行介绍。

5.3.1 电磁继电器

电磁继电器的结构示意图如图5-12所示。电磁继电器的主要结构有电磁机构和触点系统。继电器的工作原理和接触器相似。不同之处在于，继电器可以通过反作用调节螺母5调节反作用力的大小，从而调节了继电器的动作值的大小。电磁继电器能对电压信号、电流信号的变化做出反应，其触点用于切换小电流的控制电路。接触器在其吸引线圈的电压信号达到一定值时，触点动作，主触点用于通断大电流的主电路，主触点上装有灭弧装置，辅助触点用于通断小电流的控制电路。

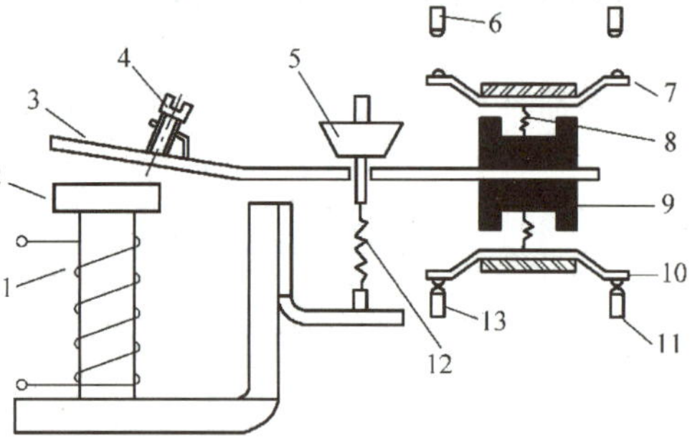

图5-12 电磁继电器结构示意图
1—线圈 2—铁心 3—衔铁 4—止动螺钉
5—反作用调节螺母 6、13—静触点 7—常开触点
8—触点弹簧 9—绝缘支架 10、11—常闭触点 12—反作用弹簧

1. 电流继电器

电流继电器的文字符号是KI，电流继电器图形符号如图5-13所示。

电流继电器的输入信号是电流，电流继电器的线圈串联在被测量的电路中，以反应电路电流的变化。电流继电器的线圈匝数少、导线粗、线圈阻抗小。电流继电器又分为过电流继电器和欠电流继电器两种。

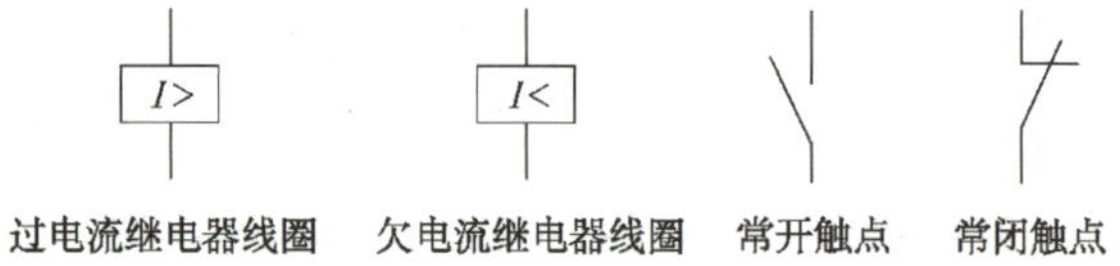

图5-13 电流继电器的图形符号

（1）过电流继电器

正常工作时，线圈中通过正常的负荷电流，继电器不动作，即衔铁不吸合。当通过线圈的电流超过正常的负荷电流，达到某一整定值时，继电器动作，衔铁吸合，同时带动触点动作，常开触点闭合，常闭触点断开。在电力系统中常用过电流继电器构成过电流和短路保护。

使过电流继电器动作的最小电流称为继电器的动作电流，用I_{OP}表示。

继电器动作以后，当流入线圈中的电流逐渐减小到某一电流值时，继电器因电磁力小于弹簧力而返回到原始位置的最大电流称为返回电流I_{re}。

电流继电器的返回电流 I_{re} 和动作电流 I_{op} 之比称为返回系数 K_{re}，即 $K_{re}=I_{re}/I_{op}$。显然过电流继电器的返回系数小于 1，继电器质量越好返回系数的值越高。

（2）欠电流继电器

正常工作时，线圈中通过正常的负荷电流，衔铁吸合，其常开触点闭合，常闭触点断开。当通过线圈的电流降低到某一电流值时，衔铁动作（释放），同时带动触点动作，常开触点断开，常闭触点闭合。欠电流继电器常用于直流回路的断线保护，如直流电动机的励磁回路断线将会造成直流电动机“飞车”。在产品上只有直流欠电流继电器，没有交流欠电流继电器。

使欠电流继电器动作（衔铁释放）的最大电流称为继电器的动作电流，用 I_{op} 表示。继电器动作（衔铁释放）后，当流入线圈中的电流上升到某一电流值时，继电器返回到衔铁吸合状态的最小电流称为返回电流 I_{re}，欠电流继电器的返回系数大于 1。

在电气控制系统中，用得较多的电流继电器有 JL14、JL15、JT3、JT9、JT10 等型号，主要根据主电路的电流的种类和额定电流来选择。

2. 电压继电器

电压继电器的输入信号是电压，电压继电器的线圈并联在被测量的电路中，以反映电路电压的变化。电压继电器的线圈匝数多、导线细、线圈阻抗大。电压继电器又分为过电压继电器和欠电压继电器两种。电压继电器的文字符号是 KV，电压继电器的图形符号如图 5-14 所示。

1）过电压继电器

正常工作时，线圈的电压为额定电压，继电器不动作，即衔铁不吸合。当线圈的电压高于额定电压，达到某一整定值时，继电器动作，衔铁吸合，同时带动触点动作，常开触点闭合，常闭触点断开。直流电路一般不会产生过电压，所以在产品中只有交流过电压继电器，用于过电压保护。其动作电压、返回电压和返回系数的概念和过电流继电器的相似。过电压继电器的返回系数小于 1。

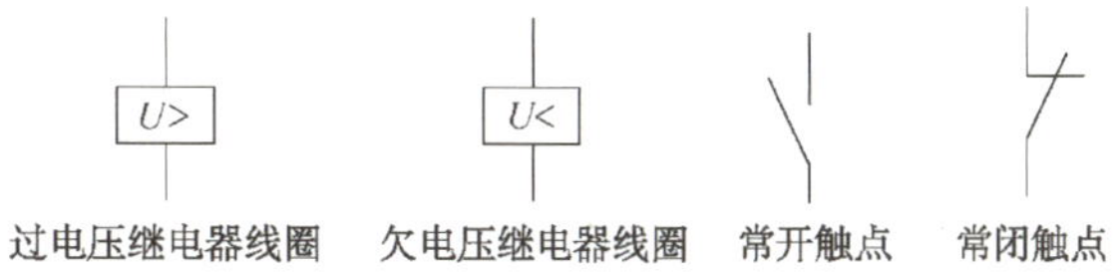

图 5-14 电压继电器的图形符号

2）欠电压继电器

在额定参数下，欠电压继电器的衔铁处于吸合状态，当其吸引线圈的电压降低到某一整定值时，欠电压继电器动作（衔铁释放），当吸引线圈的电压上升后，欠电压继电器返回到衔铁吸合状态。其动作电压、返回电压和返回系数的概念和欠电流继电器的相似。欠电压继电器的返回系数大于 1。欠电压继电器常用于电力线路的欠电压和失电压保护。

电气控制系统中常用的有 JT3、JT4 型，主要根据线圈中电流的种类和额定电压来选择。

3. 中间继电器

5-2 中间继电器实物图片

中间继电器触点数量多，触点容量大，在控制电路中起增加触点数量和中间放大的作用，有的中间继电器还带有短延时。其线圈为电压线圈，要求当线圈电压为 0 时，衔铁能可靠释放，对动作参数无要求，中间继电器没有弹簧调节装置。中间继电器的文字符号是 KA，中间继电器的图形符号如图 5-15 所示。

常用的中间继电器有 JZ7、JZ8、JZ11、JZ14、JZ15 系列，主要依据被控电路的电压等级，触点的数量、种类来选用。如 JZ7 系列中间继电器的触点共有 8 对，可以组成 4 对常开 4 对常闭、6 对常开 2 对常闭或 8 对常开。新型中间继电器触点闭合过程中动、静触点间有一段滑擦、滚压过程，

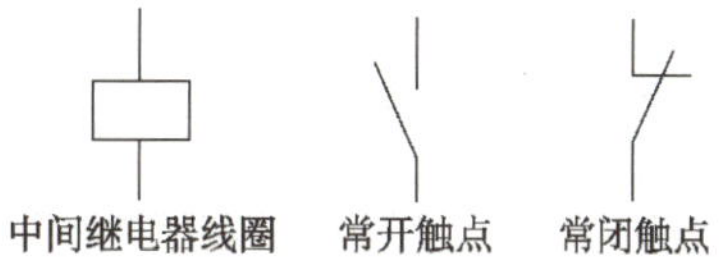

图 5-15 中间继电器的图形符号

可以有效地清除触点表面的各种生成膜及尘埃，减小了接触电阻，提高了接触可靠性，有的还装了防尘罩。

5.3.2 时间继电器

从得到输入信号（线圈通电或断电）开始，经过一定的延时后才输出信号（触点闭合或断开）的继电器，称为时间继电器。时间继电器的文字符号为 KT，时间继电器的图形符号如图 5-16 所示。时间继电器有电磁式、空气阻尼式、电动式、电子式等多种。

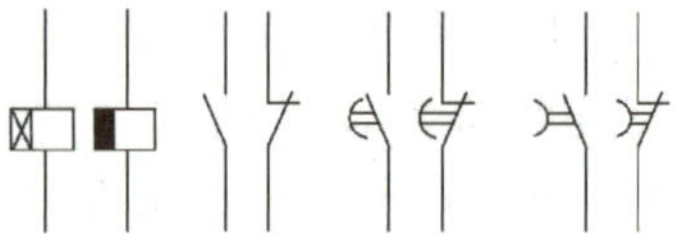

a) b) c) d) e) f) g) h)

图 5-16 时间继电器的图形符号

a）通电延时线圈 b）断电延时线圈
c）瞬动常开触点 d）瞬动常闭触点
e）通电延时闭合常开触点 f）通电延时断开常闭触点
g）断电延时断开常开触点 h）断电延时闭合常闭触点

5-3 空气阻尼式时间继电器

1. 空气阻尼式时间继电器

1）空气阻尼式时间继电器的工作原理。空气阻尼式时间继电器是利用空气的阻尼作用而达到延时目的的。JS7-A 系列空气阻尼式时间继电器外形和结构图如图 5-17 所示，JS7-A 系列空气阻尼式时间继电器由电磁系统、触点系统（由两个微动开关构成，包括两对瞬时触点和两对延时触点）、空气室及传动机构等部分组成。

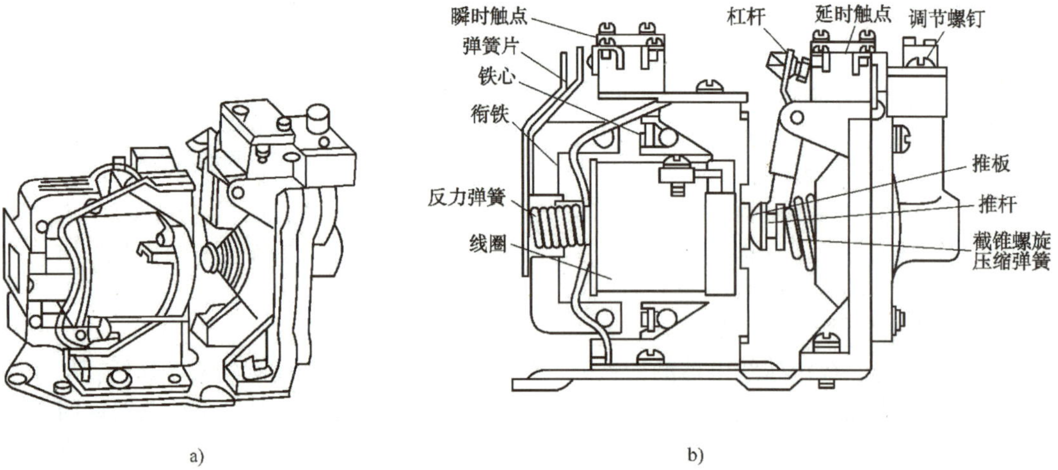

图 5-17 JS7-A 系列空气阻尼式时间继电器外形和结构图

a）外形图 b）结构图

断电延时型时间继电器的结构与通电延时型的类似，只是电磁铁安装方向不同，即当衔铁吸合时推动活塞复位，排出空气，当衔铁释放时活塞杆在弹簧作用下使活塞向下移动，实现断电延时。

2）空气阻尼式时间继电器的特点。空气阻尼式时间继电器的特点是结构简单，价格较低，延时范围较大（0.4~180 s），不受电源电压及频率波动的影响，有通电延时和断电延时两种，但延时误差较大，一般用于延时精度不高的场合。常用的有 JS7-A，JS23 等系列。

3）空气阻尼式时间继电器改变延时的方法。通过调整进气孔的大小，来调整延时。

2. 电子式时间继电器

1）电子式时间继电器的工作原理。电子式时间继电器常用的有阻容式时间继电器。阻容式时间继电器是利用电容对电压变化的阻尼作用来实现延时的。

2）电子式时间继电器的特点。电子式时间继电器的特点是延时时间较长（几分钟到几十分钟），延时精度比空气阻尼式的好，体积小、机械结构简单、调节方便、寿命长及可靠性强。但延时受电压波动和环境温度变化的影响，抗干扰性差。常用的产品有 JS13、JS14、JS15、JS20 和 ST3P 系列。JS20 系列有通电延时型、断电延时型及带有瞬动触点的通电延时型。ST3P 系列超级时间继电器是引进日本富士电机公司同类产品进行技术改进的新产品，其内部装有时间继电器专用的大规模集成电路，使用了高质量薄膜电容器和金属陶瓷可变电阻器，采用了高精度振荡回路和分频回路，它具有体积小、质量小、精度高、延时范围宽、性能好、寿命长等优点，广泛应用于自动化控制电路中。

3）电子式时间继电器调整延时的方法。调节单极多位开关，改变 R_{10} 的值，就可以改变延时时间的长短。

4）ST3P 系列时间继电器的产品介绍。ST3P 系列时间继电器适用于交流 50 Hz，工作电压 380 V 及以下或直流工作电压 24 V 的控制电路中作延时元件，按预定的时间接通或分断电路。其通过电位器来设定延时，机械寿命达到 10^6 万次，电寿命为 10^5 次。ST3P 系列时间继电器有通电延时、断电延时多种规格，延时范围广。交流额定电压有 24 V、110 V、220 V 几种。ST3P 系列时间继电器的接线图如图 5-18 所示。ST3P 系列时间继电器如图 5-19 所示。

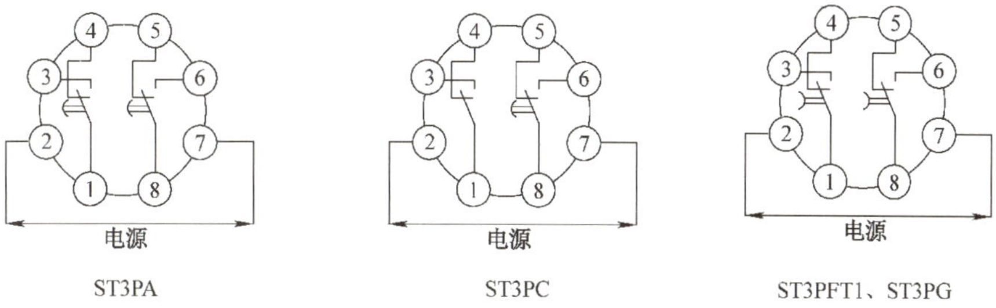

图 5-18　ST3P 系列时间继电器的接线图

5.3.3　热继电器

1. 热继电器的作用和保护特性

热继电器是专门用来对连续运行的电动机进行过载及断相保护，以防止电动机过热而烧毁的保护电器。三相交流电动机在长期欠电压带负荷运行、长期过载运行及缺相运行等都会导致电动机绕组过热而烧毁。但是电动机又有一定的过载能力，为了在避免电动机长时间过载运行前提下，发挥电动机的过载能力，就要用热继电器对电动机进行过载保护。热继电器的文字符号为 FR，热继电器的图形符号如图 5-20 所示。

热继电器中通过的过载电流和热继电器触点动作的时间关系就是热继电器的保护特性。电动机的允许过载电流和电动机允许的过载时间的关系称为电动机的过载特性。为了适应电动机的过载特性并起到过载保护的作用，要求热继电器的保护特性和电动机的过载特性相配合，且都为反时限特性曲线，电动机的过载特性和热继电器的保护特性及其配合如图 5-21 所示。由图可知，热继电器的保护特性应在电动机过载特性的下方，并靠近电动机的过载特性。这样，如果发生过载，热继电器的动作时间小于电动机最大的允许过载运行时间，在电动机未达到最大允许发热之前，热继电器触点动作，将电动机电源切断，达到保护电动机的目的。

图 5-19 ST3P 系列时间继电器

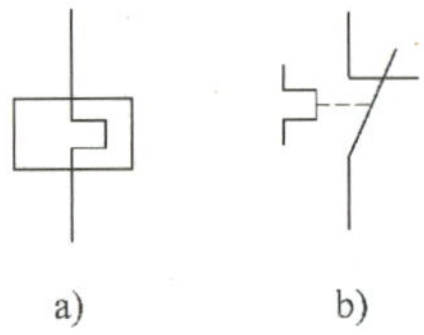

图 5-20 热继电器的图形符号
a）热元件 b）常闭触点

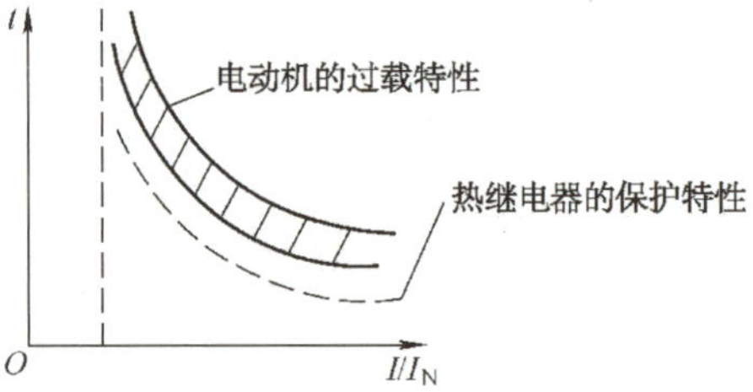

图 5-21 电动机的过载特性和热继电器的保护特性及其配合
I—热继电器实际通过的电流
I_N—热继电器的额定电流

2. 热继电器的分类、主要技术参数和型号

按相数来分，热继电器有单相、两相和三相式三种类型。按功能来分，三相式的热继电器又有带断相保护装置和不带断相保护装置的。按复位方式分，热继电器有自动复位的和手动复位的，所谓自动复位是指触点断开后能自动返回。按温度补偿分为带温度补偿的和不带温度补偿的。

热继电器的主要技术参数有额定电压、额定电流、相数、整定电流等。热继电器的整定电流是指热继电器的热元件允许长期通过又不致引起继电器动作的最大电流值，超过此值热继电器就会动作。

型号含义：

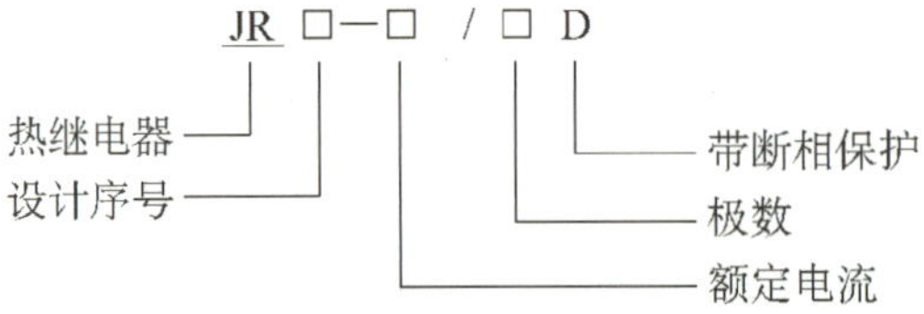

常用的热继电器有 JR20、JR36、JRS1 系列具有断相保护功能的热继电器，每一系列的热继电器一般只能和相应系列的接触器配套使用，如 JR20 热继电器和 CJ20 接触器配套使用。

JR20 系列热继电器如图 5-22 所示。JR20 系列热继电器适用于交流 50 Hz，主电路额定电压至 660 V，电流至 630 A 的电力系统中作为三相交流电动机的过载和断相保护，有断相保护、温度补偿、脱扣指示功能，能自动与手动复位，并与 CJ20 系列交流接触器配合使用，组成电磁起动器。

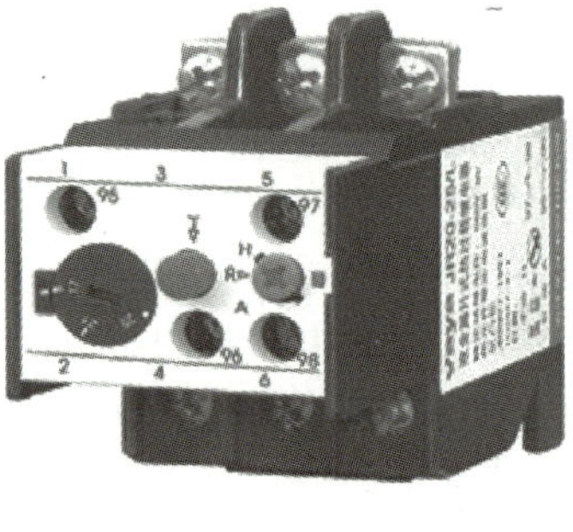

图 5-22 JR20 系列热继电器

3. 热继电器的工作原理

热继电器主要由热元件、双金属片、触点系统、动作机构等元件组成。双金属片是热继电器的测量元件。它由两种不同膨胀系数的金属片采用热和压力结合或机械碾压而成，高膨胀系数的铁镍铬合金作为主动层，膨胀系数小的铁镍合金作为被动层。热继电器是利用测量元件被加热到一定程度，双金属片将向被动层方向弯曲，通过传动机构带动触点动作

5-4 热继电器

的保护继电器，热继电器的结构示意图如图 5-23 所示。图中，主双金属片 2 与加热元件 3 串接在电动机主电路的进线端，当电动机过载时，主双金属片受热弯曲推动导板 4，并通过补偿双金属片 5 和传动机构将常闭触点（动触点 9 和常闭静触点 6）断开，常开触点（动触点 9 和常开静触点 7）闭合。热继电器的常闭触点串接于电动机的控制电路，热继电器动作，其常闭触点断开后，切断电动机的控制电路，电动机断电，从而保护了电动机。热继电器的常开触点可以接入信号回路，当热继电器动作后，其常开接点闭合，接通信号回路，发出信号。在电动机正常运行时，热元件产生的热量不会使触点系统动作。调节旋钮 11 为偏心轮，转动偏心轮，可以改变补偿双金属片 5 与导板 4 的接触距离，从而调节热继电器动作电流的整定值。

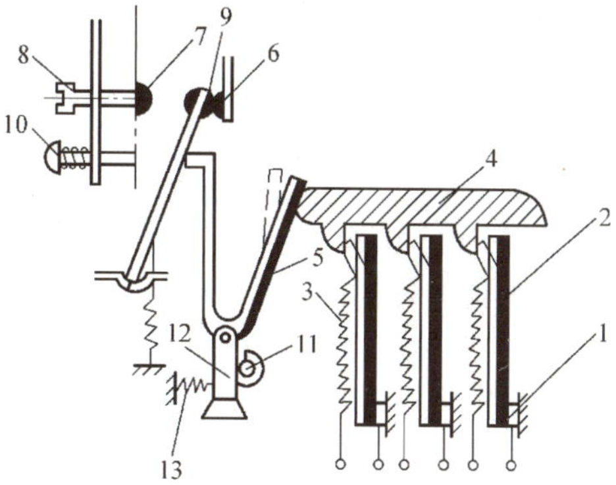

图 5-23 热继电器的结构示意图
1—推杆 2—主双金属片 3—加热元件 4—导板 5—补偿双金属片 6—常闭静触点 7—常开静触点 8—复位螺钉 9—动触点 10—按钮 11—调节旋钮 12—支撑件 13—压簧

热继电器动作后可以手动复位，也可以自动复位。靠调节复位螺钉 8 来改变常开静触点 7 的位置，使热继电器工作在手动复位或自动复位两种工作状态。热继电器动作后，应在 5 min 内自动复位，或在 2 min 内，可靠地手动复位。手动复位时，在故障排除后要按下按钮 10 恢复常闭触点闭合的状态。

补偿双金属片的作用是用来补偿环境温度对热继电器的影响。若周围环境温度升高，主双金属片和补偿双金属片同时向左边弯曲，使导板和补偿双金属片之间的接触距离不变，热继电器的特性将不受环境温度的影响。

4. 带断相保护的热继电器

三相异步电动机的断相（三相电动机一相断线），是使三相异步电动机长时间过载运行而烧坏的常见的故障。三相异步电动机为星形联结，线电流等于相电流，流过电动机绕组的电流和流过热继电器热元件的电流相同。当线路发生一相断线时，另外两相的电流过载，由于流过电动机绕组的电流和流过热继电器的电流增加的比例相同，因此普通的两相或三相热继电器动作，保护电动机。若三相异步电动机为三角形联结，正常运行时相电流等于线电流的 $1/\sqrt{3}$，即流过电动机绕组的电流是流过热继电器热元件电流的 $1/\sqrt{3}$，而当发生断相时，流过电动机接于全压绕组的电流是线电流（即流过热继电器热元件电流）的 2/3，电动机为三角形联结一相断路时电流分配如图 5-24 所示。

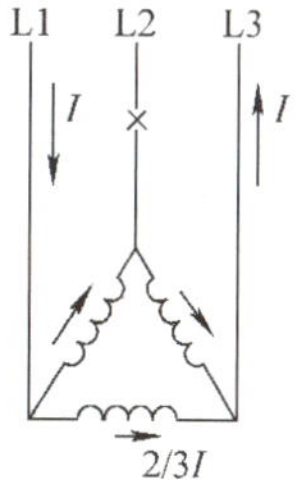

图 5-24 电动机为三角形联结一相断路时电流分配

如果热继电器的整定的动作电流是 I，则电动机中允许通过的最大电流为 $\sqrt{3}I/3$，但是当发生断相时，热继电器的动作电流仍然是 I，但是电动机一相绕组中的电流将达到 $2I/3$，这样便有烧毁绕组的危险。所以三角形联结的电动机必须采用带有断相保护的热继电器。

带有断相保护的热继电器的工作原理如图 5-25 所示。图中将热继电器的导板改为差动机构。图 5-25a 为通电前各部件的位置；图 5-25b 为正常通电时的位置，三相双金属片都受热向左弯曲一小段距离，继电器不动作。图 5-25c 为三相同时过载，三相双金属片同时向左弯曲，通过传动机构使常闭触点打开；图 5-25d 为 C 相断线的情况，此时 C 相的双金属片逐渐冷却，其端部向右移动，推动上导板向右移动，而另外两相的双金属片在电流加热下，端部仍然向左移动，上下导板的差动作用经杠杆放大，迅速使常闭触点打开，实现了断相保护的作用。

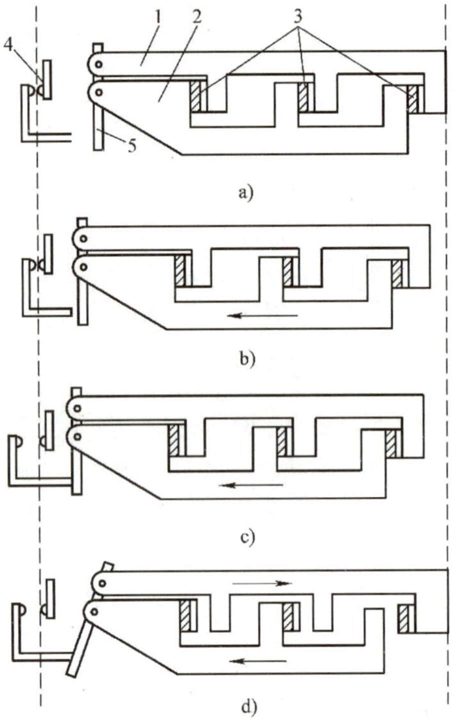

图 5-25 带有断相保护的热继电器的工作原理
1—上导板 2—下导板 3—主双金属片
4—顶头 5—杠杆
a) 通电前 b 通电时 c) 三相同时过载时
d) C 相断线时

5. 热继电器的选用

1）一般情况下可以选用两相结构的热继电器。对于电网均衡性差的电动机，宜选用三相结构的热继电器。定子绕组做三角形联结时，应采用有断相保护的三个热元件的热继电器作过载和断相保护。

2）热元件的额定电流等级一般应等于（0.95~1.05）倍电动机的额定电流，热元件选定后，再根据电动机的额定电流调整热继电器的整定电流，使整定电流与电动机的额定电流相等。

3）对于工作时间短、间歇时间长的电动机，以及虽长期工作，但过载可能性小的（如风机电动机），可不装设过载保护。

6. 热继电器的故障及维修

热继电器的故障主要有热元件烧断、误动作、不动作等情况。

1）热元件烧断。当热继电器负荷侧出现短路或电流过大时，会使热元件烧断。这时应切断电源检查线路，排除电路故障，重新选用合适的热继电器。更换后应重新调整整定电流值。

2）热继电器误动作。误动作的原因有：整定值偏小，以致未出现过载就动作；电动机起动时间过长，引起热继电器在起动过程中动作；设备操作频率过高，使热继电器经常受到起动电流的冲击而动作；使用场合有强烈的冲击及振动，使热继电器操作机构松动而使常闭触点断开；环境温度过高或过低，使热继电器出现未过载而误动作，或出现过载而不动作，这时应改善使用环境条件，使环境温度不高于40℃，不低于-30℃。

3）热继电器不动作。由于整定值调整得过大或动作机构卡死、推杆脱出等原因均会导致出现过载而热继电器不动作。

4）热继电器常闭触点接触不良，将会使整个电路不工作。这时应清除触点表面的灰尘或氧化物。

5.3.4 速度继电器

速度继电器是按速度原则动作的继电器，主要用于三相笼型异步电动机的反接制动控制，又称为反接制动继电器。感应式速度继电器主要由定子、转子和触点三部分组成，转子是一个圆柱形永久磁铁，定子是一个笼型空心圆环，由硅钢片叠成，并装有笼型绕组。速度继电器工作原理示意图如图 5-26 所示，转子轴与电动机的轴相连接，当电动机转动时，速度继电器的转子随之转动，产生旋转磁场，定子绕组切割旋转磁场产生感应电流，定子感应电流位于磁场中受到电磁力的作用，产生电磁转矩，使定子随转子的转动方向而旋转，当达到一定的转速时，定子转动到一定角度，装在定子轴上的摆锤推动动触点动作，使常闭触点断开，常开触点闭合。当电动机的转速低于某一数值时，定子产生的转矩减小，触点返回，即常开触点断开，常闭触点闭合。一般速度继电器的转速在 130 r/min 时触点动作，转速在 100 r/min 时触点返回。

常用的速度继电器有 JY1 和 JFZ0 型，都具有正转时动作的一组转换触点和反转时动作的一组转换触点。JY1 系列的额定工作转速在 100～3600 r/min，JFZ0 系列的额定转速在 300～3600 r/min。速度继电器的文字符号为 KS，速度继电器的图形符号如图 5-27 所示。

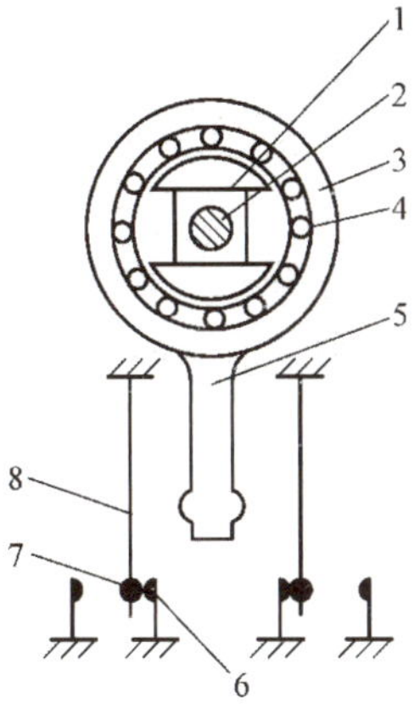

图 5-26　速度继电器工作原理示意图
1—转子　2—电动机的轴　3—定子
4—绕组　5—定子摆锤　6—静触点
7—动触点　8—簧片

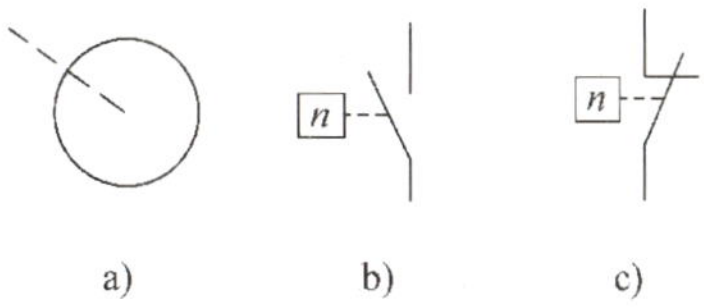

图 5-27　速度继电器的图形符号
a）转子　b）常开触点　c）常闭触点

5.4　常用开关

开关电器广泛用于配电系统，用作电源开关，起隔离电源、保护电气设备的和控制的作用。

刀开关主要由手柄、触刀、静插座和绝缘底座组成。刀开关在安装时，手柄要向上推为合闸，不得倒装或平装，避免由于重力下落引起误动作和合闸。接线时，应将电源线接在上端，负载线接在下端。

刀开关在选择时，应使其额定电压等于或大于电路的额定电压，其额定电流大于或等于线路的额定电流，当用刀开关控制电动机时，其额定电流要大于电动机额定电流的三倍。

近年来我国研制的新产品有 HD18、HD17、HS17 等系列刀开关。

5.4.1　组合开关

5-5　组合开关

组合开关又称转换开关，实质上为刀开关。组合开关是一种多触点、多位置式，可以控制多个回路的电器。组合开关主要用作电源引入开关，或作为控制 5 kW 以下小容量电动机的直接起动、停止、换向用，每小时通断的换接次数不宜超过 20 次。组合开关的选用应根据电源的种类、电压等级、所需触点数及电动机的容量选用，组合开关的额定电流应取电动机额定电流的 1.5～2 倍。手柄能沿任意方向转动 90°，并带动三个动触头分别和三个静触头接通或断开。图 5-28 为 HZ10 系列组合开关的外形与结构图。

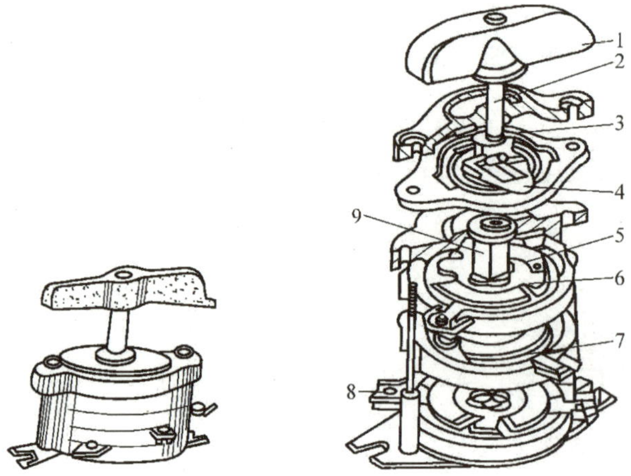

图 5-28 HZ10 系列组合开关的外形与结构图

a）外形 b）结构

1—手柄 2—转轴 3—弹簧 4—凸轮 5—绝缘垫板

6—动触头 7—静触头 8—接线柱 9—绝缘杆

组合开关的文字符号为 QS，组合开关的图形符号如图 5-29 所示。组合开关在电路图中的触点状态图及状态表如图 5-30 所示。图中虚线表示操作位置，不同操作位置的各对触点的通断表示于触点右侧，与虚线相交的位置上涂黑点表示接通，没有涂黑点表示断开。触点的通断状态还可以列表表示，表中“+”表示闭合，“-”或无记号表示断开。

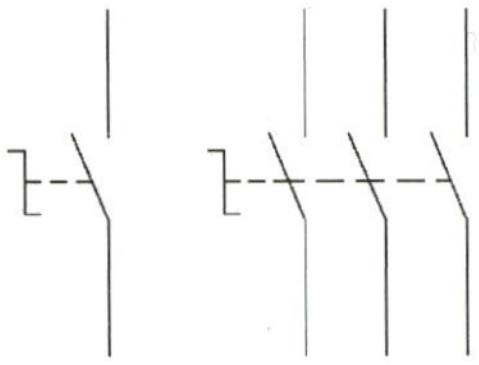

图 5-29 组合开关的图形符号

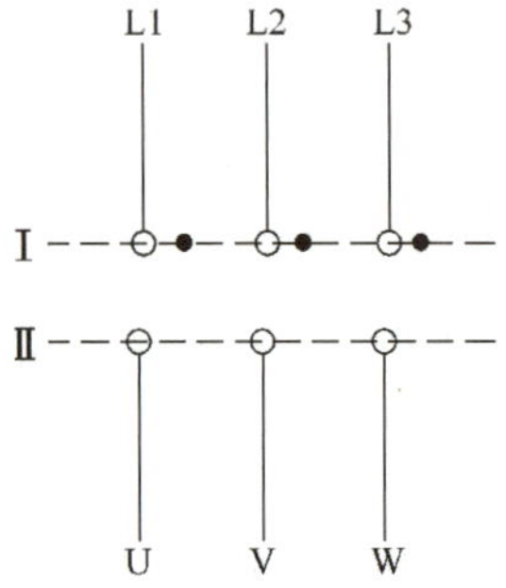

触点 \ 操作位置	Ⅰ	Ⅱ
L1-U	+	-
L2-V	+	-
L3-W	+	-

图 5-30 触点的状态图及状态表

5.4.2 低压断路器

低压断路器又称低压自动开关，俗称空气开关（用空气作为灭弧介质），它用于不频繁地接通和断开电路，而且当电路发生过载、断路或失电压等故障时，能自动断开电路。低压断路器的文字符号为 QF，其图形符号如图 5-31 所示。当一个空气开关带有漏电保护功能时，称之为漏电保护开关。

5-6 低压断路器

1. 低压断路器的结构和工作原理

低压断路器的结构主要包括三部分：带有灭弧装置的主触点、脱扣器和操作机构。其原理结构和接线图如图 5-32 所示。

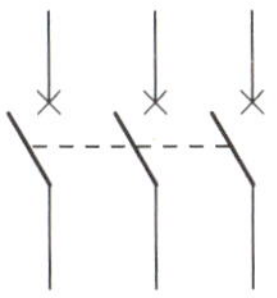

图 5-31　低压断路器的图形符号

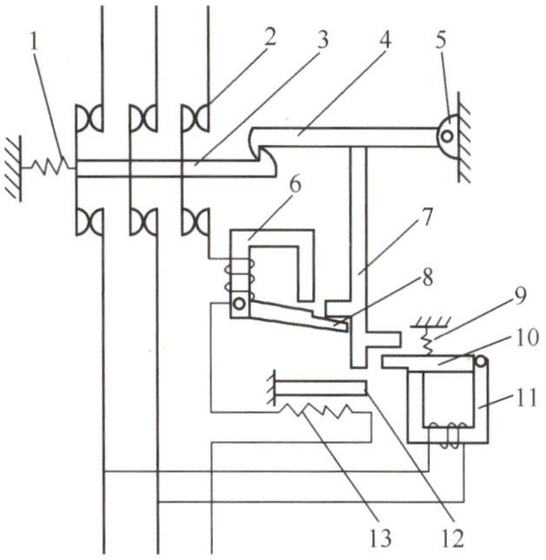

图 5-32　低压断路器的原理结构和接线图
1—弹簧；2—主触点；3—传动杆；4—锁扣；5—轴；6—电磁脱扣器；7—杠杆；8、10—衔铁；9—弹簧；11—欠压脱扣器；12—双金属片；13—发热元件

图中，主触点由操作机构手动或电动合闸，当操作机构处于闭合位置时，可由自由脱扣器（指图 5-32 中的 4、5、7 构成的整体装置）进行脱扣，将主触点断开。当线路上出现短路故障时，其过电流脱扣器动作，使开关跳闸，进行短路保护。如果出现过负荷时，串联在主电路的加热电阻丝升温，双金属片弯曲带动自由脱扣器动作，使开关跳闸，进行过载保护。当主电路电压消失或降低到一定的数值时，欠电压脱扣器的衔铁释放，衔铁的顶板推动自由脱扣器，使断路器跳闸，进行欠电压和失电压保护。有的低压断路器还有分励脱扣器，主要用于远距离操作，按下脱扣按钮，分励脱扣器的衔铁吸合，推动自由脱扣器动作，低压断路器跳闸，主电路断开后，分励脱扣器的线圈断电，分励脱扣器的线圈不允许长期通电。

2. 塑壳式低压断路器

塑壳式低压断路器有模压绝缘材料制成的封闭型外壳，将所有构件组装在一起。作为配电、电动机和照明电路的过载及短路保护，也可以用于电动机的不频繁起动。DZ20 型系列塑壳式低压断路器如图 5-33 所示。

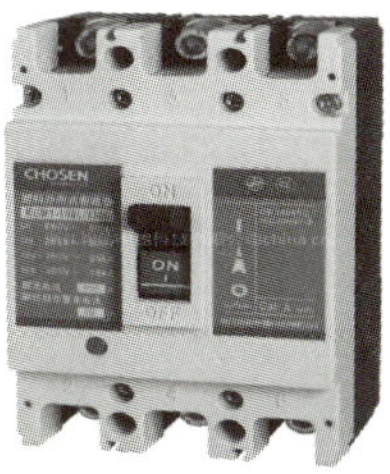

图 5-33　DZ20 型系列塑壳式低压断路器

塑壳式低压断路器的操作手柄有三个位置：①合闸位置，手柄扳向上，自由脱扣器锁住，触点在闭合状态。②自由脱扣位置，自由脱扣器脱扣，手柄移至中间位置，触点断开。③分闸和再扣位置，手柄扳向下边，触点在断开位置，自由脱扣器被锁住，完成“再扣”操作，为下次合闸做好准备。如果断路器自动跳闸后，不将手柄扳向再扣位置（即分闸位置）而直接合闸是合不上的。

NB1-63 小型断路器如图 5-34 所示，适用于交流额定频率为 50/60 Hz、额定电压为 230/400 V、额定电流为 63 A 线路中作为过载和短路保护之用，也可以在正常情况下作为线路的不频繁操作转换之用。

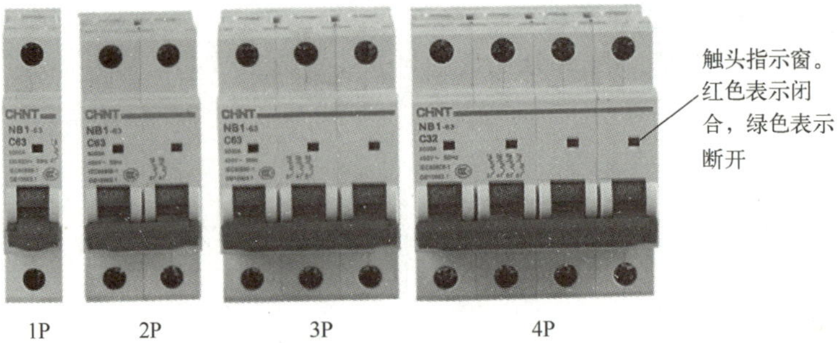

图 5-34 NB1-63 小型断路器

3. 漏电保护器（RCD）

漏电保护器，简称漏电开关，又叫漏电断路器，主要是用来在设备发生漏电故障时以及有致命危险的人身触电的保护，具有过载和短路保护功能，可用来保护电路或电动机的过载和短路，亦可在正常情况下作为线路的不频繁转换起动之用。漏电开关如图 5-35 所示。

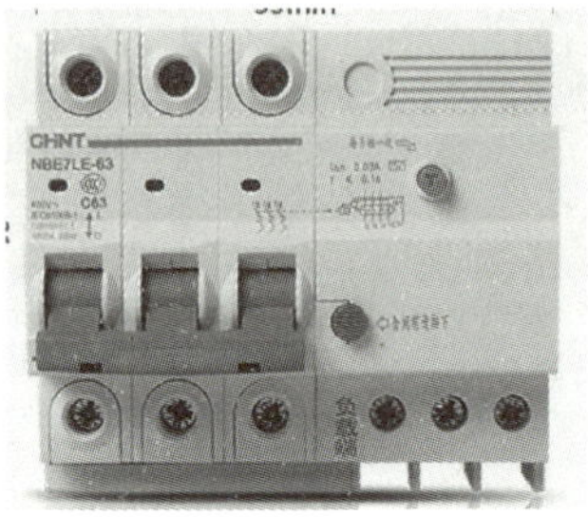

图 5-35 漏电开关

漏电保护开关不仅与其他断路器一样可将主电路接通或断开，而且具有对漏电流检测和判断的功能，当主电路中发生漏电或绝缘破坏时，漏电保护开关可根据判断结果将主电路接通或断开。它与熔断器、热继电器配合可构成功能完善的低压开关元件。

漏电保护的意义在于：①当电气设备（或线路）发生漏电或接地故障时，能在人尚未触及之前就把电源切断；②当人触及带电体时，能在 0.1 s 内切断电源，从而减轻电流对人体的伤害程度；③防止漏电引起火灾事故。漏电保护作为低压触电伤亡事故的后备保护，已经广泛地应用在低压配电系统中。

（1）电流动作型 RCD 的工作原理

漏电开关（RCD）按工作原理分为电压动作型和电流动作型。其中电流动作型又分电磁式、电子式和中性点接地式三种。

目前国内外广泛应用的漏电开关都是电流动作型的。电流动作型 RCD 工作原理如图 5-36 所示。相线 L1、L2、L3 和中性线 N 均穿过零序电流互感器 TAN 的窗口（或 L1、L2、L3 或 L、N）构成一次线圈；而 TAN 的二次线圈与主开关脱扣器的脱扣线圈（或通过放大电路）相连。正常情况下，一次电流的相量和为零，即$\dot{I}_U+\dot{I}_V+\dot{I}_W+\dot{I}_N=0$

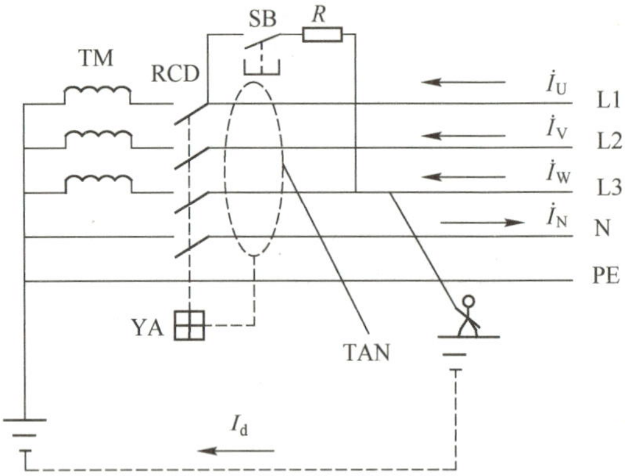

图 5-36 电流动作型 RCD 工作原理
TM—配电变压器 RCD—漏电保护器
YA—电磁脱扣器 TAN—零序电流互感器
SB—试验按扭 R—试验电阻 I_d—接地故障电流

在铁心中的磁通相量和也为零。因此，正常时，在 TAN 的二次线圈上没有感应电压（或电流），电磁脱扣器 YA 无电流。当发生漏电或人身触电时，在 TAN 的二次线圈有零序电流通过，电磁脱扣器 YA 中有电流通过，当电流达到额定值时，使脱扣机构动作，主开关

RCD 断开，切断故障电路，从而起到保护作用。如果用电设备是单相负荷，则流过 TAN 的相线和中性线的电流相量和亦为零，在 TAN 的铁心中的磁通相量和也为零。因而 TAN 的二次线圈无电流输出，YA 不动作，RCD 正常合闸运行。当设备发生漏电或人身触电时，I_d经过大地回到配电变压器 TM 的中性点构成回路，此时，通过 TAN 的电流$\dot{I}_W+\dot{I}_N\neq0$,因为 I_d通过大地流回到配电变压器 TM，使$\dot{I}_W$、$\dot{I}_N$相量和不为零，TAN 的磁通相量也不为零，则 TAN 的二次侧有感应电流流过，YA 中有电流流过，当电流达到整定值时，YA 动作，漏电开关 RCD 断开，切断故障电路，从而起到保护作用。

图 5-36 中 SB 为分闸试验按钮，与电阻 R 组成了试验电路，电路一端接于 TAN 的入线端，另一端接于 TAN 另一相线的出线端。当按下 SB，RCD 断开，由此检验了 RCD 的动作情况。

（2）RCD 的图形绘制

图 5-37 为 RCD 的图形符号。图 5-37a、b、c 中的图形符号为按 GB 4728 要求的画法。一般 RCD 的分断能力较小，因此触头画为负荷开关的触头。分断能力大的可以画为断路器的触头。图 5-37d、e 为习惯画法。

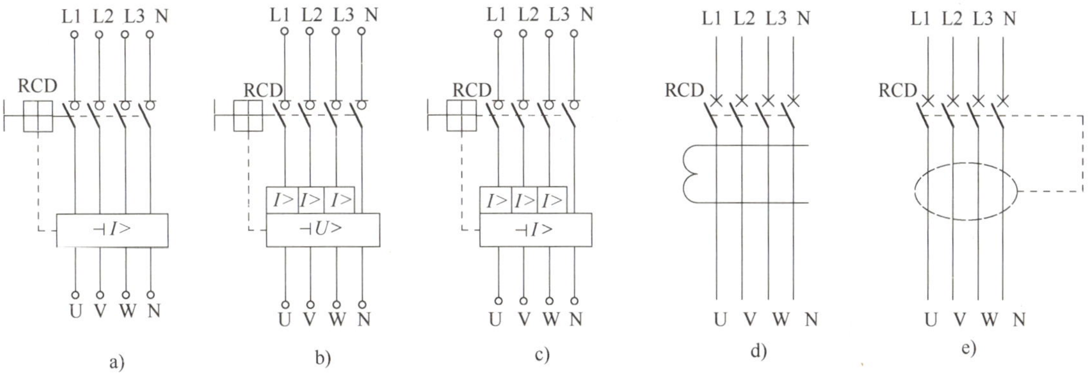

图 5-37　RCD 的图形符号

a）电流动作型 RCD　b）电压动作型 RCD（具有三相过电流保护）

c）电流动作型 RCD（具有三相过电流保护）　d）四极 RCD①　e）四极 RCD②

4. 低压断路器的选用

断路器的额定电压和额定电流应大于或等于电路、设备的正常工作电压和电流。断路器的分断能力应大于或等于电路的最大三相短路电流。欠电压脱扣器的额定电压应等于电路的额定电压。过电流脱扣器的额定电流应大于或等于电路的最大负载电流。

5. 低压断路器的选用

断路器的额定电压和额定电流应大于或等于线路、设备的正常工作电压和电流。断路器的分断能力应大于或等于电路的最大三相短路电流。欠电压脱扣器的额定电压应等于线路的额定电压。过电流脱扣器的额定电流应大于或等于线路的最大负载电流。

6. 低压断路器常见的故障及排除

低压断路器常见的故障有：不能合闸、不能分闸、自动掉闸等。

1）不能合闸。合闸时，操作手柄不能稳定在接通的位置上。产生不能合闸的原因有：电源电压太低、失电压脱扣器线圈开路、热脱扣器的双金属片未冷却复原以及机械原因。排除的方法是：将电源电压调到规定值；更换失电压脱扣器线圈；双金属片复位后再合闸；更换锁链及搭钩，排除卡阻。

2）失电压脱扣器不能使低压断路器分闸。当操作失电压脱扣器的按钮时，低压断路器不动作，仍保持接通，产生此故障的原因是：传动机构卡死，不能动作，或主触点熔焊。排除的方法是：检修传动机构，排除卡死故障，更换主触点。

3）自动掉闸。当起动电动机时自动掉闸，可能的原因是：热脱扣器的整定值太小，应重新整定。若是工作一段时间后自动掉闸，造成电路停电，则可能的原因是：过载脱扣装置长延时整定值调得太短，应重新调整；或者是热元件损坏，应更换热元件。

5.5 熔断器

熔断器是一种结构简单，使用方便，价格低廉的保护电器，广泛用于供电电路和电气设备的短路保护。熔断器串入电路，当电路发生短路或过载时，通过熔断器的电流超过限定的数值后，由于电流的热效应，使熔体的温度急剧上升，超过熔体的熔点，熔断器中的熔体熔断而分断电路，从而保护了电路和设备。熔断器的图形符号和文字符号如图 5-38 所示。

图 5-38 熔断器的图形符号和文字符号

5.5.1 熔断器的结构及分类

熔断器由熔体和安装熔体的熔管两部分组成，熔体是熔断器的核心，熔体的材料有两类：一类为低熔点材料，如铅锡合金、锌等；另一类为高熔点材料，如银丝或铜丝等。低熔点材料熔化时所需热量小，有利于过载保护，但由于低熔点的熔体电阻系数大，熔体的截面积较大，熔断时产生的金属蒸汽多，不利于灭弧，所以分断能力较低。高熔点的金属材料，熔化时所需热量大，不利于过载保护，但是高熔点材料的电阻系数小，熔体的截面积较小，熔断时产生的金属蒸汽少，有利于灭弧。

熔管一般由硬制纤维或瓷制绝缘材料制成，既便于安装熔体，又有利于熔体熔断时电弧的熄灭。

熔断器按其结构分为插入式、螺旋式、有填料密封管式、无填料密封管式等。按用途来分，有保护一般电器设备的熔断器，如在电气控制系统中经常选用的螺旋式熔断器；还有保护半导体器件用的快速熔断器，如用以保护半导体硅整流元件及晶闸管的 RLS2 产品系列。

下面主要介绍工厂电气控制中应用较多的几种熔断器。

1. 螺旋式熔断器

螺旋式熔断器的熔管内装有石英砂或惰性气体，有利于电弧的熄灭，因此螺旋式熔断器具有较高的分断能力。熔体的上端盖有一熔断指示器，熔断时红色指示器弹出，可以通过瓷帽上的玻璃孔观察到。常用的有 RL6、RL7 系列，多用于电动机主电路中。螺旋式熔断器的结构如图 5-39 所示。螺旋式熔断器有明显的分断指示和不用任何工具就可取下或更换熔体等优点。

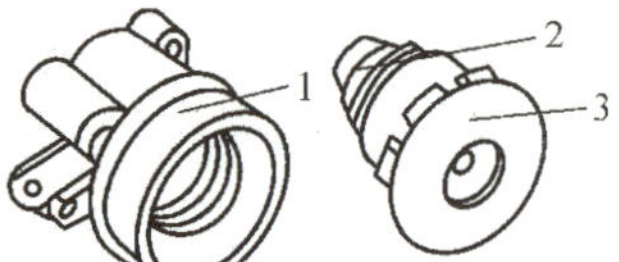

图 5-39 螺旋式熔断器的结构
1—底座 2—熔体 3—瓷帽

2. 密闭管式熔断器

密闭管式熔断器分为有填料和无填料两种，无填料密闭管式熔断器常用的有 RM10 系列，如图 5-40 所示，RM10 型熔断器由纤维管、变截面锌片和触点底座等几部分组成，锌熔片冲成宽窄不一的变截面，是为了改变熔断器的保护性能，短路时，短路电流首先使熔片窄部（电阻较大）加热熔断，使熔管内形成几段串联短弧，而且中段熔片熔断后跌落，迅速拉长电弧，从而使电弧迅速熄灭。在过负荷电流通过时，由于电流加热时间较长，熔片窄部散热较好，往往不在窄部熔断，而在宽窄之间的斜部熔断。根据熔片熔断的部位，可以大致判断故障的性质。这种熔断器结构简单，更换熔片方便，常用于低压配电网或成套配电设备中。

填料密闭管式熔断器如图 5-41 所示。熔管内装有石英砂作填料，用来冷却和熄灭电弧，因此具有较强的分断电流的能力，常用的有 RT12、RT14、RT15、RT17、NT 等系列。RT12、RT15 系列带有熔断指示器。RT14 系列熔断器带有撞击器，熔断时撞击器弹出，既可用作熔断信号指示，也可触动微动开关以切断接触器线圈电路，使接触器断电，实现三相电动机的断相保护。NT 是我国引进德国技术生产的一种分断能力高、体积小、功耗低、性能稳定的熔断器。有填料密闭管式熔断器常用于大容量的电力网和配电设备中。

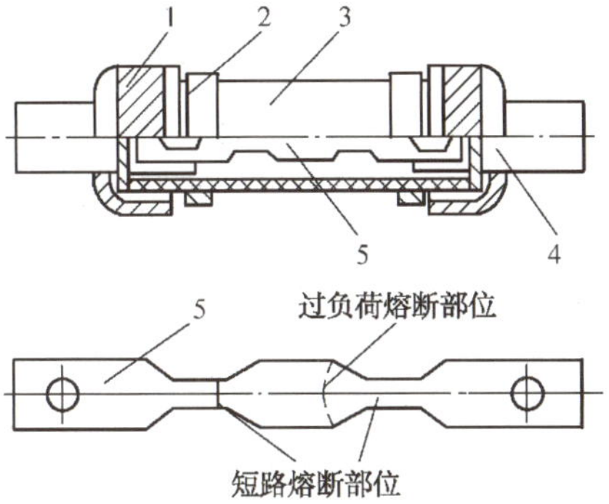

图 5-40　RM10 型熔断器
1—铜管帽　2—管夹　3—纤维熔管
4—触刀　5—变截面锌熔片

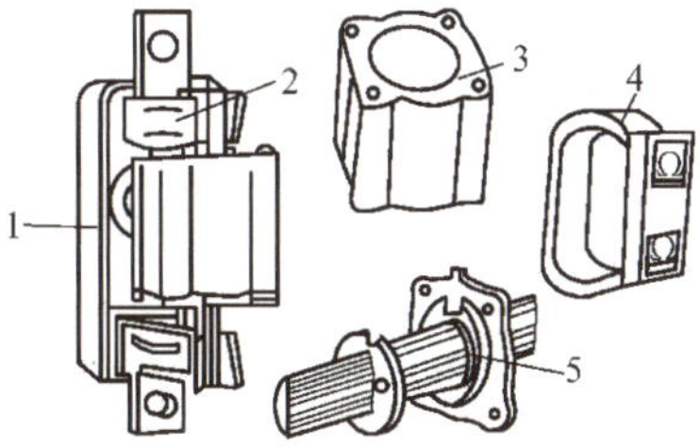

图 5-41　填料密闭管式熔断器
1—瓷座底　2—弹簧片　3—管体
4—绝缘手柄　5—熔体

3. 快速熔断器

快速熔断器主要用于保护半导体器件或整流装置的短路保护。半导体器件的过载能力很低，因此要求短路保护具有快速熔断的能力。快速熔断器的熔体采用银片冲成的变截面的 V 形熔片，熔管采用有填料的密闭管。常用的有 RLS2、RS3 等系列，NGT 是我国引进德国技术生产的一种分断能力高、限流特性好、功耗低、性能稳定的熔断器。

5.5.2　熔断器的技术参数

1）额定电压。熔断器的额定电压是指熔断器长期工作时和分断后，能正常工作的电压，其值一般应等于或大于熔断器所接电路的工作电压，否则熔断器在长期工作中可能造成绝缘击穿，或熔体熔断后电弧不能熄灭。

2）额定电流。熔断器的额定电流是指熔断器长期工作，温升不超过规定值时所允许通过的电流。为了减少熔断器的规格，熔管的额定电流的规格比较少，而熔体的额定电流的等级比较多，一个额定电流等级的熔管，可以配合选用不同的额定电流等级的熔体。但熔体的额定电流必须小于等于熔断器的额定电流。

3）极限分断能力。熔断器极限分断能力是指在规定的额定电压下能分断的最大的短路电流值。它取决于熔断器的灭弧能力。

5.5.3　熔断器的选择

熔断器的选择主要是选择熔断器的种类、额定电压、熔断器额定电流和熔体额定电流等。熔断器的种类主要在电控系统整体设计时确定。

1. 熔断器类型的选择

主要根据负载的过载特性和短路电流的大小来选择。例如对于容量较小的照明电路或电动机的保护，可采用RM10系列无填料密闭管式熔断器。对于容量较大的照明电路或电动机的保护，短路电流较大的电路或有易燃气体的地方，则应采用螺旋式或有填料密闭管式熔断器，用于半导体元件保护的，则应采用快速熔断器。

2. 熔断器额定电压的选择

熔断器的额定电压应大于或等于实际电路的工作电压。

3. 熔断器额定电流的选择

熔断器的额定电流应大于等于所装熔体的额定电流，因此确定熔体电流是选择熔断器的主要任务，具体来说有下列几条原则。

1）对于照明线路或电阻炉等没有冲击性电流的负载，熔断器作过载和短路保护用，熔体的额定电流应大于或等于负载的额定电流，即

$$I_{RN} \geqslant I_N \tag{5-1}$$

式中，I_{RN}为熔体的额定电流；I_N为负载的额定电流。

2）电动机的起动电流很大，熔体在短时通过较大的起动电流时，不应熔断，因此熔体的额定电流选的较大，熔断器对电动机只宜作短路保护而不用作过载保护。

保护一台异步电动机时，考虑电动机冲击电流的影响，熔体的额定电流按下式计算：

$$I_{RN} \geqslant (1.5 \sim 2.5) I_N \tag{5-2}$$

式中，I_N为电动机的额定电流。

保护多台异步电动机时，出现尖峰电流时，熔断器不应熔断，应按下式计算：

$$I_{RN} \geqslant (1.5 \sim 2.5) I_{Nmax} + \sum I_N \tag{5-3}$$

式中，I_{Nmax}为容量最大的一台电动机的额定电流；$\sum I_N$为其余各台电动机额定电流的总和。

3）快速熔断器熔体额定电流的选择。在小容量变流装置中（晶闸管整流元件的额定电流小于200A）熔断器的熔体额定电流则应按下式计算：

$$I_{RN} = 1.57 I_{SCR} \tag{5-4}$$

式中，I_{SCR}为晶闸管整流元件的额定电流。

4. 校验熔断器的保护特性

熔断器的保护特性与被保护对象的过载特性要有良好的配合，同时熔断器的极限分断能力应大于被保护线路的最大电流值。

5. 熔断器的上、下级的配合

为使两级保护相互配合良好，两级熔体额定电流的比值不小于1.6∶1，或对于同一个过载或短路电流，上一级熔断器的熔断时间至少是下一级的3倍。

5.5.4 熔断器的运行与维修

熔断器在使用中应注意以下几点。

1）检查熔管有无破损变形现象，有无放电的痕迹，有熔断信号指示器的熔断器，其指示是否保持正常状态。

2）熔体熔断后，应首先查明原因，排除故障。一般过载保护动作，熔断器的响声不大，熔丝熔断部位较短，熔管内壁没有烧焦的痕迹，也没有大量的熔体蒸发物附在管壁上。变截面熔体在小截面倾斜处熔断，是因为过负荷引起。反之，熔丝爆熔或熔断部位很长，变截面熔体大截面部位被熔化，一般为短路引起。

3）更换熔体时，必须将电源断开，防止触电。更换熔体的规格应和原来的相同，安装熔丝时，不要把它碰伤，也不要拧得太紧，把熔丝轧伤。

5.6 主令电器

主令电器是用来发布命令以接通和分断控制电路的电器。主令电器只能用于控制电路，不能用于通断主电路。主令电器种类很多，本节主要介绍控制按钮、行程开关和接近开关。

5.6.1 控制按钮

5-7　按钮

控制按钮是发出短时操作信号的主令电器。一般由按钮帽、复位弹簧、桥式动触点和静触点及外壳等组成。复合按钮的结构和实物图如图 5-42 所示。控制按钮的文字符号为 SB，控制按钮的图形符号如图 5-43 所示。

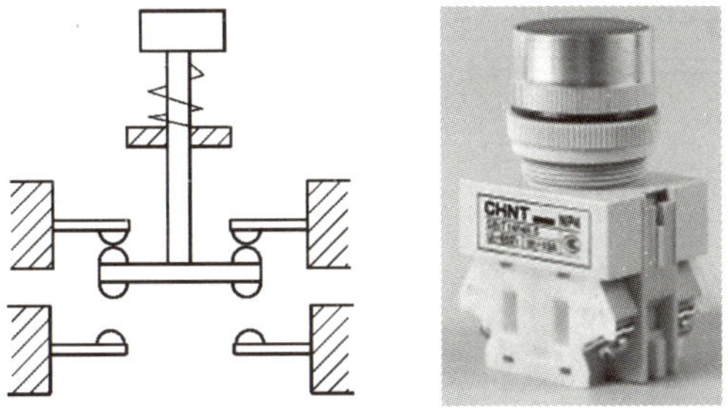

图 5-42　复合按钮的结构和实物图

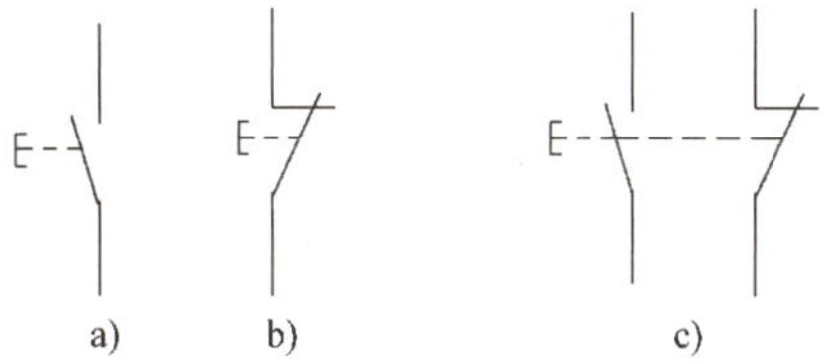

图 5-43　控制按钮的图形符号
a）常开按钮　b）常闭按钮　c）复合按钮

按下按钮时，其常闭触点先断开，常开触点后闭合，当松开按钮时，在复位弹簧的作用下，其常开触点先断开，常闭触点后闭合。常用按钮的规格一般为交流额定电压 380 V，额定电流 5 A。控制按钮可以做成单式（一个常开触点或一个常闭触点）和复合式按钮（一个常开触点和一个常闭触点）。为了便于操作，根据按钮的作用不同，按钮帽常做成不同的颜色和形状，如一般红色表示停止按钮，绿色表示起动按钮，黄色表示应急或干预，如抑制不正常的工作情况，红色蘑菇形表示急停按钮等。控制按钮在结构上有按钮式、紧急式、自锁式、钥匙式、旋钮式及保护式等。

5.6.2 行程开关

行程开关又称为限位开关或位置开关，其原理和按钮相同，是靠机械运动部件的挡铁碰压行程开关而使其常开触点闭合，常闭触点断开，从而对控制电路发出接通、断开的转换命令。行程开关主要用于控制生产机械的运动方向、行程的长短和限位保护。行程开关可以分为直动式、滚轮式和微动行程开关。行程开关的文字符号为 SQ，行程开关的图形符号如图 5-44 所示。

1. 直动式行程开关

直动式行程开关的结构图如图 5-45 所示，它是靠运动部件的挡铁撞击行程开关的推杆发出控制命令的。当挡铁离开行程开关的推杆，直动式行程开关可以自动复位。直动式行程开关的缺点是其触点的通断速度取决于生产机械的运动速度，当运动速度低于 0.4 m/min 时，触点通断太慢，电弧存在的时间长，触点的烧蚀严重。

2. 滚轮式行程开关

滚轮式行程开关可以分为单轮式和双轮式，如图5-46所示。滚轮式行程开关适用于低速运动的机械，单轮式可以自动复位，当运动机械的挡铁碰到行程开关的滚轮时，使其常开触点闭合，常闭触点断开；当挡铁离开滚轮后，复位弹簧使行程开关复位。双轮式的行程开关不能自动复位，挡铁压其中一个轮时，摆杆转动一定的角度，使其触点瞬时切换，挡铁离开滚轮后，摆杆不会自动复位，触点也不复位。当部件返回，挡铁碰动另一只轮，摆杆才回到原来的位置，触点再次切换。

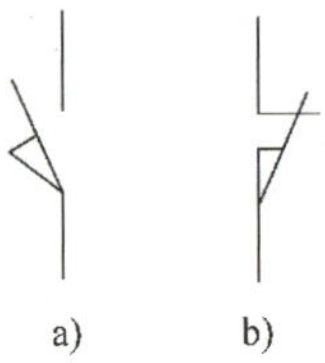

图5-44 行程开关的图形符号
a）常开触点 b）常闭触点

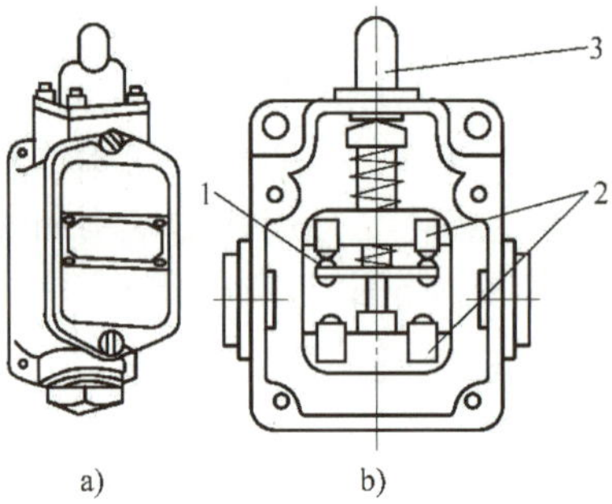

图5-45 直动式行程开关的结构图
a）外形图 b）结构图
1—动触点 2—静触点 3—推杆

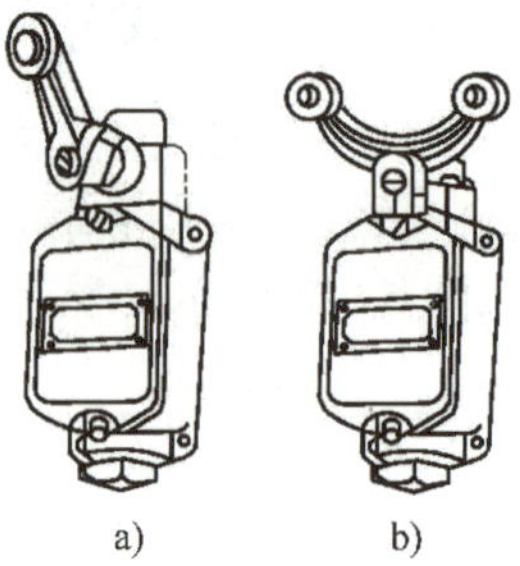

图5-46 单轮式和双轮式的行程开关外形图
a）单轮旋转式 b）双轮旋转式

3. 微动开关

5-8 微动开关的应用

微动开关是具有瞬时动作和微小行程的灵敏开关。微动行程开关采用片簧的顺动机构，靠片簧发生变形时存储的能量完成快速动作的。微动行程开关实物及结构如图5-47所示。

当推杆被压下时，弓形簧片变形存储能量，当推杆被压下一定距离时，弹簧瞬时动作，使其触点快速切换，当外力消失，推杆在弹簧的作用下迅速复位，触点也复位。

5.6.3 接近开关

接近开关是一种无触点的行程开关，当物体与之接近到一定距离时就发出动作信号。接近开关也可作为检测装置使用，用于高速计数、测速、检测金属等。接近开关的文字和图形符号如图5-48所示。

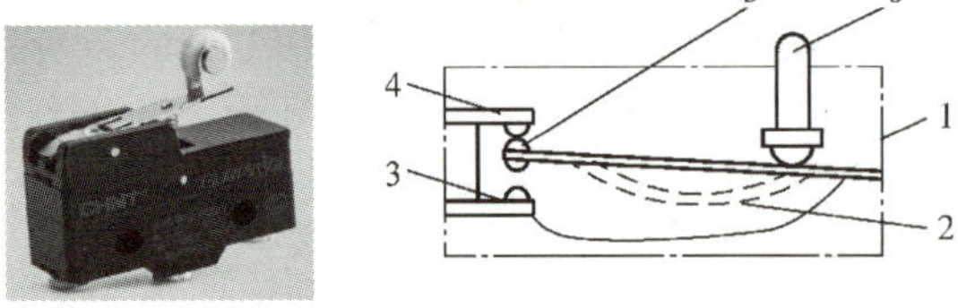

图5-47 微动开关实物及结构图
1—壳体 2—弓形簧片 3—常开触点
4—常闭触点 5—动触点 6—推杆

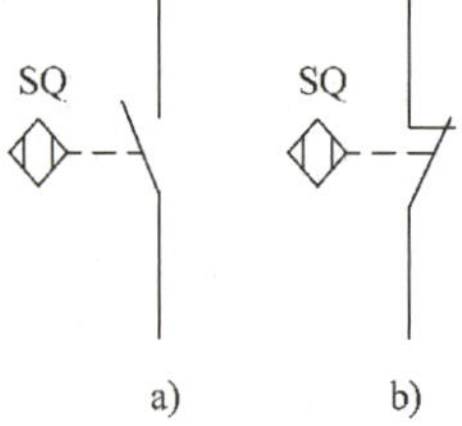

图5-48 接近开关的文字和图形符号
a）常开触点 b）常闭触点

当有物体移向接近开关，并接近到一定距离时，开关才会动作，通常把这个距离称为“检出距离”。不同的接近开关检出距离也不同。有时被检测物体是按一定的时间间隔，一个接一个地移向接近开关，又一个接一个地离开，这样不断地重复，不同的接近开关，对检测对象的响应能力是不同的，这种响应特性被称为“响应频率”。

接近开关按输出形式分为 NPN 二线、NPN 三线、NPN 四线、PNP 二线、PNP 三线、PNP 四线和 AC 二线等。接近开关按工作原理可以分为高频振荡型、电容型、磁感应式接近开关和非磁性金属接近开关几种。

1）高频振荡型的接近开关（又称为涡流式或电感式接近开关）应用最广。高频振荡型主要由高频振荡器组成的感应头、放大电路和输出电路组成。其原理是，高频振荡器在接近开关的感应头产生高频交变的磁场，当金属物体进入高频振荡器的线圈磁场时，即金属物体接近感应头时，在金属物体内部感应产生涡流损耗，吸收振荡器的能量，破坏了振荡器起振的条件，使振荡停止。振荡器起振和停振两个信号经放大电路放大，转换成开关信号输出。这种接近开关所能检测的物体必须是导电体。高频振荡型接近开关常用的接线型式如图 5-49 所示。其中 BN 为棕色线，BK 为黑色线，BU 为蓝色线，WH 为白色线。

2）电容型接近开关主要由电容式振荡器和电子电路组成，电容接近开关的感应面由两同轴金属电极构成，电极 A 和电极 B 连接在高频振荡器的反馈回路中，该高频振荡器没有物体经过时不感应，当测试物体接近传感器表面时，它就进入由这两个电极构成的电场，引起 A、B 之间的耦合电容增加，电路开始振荡，振荡的振幅均由数据分析电路测得，并形成开关信号。这种接近开关检测的对象不限于导体，可以是绝缘的液体或粉状物等。如图 5-50 所示为电容型接近开关，LED 为工作指示灯，电位器是用来调节电容式接近开关灵敏度的。电容型接近开关基本接线型式和电感型接近开关基本接线型式相同。

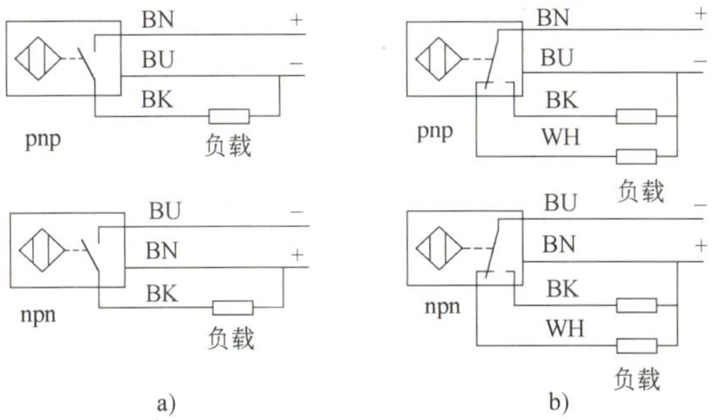

a)　　　　b)

图 5-49　高频振荡型接近开关常用的接线型式
a）三线直流　b）四线直流

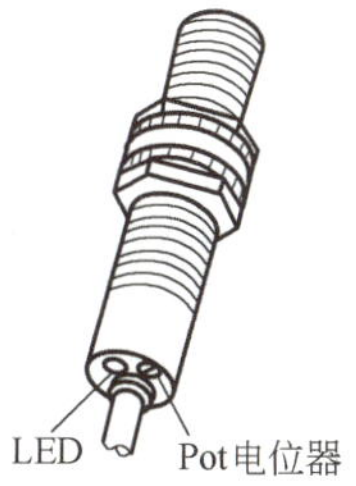

图 5-50　电容型接近开关

3）磁感应式接近开关，适用于气动、液动、气缸和活塞泵的位置测定，也可作限位开关用。当磁性目标接近时，舌簧闭合经放大输出开关信号。磁感应式接近开关内部电路如图 5-51 所示。

磁性开关上设有 LED 显示，用于显示磁性开关的信号状态，供调试使用。磁性开关动作时，输出信号“1”，LED 灯亮；磁性开关不动作时，输出信号“0”，LED 灯不亮。磁性开关有蓝色和棕色两根引出线，棕色线接“+”，蓝色线接“−”。

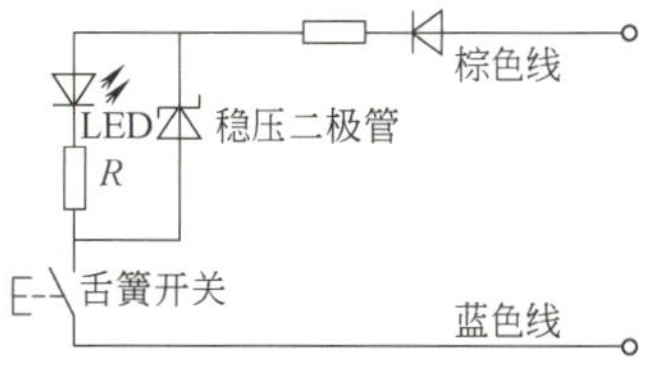

图 5-51　磁感应式接近开关内部电路

为了防止错误接线时损坏磁性开关，可以在磁性开关的棕色引出线上串入电阻和二极管，使用时若引出线极性接反，则磁性开关不能正常工作。

4）非磁性金属接近开关由振荡器、放大器组成，当非磁性金属（如铜、铝、锡、金、银等）靠近检测面时，引起振荡频率的变化，经差频后产生一个信号，经放大，转换成二进制开关信号，起到开关作用，而对磁性金属（如铁、钢等）则不起作用，可以在铁金属中埋入式安装。

常用的接近开关有 LJ5、LXJ6、LXJ18 系列。

5.7 执行电器

5.7.1 电磁铁

电磁铁是利用通电线圈在铁心中产生的电磁吸力吸引衔铁，以完成所需要的动作。衔铁的运动方式有直动式和转动式两种。常用的电磁铁有牵引电磁铁、阀用电磁铁、制动电磁铁和起重电磁铁等。电磁铁的文字符号为 YA，电磁铁的图形符号如图 5-52 所示。

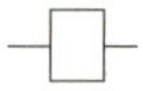

图 5-52 电磁铁的图形符号

1）牵引电磁铁。MQ 型牵引电磁铁常用于自动控制设备中，用以开关阀门或牵引其他机械装置。牵引电磁铁一般采用开启的交流单相螺管，能在较长的行程保持较大的吸引力。

2）制动电磁铁。MZ 型制动电磁铁通常与闸瓦制动器组成电磁制动器，以实现对电动机机械制动的控制。电磁制动器的文字符号为 YB，电磁制动器的图形符号如图 5-53 所示。

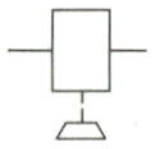

图 5-53 电磁制动器的图形符号

电磁制动器的示意图如图 5-54 所示。当电动机通电起动时，电磁制动器的线圈也通电，吸引衔铁动作，克服弹簧力推动杠杆，使闸瓦松开闸轮，电动机便能正常运转。当电源切断时，线圈也同时断电，衔铁与铁心分离，在弹簧的作用下，使闸瓦与闸轮紧紧抱住，电动机被迅速制动而停转。

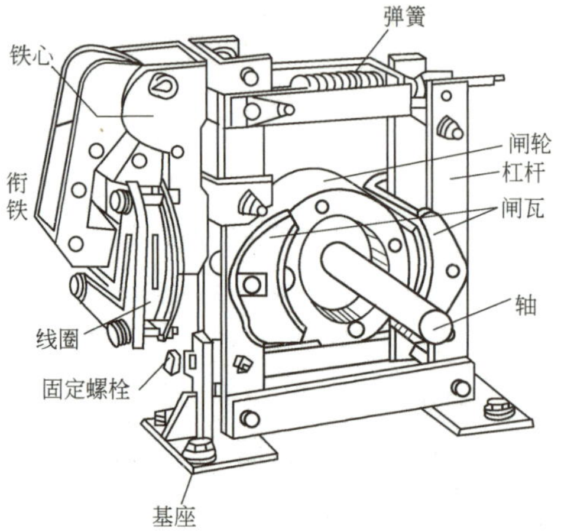

图 5-54 电磁制动器的示意图

5.7.2 电磁换向阀

电磁换向阀是利用电磁铁的吸力推动阀芯改变阀的工作位置，简称为电磁阀。电磁阀的文字符号为 YV。电磁阀用于液压阀或气动阀的远距离控制。当线圈通电时，电磁力使阀杆移动，控制油路或气路的开闭。线圈断电时，靠弹簧的弹力复位。根据电磁线圈所用的电源不同，电磁阀可以分为交流型和直流型。直流型工作可靠，换向冲击小、噪声小，但需要直流电源。

图 5-55 是三位四通电磁换向阀。

该电磁阀是双向电控的，即两边都有电磁线圈。两边电磁铁都不通电时，阀芯在两边对中弹簧的作用下处于中位，P、T、A、B 口互不相通；当右边的电磁铁通电时，推杆将阀芯推向左端，P 通 B，A 通 T；当左边电磁铁通电时，推杆将阀芯推向右端，P 通 A，B 通 T。

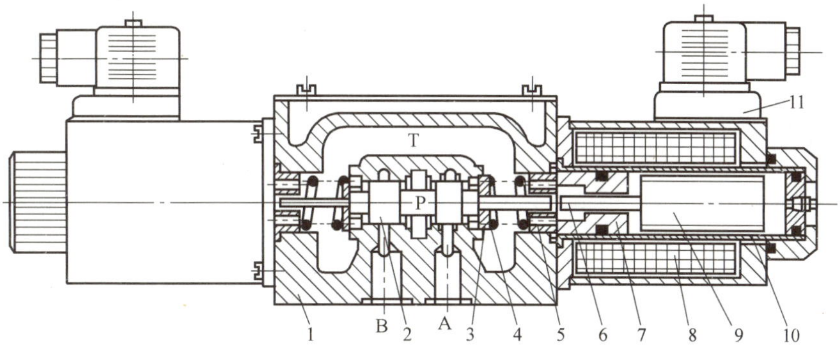

a)

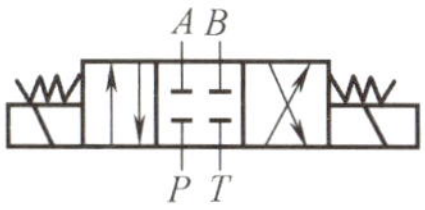

b)

图 5-55 三位四通电磁换向阀

a）结构图 b）图形符号

1—阀体 2—阀芯 3—定位套 4—对中弹簧 5—挡圈 6—推杆 7—环 8—线圈 9—铁心 10—导套 11—插头组件

说明：

1）阀的工作位置数称为位，用方格表示，三格即三个工作位置。

2）与一个方格的相交点数为油口的通路数，简称为通。箭头“↑”表示两油口相通，堵塞符号“┳”表示该油口不通流，中位箭头可省略。

3）P 表示通泵或压力油口，T 表示通油箱的回油口，A 和 B 表示连接两个工作油路的油口。

4）控制方式和复位弹簧的符号画在方格的两侧（如“◻”表示电磁铁控制，“w”表示复位弹簧）。

5）三位阀的中位、二位阀靠有弹簧的位为常态位。二位二通阀有常开型和常闭型两种。在液压系统图中，换向阀与油路在常态位连接。

如三位四通电磁阀：通过控制左右电磁铁的通断，控制液流方向。

不通电：中位——P、A、B、T 口不通。

左边通电：阀芯向右，看左位——P 通 A，B 通 T。

右边通电：阀芯向左，看右位——P 通 B，A 通 T。

5.8 实训

5.8.1 组合开关的拆装与维修

1. 训练目的

1）熟悉组合开关的基本结构，了解各组成部分的作用。

2）掌握组合开关拆卸组装的方法，并对其进行维护。

3）学会对组合开关进行简单的检测。

2. 器材

尖嘴钳、螺钉旋具、活动扳手等常用电工工具及万用表、绝缘电阻表一块，HZ10系列组合开关一只。

3. 训练内容

1）记录组合开关的极数，用万用表测量触点的通断；转动手柄再次测量触点通断的情况，并记录手柄断开的位置。将结果记录在表5-3中。

表5-3 组合开关拆装记录

<table>
<tr><th>型 号</th><th>额定电流/A</th><th>极 数</th><th colspan="2">操作位置及通断情况</th></tr>
<tr><td></td><td></td><td></td><td colspan="2"></td></tr>
<tr><td rowspan="6">主要零部件</td><td>名称</td><td colspan="2">作用</td><td>检查记录</td></tr>
<tr><td></td><td colspan="2"></td><td></td></tr>
<tr><td></td><td colspan="2"></td><td></td></tr>
<tr><td></td><td colspan="2"></td><td></td></tr>
<tr><td></td><td colspan="2"></td><td></td></tr>
<tr><td></td><td colspan="2"></td><td></td></tr>
</table>

2）拆装组合开关，观察组合开关的基本结构，了解各部分的作用并进行维护。

松去手柄紧固螺钉，取下手柄。松去支架上紧固螺母，取下顶盖，转轴弹簧和凸轮等操作机构。抽出绝缘杆，取下绝缘垫板上盖。拆卸三对动静触点。检查触点有无烧毛，如有烧毛，应用0号砂布或砂纸进行修整。更换损坏的触点。检查转轴弹簧是否松脱，检查消弧垫是否严重磨损，根据情况调换新的。

装配组合开关按拆卸的逆顺序进行。装配时，应注意活动触点和固定触点的相互位置是否正确及叠片连接是否紧密。已修复和装配好的组合开关，进行通断试运行，手柄置于不同位置，用万用表测试触点通断情况。合上组合开关，用绝缘电阻表测量每两相触点之间的绝缘电阻，如不合格应重新装配。

注意： 拆下的零部件应放入容器，以免丢失。

4. 任务单及成绩评定

姓名________ 学号________ 工位号________ 日期________

名称：组合开关的拆装与维修 时间：80 min

<table>
<tr><th>序号</th><th>项 目 内 容</th><th>配分</th><th>评 分 标 准</th><th>检验结果</th><th>扣分</th><th>得分</th></tr>
<tr><td>1</td><td>手柄通断位置</td><td>10</td><td>不能正确判断手柄通断位置（-10分）</td><td></td><td></td><td></td></tr>
<tr><td rowspan="5">2</td><td rowspan="5">拆卸与装配</td><td rowspan="5">90</td><td>拆装顺序正确（+20分），顺序错一次（-10分）</td><td></td><td></td><td></td></tr>
<tr><td>损坏或丢失零件每个（-5分）</td><td></td><td></td><td></td></tr>
<tr><td>触头检修不正确（-10分）</td><td></td><td></td><td></td></tr>
<tr><td>手柄转动灵活（+10分），手柄不能转动（-10分）</td><td></td><td></td><td></td></tr>
<tr><td>用万用表检查通断试验成功（+30分），一次不成功（-10分）</td><td></td><td></td><td></td></tr>
<tr><td>3</td><td>安全文明操作</td><td></td><td>未清理现场（-5分）
损坏工具（-50分）
损坏仪表（-50分）
违反安全规定（-50分）</td><td></td><td></td><td></td></tr>
<tr><td>4</td><td>考核时限</td><td></td><td>每超过5 min（-5分）</td><td></td><td></td><td></td></tr>
<tr><td>5</td><td>合计</td><td>100</td><td></td><td>总分</td><td colspan="2"></td></tr>
</table>

5.8.2 接触器的拆装与维修

1. 训练目的

1）掌握交流接触器的结构，了解各组成部分的作用。

2）学会用万用表检测交流接触器。

3）会更换触点、电磁线圈等部件。

2. 器材

CJ10-20 型交流接触器、万用表、螺钉旋具、尖嘴钳及锉刀等常用工具。

3. 训练内容

1）拆卸和组装交流接触器的电磁系统，观察其组成，将结果记录在表 5-4 中。

拆下灭弧罩，观察灭弧罩内部的结构，并检查灭弧罩有无炭化现象。如有炭化现象，用锉刀或小刀刮掉，并将灭弧罩内吹刷干净。记录主触点和常开、常闭辅助触点的数量，用万用表检测触点的通断情况，并记录。用手或工具压下主触点，模拟触点吸合，观察辅助触点的动作情况，并再次用万用表测量其通断情况。

拆底盖螺钉，取下盖板，取出铁心（注意衬垫纸片不要丢弃）、铁皮支架和缓冲弹簧。用尖嘴钳拔出线圈与接线柱之间的连接线，取出电磁线圈、反作用弹簧、衔铁和胶木支架。检查动静铁心结合处是否紧密，检查短路环是否完好。

注意： 拆下的零部件应放入容器，以免丢失。

按与拆卸的相反顺序进行安装。依次装反作用弹簧，装电磁线圈，装缓冲弹簧，装铁心，装底盖，上螺钉。

表 5-4 交流接触器拆装记录

<table>
<tr><td colspan="2">型号及含义</td><td colspan="4"></td><td colspan="2">容量/A</td><td colspan="3"></td></tr>
<tr><td rowspan="6">触点系统</td><td colspan="5">主触点</td><td colspan="5">辅助触点</td></tr>
<tr><td colspan="3">数量</td><td colspan="2">结构</td><td colspan="2">常开数量</td><td>常闭数量</td><td colspan="2">结构</td></tr>
<tr><td colspan="3"></td><td colspan="2"></td><td colspan="2"></td><td></td><td colspan="2"></td></tr>
<tr><td rowspan="2">测量
触点</td><td colspan="4">动作前</td><td colspan="5">动作后</td></tr>
<tr><td colspan="2">常开触点</td><td colspan="2">常闭触点</td><td colspan="3">常开触点</td><td colspan="2">常闭触点</td></tr>
<tr><td></td><td colspan="2"></td><td colspan="2"></td><td colspan="3"></td><td colspan="2"></td></tr>
<tr><td rowspan="6">电磁机构</td><td colspan="10">电磁线圈</td></tr>
<tr><td colspan="2">工作电压/V</td><td colspan="2">直流电阻/Ω</td><td colspan="2">线径/mm</td><td colspan="2">匝数</td><td colspan="2">形状</td></tr>
<tr><td colspan="2"></td><td colspan="2"></td><td colspan="2"></td><td colspan="2"></td><td colspan="2"></td></tr>
<tr><td colspan="10">电磁铁</td></tr>
<tr><td colspan="3">铁心形状</td><td colspan="3">衔铁的形状</td><td colspan="4">短路环的位置及大小</td></tr>
<tr><td colspan="3"></td><td colspan="3"></td><td colspan="4"></td></tr>
<tr><td rowspan="2">灭弧罩</td><td colspan="4">材料</td><td colspan="3">位置</td><td colspan="3">灭弧方式</td></tr>
<tr><td colspan="4"></td><td colspan="3"></td><td colspan="3"></td></tr>
</table>

2）更换和修整触点。

① 更换辅助触点。拆下辅助触点：松开压线螺钉，拆下静触点，用尖嘴钳夹住动触点向外拆，拆下动触点。安装辅助触点：将静触点插在应装位置上，将螺钉拧紧，用镊子或尖嘴钳夹住动触点插入原位，注意应插在触点弹簧两端金属片与胶木框之间。

② 更换主触点。首先，拆下固定螺钉取下静触点，然后，将金属框向上拉起，触点弹簧

被压缩，然后将动触点翻转一定角度即可撤出动触点。检查触点的磨损状况，决定是否需要修整或调换触点。

组装时应注意各部分零件必须到位，无卡阻现象。最后安装灭弧罩。

在整个的拆装过程中，不允许硬撬，拆装灭弧罩时要轻拿轻放，避免碰撞。

3）装配后进行通断试运行，测量主触点和辅助触点的接触电阻。

4）最后清点、整理用具。

4. 任务单及成绩评定

姓名____________ 学号____________ 工位号____________ 日期____________

名称：接触器的拆装与维修　　时间：80 min

序号	项目内容	配分	评分标准	检验结果	扣分	得分
1	拆卸和组装交流接触器的电磁系统	50	拆装顺序正确（+20分），顺序错一次（-10分） 损坏或丢失每个（-5分）			
2	更换和修整触点	20	触头拆卸和检修不正确（-10分） 不会检查触点的磨损状况（+10分）			
3	装配后进行通断试运行	30	吸合时铁心被卡住（-10分） 通电时有振动和噪声（-10分） 用万用表检查通断试验，不成功（-10分）			
4	安全文明操作		未清理现场（-5分） 损坏工具（-50分） 损坏仪表（-50分） 违反安全规定（-50分）			
5	考核时限		每超过5 min（-5分）			
6	合计	100		总分		

5.8.3 认识时间继电器

1. 实训目的

1）熟悉空气阻尼式时间继电器的基本结构和各部分的作用。

2）学会用万用表检测继电器的触点，并记录。

2. 器材

空气阻尼式时间继电器、万用表及常用电工工具。

3. 训练内容

观察时间继电器的结构及动作过程，并记录于表5-5中。

表5-5 时间继电器的结构及动作过程记录

型号及含义		主要结构		延时范围	
触点组合		瞬动触点的数量		延时动作触点的数量	
		常开触点	常闭触点	常开触点	常闭触点
用手操作电磁机构，用万用表测量触点动作情况	吸合				
	释放				
反转电磁机构重复上述操作	吸合				
	释放				

4. 任务单及成绩评定

姓名______________ 学号______________ 工位号______________ 日期______________

名称：检测空气阻尼式时间继电器　　时间：80min

序号	项目内容	配分	评分标准	检验结果	扣分	得分
1	熟悉空气阻尼式时间继电器的基本结构和各部分的作用	6	能对照实物指出电磁线圈、铁心、衔铁，并说出其作用，少说一个（-2分）			
		6	能对照实物指出两对瞬时触点、两对延时触点及相应的微动开关，少说一个（-2分）			
		4	能对照实物指出空气室及传动机构，并说明起作用，说错（-4分）			
		4	能指出延时调节螺钉并说出调整延时的方法，说错（-4分）			
2	测量触点动作情况	40	用手操作电磁机构，用万用表测量触点动作情况，少测一对触点（-10分）			
3	调整延时	10	不会调整延时时间（-10分）			
4	反转电磁机构	10	不会进行反转电磁机构操作（-10分）			
		10	反转电磁机构后没有进行触点动作的测量（-10分）			
		10	反转电磁机构后时间继电器动作不正常（-10分）			
5	安全文明操作		未清理现场（-5分） 损坏工具（-50分） 损坏仪表（-50分） 违反安全规定（-50分）			
6	考核时限		每超过5 min（-5分）			
7	合计	100		总分		

5.8.4 认识热继电器和按钮

1. 实训目的

1）掌握热继电器的基本结构及各组成部分的作用，学会对其进行检测和整定值的调整。

2）学会按钮的检测和接线方法。

2. 器材

热继电器、按钮、万用表、绝缘电阻表和常用电工工具。

3. 实训内容

1）拆开热继电器的外壳，观察其内部结构，并将各部分的作用记录在表5-6中。

2）用螺钉旋具轻轻推动双金属片，模拟其动作，观察其触点的动作情况。

3）调整热继电器的整定值调节旋钮，观察其内部结构的动作。

表5-6 热继电器观察记录表

型　号		额定电流/A		相　数	
主要元件的名称		作用			
加热元件					
主双金属片					
导板					
补偿双金属片					
调节旋钮					
手动复位按钮					
触点数目					

4）拆开按钮盒观察其内部结构并测量其动作情况。

4. 任务单及成绩评定

姓名＿＿＿＿＿＿ 学号＿＿＿＿＿＿ 工位号＿＿＿＿＿＿ 日期＿＿＿＿＿＿

名称：检测热继电器和按钮　　时间：80 min

序号	项目内容	配分	评分标准	检验结果	扣分	得分
1	继电器的基本结构及各组成部分的作用	40	能说出热继电器的各部分的名称及作用（+40分）			
2	测量触点及其动作情况	40	操作热元件，能用万用表测量触点动作情况（+40分），少测量一对触点（-10分）			
3	调整动作值	10	能说出热继电器动作值的整定原则（+5分） 会调整热继电器的整定值（+5分）			
4	按钮的检测	10	会用万用表进行按钮触点的检测（+10分）			
5	安全文明操作		未清理现场（-5分） 损坏工具（-50分） 损坏仪表（-50分） 违反安全规定（-50分）			
6	考核时限		每超过5min（-5分）			
7	合计	100		总分		

5.8.5 低压断路器的测试

1. 实训目的

1）熟悉低压断路器的基本结构和接线方法。

2）学会对低压断路器进行功能测试。

2. 器材

低压断路器、万用表及常用的电工工具。

3. 训练内容

1）看设备铭牌掌握低压断路器的主要技术数据及接线方法，并记录在表5-7中。

2）对低压断路器的触点状态进行测试。将断路器操作手柄置于“断开”位置，用万用表的电阻档逐一测量上下对应的触点之间的阻值，正常值为“∞”；将断路器操作手柄置于“闭合”位置，用万用表的电阻档逐一测量上下对应的触点之间的阻值，正常值为“0”。

3）短路测试。将三相电源线接到断路器的三相输入端，电源电压正常时合上断路器。在确保操作人员安全、环境无易燃易爆品的情况下，对断路器出线端进行人为短路，断路器应能瞬时自动断开。

4）欠电压、失电压、过电压测试。把低压断路器的三相电源接到自耦调压器输出端，调压至正常工作电压后，合上断路器。调整自耦变压器输出电压，当输出电压降低到设定欠电压（如$0.5U_N$）及以下时，断路器应能自动断开；当电压升高到设定过电压时（如$1.2U_N$）及以上时，断路器应能自动断开。

5）漏电测试。对于有漏电保护功能的漏电开关，在电源电压正常时合上断路器，按下断路器上的测试按钮“T”，断路器应能自动断开。按下复位按钮“R”，断路器回复正常状态。漏电测试按钮应一个月按下一次，检查漏电功能是否正常。

表 5-7　低压断路器测试记录

型　　号	铭牌数据	极　　数	接线方法
触点状态测试	操作手柄置于“断开”位置，上下对应触点之间的阻值		操作手柄置于“闭合”位置，上下对应的触点之间的阻值
短路测试结果			
欠电压、失电压、过电压测试结果			
漏电测试结果			

4. 任务单及成绩评定

姓名＿＿＿＿＿＿　学号＿＿＿＿＿＿　工位号＿＿＿＿＿＿　日期＿＿＿＿＿＿

名称：低压断路器的测试　　时间：40 min

序号	项目内容	配分	评分标准	检验结果	扣分	得分
1	对低压断路器的触点状态进行测试	40	会用万用表进行接触器触点的检测（+10 分）			
2	短路测试	20	注意观察环境，无易燃易爆品（+10 分） 在确保操作人员安全，对断路器出线端进行人为短路测试（+10分）			
3	欠电压、失电压、过电压测试	20	能进行欠电压、失电压测试（+10 分） 能进行过电压测试（+10 分）			
4	漏电测试	20	对于有漏电保护功能的漏电开关进行漏电测试（+10 分） 能说出漏电开关进行漏电测试的周期（+10 分）			
5	安全文明操作		未清理现场（-5 分） 损坏工具（-50 分） 损坏仪表（-50 分） 违反安全规定（-50 分）			
6	考核时限		每超过 5min（-5 分）			
7	合计	100		总分		

5.9 教学检测

一、填空题

1. 用于交流额定频率为 50 Hz 额定电压为（　　）V 以下，直流额定电压为（　　）V 以下的电路内起到通断、保护、控制或调节作用的电器称为低压电器。

2. 交流接触器的主触点通常是（　　）极，直流接触器为（　　）极。

3. 接触器的文字符号是（　　），时间继电器的文字符号为（　　），热继电器的文字符号为（　　）。

4. 交流接触器主要由（　　）、（　　）、（　　）和（　　）等组成。

5. 触点的结构有（　　）和（　　）两类，交流接触器一般采用（　　）。

6. 直流接触器的主触点用于接通或断开较大的电流，常采用（　　）触点，一般有单极或双极两种。辅助触点通断电流较小，常做成（　　）触点。

7. 直流接触器的主触点在通断大的直流电时，产生直流电弧，较难熄灭，一般采用灭弧能力较强的（　　　　）。

8.（　　　　）是专门用来对连续运行的电动机进行过载及断相保护，防止电动机过热而烧毁的保护电器。

9. 定子绕组做（　　）型连接，应采用有断相保护的三个热元件的热继电器作为过载和断相保护。

10. 一般速度继电器的转速在（　　）r/min 时触点动作，转速在（　　）r/min 时触点返回。

11. 低压断路器的文字符号为（　　），控制按钮的文字符号为（　　）。

12. 为使两级保护相互配合良好，两级熔体额定电流的比值不小于（　　　　），或对于同一个过载或短路电流，上一级熔断器的熔断时间至少是下一级的（　　）倍。

13. 常用按钮的规格为交流额定电压（　　）V，额定电流（　　）A。

二、判断题（对的画√、错的画×）

1. 对于小容量的接触器常采用双断口桥式触点和电动力进行灭弧，在主触点上装有灭弧罩。（　　）

2. 接触器铭牌上标注的额定电压是指励磁线圈正常工作的额定电压。（　　）

3. 接触器一般应垂直安装于垂直于地面的平面上，倾斜度不超过 5°。（　　）

4. 继电器是一种根据电或非电信号的变化来接通或断开小电流（一般小于 5 A）控制电路的自动控制电器。（　　）

5. 热继电器补偿双金属片的作用是用来补偿环境温度对热继电器的影响。（　　）

6. 组合开关主要用作电源引入开关，可作为电动机的直接起动、停止、换向用，每小时通断的换接次数不宜超过 20 次。（　　）

7. 低压断路器俗称低压自动开关，它用于不频繁地接通和断开电路，而且当电路发生过载、断路或失电压等故障时，能自动断开电路。（　　）

8. 对于照明线路或电阻炉等没有冲击性电流的负载，熔断器作为过载和短路保护用，熔体的额定电流应大于或等于负载的额定电流。（　　）

三、选择题

1. 用于配电系统，进行电能的输送和分配的配电电器有（　　）。

A. 熔断器　　B. 低压断路器　　C. 接触器　　D. 继电器

2. 交流接触器为了减少剩磁，保证断电后衔铁可靠地释放，E 型铁心中柱较短，铁心闭合后上下中柱间形成（　　）mm 的气隙。

A. 0.1~0.2　　B. 1~2　　C. 0.2~0.3　　D. 2~3

3. 交流接触器电磁机构的特点有（　　）。

A. 铁心一般用硅钢片叠压而成

B. 线圈由绝缘的铜线绕成有骨架的短而粗的形状，将线圈与铁心隔开，便于散热

C. 交流接触器的铁心端面上装入一个铜制的短路环

D. 线圈绕制成长而薄的圆筒形，没有骨架，与铁心直接接触，便于散热

4. 低压控制电器常用的灭弧方法有（　　）。

A. 拉长灭弧法　　B. 磁吹灭弧法

C. 窄缝（纵缝）灭弧法　　D. 栅片灭弧法

5. 交流接触器用于三相笼型感应电动机的起动和分断，接触器主触点要求达到的接通和

分断能力是（　　）。

A. AC1　　B. AC2　　C. AC3　　D. AC4

6. 下列表示交流接触器常开辅助触点的是（　　）。

A. 13—14　　B. 23—24　　C. 11—12　　D. 21—22

7. 接触器的选用主要依据以下几个方面（　　）。

A. 接触器的类型和使用类别　　B. 主触点的额定电压

C. 主触点的额定电流　　D. 接触器吸引线圈的电压

8.（　　）触点数量多，触点容量大，在控制电路中起增加触点数量和中间放大的作用。

A. 中间继电器　　B. 电压继电器　　C. 电流继电器　　D. 时间继电器

9. 低压断路器的选用应满足以下条件（　　）。

A. 断路器的额定电压和额定电流应大于或等于线路、设备的正常工作电压和电流

B. 断路器的分断能力应大于或等于电路的最大的三相短路电流

C. 欠电压脱扣器的额定电压应等于线路的额定电压

D. 过电流脱扣器的额定电流应大于或等于线路的最大负载电流

10. 低压断路器合闸时，操作手柄不能稳定在接通的位置上。产生不能合闸的原因有（　　）。

A. 电源电压太低　　B. 失电压脱扣器线圈开路

C. 热脱扣器的双金属片未冷却复原　　D. 机械原因

11.（　　）是一种结构简单，使用方便，价格低廉的保护电器，广泛用于供电线路和电气设备的短路保护。

A. 热继电器　　B. 熔断器　　C. 低压断路器　　D. 过电流继电器

12. 保护一台异步电动机时，考虑电动机冲击电流的影响，熔体的额定电流按下式计算（　　）。

A. $I_{RN} \geqslant I_N$　　B. $I_{RN} \geqslant (1.5\sim2.5) I_N$

C. $I_{RN} \geqslant (1.5\sim2.5) I_{Nmax} + \sum I_N$　　D. $I_{RN} = 1.57\ I_{SCR}$

13. 保护多台异步电动机时，出现尖峰电流时，熔断器不应熔断，则应按下式计算（　　）。

A. $I_{RN} \geqslant I_N$　　B. $I_{RN} \geqslant (1.5\sim2.5) I_N$

C. $I_{RN} \geqslant (1.5\sim2.5) I_{Nmax} + \sum I_N$　　D. $I_{RN} = 1.57\ I_{SCR}$

14. 在小容量变流装置中（晶闸管整流元件的额定电流小于 200 A），熔断器的熔体额定电流应按下式计算（　　）。

A. $I_{RN} \geqslant I_N$　　B. $I_{RN} \geqslant (1.5\sim2.5) I_N$

C. $I_{RN} \geqslant (1.5\sim2.5) I_{Nmax} + \sum I_N$　　D. $I_{RN} = 1.57\ I_{SCR}$

15. 对于照明线路或电阻炉等没有冲击性电流的负载，熔断器作过载和短路保护用，熔体的额定电流按下式计算（　　）。

A. $I_{RN} \geqslant I_N$　　B. $I_{RN} \geqslant (1.5\sim2.5) I_N$

C. $I_{RN} \geqslant (1.5\sim2.5) I_{Nmax} + \sum I_N$　　D. $I_{RN} = 1.57\ I_{SCR}$

16. 图形符号 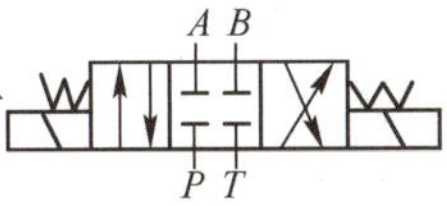

表示（　　）。

A. 三位四通电磁阀　　B. 二位五通电磁阀　　C. 二位四通电磁阀　　D. 三位五通电磁阀

四、名词解释

1. 常开触点（动合触点）
2. 常闭触点（动断触点）
3. 检出距离

五、简答题

1. 画出接触器的符号并叙述接触器的用途。
2. 叙述交流接触器的组成部分及各部分的作用。
3. 交流接触器的主要技术参数有哪些？各如何定义？
4. 如何选用接触器？
5. 接触器在运行维护中有哪些注意事项？
6. 交流接触器的短路环断裂后会出现什么现象？
7. 画出时间继电器的符号，并写出名称。
8. 画出热继电器的符号并叙述热继电器的作用、主要结构。
9. 如何选用热继电器，在什么情况下选用带断相保护的热继电器？
10. 低压断路器有何作用？主要组成部分有哪些？各有什么作用？
11. 安装螺旋式熔断器应注意些什么？
12. 画出复合按钮的符号，并说明其动作特点。
13. 画出行程开关的符号，并简述其作用。
14. 画出接近开关的符号，并简述其作用。
15. 常用的电磁铁有几种？
16. 电磁阀的作用是什么？画出三位四通阀的图形符号并说明符号的意义。

工匠精神的特点（一）

1）敬业。敬业是从业者基于对职业的敬畏和热爱而产生的一种全身心投入的认真尽责的精神状态。中华民族历来有“敬业乐群”“忠于职守”的传统，敬业是中国人的传统美德，也是当今社会主义核心价值观的基本要求之一。早在春秋时期，孔子就主张人在一生中始终要“执事敬”“事思敬”“修己以敬”。“执事敬”，是指行事要严肃认真不怠慢；“事思敬”，是指临事要专心致志不懈怠；“修己以敬”，是指加强自身修养保持恭敬谦逊的态度。

2）精益。精益就是精益求精，是从业者对每件产品、每道工序都凝神聚力、精益求精、追求极致的职业品质。所谓精益求精，是指已经做得很好了，还要做得更好，“即使做一颗螺丝钉也要做到最好”。正如老子所说，“天下大事，必作于细”。基业长青的企业，精益求精是其重要原因。

第 6 章　三相异步电动机的电气控制电路

本章要点

- 制作电动机控制电路的步骤
- 三相异步电动机典型的控制电路及检查试车
- 三相异步电动机典型控制电路的安装技能训练

6.1 制作电动机控制电路的步骤

制作电动机控制电路包括根据控制要求绘制电气原理图、电气元器件布置图和电气安装接线图，并照图进行安装接线，最后进行检查试车。

6.1.1 电气原理图、电气元器件布置图和接线图

6-1　绘制电气原理图的基本原则

1. 电气原理图

电气原理图是用国家统一规定的图形符号和文字符号，表示各个电气元器件的连接关系和电气控制电路的工作原理的图形。电气原理图结构简单，层次分明，便于阅读和分析电路的工作原理。图 6-1 所示为 CW6132 型普通车床的电气原理图。

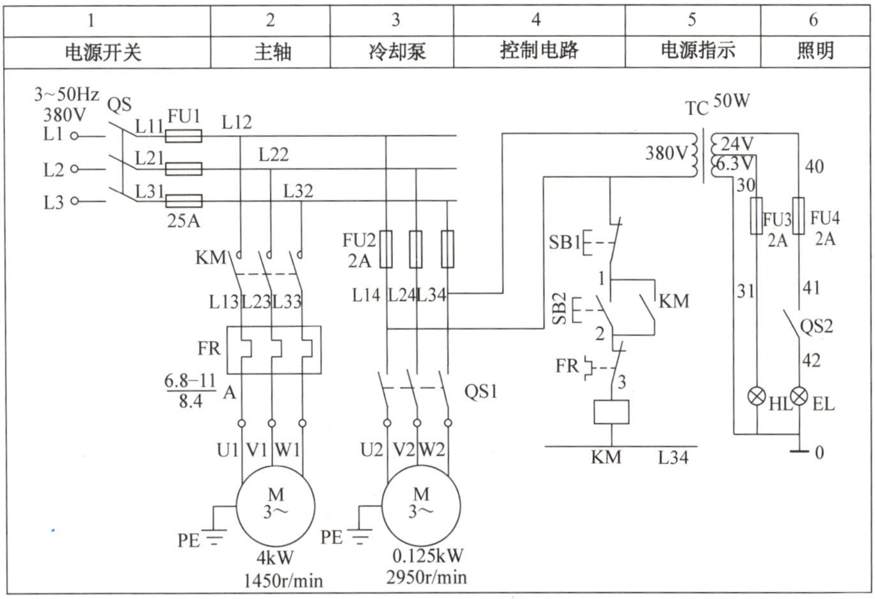

图 6-1　CW6132 型普通车床的电气原理图

绘制电气原理图应遵守下面的基本原则。

1）电气原理图包括主电路和辅助电路两部分。主电路是从电源到电动机的大电流通过的路径，一般从电源开始，经过电源引入的刀开关（或组合开关）、熔断器、接触器的主触点、热继电器的热元件到电动机。辅助电路包括控制电路、信号回路、保护电路和照明电路。辅助电路中经过的电流比较小，一般不超过5 A。控制电路一般由熔断器、主令电器（如按钮）、接触器的线圈及辅助触点、继电器线圈和触点、热继电器的常闭触点、保护电器的触点等组成。信号回路主要由接触器的辅助触点、继电器的触点和信号灯等组成。

2）在电气原理图中，电气元器件采用展开的形式绘制，如属于同一接触器的线圈和触点分开来画，但同一元件的各个部件必须标以相同的文字符号。电气原理图包括所有电气元器件的导电部件和接线端子，但并不是按照各电气元器件的实际位置和实际接线情况绘制的。

3）电气原理图中所有的电气元件必须采用国家标准中规定的图形符号和文字符号。属于同一电器的各个部件要用同一个文字符号表示。当使用多个相同类型的电器时，要在文字符号后面标注不同的数字序号。

4）电气原理图中所有的电器设备的触点均在常态下绘出，所谓常态是指电气元器件没有通电或没有外力作用时的状态，此时常开触点断开，常闭触点闭合。

5）电气原理图的布局安排应便于阅读分析。采用垂直布局时，动力电路的电源线绘成水平线，主电路应垂直于电源电路画出。控制回路和信号回路应垂直地画在两条电源线之间，耗能元件（如线圈、电磁铁、信号灯等）应画在电路的最下面，且交流电压线圈不能串联。

6）在原理图中，各电气元器件应按动作顺序从上到下，从左到右依次排列，并尽量避免线条交叉。有直接电联系的导线的交叉点，要用黑圆点表示。

7）在原理图的上方，将图分成若干图区，从左到右用数字编号，这是为了便于检索电气线路，方便阅读和分析。图区的编号下方的文字表明它对应的下方元件或电路的功能，以便于理解电路的工作原理。

8）在电气原理图的下方附图表示接触器和继电器的线圈与触点的从属关系。在接触器和继电器的线圈的下方给出相应的文字符号，文字符号的下方要标注其触点的位置的索引代号，对未使用的触点用“×”表示。线圈与触点的从属关系附图如图6-2所示。

KM			KA	
4	6	×	9	×
4	×	×	13	×
4			×	×
			×	×

图6-2 线圈与触点的从属关系附图

对于接触器左栏表示主触点所在的图区号，中栏表示辅助常开触点所在的图区号，右栏表示辅助常闭触点所在的图区号。对于继电器左栏表示常开触点所在的图区号，右栏表示常闭触点所在的图区号。

2. 电气元器件布置图

电气元器件布置图主要用来表明在控制盘或控制柜中电气元器件的实际安装位置。图中的各电器的代号应与电气原理图和电器清单上元器件代号相同。图6-3为CW6132型普通车床的电气元器件布置图。

3. 电气接线图

电气接线图用来表明电气控制电路中所有电器的实际位置，标出各电器之间的接线关系和接线去向。接线图主要用于安装电器设备和电器元件时的配线。接线图根据表达对象和用途不同，可以分为单元接线图、互连接线图和端子接线图。单元接线图表示单元内部的连接关系，不包括单元之间的外部连接，应根据位置图布置各个电气元器件，根据电器位置布置最合理，连接导线最经济的原则绘制。图6-4为CW6132型普通车床的接线图。绘制接线图时应注意：

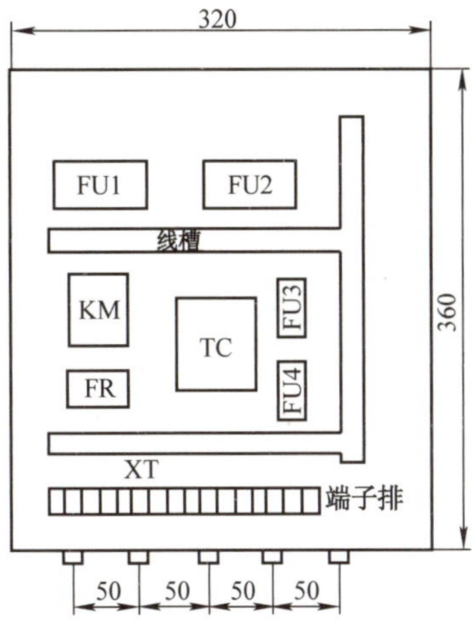

图 6-3　CW6132 型普通车床的电气元器件布置图

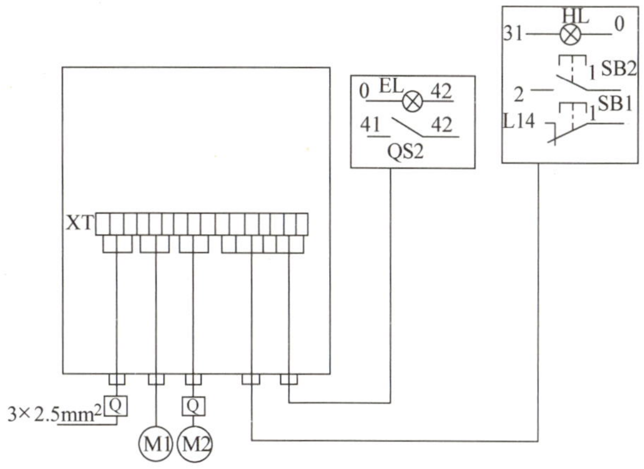

图 6-4　CW6132 型普通车床的接线图

1）在接线图中各元器件是以国家标准规定的图形符号代表实际的电器，各元器件的位置与实际安装位置一致。一个元器件的所有部件应画在一起，并用细实线框起来。

2）接线图中的各电气元器件的图形符号及文字代号必须与原理图完全一致，并要符合国家标准。

3）各电气元器件上凡是需要接线的部件端子都应绘出，并且一定要标注端子编号，各接线端子的编号必须与原理图上相应的线号一致；同一根导线上连接的所有端子的编号应相同，即等电位点的标号相同。

4）同一控制盘上的电气元器件可以直接连接，而盘内和外部元器件连接时，必须经过接线端子排进行，走向相同的相邻导线可绘成一股线。在接线图中一般不表示导线的实际走线途径，施工时由操作者根据实际情况选择最佳走线方式。

6.1.2　制作电动机控制电路的步骤

1. 熟悉电气原理图

为了顺利地安装接线、检查调试和排除故障，必须认真阅读原理图，明确电气元器件的数目、种类和规格；看懂电路图中各电气元器件之间的控制关系及连接顺序；分析电路的控制动作，以便确定检查电路的步骤方法；对于比较复杂的电路，还应看懂是由哪些基本环节组成的，分析这些环节之间的逻辑关系。

为了方便电路投入运行后的日常维护和排除故障，必须按规定给原理图标注线号。应将主电路与辅助电路分开标注，各自从电源端起，各相线分开，顺次标注到负荷端。标注时应做到每段导线均有线号，并且一线一号，不得重复。

2. 绘制安装接线图

在接线图中，各电气元器件都要按照在安装板或控制柜中的实际安装位置绘出，元件所占据的面积按它的实际尺寸依照统一的比例绘制；各电气元器件之间的位置关系视安装盘的面积大小、长宽比例及连接线的顺序来决定。

3. 检查电气元器件

电气元器件先检查后使用，避免安装接线后发现问题再拆换，提高制作电路的工作效率。对电气元器件的检查应包括以下几个方面。

1）外观检查。电气元器件的外观是否清洁完整；外壳有无碎裂；零部件是否齐全有效；各接线端子及紧固件有无缺失、生锈等现象。

2）触点检查。电气元器件的触点有无熔焊粘连、变形严重氧化锈蚀等现象；触点的闭合、分断动作是否灵活；触点的开距、超程是否符合标准；接触压力弹簧是否有效。

3）电磁机构和传动机构的检查。电器的电磁机构和传动部件的动作是否灵活；有无衔铁卡阻、吸合位置不正等现象；新产品使用前应拆开清除铁心端面的防锈油；检查衔铁复位弹簧是否正常。用万用表检查所有元件的电磁线圈的通断情况，测量它们的直流电阻并做好记录，以备检查电路和排除故障时参考。

4）其他元器件的检查。检查有延时作用的所有电气元器件的功能，如时间继电器的延时动作、延时范围及整定机构的作用；检查热继电器的热元件和触点的动作情况。

5）电气元器件规格的检查。核对各电气元器件的规格与图样要求是否一致。如：电器的电压等级和电流容量；触点的数目和开闭状况；时间继电器的延时类型等。不符合要求的应更换或调整。

4. 固定电气元器件

按照接线图规定的位置将电气元器件固定在安装底板上。元件之间的距离要适当，既要节省板面，又要方便走线和投入运行后的检修。固定元件的步骤如下。

1）定位。将电气元器件摆放在确定好的位置，用尖锥在安装孔中心做好标志，元件应排列整齐，以保证连接导线作的横平竖直、整齐美观，同时尽量减少弯折。

2）打孔。用手钻在做好的位置处打孔，孔径应略大于固定螺钉的直径。

3）固定。所有的安装孔打好后，用机螺钉将电气元器件固定在安装底板上。固定元件时，应注意在螺钉上加装平垫圈和弹簧垫圈。紧固螺钉时将弹簧垫圈压平即可，不要过分用力。防止用力过大将元件塑料底板压裂造成损失。

5. 接线

6-2 接线工艺展示

接线时，必须按照接线图规定的方位进行。一般从电源端起，按线号顺序做，先做主电路，然后做控制电路。

接线前应先做好准备工作：按主电路、控制电路的电流容量选好规定截面的导线；准备适当的线号管；使用多股线时应准备烫锡工具或压线钳。

接线应按以下步骤进行。

1）选适当截面的导线，按接线图规定的方位，在规定好的电气元器件之间测量所需的长度，截取适当长度的导线，剥去两端绝缘外皮。为保证导线与端子接触良好，要用电工刀将芯线表面的氧化物刮掉；使用多股芯线时要将线头绞紧，必要时应做烫锡处理。

2）走线时应尽量避免导线交叉。先将导线校直，把同一走向的导线汇成一束，依次弯向所需的方向。走线应做到横平竖直，拐直角弯。做线时要将拐角作成90°的“慢弯”，导线的弯曲半径为导线直径的3~4倍，不要用钳子将导线做成“死弯”，以免损伤绝缘层和线芯。做好的导线束用铝线卡垫上绝缘物卡好。

3）将成型好的导线套上线号管，根据接线端子的情况，将芯线围成圆环或直接压进接线端子。

4）接线端子应紧固好，必要时加装弹簧垫圈紧固，防止电器动作时因振动而松脱。接线过程中注意按照图样核对，防止错接。必要时用万用表校线。同一接线端子内压接两根以上导线时，可以只套一只线号管；导线截面不同时，应将截面大的放在下层，截面小的放在上层。

6.1.3 检查电路和试车

制作好控制电路必须经过认真地检查后才能通电试车，以防止错接、漏接及电器故障引起电路动作不正常，甚至造成短路事故。检查电路应按以下步骤进行。

1. 核对接线

对照原理图、接线图、从电源端开始逐段核对端子接线的线号，排除漏接、错接现象。重点检查控制电路中易接错处的线号，还应核对同一根导线的两端是否错号。

2. 检查端子接线是否牢固

检查所有端子上的接线的接触情况，用手一一摇动、拉拨端子上的接线，不允许有松脱现象。避免通电试车时因虚接造成麻烦，将故障排除在通电之前。

3. 电阻测量法检查电路

电阻测量法必须断电进行。电阻测量法可以分为分段测量法和分阶测量法。检查时，把万用表拨到电阻档，若用分段测量法，就逐段测量各个触点之间的电阻。若所测电路并联了其他电路，测量时必须将被测电路与其他电路断开，电阻测量法检查电路如图 6-5 所示。

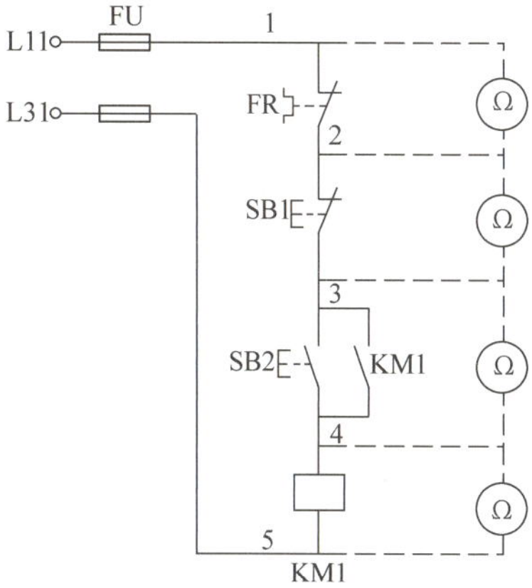

图 6-5　电阻测量法检查电路

用手动来模拟电器的操作动作，根据电路的动作来确定检查步骤和内容；若测得某两点间的电阻很大，说明该触点接触不良或导线断开，对于接触器线圈，其进出线两端的电阻值应与铭牌上标注的电阻值相符，若测得 KM1 线圈间的电阻为无穷大，则线圈断线或接线脱落。若测得 KM1 线圈间的电阻接近 0，则线圈内部绝缘损坏，线圈可能短路。测量时根据原理图和接线图选择测量点。一般情况下，按下列步骤进行。

（1）断开控制电路，检查主电路

断开电源开关，取下控制电路的熔断器的熔体，断开控制电路，用万用表检查下述内容：主电路不带负荷（电动机）时相间应绝缘；摘下灭弧罩，用手按下接触器主触点支架，检查接触器主触点动作的可靠性；正反转控制电路的电源换相电路及热继电器热元件是否良好、动作是否正常等。

（2）断开主电路，检查控制电路的动作情况

主要检查下列内容：控制电路的各个控制环节及自锁、联锁装置的动作情况及可靠性；与设备的运动部件联动的元件（如行程开关、速度继电器等）动作的正确性和可靠性；保护电器动作的准确性等。

4. 通电试车与调整

通电试车步骤如下。

（1）空操作试验

先切除主电路（可断开主电路熔断器），装好控制电路熔断器，接通三相电源，使电路不带负荷（电动机）通电操作，以检查辅助电路工作是否正常。操作各按钮检查它们对接触器、继电器的控制作用；检查接触器的自锁、联锁等控制作用；用绝缘棒操作行程开关，检查它的行程控制或限位控制作用等。同时观察各电器操作动作的灵活性，有无过大的噪声，线圈有无过热等现象。

在空操作试验时，若出现故障，可以采用电压测量法检查故障。电压测量法可以分为分阶

测量法和分段测量法。

1）分段测量法。其检查故障如图6-6所示，将万用表调到交流500 V档，接通电源，按下起动按钮SB2，正常时，KM1吸合并自锁。这时电路中（1-2）、（2-3）、（3-4）各段电压均为0，（4-5）两点之间为线圈的工作电压380 V。

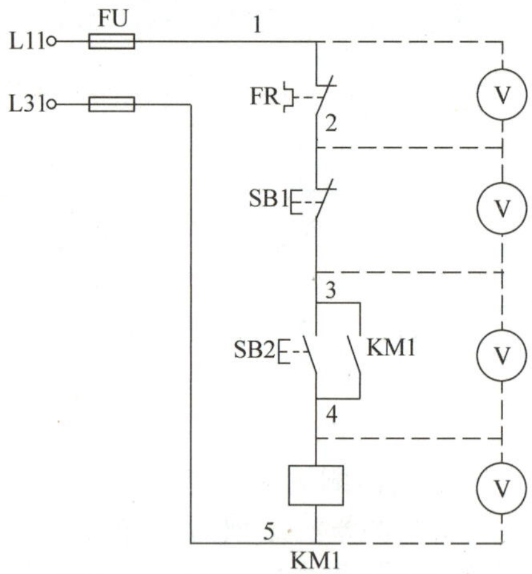

图6-6 电压测量法检查故障

当触点故障时，按下按钮SB2，若KM1不吸合，先测电源两端的电压，若测得电压为380 V，说明电源电压正常，熔断器完好。接着测量各个触点之间的电压，若测得热继电器触点之间的电压为380 V，说明热继电器FR保护触点已动作或接触不良，应检查触点本身是否接触不好或连线松脱，若测得KM1（3-4）之间电压为380 V，则KM1的触点没有吸合或连接导线断开，依此类推。

当线圈故障时，若各个触点之间的各段电压均为0，KM1线圈两端的电压为380 V，而KM1不吸合，则故障是KM1线圈或连接导线断开。

2）分阶测量法。是将电压表的一根表笔固定在电路电源的一端，如图中5点，另一根表笔依次按顺序接到4、3、2、1的每个接点上。正常时，电压表的读数为电源电压；若没有读数，说明连线断开，将电压表的表笔逐级上移，当移至某点，电压表的读数又为电源电压，说明该点以上的触点接线完好，故障点就是刚跨过的接点。

（2）带负荷试车

控制电路经过数次空操作试验动作无误，即可切断电源，接通主电路，带负荷试车。如果发现电动机起动困难、发出噪声及线圈过热等异常现象，应立即停车，切断电源后进行检查。

6.2 三相异步电动机直接起动控制电路及检查试车

三相笼型异步电动机直接起动是一种简便、经济的起动方法。但直接起动时的起动电流为电动机额定电流的4~7倍，过大的起动电流会造成电压明显下降，直接影响在同一电网工作的其他负载的正常工作，所以直接起动的电动机的容量受到一定限制。可根据电动机起动频繁程度、供电变压器容量大小来决定允许直接起动电动机的容量。对于起动频繁、允许直接起动的电动机容量应不大于变压器容量的20%；对于不经常起动者，直接起动的电动机容量不大于变压器容量的30%。通常容量小于11 kW的三相笼型电动机可采用直接起动。

6.2.1 点动控制电路及检查试车

点动控制是指按下按钮电动机才会运转，松开按钮即停转的电路。生产机械有时需要做点动控制，如用于电动葫芦，地面操作的小型行车及某些机床辅助运动的电气控制。

1. 点动控制电路

图6-7是电动机单向点动控制电路的原理图，由主电路和控制电路两部分组成。

主电路中刀开关QS为电源开关起隔离电源的作用；熔断器FU1对主电路进行短路保护，主电路由接触器KM的主触点接通或断开。由于点动控制，电动机运行时间短，有操作人员在近处监视，所以一般不设过载保护环节。

控制电路中熔断器FU2进行短路保护；常开按钮SB控制接触器KM电磁线圈的通断。电路控制动作如下。

合上隔离开关 QS。

① 按下 SB→KM 线圈通电→KM 主触点闭合→电动机 M 得电起动并进入运行状态。

② 松开 SB→KM 线圈断电→KM 主触点断开→电动机 M 失电停转。

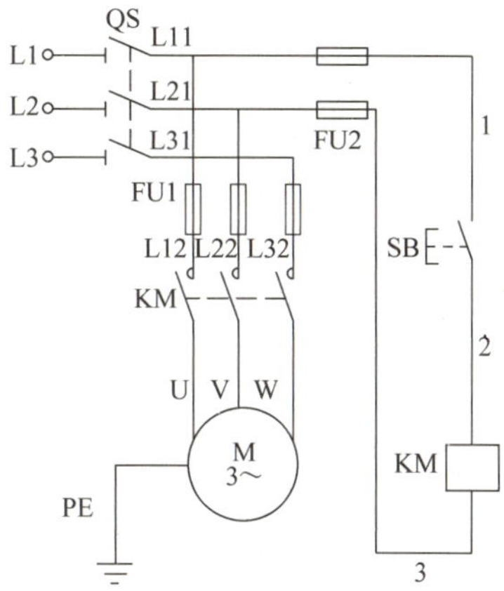

图 6-7　电动机单向点动控制电路的原理图

2. 按照原理图接线

在原理图上，按规定标好线号（见图 6-7）。按照原理图进行接线。在试验台上接线，从刀开关 QS 的下接线端子开始，先做主电路，后做控制电路的连接线。主电路使用导线的横截面积应按电动机的工作电流适当选取。将导线先校直，剥好两端的绝缘皮后成型。套上线号管接到对应端子上。做线时要注意水平走线时尽量靠近底板；中间一相电路的各段导线成一直线，左右两相导线对称。三相电源线直接接入刀开关 QS 的上接线端子。电动机接线盒至安装盘上的接线端子排之间应使用护套线连接。注意做好电动机外壳的接地保护线。

对中小功率电动机控制电路而言，一般可以使用截面积为 1.5 mm^2 左右的导线连接。将同一走向的相邻导线并成一束。要用螺钉压接的一端的导线先套好线号管。将芯线按顺时针方向围成圆环压接入端子，避免旋紧螺钉时将导线挤出，造成虚接。

3. 检查电路

接线完成后首先对照原理图逐线检查，核对线号，用手拨动导线，检查所有端子接线的接触情况，排除虚接处。接着用万用表检查，检查步骤如下。

断开 QS，摘下接触器的灭弧罩，以便用手操作来模拟触点的分合动作，万用表拨到 $R\times1$ 档。

（1）检查主电路

拔去 FU2 以切除辅助电路，万用表笔分别测量开关下端 L11～L21、L21～L31 和 L11～L31 之间的电阻，结果均应该为断路（$R\to\infty$）。如果某次测量的结果为短路（$R\to0$），则说明所测量的两相之间的接线有短路问题，应仔细逐线检查。

用手按压接触器主触点架，使三极主触点都闭合，重复上述测量，应分别测得电动机各相绕组的阻值。若某次测量结果为断路（$R\to\infty$），则应仔细检查所测两相的各段接线。例如，测量 L21～L31 之间电阻值 $R\to\infty$，则说明主电路 L2、L3 两相之间的接线有断路处。可将一支笔接 L21 处，另一支表笔依次测 L22、V 相各段导线两端的端子，再将表笔移到 W、L32、L31 各段导线两端测量，这样即可准确地查出断路点，并予以排除。

（2）检查控制电路

插好 FU2，万用表表笔接刀开关下端子 L11、L21（辅助电路电源线）处，应测得断路；按下按钮 SB，应测得接触器 KM 线圈的电阻值。如所测得的结果不正常，则将一支表笔接 L11 处，另一支表笔依次接 1 号、2 号等各段导线两端端子，即可查出短路或断路点，并予以排除。移动表笔测量、逐步缩小故障范围是一种快速可靠的探查方法。

4. 通电试车

完成上述检查后，清点工具，清理实验板上的线头杂物，装好接触器的灭弧罩，检查三相电源电压。一切正常后，在指导老师的监护下通电试车。

（1）空操作实验

空操作实验是指不接电动机，只检查控制电路的实验方法。在实验时必须拆下电动机接线，合上刀开关 QS，按下点动按钮 SB，接触器 KM 应立即动作；松开 SB，则 KM 应立即复位。细听 KM 主触点的分合动作的声音和接触器线圈电动运行的声音是否正常。反复做几次实验，检查电路动作的可靠性。

（2）带负荷试车

切断电源后，接好电动机接线，重新通电试车。合 QS，按下 SB 后注意观察电动机起动和运行的情况，松开 SB 观察电动机能否停车。

试车中如发现接触器振动，发出噪声、主触点燃弧严重，以及电动机嗡嗡响，不能起动等现象，应立即停车断电，重新检查接线和电源电压，必要时拆开接触器检查电磁机构，排除故障后重新试车。

5. 电路故障检查及排除

1）电路进行空操作试验时，按下 SB 后，接触器 KM 衔铁剧烈振动，发出严重噪声。

分析：电路经过万用表检测未见异常，电源电压也正常。怀疑控制电路熔断器 FU2 接触不实，当接触器动作时，振动造成辅助电路电源时通时断，使接触器振动；或接触器电磁机构有故障造成振动。

检查：先检查熔断器接触情况，将各熔断器瓷盖上的触刀向内按紧，保证与静插座接触良好。装好后通电试验，接触器振动如前。再将接触器拆开，检查电磁机构，发现铁心端面的短路环断裂。

处理：更换短路环（或更换铁心）后重新安装好，将接触器装回电路。重新检查后试验，故障排除。

2）电路空操作试验正常，带负荷试车时，按下 SB 发现电动机嗡嗡响不能起动。

分析：电路空操作试验未见异常，带负荷试车时接触器动作正常，而电动机起动异常现象是缺相造成的。怀疑电路中间有一相连接线有断路点，因主电路、辅助电路共用 L1、L2 相电源，而接触器电磁机构工作正常，表明 L1、L2 相电源正常。

检查：用万用表检查各接线端子之间连接线，未见异常。摘下接触器灭弧罩，发现一极主触点歪斜，接触器动作时，这一极触点无法接通，致使电动机缺相无法起动。

处理：仔细装好接触器主触点，装回灭弧罩后重新试车，故障排除。

6.2.2 全压起动连续运转控制电路及检查试车

1. 全压起动连续运转控制电路

6-3a 电动机全压起动连续运转控制电路

图 6-8 为电动机全压起动连续运转控制电路。图中 QS 为电源开关，FU1、FU2 为主电路与控制电路熔断器，KM 为接触器，FR 为热继电器，SB1、SB2 分别为停止按钮与起动按钮，M 为三相笼型异步电动机。

电动机控制如下：合上电源开关 QS，起动时，按下起动按钮 SB2（2-3），接触器线圈 KM（4-5）通电吸合，其主触点闭合，电动机接通三相电源起动。同时，与起动按钮 SB2 并联的接触器常开辅助触点 KM（2-3）闭合，使 KM 线圈经 SB2 触点与接触器 KM 自身常开辅助触点 KM（2-3）通电，当松开 SB2 时，KM 线圈仍通过自身常开辅助触点继续保持通电，从而使电动机获得连续运转。这种依靠接触器自身辅助触点保持线圈通电的电路，称为自锁电路，而这对常开辅助触点称为自锁触点。电动机需停转时，可按下停止按钮 SB1，接触器 KM

线圈断电释放，KM 主触点与常开辅助触点均断开，切断电动机主电路及控制电路，电动机停止旋转。

继电器、接触器电路中常用的保护有：

1）短路保护。由熔断器 FU1、FU2 分别实现主电路与控制电路的短路保护。

2）过载保护。由热继电器 FR 实现电动机的长期过载保护。当电动机出现长期过载时，串接在电动机主电路中的发热元件使双金属片受热弯曲，热继电器动作，使串接在控制电路中的热继电器的常闭触点断开，切断 KM 线圈电路，KM 主触点断开，使电动机断电，实现电动机过载保护。

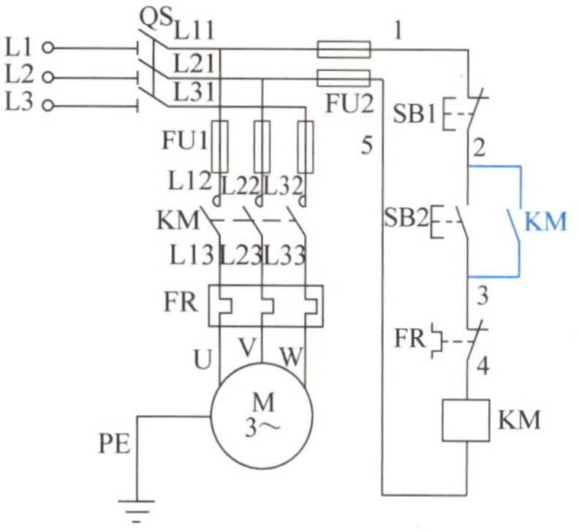

图 6-8　电动机全压起动连续运转控制电路

3）欠电压和失电压保护。当电源电压严重下降或电压消失时，接触器电磁吸力急剧下降或消失，衔铁释放，各触点复原，断开电动机电源，电动机停止旋转。一旦电源电压恢复时，电动机也不会自行起动，从而避免事故发生。因此，具有自锁电路的接触器控制具有欠电压与失电压保护作用。

2. 照图接线

6-3b　电动机全压起动连续运转照图接线

在原理图上，按规定标好线号（见图 6-8）。在试验台上按照原理图进行接线。

（1）接主电路

从刀开关 QS 的下接线端子开始，先做主电路。电动机的连续运转要考虑电动机的过载保护，若用 JR16 系列有三相热元件的热继电器，主电路接触器 KM 主触点三只端子（L13、L23、L33）分别与三相热元件上端子连接；如使用其他系列只有两相热元件的热继电器，则 KM 主触点只有两只端子与热元件端子连接，而第三只端子直接经过端子排 XT 相应端子接电动机。注意：切不可将热继电器触点的接线端子当成热元件端子接入主电路，否则将烧毁触点。

（2）接控制电路

在连续运转的控制电路中，增加了自锁触点和热继电器的常闭触点。在控制电路中出现了并联支路，则应先接串联支路，在串联支路接完后，检查无误，再连接并联支路，如并联连接接触器的自锁触点 KM（2-3）。

注意：按钮盒中引出三根（1、2、3 号线）导线，使用三芯护套线与接线端子排连接。经过接线端子排再接入控制电路；接触器 KM 的自锁触点上、下端子接线分别为 2 号和 3 号，不可接错。

3. 检查电路

6-3c　电动机全压起动连续运转检查线路

接线完成后，先进行常规检查。对照原理图逐线核查。重点检查按钮盒内的接线和接触器的自锁触点的接线位置，防止错接。用手拨动各接线端子处接线，排除虚接故障。接着在断电的情况下，用万用表电阻档检查。断开 QS，摘下接触器灭弧罩。

（1）检查主电路

方法和步骤与点动控制主电路的检查相同。

（2）检查控制电路

装上 FU2，将万用表笔跨接在刀开关 QS 下端子 L11、L21 处，应测得断路。按下 SB2，应测得 KM 线圈的电阻值。检查自锁电路，松开 SB2 后，按下 KM 触点架，使其常开辅助触点也闭合，应测得 KM 线圈的电阻值。检查停车控制，在按下 SB2 或按下 KM 触点架测得 KM 线圈电阻值后，同时按下停车按钮 SB1，则应测得出辅助电路由通而断。

如操作 SB2 或按下 KM 触点架后，测得结果为断路，应检查按钮及 KM 自锁触点是否正常，连接线是否正确、有无虚接及脱落。必要时用移动表笔缩小故障范围的方法探查断路点。

如上述测量中测得短路，则重点检查不同线号的导线是否错接到同一端子上了。例如：起动按钮 SB2 下端子引出的 3 号线如果错接到 KM 线圈下端的 5 号端子上，则控制电路的两相电源不经 KM 线圈直接连通，只要按下 SB2 就会造成短路。再如：停止按钮 SB1 下接线端子引出的 2 号线如果错接到接触器 KM 自锁触点下接线端子 3 号，则起动按钮 SB2 被短接，不起作用。此时只要合上隔离开关 QS（未按下 SB2），电路就会自行起动而造成危险。

如检查停车控制时，停止按钮不起作用，则应检查自锁触点的连接位置和检查按钮盒内接线，并排除错接。

（3）检查过载保护环节

摘下热继电器盖板后，按下 SB2 测得 KM 线圈阻值，同时用螺钉旋具缓慢向右拨动热元件自由端，在听到热继电器常闭触点分断动作的声音同时，万用表应显示辅助电路由通到断。否则应检查热继电器的动作及连接线情况，并排除故障。检查结束后，要按下复位按钮让热继电器复位。

4. 通电试车

6-3d 通电试车、故障检查及排除

完成上述各项检查后，清理好工具和安装板，将接触器的灭弧罩装好，检查三相电源。将热继电器电流整定值按电动机的需要调节好，在指导老师的监护下试车。

（1）空操作试验

在实验时必须拆下电动机接线，合上 QS，按下 SB2 后，接触器 KM 应立即得电动作，松开 SB2，接触器 KM 能保持吸合状态；按下停止按钮 SB1，KM 应立即释放。反复操作几次，以检查电路动作的可靠性。

（2）带负荷试车

切断电源后，接好电动机，合上 QS，按下 SB2，电动机 M 应立即得电起动后进入运行；松开 SB2，电动机继续运转；按下 SB1 时电动机停车。

5. 电路故障检查及排除

1）合上刀开关 QS（未按下 SB2）接触器 KM 立即得电动作；按下 SB1 则 KM 释放，松开 SB1 时，KM 又得电动作。

故障现象说明停止按钮 SB1 停车控制功能正常，而起动按钮 SB2 不起作用。从原理图分析可知，故障是由于 SB1 下端连接线 2 直接接到 SB2 下端 3 或接触器自锁触点的下端 3 引起的。

先检查电路，拆开按钮盒，核对接线，再检查接触器辅助触点接线，找到接错的线，改正，再重新试车。

2）试车时合上 QS，没有按下起动按钮，接触器剧烈振动（振动频率低，约 10~20 Hz），主触点严重起弧，电动机轴时转时停，按下 SB1 则 KM 立即释放，松开 SB1 接触器又剧烈振动。

故障现象表明起动按钮 SB2 不起作用，而停止按钮 SB1 有停车控制作用，接触器剧烈振动且频率低，不像是电源电压低（噪声约 50 Hz）和短路环损坏（噪声约 100 Hz），是由于接触器反复接通、断开造成，可能是自锁触点接错。若把接触器的常闭触点错当自锁触点使用，合上 QS 时，电流经 QS→SB1→KM 的常闭触点→FR 的常闭触点→KM 的线圈→电源形成回路，使 KM 线圈立即得电动作，其常闭触点分断，又使 KM 线圈失电，常闭触点又接通而使线圈得电，这样就引起接触器剧烈振动。因为是接触器的衔铁在全行程内往复运动，因而振动频率低。

检查自锁触点，找到错误的接线，将 KM 常开辅助触点的端子并接在起动按钮 SB2 的两端，经检查核对后重新试车。

3）试车时操作按钮 SB2 时 KM 不动作，而同时按下 SB1 时 KM 动作，松开 SB1 则 KM 释放。

故障现象表明，SB1 是一个常开按钮。打开按钮盒核对接线，将 1 号、2 号线接到停止按钮常闭触点接线端子上。

4）试车时按下 SB2 后 KM 不动作，检查接线无错接处；检查电源，三相电压均正常，电路无接触不良处。

故障现象表明，问题出在电气元器件上，怀疑按钮的触点、接触器线圈、热继电器触点有断路点。分别用万用表 $R\times1$ 档测量上述元件，表笔跨接辅助电路 SB1 上端子和 SB2 下端子（1 号和 3 号端子），按下 SB2 时测得 $R\to0$，证明按钮完好；测量 KM 线圈阻值正常；测量热继电器常闭触点，测得结果为断路。说明 FR 没有复位，其常闭触点断开，切断了辅助电路，因此 KM 不能起动。按下 FR 复位按钮，重新试车。

6.2.3 既能点动又能连续运转的控制电路

1. 既能点动又能连续运转的控制电路

图 6-9 所示为既能点动又能连续运转的控制电路。

图 6-9a 所示电路由手动开关 SA 控制。当 SA 闭合时为连续控制，SA 断开时则为点动控制。这种控制电路由于点动和连续运转的控制共用 SB2 按钮，若是忘记操作开关 SA，就会导致操作错误。

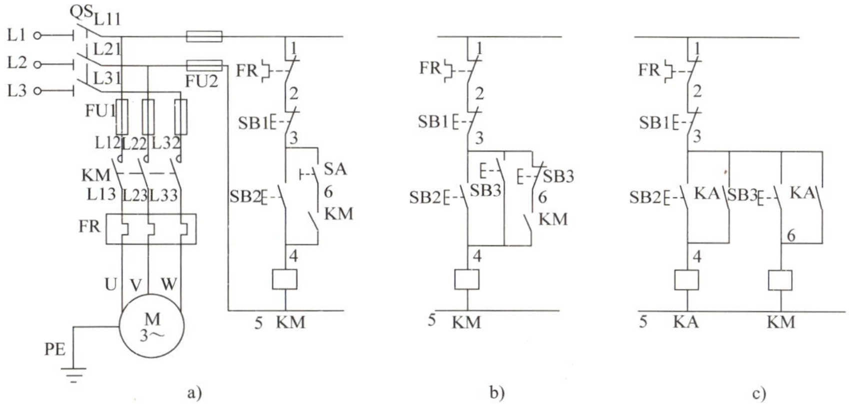

图 6-9　既能点动又能连续运转的控制电路

a）手动开关 SA 控制　b）用两个按钮分别控制　c）用中间继电器控制

图 6-9b 则改为采用两个按钮，分别实现连续与点动的控制电路，其中 SB2 为连续运转起动按钮，复合按钮 SB3 为点动按钮，利用 SB3 的常闭触点来断开自锁电路，实现点动控制，SB1 为连续运转的停止按钮。操作时先合上电源开关 QS。

若进行连续控制，起动时按下 SB2，KM 线圈得电吸合，KM 主触点闭合，电动机 M 起动，KM 自锁触点（4-6）闭合，进行自锁，电动机连续运转。停止时按下 SB1，KM 线圈断电，其主触点断开，电动机停止，自锁触点 KM（4-6）断开，切断自锁回路。

若进行点动控制，按下点动控制按钮 SB3，其常闭触点 SB3（3-6）先断开，切断自锁回路，其常开触点 SB3（3-4）后闭合，接通 KM 线圈回路，KM 线圈得电，其主触点闭合，电动机运转。当松开点动按钮 SB3 时，其常开触点 SB3（3-4）先断开，KM 线圈断电释放，自锁触点 KM（6-4）断开，KM 主触点断开，电动机停止。常闭触点 SB3（3-6）后闭合，此时自锁触点 KM（6-4）已经断开，KM 线圈不会得电动作。

这种控制方式中，在松开 SB3 时，必须在 KM 自锁触点断开后 SB3 的常闭触点再闭合，如果接触器发生缓慢释放，KM 的自锁触点还没有断开，SB3 的常闭触点已经闭合，KM 线圈就不会断电，这样就变成连续控制了。

图 6-9c 是用中间继电器实现既能点动控制又能连续运转控制的。其中 SB1 为连续运转的停止按钮，SB2 为连续运转起动按钮，SB3 为点动按钮。操作时先合上电源开关 QS。

若进行连续控制，起动时按下 SB2，KA 线圈得电吸合，其触点 KA（3-4）闭合自锁，KA（3-6）闭合，接通 KM 线圈回路，KM 线圈得电，其主触点吸合，电动机连续运转。停止时，按下 SB1，KA 线圈断电释放，KA（3-4）断开，切断自锁回路，KA（3-6）断开，切断 KM 线圈回路，KM 线圈断电，其主触点断开，电动机停止。

若点动控制时，按下 SB3，KM 线圈得电，其主触点闭合，电动机运转。松开 SB3，KM 线圈断电，其主触点断开，电动机停止。

2. 照原理图接线

在原理图上，按规定标好线号（见图 6-9）。在实验台上按照图 6-9b 进行接线。

（1）接主电路

从刀开关 QS 的下接线端子开始，先做主电路。

（2）接控制电路

在图 6-9b 中，使用了复合按钮。接线时先接串联支路：FU2（L11-1）→FR（1-2）→SB1（2-3）→SB2（3-4）→KM 线圈（4-5）→FU2（5-L21），在串联支路接完后，检查无误，再将复合按钮 SB3 的常开触点并联连接在 SB2 两端，将 SB3 的常闭触点的一端连接 SB3 的常开触点的一端（3 号），将 SB3 的常闭触点的另一端串联接触器 KM 常开触点，KM 常开触点的另一端接 KM 线圈的进线端。

接线时注意：按钮盒中引出三根（2、4、6 号线）导线，使用三芯护套线与接线端子排连接。经过接线端子排再接入控制电路；接触器 KM 的常开触点上、下端子接线分别为 6 号和 4 号，不可接错。

3. 检查线路

接线完成后，先进行常规检查。对照原理图逐线核查。重点检查按钮盒内的接线和接触器的常开自锁触点的接线位置，防止错接。用手拨动各接线端子处接线，排除虚接故障。接着在断电的情况下，用万用表电阻档检查。断开 QS，摘下接触器灭弧罩。

（1）检查主电路

方法和步骤与点动控制主电路的检查相同。

（2）检查控制电路

插好 FU2 的瓷盖，万用表表笔接刀开关下端子 L11、L21（辅助电路电源线）处，应测得断路；按下按钮 SB2，应测得接触器 KM 线圈的电阻值；松开 SB2，按下 SB3，同样应测得接触器 KM 线圈的电阻值；松开 SB3，用手按下接触器主触点的支架，此时接触器主触点闭合，其常开辅助触点也闭合，同样应测得接触器 KM 线圈的电阻值；在用手按下接触器主触点的支架后，再用手按下 SB3 按钮，这时万用表的指针应该是先指向无穷（即测得断开），随后万用表应测得接触器线圈的电阻值。若在检查中测得的结果和上述不符，则移动万用表的表笔进行逐段检查。

4. 通电试车

完成上述各项检查后，清理好工具和安装板，将接触器的灭弧罩装好，检查三相电源。将热继电器电流整定值按电动机的需要调节好，在指导老师的监护下试车。

（1）空操作试验

在试验时必须拆下电动机接线，合上 QS，按下 SB2 后，接触器 KM 应立即得电动作，松开 SB2，接触器 KM 能保持吸合状态；按下停止按钮 SB1，KM 应立即释放。若按下 SB3 接触器 KM 立即得电动作，松开 SB3，KM 应立即释放。在操作过程中注意听接触器动作的声音。反复操作几次，以检查线路动作的可靠性。

（2）带负荷试车

切断电源后，接好电动机，合上 QS，按下 SB2，电动机 M 应立即得电起动后进入运行；松开 SB2，电动机继续运转；按下 SB1 时电动机停车。若按下 SB3，电动机 M 应立即得电起动后进入运行，松开 SB3，电动机立即停车。

5. 线路故障检查及排除

1）合上刀开关 QS（按下 SB2），接触器 KM 得电动作；松开 SB2，接触器 KM 保持通电状态；但是按下 SB1 则 KM 不释放；按下 SB3（没有按到底时），接触器 KM 先断电释放，当 SB3 按到底时，接触器 KM 又通电吸合，松开 SB3，接触器 KM 断电。

故障现象说明起动按钮工作正常，并且能够自锁；停止按钮 SB1 不起作用；点动控制按钮 SB3 也能实现点动控制。从原理图分析可知，故障是由于 SB3 上端错接到 SB1 上端引起的。

先检查线路，拆开按钮盒，核对接线，重新试车。

2）合上刀开关 QS（未按下 SB2），接触器 KM 立即得电动作；按下 SB1 则 KM 释放，松开 SB1 时，KM 又得电动作，按下 SB3，KM 接触器断电，松开 SB3，KM 又得电动作。

故障现象说明停止按钮 SB1 停车控制功能正常，而起动按钮 SB2 不起作用。点动控制按钮没有起到点动控制的作用，只起到停车的作用。从原理图分析可知，起动按钮不起作用是由于被短接造成的，同时点动控制按钮 SB3 没有实现点动控制，所以故障是由于 SB3 复合按钮接错造成的。

用万用表的电阻档在断电时逐段测量，测量 SB3（3-4）端点之间应为断开，SB3（3-6）两端之间应为闭合，实测结果相反。

拆开按钮盒，核对接线，看是否把 SB3 的常闭按钮并接在 SB2 两侧，而把 SB3 的常开接点和 KM 的自锁触点串联。改正接线后重新试车。

6.2.4　多点控制电路及检查试车

1. 多点控制电路

多点控制就是要在两个及以上的地点根据实际情况设置控制按钮，在不同的地点可以进行相同的控制。如有的机床在正面和侧面都安装起动或停止操作按钮。

如果要在两个地点对同一台电动机进行控制，必须在两个地点分别装一组按钮，**这两组按钮连接的方法是：常开的起动按钮要并联，常闭的停止按钮要串联，这个原则对多个地点的控制同样适用。**多点控制电路如图 6-10 所示。

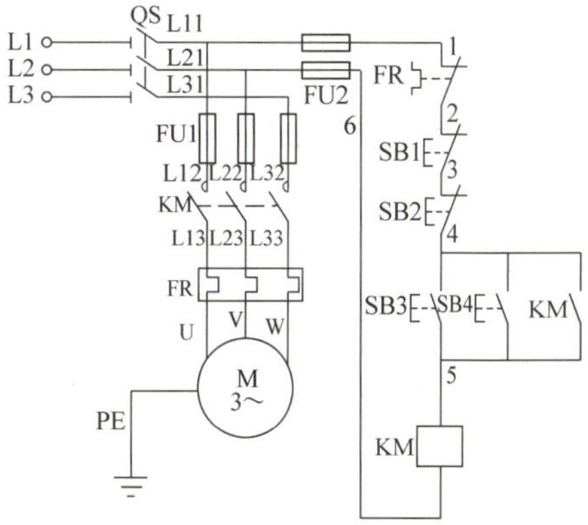

图 6-10　多点控制电路

2. 按照原理图接线

在原理图上，按规定标好线号，接线时选用两个按钮盒，并放置在接线端子排的两侧，经接线端子排连接。两地控制电路接线图如图6-11所示。

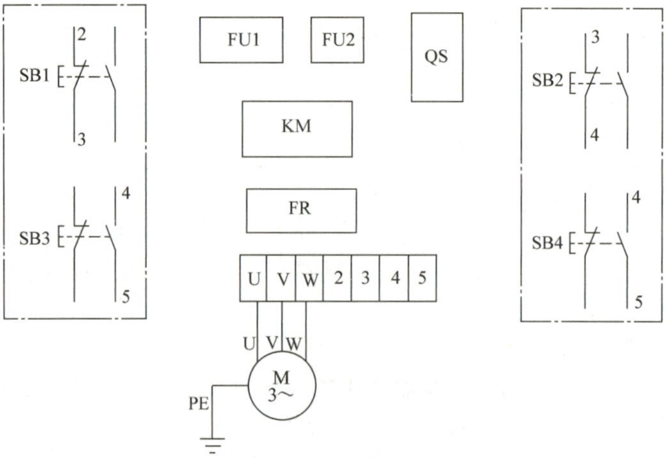

图6-11 两地控制电路接线图

3. 检查线路

接线完成后，先进行常规检查。对照原理图逐线核查。重点检查按钮的串并联的接线，防止错接。用手拨动各接线端子处接线，排除虚接故障。接着在断电的情况下，用万用表电阻档检查。断开QS，摘下接触器灭弧罩。

检查主电路：方法步骤和点动控制主电路的检查相同。

检查控制电路：插好FU2的瓷盖，万用表笔接刀开关下端子L11、L21（辅助电路电源线）处，应测得断路；按下按钮SB3，应测得接触器KM线圈的电阻值；松开SB3，按下SB4，同样应测得接触器KM线圈的电阻值；松开SB4，用手按下接触器主触点的支架，此时接触器主触点闭合，其常开辅助触点也闭合，同样应测得接触器KM线圈的电阻值；用手按下接触器主触点的支架，再按下SB1（SB2），线路断开，松开SB1（SB2），线路接通。若检查结果与上述不符，则需仔细检查接线情况。

4. 通电试车

经检查无误后，通电试车若操作中出现故障或没有实现控制要求，自行分析加以排除。

6.2.5 顺序控制电路及检查试车

在生产实践中常常要求控制生产机械的各个运动部件的电动机之间能够按顺序工作。因此在控制电路中就要反映出多台电动机之间的起动顺序和停止顺序，这就是顺序控制。

1. 常用的几种顺序控制电路

1）两台电动机M1和M2，要求M1起动后，M2才能起动，M1停止后，M2立即停止，M1运行时，M2可以单独停止。顺序控制电路（1）如图6-12所示。

图6-12中将M1电动机的控制接触器KM1的常开辅助触点串入电动机M2的控制接触器KM2的线圈回路。这样就保证了在起动时，只有在电动机M1起动后，即KM1吸合，其常开辅助触点KM1（8-9）闭合后，按下SB4才能使KM2的线圈通电动作，其主触点才能起动电动机M2。实现了电动机M1起动后，M2才能起动。

在停止时，按下SB1，KM1线圈断电，其主触点断开，电动机M1停止，同时KM1的常开辅助触点KM1（3-4）断开，切断自锁回路，KM1的常开辅助触点KM1（8-9）断开，使

KM2 线圈断电释放，其主触点断开，电动机 M2 断电。实现了当电动机 M1 停止时，电动机 M2 立即停止。当电动机 M1 运行时，按下电动机 M2 的停止按钮 SB3，电动机 M2 可以单独停止。

2）两台电动机 M1 和 M2，其主电路如图 6-12 所示，顺序控制电路（2）如图 6-13 所示。要求 M1 起动后，M2 才能起动，M1 和 M2 同时停止。

这种顺序起动，同样是通过将接触器 KM1 的常开辅助触点串入 KM2 线圈回路实现；M1 和 M2 同时停止，只需要一个停止按钮控制两台电动机的停止。若一台电动机发生过载时，则两台电动机同时停止。

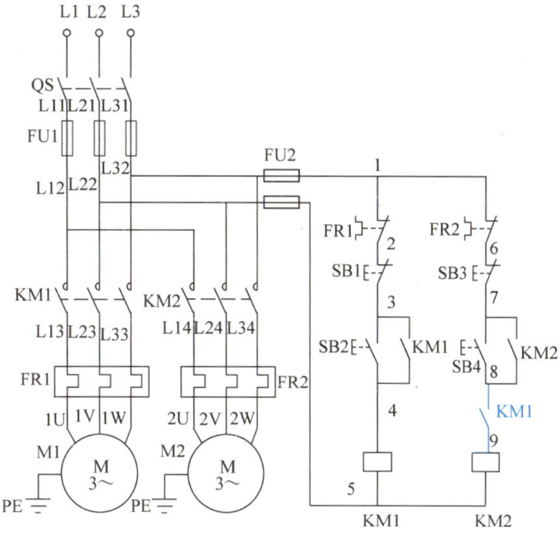

图 6-12　顺序控制电路（1）

3）两台电动机 M1 和 M2，要求 M1 起动后，M2 才能起动，M1 和 M2 可以单独停止。顺序控制电路（3）如图 6-14 所示。这种顺序起动，同样是通过将接触器 KM1 的常开辅助触点 KM1（7-8）串入 KM2 线圈回路实现；M1 和 M2 可以单独停止，需要两个停止按钮分别控制两台电动机的停止，但是 KM2 自锁回路应将 KM1 的常开辅助触点 KM1（7-8）自锁在内，这样当 KM2 通电后，其自锁触点 KM2（6-8）闭合，KM1（7-8）则失去了作用。SB1 和 SB3 可以单独使电动机 M1 和 M2 停止。

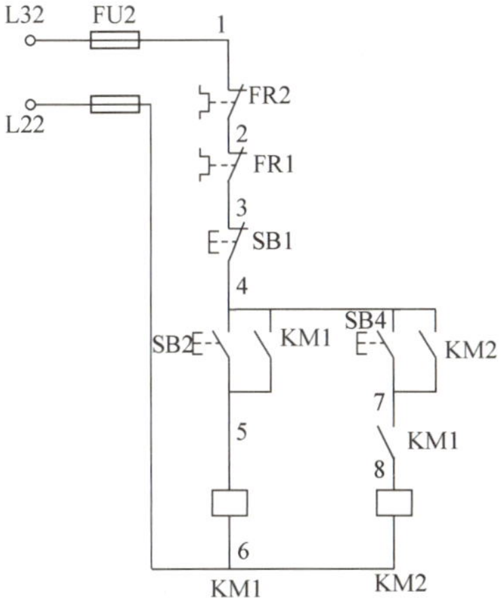

图 6-13　顺序控制电路（2）

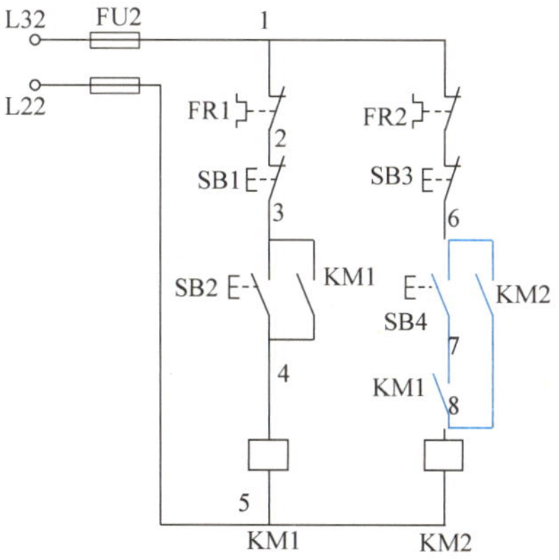

图 6-14　顺序控制电路（3）

4）两台电动机 M1 和 M2，要求 M1 起动后，M2 才能起动，M2 停止后 M1 才能停止。过载时两台电动机同时停止。

顺序控制电路（4）如图 6-15 所示，在 M1 的停止按钮 SB1 两端并联 KM2 的常开辅助触点 KM2（3-4），只有 KM2 接触器线圈断电（既 M2 电动机停止后），其常开辅助触点 KM2（3-4）断开，M1 的停止按钮 SB1 才起作用，此时按下 SB1，电动机 M1 停止。这种控制电路的特点是：电动机顺序起动，而逆序停止，当发生过载时，两台电动机同时停止。

5）按时间顺序控制电动机按顺序起动。两台电动机 M1 和 M2，要求 M1 起动后，经过 5 s

后 M2 自行起动，M1 和 M2 同时停止。

这种控制需要用时间继电器实现延时，时间继电器的延时时间设置为 5 s，顺序控制电路（5）如图 6-16 所示。按下 M1 的起动按钮 SB2，接触器 KM1 的线圈通电并自锁，其主触点闭合，电动机 M1 起动，同时时间继电器 KT 线圈通电，开始延时。经过 5 s 的延时后，时间继电器的延时闭合的常开触点 KT（7-8）闭合，接触器 KM2 的线圈通电，其主触点闭合，电动机 M2 起动，其常开辅助触点 KM2（7-8）闭合自锁，同时其常闭辅助触点 KM2（4-6）断开，时间继电器的线圈断电，退出运行。

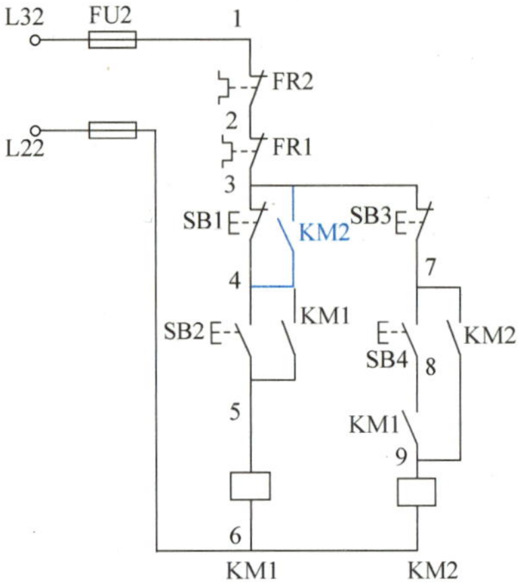

图 6-15 顺序控制电路（4）

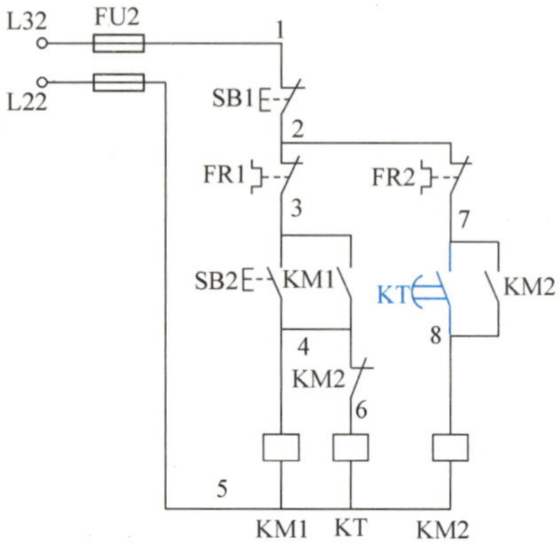

图 6-16 顺序控制电路（5）

2. 按照原理图接线

在顺序控制电路（1）的原理图上（见图 6-12），按规定标好线号，画出接线图，如图 6-17所示。接线时注意：按钮盒中引出六根（2、3、4、6、7、8 号线）导线，SB1、SB2 使用一根三芯护套线与接线端子排连接，SB3、SB4 使用一根三芯护套线与接线端子排连接。经过接线端子排再接入控制电路。

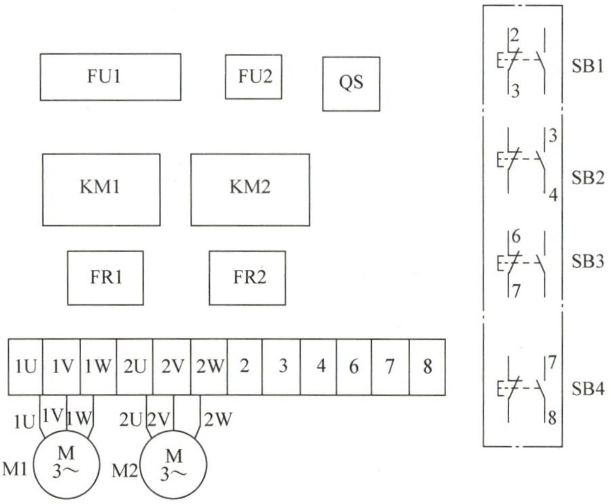

图 6-17 顺序控制电路（1）的接线图

3. 检查电路

接线完成后，先进行常规检查。对照原理图逐线核查。用手拨动各接线端子处接线，排除虚接故障。接着在断电的情况下，用万用表电阻档检查。断开 QS，摘下接触器灭弧罩。先检查主电路，再检查控制电路，方法同前。重点检查控制电路中顺序控制的触点：将万用表的一只表笔放在 SB3 的上端，另一只表笔放在 KM2 线圈的下端，按下 SB4 此时应为断开。按下接触器 KM1 的触点支架，再按下 SB4，此时应测得 KM2 线圈的电阻值，即电路为接通状态，松开 KM1 的触点支架，电路断开。

4. 通电试车

完成上述各项检查后，清理好工具和安装板，检查三相电源。将接触器的灭弧罩装好，将热继电器电流整定值按电动机的需要调节好，在指导老师的监护下试车。

（1）空操作试验

在实验时必须拆下电动机接线，合上 QS，按下 SB2 后，接触器 KM1 应立即得电动作，松开 SB2，接触器 KM1 能保持吸合状态；按下按钮 SB4，KM2 应立即得电动作。松开 SB4，KM2 保持吸合；按下停止按钮 SB1，KM1、KM2 相继释放。若先按下按钮 SB4，接触器不动作。在操作过程中注意听接触器动作的声音。反复操作几次，以检查线路动作的可靠性。

（2）带负荷试车

切断电源后，接好电动机，合上 QS，按下 SB2，电动机 M1 应立即得电起动；松开 SB2，电动机继续运转；按下 SB1 时电动机 M1 停车。若按下 SB4，电动机 M2 不动作。先按下按钮 SB2，电动机 M1 起动并保持，再按下按钮 SB4，电动机 M2 起动并保持，按下按钮 SB1，电动机 M1、M2 相继停止。

5. 电路故障检查及排除

在通电试车后，若出现故障或没有达到控制要求，应立即停车检查，排除故障，重新试车。

6.2.6　正反转控制电路及检查试车

生产机械的运动部件往往要求实现正反两个方向的运动，这就要求拖动电动机能作正反向运转。从电动机原理可知，改变异步电动机三相电源相序即可改变电动机旋转方向。

1. 常用的电动机正反转控制电路

（1）倒顺转换开关控制的电动机正反转控制电路

倒顺转换开关控制电动机正反转的控制电路如图 6-18 所示。由于倒顺开关无灭弧装置，若直接用来控制电动机，如图 6-18a 所示，则仅适用于控制容量为 5.5 kW 以下的电动机。若只用倒顺开关来预选电动机的旋转方向，由接触器 KM 来接通与断开电动机的电源，并且接入热继电器 FR，电路具有长期过载保护和欠电压保护与失电压保护，如图 6-18b 所示，则可以控制容量大于 5.5 kW 电动机。

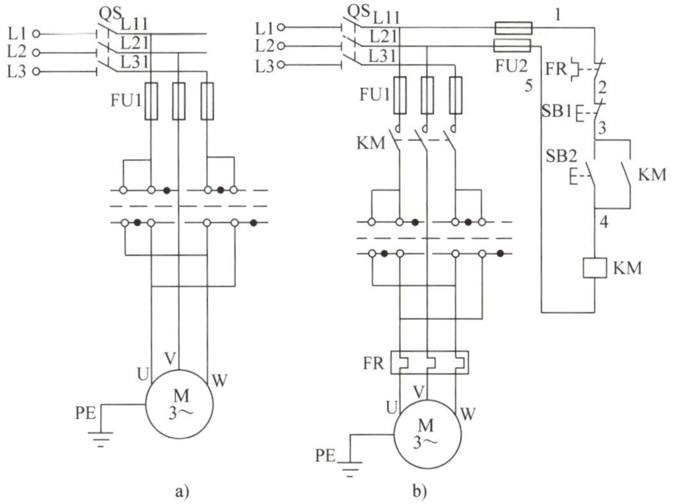

图 6-18　倒顺转换开关控制电动机正反转的控制电路

（2）电气互锁的正反转控制电路

图 6-19 所示为电气互锁的正反转控制电路，电路中要使用两只交流接触器来改变电动机的电源相序。显然，两只接触器不能同时得电动作，否则将造成电源短路。因而必须设置互锁电路。

6-4 正反转控制 1

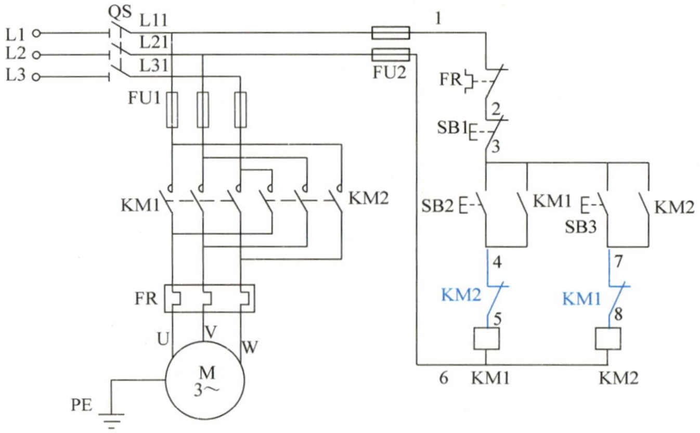

图 6-19 电气互锁的正反转控制电路

图 6-19 是辅助触点互锁的正反向控制电路的电气原理图。主电路中使用两个接触器来改变电源的相序，KM1 闭合时，接通电动机的正序电源，电动机正转；KM2 闭合时，将 L1、L3 两相电源反接后接入电动机，电动机反转。辅助电路中的 SB2 是正转的起动按钮，SB3 是反转的起动按钮，KM1、KM2 使用一副常开触点进行自锁，另外 KM1、KM2 将常闭触点串在对方线圈电路中，形成电气互锁。当 KM1 先接通时，其常闭触点 KM1（7-8）断开，KM2 线圈则无法通电；当 KM2 先接通时，其常闭触点 KM2（4-5）断开，KM1 线圈无法接通，这样两只接触器不能同时得电动作，便防止了电源短路。要想实现由正转到反转的控制或由反转到正转的控制，都必须先按下停止按钮 SB1，使接触器断电释放，互锁的常闭触点闭合，再按下正转或反转的起动按钮，这就构成了正转-停止-反转、反转-停止-正转的控制。

电路控制动作如下：合上刀开关 QS。正向起动：按下 SB2→KM1 线圈得电。常闭辅助触点 KM1（7-8）断开，实现互锁；KM1 主触点闭合，电动机 M 正向起动运行；常开辅助触点 KM1（3-4）闭合，实现自锁。反向起动：先按停止按钮 SB1→KM1 线圈失电。常开辅助触点 KM1（3-4）断开，切除自锁；KM1 主触点断开，电动机断电；KM1（7-8）常闭辅助触点闭合。再按下反转起动按钮 SB3→KM2 线圈得电：KM2（4-5）常闭辅助触点分断，实现互锁；KM2 主触点闭合，电动机 M 反向起动；KM2（3-7）常开辅助触点闭合，实现自锁。

（3）按钮电气双重互锁的正反转控制电路

在电气互锁的正反转控制电路中，进行电动机由正转变反转或由反转变正转的操作中，需先按下停止按钮 SB1，再进行反向或正向起动的控制，对于要求电动机直接由正转变反转或反转直接变正转时，可采用按钮电气双重联锁的正反转控制电路，如图 6-20所示。它是在图 6-19 的基础上，采用了复合按钮，用起动按钮的常闭触点构成按钮互锁，形成具有电

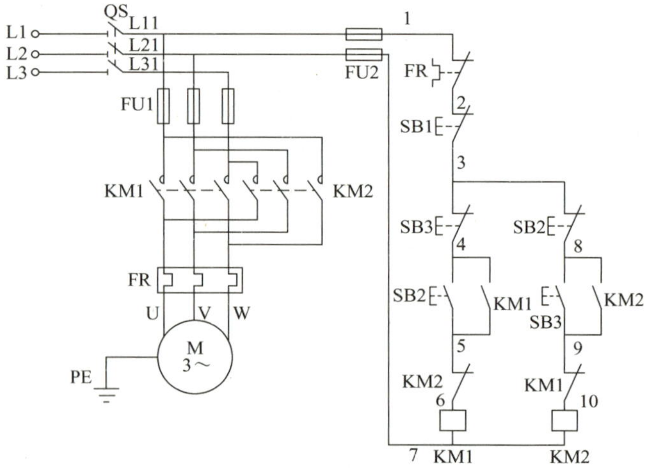

图 6-20 按钮电气双重联锁的正反转控制电路

气、按钮双重互锁的正反转控制电路，该电路既可实现正转-停止-反转、反转-停止-正转的操作，也可以实现正转-反转-停止、反转-正转-停止的操作。

2. 按照原理图接线

6-5　正反转控制 2

在按钮电气双重互锁的正反转控制电路的原理图上（见图 6-20），按规定标好线号，画出按钮电气双重互锁的正反转控制电路的接线图，如图 6-21 所示。接线时应注意以下几个问题。

1）主电路从 QS 到接线端子板 XT 之间的走线方式与单向起动线路完全相同。两只接触器主触点端子之间的连线可以直接在主触点高度的平面内走线，不必向下贴近安装底板，以减少导线的弯折。

2）做辅助电路接线时，可先接好两只接触器的自锁线路，然后做按钮联锁线，核查无误后，最后做辅助触点联锁线。每做一条线，就在图上标一个记号，随做随核查，反复核对，避免漏接、错接和重复接线。按钮盒的接线可以参考图 6-21。

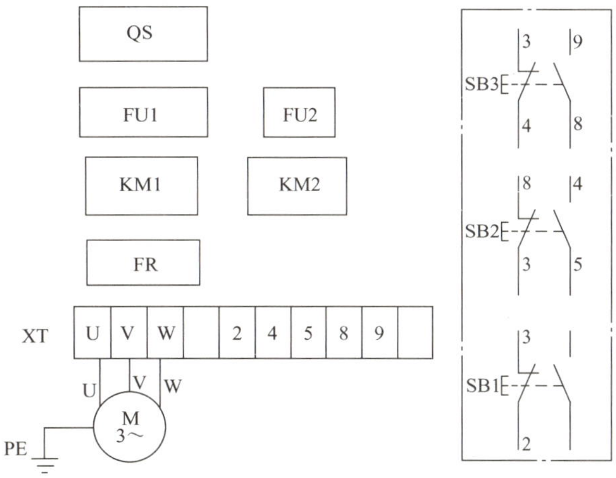

图 6-21　按钮电气双重互锁的正反转控制电路的接线图

3. 检查电路

首先对照原理图、接线图逐线核查。重点检查主电路中两只接触器之间的换相线，辅助电路的自锁、按钮互锁及接触器辅助触点的互锁电路，特别注意自锁触点用接触器自身的常开触点，互锁触点是将自身的常闭触点串入对方的线圈回路。同时检查各端子处接线是否牢靠，排除虚接故障。接着在断电的情况下，用万用表电阻档检查。断开 QS，摘下 KM1、KM2 的灭弧罩。

（1）检查主电路

断开 FU2 以切除辅助电路。首先检查各相通路：两支表笔分别接 L11～L21、L21～L31 和 L11～L31 端子，测量相间电阻值。未操作前应测得断路；分别按下 KM1、KM2 的触点架，均应测得电动机绕组的直流电阻值。接着检查电源换相通路：两支表笔分别接 L11 端子和接线端子板上的 U 相端子，按下 KM1 的触点架时应测得 $R\to 0$；松开 KM1 而按下 KM2 触点架时，应测得电动机绕组的电阻值。用同样的方法测量 L21～V、L31～W 之间的通路。

（2）检查辅助电路

拆下电动机接线，接通 FU2 将万用表笔接于 QS 下端 L11、L21 端子，操作按钮前应测得断路。

按下 SB2 应测得 KM1 线圈电阻值，同时再按下 SB1，万用表应显示电路由通而断，这样是检查正转停车控制，同样的方法可以检查反转停车控制电路。

按下 KM1 触点支架应测得 KM1 线圈电阻值，说明自锁电路正常，用同样的方法检测 KM2 线圈的自锁电路。

检查电气互锁电路，按下 SB2（或 KM1 触点架），测得 KM1 线圈电阻值后，再同时按下 KM2 触点架使其常闭触点分断，万用表应显示电路由通而断；说明 KM2 的电气互锁触点工作正常，用同样方法检查 KM1 对 KM2 的互锁作用。

检查按钮互锁电路，按下 SB2（或 KM1 触点架），测得 KM1 线圈电阻值后，再同时按下反转起动按钮 SB3，万用表应显示电路由通而断，说明 SB3 的互锁按钮工作正常，用同样方法检查 SB2 的互锁按钮的工作情况。

按前述的方法检查 FR 的过载保护作用，然后使 FR 触点复位。

4. 通电试车

上述检查一切正常后，检查三相电源，装好接触器的灭弧罩，清理试验台上的杂物，在老师监护下试车。

1）空操作试验。拆下电动机接线，合上刀开关 QS。检查正转-反转-停止、反转-正转-停止的操作：按一下 SB2，KM1 应立即动作并能保持吸合状态；按下 SB3，KM1 应立即释放，将 SB3 按到底后松开，KM2 动作并保持吸合状态；按下 SB2，KM2 应立即释放，将 SB2 按到底后松开，KM1 动作并保持吸合状态；按下 SB1，接触器释放，操作时注意听接触器动作的声音，检查互锁按钮的动作是否可靠，操作按钮时，速度放慢一些。

2）带负荷试车。切断电源后接好电动机接线，合上刀开关后试车，操作方法同空操作试验。注意观察电动机起动时的转向和运行声音，如有异常立即停车检查。

5. 常见的故障

1）将 KM1 的常开辅助触点并接在 SB3 常开按钮上，KM2 的常开辅助触点并接到 SB2 的常开按钮上，使 KM1、KM2 均不能自锁，常见的故障（1）如图 6-22 所示。这种故障现象是：按下 SB2，KM1 动作，但松开按钮时接触器释放，按下 SB3 时，KM2 动作，松开按钮，KM2 释放。

2）将 KM1 的常闭互锁触点接入 KM1 线圈的回路，将 KM2 常闭互锁触点接入 KM2 线圈回路，常见的故障（2）如图 6-23 所示。这种故障的现象是：按下 SB2 接触器 KM1 剧烈振动，主触点严重起弧，电动机时转时停；松开 SB2 则 KM1 释放。按下 SB3 时 KM2 的现象与 KM1 相同。因为当按下按钮时，接触器得电动作后，常闭互锁触点断开，切断自身线圈通路，造成线圈失电，其触点复位，又使线圈得电而动作，接触器将不断地接通、断开，产生振动。

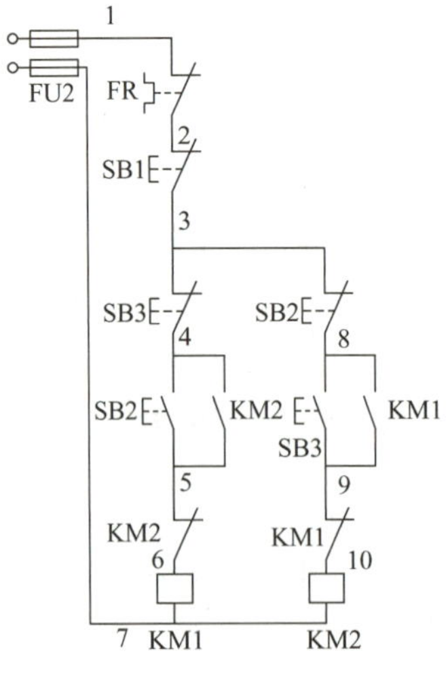

图 6-22 常见的故障（1）

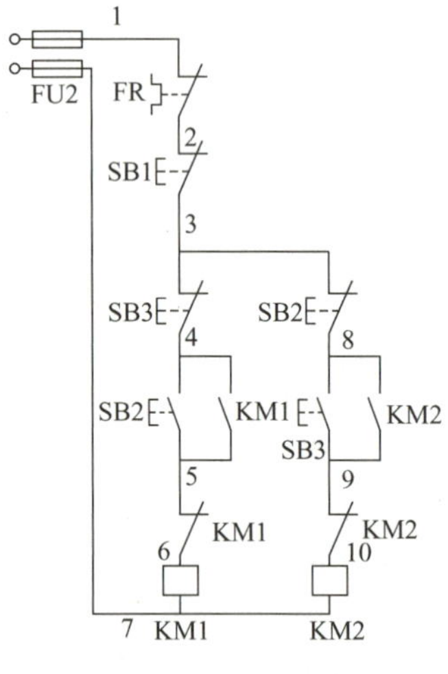

图 6-23 常见的故障（2）

6.2.7 限位控制和自动往复循环控制电路及检查试车

1. 限位控制电路

限位控制电路是指电动机所拖动的运动部件达到规定位置后自动停止，然后按返回按钮使机械设备返回到起始位置后自动停止。停止信号是由安装在规定位置的行程开关发出的，当运动部件到达规定的位置，其挡铁压下行程开关，行程开关的常闭触点断开，发出停止的信号。限位控制电路如图 6-24 所示。

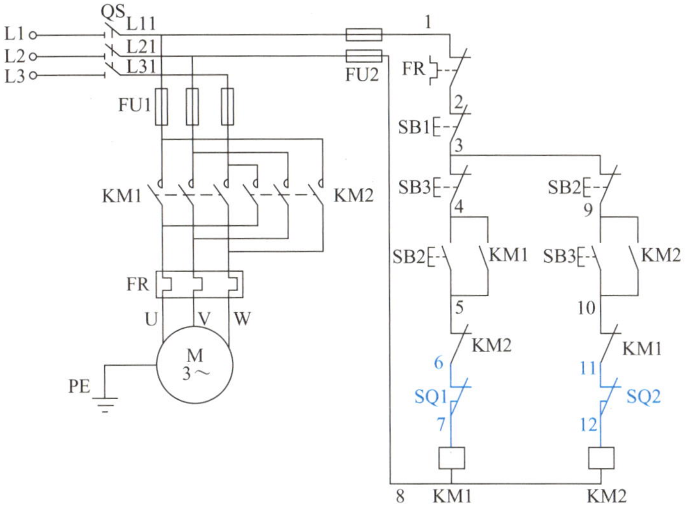

图 6-24　限位控制电路

图 6-24 中，SB1 为停止按钮，SB2 为电动机正转起动按钮，SB3 为电动机反转起动按钮，SQ1 为前行到位行程开关，SQ2 为后退到位行程开关。电路控制动作如下：合上刀开关 QS，当按下正转起动按钮 SB2 时，KM1 线圈通电吸合，电动机正向起动，拖动运动部件前进，到达规定的位置后，运动部件的挡铁压下行程开关 SQ1，其常闭触点 SQ1（6-7）断开，KM1 线圈断电释放，电动机停止，运动部件停止在行程开关的安装位置。此时如果操作人员再按下 SB2，KM1 线圈也不会通电，电动机也不会正向起动。当需要运动部件后退、电动机反转时，按下电动机反转起动按钮 SB3，KM2 线圈通电吸合，电动机反向起动，拖动运动部件后退，到达规定的位置后，运动部件的挡铁压下行程开关 SQ2，其常闭触点 SQ2（11-12）断开，KM2 线圈断电释放，电动机停止，运动部件停止在行程开关的安装位置。由此可以看出，行程开关的常闭触点相当于运动部件到位后的停止按钮。

2. 自动往复控制电路

生产机械的运动部件需要自动的往复运动，为此常用行程开关作控制元件来控制电动机的正反转。图 6-25 为电动机自动往返可逆示意图。图中 SQ1、SQ2 、SQ3、SQ4 为行程开关，SQ1、SQ2 用来控制工作台的自动往返，相当于双重联锁正反向控制电路中的正向起动按钮 SB2 和反向起动按钮 SB3，只不过它们不是由操作者按动的，而是由运动部件上的挡铁来操作的，因而实现了自动往复控制。SQ3、SQ4 进行限位保护，即限制工作台的极限位置。当按下正向（或反向）起动按钮，电动机正向（或反向）起动旋转，拖动运动部件前进（或后退），当运动部件上的挡铁压下换向行程开关 SQ1（或 SQ2）时，将使电动机改变转向，如此循环往复，实现电动机可逆旋转控制，工作台就能实现往复运动，直到操作人员按下停止按钮时，电动机便停止旋转。往复运动的控制电路如图 6-26 所示。

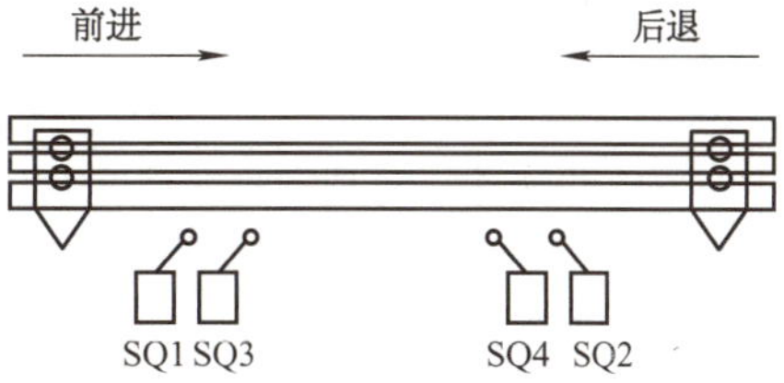

图 6-25　电动机自动往返可逆示意图

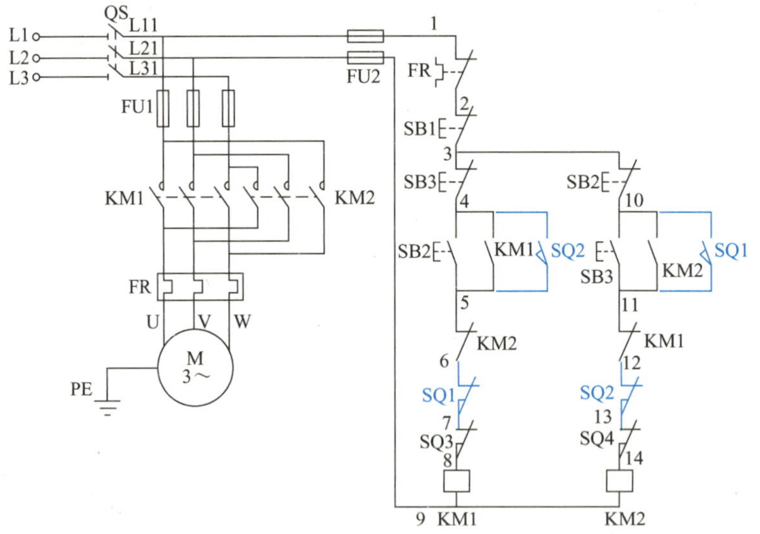

图 6-26 往复运动的控制电路

3. 按照原理图接线

按照图 6-26 往复运动的控制电路接线，接线要求与正反向控制电路基本相同。应注意接线端子排 XT 与各行程开关之间的连接线应使用护套线，走线时应将护套线固定好，走线路径不可影响运动部件正、反两个方向的运动。接线前应先用万用表认真校线，套上线号管，核对无误后再接到端子上。特别注意区别行程开关的常开、常闭触点端子，防止错接。接线时参看接线图 6-27。

SQ1 和 SQ2 的作用是行程控制，而 SQ3 和 SQ4 的作用是限位保护，这两组开关不可装反，否则会引起错误动作。

4. 检查电路

对照电气原理图和接线图逐线检查电路并排除虚接的情况。接着用万用表按规定的步骤检查。断开 QS，先检查主电路，再拆下电动机接线，检查辅助电路的正、反向起动、自锁、按钮及辅助触点联锁等控制和保护作用，方法同双重联锁正反转控制电路，排除发现的故障。

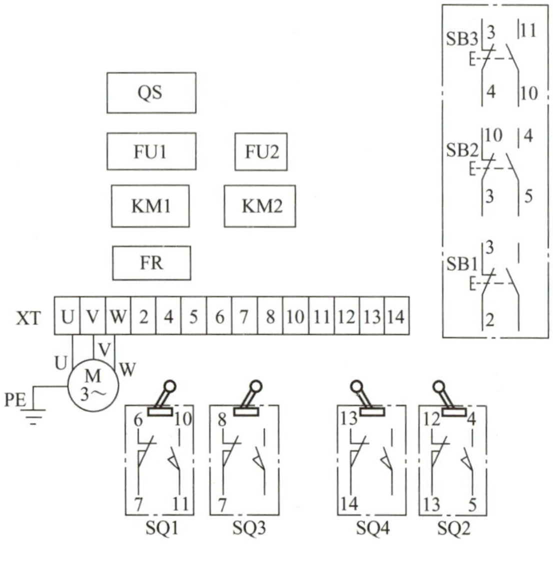

图 6-27 往复运动的控制电路的接线图

最后再做下面的检查。

1）检查限位控制。先按下 SB2 不松开（或 KM1 触点架）测得 KM1 线圈电阻值后，再按下行程开关 SQ3 的滚轮，使其常闭触点断开，万用表应显示电路由通而断。先按下 SB3 不松开（或 KM2 触点架）测得 KM2 线圈电阻值后，再按下行程开关 SQ4 的滚轮，使其常闭触点断开，万用表应显示电路由通而断。

2）检查行程控制。按下 SB2 不要放开，测得 KM1 线圈电阻值；再轻轻按下 SQ1 的滚轮，使其常闭触点分断，万用表应显示电路由通而断；将 SQ1 的滚轮按到底，万用表应显示电路由断而通，测得 KM2 线圈的电阻值。按下 SB3 不放，应测得 KM2 线圈的电阻值；再轻轻按下 SQ2 的滚轮，使其常闭触点分断，万用表应显示电路由通而断；将 SQ2 的滚轮按到底，万用表应显示电路由断而通，测得 KM1 线圈的电阻值。

5. 通电试车

做好清理准备工作，安装好接触器的灭弧罩，检查三相电源。在指导老师的监护下试车。

（1）空操作试验

合上刀开关 QS，按照双重联锁的正反转控制电路的试验步骤检查各控制、保护环节的动作。试验结果一切正常后，再按一下 SB2 使 KM1 得电动作并吸合，然后用绝缘棒按下 SQ3 的滚轮，使其触点分断，则 KM1 应失电释放。再按下 SB3 使 KM2 得电动作，按下 SQ4 滚轮，KM2 应失电释放。反复试验几次，检查限位保护动作的可靠性。

按下 SB2 使 KM1 得电动作后，用绝缘棒轻按 SQ1 滚轮，使其常闭触点分断，KM1 应释放，将 SQ1 滚轮按到底，则 KM2 得电动作；再用绝缘棒缓慢按下 SQ2 滚轮，则应先后看到 KM2 释放、KM1 得电动作。反复试验几次以后检查行程控制动作的可靠性。

（2）带负荷试车

断开 QS，接好电动机接线。合上刀开关 QS，做好立即停车的准备，做下述几项试验。

1）检查电动机转向。按下 SB2 电动机起动，拖动设备上的运动部件开始移动，如移动方向为前进（指向 SQ1）则符合要求；如果运动部件后退，则应立即断电停车，将刀开关 QS 上端子处的任意两相电源线交换位置后，再接通电源试车。电动机的转向符合要求后，操作 SB3 使电动机拖动部件反向运动，检查 KM2 的改换相序作用。

2）正反向控制试验。方法同双重联锁的正反转控制，试验 SB1、SB2、SB3 每个按钮的控制作用。

3）行程控制试验。做好立即停车的准备，正向起动电动机，运动部件前进，当部件移动到规定位置附近时，要注意观察挡铁与行程开关 SQ1 滚轮的相对位置。SQ1 被挡铁压下后，电动机应先停转再反转，运动部件后退，当部件在规定位置附近移动时，要注意观察挡铁与行程开关 SQ2 滚轮的相对位置，SQ2 被挡铁压下后，电动机应先停转再正转，运动部件前进。观察设备上的运动部件在正、反两个方向的规定位置之间往返的情况，试验行程开关及电路动作的可靠性。如果部件到达行程开关，挡块已将开关滚轮压下而电动机不能停车，应立即断电停车进行检查。重点检查这个方向上的行程开关的接线、触点及有关接触器的触点动作，排除故障后重新试车。

4）限位控制试验。起动电动机，在设备运行中，用绝缘棒按压该方向上的限位保护行程开关，电动机应断电停车。否则应检查限位行程开关的接线及其触点动作的情况，排除故障后重新试车。

6. 常见的故障

1）运动部件的挡铁和行程开关滚轮的相对位置不对正，滚轮行程不够，造成行程开关常闭触点不能分断，电动机不能停转。

故障现象是挡铁压下行程开关后，电动机不停车；检查接线没有错误，用万用表检查行程开关的常闭触点的动作情况以及电路的连接情况均正常；在正反转试验时，操作按钮 SB1、SB2、SB3 电路工作正常。

处理方法：用手摇动电动机轴，观察挡铁压下行程开关的情况。调整挡铁与行程开关的相对位置后，重新试车。

2）主电路接错，KM1、KM2 主触点接入线路时没有换相。

故障现象是电动机起动后设备运行，运动部件到达规定位置，挡块操作行程开关时接触器动作，但部件运动方向不改变，继续按原方向移动而不能返回；行程开关动作时两只接触器可以切换，表明行程控制作用及接触器线圈所在的辅助电路接线正确。

处理方法：改正主电路换相连线后重新试车。

6.3 三相笼型异步电动机减压起动控制电路及检查试车

1. Y-△减压起动控制电路

6-6 Y-△减压起动

图 6-28 是按时间原则转换的异步电动机Y-△减压起动的电路。主电路中：KM1 是引入电源的接触器，KM3 是将电动机接成星形联结的接触器，KM2 是将电动机接成三角形联结的接触器，它的主触点将电动机三相绕组首尾相接。KM1、KM3 接通，电动机进行星形起动，KM1、KM2 接通，电动机进入三角形运行，KM2、KM3 不能同时接通，KM2、KM3 之间必须互锁。在主电路中因为将热继电器 FR 接在三角形联结的边内，所以热继电器 FR 的额定电流为相电流。

控制电路工作情况：合上电源开关 QS。按下按钮 SB2→KM1 通电并自锁；KM3 通电：其主触点将电动机接成星形联结，接入三相电源进行减压起动，其互锁常闭触点 KM3（4-8）断开进行互锁，切断 KM2 线圈回路；同时 KT 线圈通电，经一定时间延时后，KT 延时断开的常闭触点 KT（6-7）延时断开，KM3 断电释放，电动机中性点断开；KT 延时闭合的常开触点 KT（8-9）延时闭合，KM2 通电并自锁，电动机接成三角形联结运行，同时 KM2 常闭触点 KM2（4-6）断开，断开 KM3、KT 线圈回路，使 KM3、KT 在电动机三角形联结运行时处于断电状态，使电路工作更可靠。

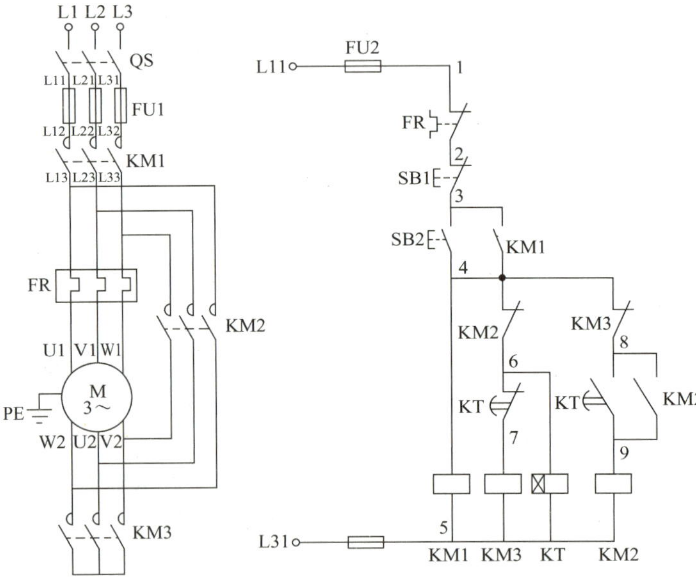

图 6-28 异步电动机Y-△减压起动的电路

2. 按照原理图接线

接线前要用万用表检查时间继电器的动作情况，图 6-28 控制电路中若选用的是通电延时型空气阻尼式时间继电器，将万用表的表笔分别放在延时闭合的常开触点和延时断开的常闭触点两端，用手模拟时间继电器电磁铁吸合，观察时间继电器触点动作的情况，是否符合延时闭合和延时断开的要求，并做好记录。在接线时不要接错。如果延时类型不符合要求，则将电磁机构拆下，倒转方向后装回，注意电磁机构的安装位置，并测量触点的动作情况，直到触点可靠动作。将延时时间调整到 5 s。

按照原理图中标注的线号顺序进行接线。注意主电路中接触器主触点之间的接线，特别是 KM2 主触点两端的线号要认真核对，一定要保证电动机绕组首尾相接。主电路中的电流较大，适用的导线截面较大，连接时各接线端要压接可靠，否则会引起接线端过热。控制电路中时间继电器的接点不要接错。

3. 检查电路

按原理图检查电路，并排除虚接情况。断开 QS，摘下接触器灭弧罩，万用表拨到电阻档，用万用表检查。

1）检查主电路。断开 FU2 切除控制电路。

检查 KM1 的控制功能：将万用表笔分别接 QS 下端的 L11 和 U2 端子，应测得断路；而按下 KM1 触点架时，应测得电动机一相绕组的电阻值。再用同样的方法检测 L21～V2、L31～W2 之间的电阻值。

检查Y起动电路：将万用表笔接 QS 下端的 L11、L21 端子，同时按下 KM1 和 KM3 的触点架，应测得电动机两相绕组串联的电阻值。用同样的方法测量 L21～L31 及 L11～L31 之间的电阻值。

检查△运行电路：将万用表笔接 QS 下端的 L11、L21 端子，同时按下 KM1 和 KM2 的触点架，应测得电动机两相绕组串联后再与第三相绕组并联的电阻值（小于一相绕组的电阻值）。

2）检查控制电路，拆下电动机接线。

检查起动控制：万用表笔接 L11、L31 端子，按下 SB2 应测得 KM1、KM3、KT 三只线圈的并联电阻值；按下 KM1 的触点支架，也应测得上述三只线圈的并联电阻值。

检查联锁电路：万用表笔接 L11、L31 端子，按下 KM1 触点架，应测得电路中三只线圈的并联电阻值；再轻按 KM2 触点架使其常闭触点 KM2（4-6）分断（不要放开 KM1 触点架），切除了 KM3、KT 线圈，KM2（8-9）常开触点闭合，接通 KM2 线圈，此时应测得两只线圈的并联电阻值，测量的电阻值应增大。

检查 KT 的控制功能：将万用表的表笔放在 KT（6-7）两端，此时应为接通，用手按下时间继电器的电磁机构不放，经过 5 s 的延时，万用表断开。同样的方法检查 KT（8-9）接点。

4. 通电试车

装好接触器的灭弧罩，检查三相电源，在指导老师的监护下通电试车。

1）空操作试验

合上 QS，按下 SB2，KM1、KM3 和 KT 应立即得电动作，约经 5 s 后，KT 和 KM3 断电释放，同时 KM2 得电动作。按下 SB1 则 KM1 和 KM3 释放。反复操作几次，检查电路动作的可靠性和延时时间，调节 KT 的延时旋钮，使其延时更准确。

2）带负荷试车

断开 QS，接好电动机接线，仔细检查主电路各熔断器的接触情况，检查各端子的接线情况，做好立即停车的准备。

合上 QS，按下 SB2，电动机应得电起动转速上升，此时应注意电动机运转的声音；约 5 s 后电路转换，电动机转速再次上升，进入全压运行。

5. 常见故障

1）使用空气阻尼式时间继电器，在调整电磁机构的安装方向后，电磁机构的位置安装不准确。故障现象是：进行空操作试车时，操作 SB2 后 KM1、KM3、KT 得电动作，但过 5 s 延时后，电路没有转换。此时应检查时间继电器的电磁机构的安装位置是否准确，用手按压 KT 的衔铁，约经过 5 s，延时器的顶杆已放松，顶住了衔铁，而未听到延时触点动作的声音。因电磁机构与延时器距离太近，使气囊动作不到位。调整电磁机构位置，使衔铁动作后，气囊顶杆可以完全复位。

2）KM3 主触点的Y联结的中性点的短接线接触不良，使电动机一相绕组末端引线未接入电路，电动机形成单相起动。故障现象是：电路空操作试验工作正常，带负荷试车时，按下 SB2，KM1 及 KM3 均得电动作，但电动机发出异响，转子向正、反两个方向颤动；立即按下 SB1 停车，KM1 及 KM3 释放时，灭弧罩内有较强的电弧。空操作试验时电路工作正常，说明控制电路接线正确。带负荷试车时，电动机的故障现象是缺相起动引起的。检查主电路熔断器及 KM1、KM3 主触点未见异常，检查连接线时，发现 KM3 主触点的中性点短接线接触不良，使电动机 W 相绕组末端引线未接入电路，电动机形成单相起动，大电流造成强电弧。由于缺相，绕组内不能形成旋转磁场，使电动机转轴的转向不定。排除方法是：接好中性点的接线，紧固好各端子，重新通电试车。

3）控制电路中，KM2 接触器的自锁触点的接线松脱。故障现象是：空操作试验时，Y联结起动正常，过 5 s 接触器换接，再过 5 s，又换接一次……如此重复。排除方法：接好 KM2 自锁触点的接线，重新试车。

6.4 三相笼型异步电动机的制动控制电路及检查试车

6.4.1 反接制动控制电路

反接制动时，转子与旋转磁场的相对速度接近于两倍的同步转速，定子绕组中流过的反接制动电流相当于直接起动时电流的两倍，冲击很大。为了减少冲击电流，通常对于笼型异步电动机的定子回路串接电阻来限制反接制动电流。反接制动电阻可以采用对称接法和不对称接法。对称接法在定子三相绕组中都串入制动电阻，不对称接法是只在两相绕组中串入制动电阻。制动电阻的对称接法可以在限制制动转矩的同时限制制动电流，制动电阻的不对称接法在没有串入制动电阻的那一相，仍具有较大的电流，因此一般采用对称接法。电动机定子绕组正常工作时的相电压为 380 V 时，若要限制反接制动电流不大于起动电流，如采用对称接法，则每相应串入的电阻值 $R=1.5\times220/I_{st}$，I_{st}为电动机直接起动的电流，如采用不对称接法时，则电阻值应为对称接法电阻值的 1.5 倍。绕线转子异步电动机则可在转子回路中串入制动电阻。

1. 电动机单向运行反接制动控制电路

图 6-29 为制动电阻对称接法的电动机单向运行反接制动的控制电路。

在主电路中，KM1 接通，KM2 断开时，电动机单向电动运行；KM1 断开，KM2 接通时，电动机电源相序改变，电动机进入反接制动的运行状态。并用速度继电器检测电动机转速的变化，当电动机转速 $n>130$ r/min 时，速度继电器的触点动作（其常开触点闭合，常闭触点断开），当转速 $n<100$ r/min 时，速度继电器的触点复位（其常开触点断开，常闭触点闭合）。这样可以利用速度继电器的常开触点，当转速下降到接近于 0 时，使 KM2 接触器断电，自动地将电源切除。在控制电路中停止按钮用的是复合按钮。

电路的工作情况如下：先合上 QS。起动时，按下起动按钮 SB2→接触器 KM1 线圈通电并自

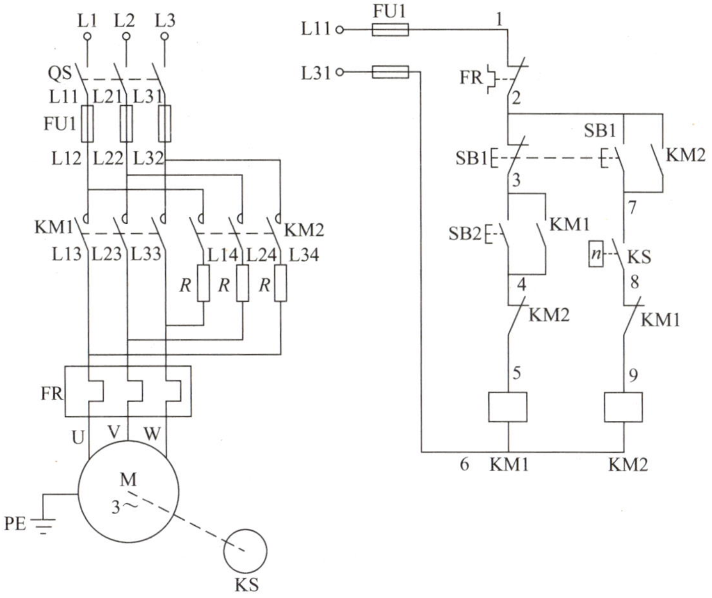

图 6-29　制动电阻对称接法的电动机单向运行反接制动的控制电路

锁：其主触点闭合，电动机起动运行；KM1（8-9）断开，互锁。当电动机的转速大于 130 r/min 时，速度继电器 KS 的常开触点 KS（7-8）闭合。停车时，按下停止按钮 SB1，其常闭触点 SB1（2-3）先断开：KM1 线圈断电；KM1 主触点断开，电动机的电源断开；KM1（3-4）断开，切除自锁；KM1（8-9）闭合，为反接制动作准备。此时电动机的电源虽然断开，但在机械惯性的作用下，电动机的转速仍然很高，KS（7-8）仍处于闭合状态。将 SB1 按到底，其常开触点 SB1（2-7）闭合→接通反接制动接触器 KM2 的线圈：常开触点 KM2（2-7）闭合自锁；常闭触点 KM2（4-5）断开，进行互锁；KM2 主触点闭合，使电动机定子绕组 U、W 两相交流电源反接，电动机进入反接制动的运行状态，电动机的转速迅速下降。当转速 $n<100$ r/min 时速度继电器的触点复位，KS（7-8）断开，KM2 线圈断电，反接制动结束。

2. 按照原理图接线

照图 6-30 进行接线。接主电路时注意 KM1 及 KM2 主触点的相序不可接错。接线端子板 XT 与电阻箱之间使用护套线。速度继电器装在电动机轴头或传动箱上预留的安装平面上，用护套线通过接线端子排与控制电路连接，JY1 系列速度继电器有两组触点，每组都有常开、常闭触点，使用公共触点，接线前用万用表进行测量分辨，防止错接造成线路故障。注意，使用速度继电器时，一定先根据电动机的运转方向正确选择速度继电器的触点，然后再接线。接线时可参照安装接线图 6-30。

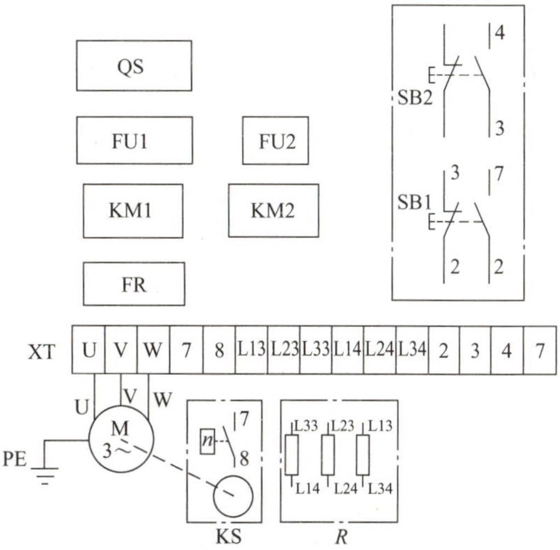

图 6-30　电动机单向运行反接制动的控制电路的接线图

3. 检查电路

检查速度继电器的转子、联轴器与电动机轴（或传动轴）的转动是否同步；检查它的触点切换动作是否正常。还应检查限流电阻箱的接线端子及电阻的情况，检查电动机和电阻箱的接地情况。测量每只电阻的阻值并做记录。接线完成后按控制电路图逐线进行检查并排除虚接的情况。接着断开 QS，摘下 KM1、KM2 的灭弧罩，用万用表的电阻档做以下几项检测。

（1）检查主电路

断开 FU2 切除辅助电路。按下 KM1 触点架，分别测量 QS 下端 L11～L21、L21～L31 及 L11～L31 之间电阻，应测得电动机各相绕组的电阻值；松开 KM1 触点架，则应测得断路。按下 KM2 触点架，分别测量 QS 下端 L11～L21、L21～L31 及 L11～L31 之间电阻，应测得电动机各相绕组串联两只限流电阻后的电阻值；松开 KM2 触点架，应测得断路。

（2）检查辅助电路

拆下电动机接线，接通 FU2，将万用表笔分别接 L11、L31 端子，做以下测量。

1）检查起动控制。按下 SB2，应测得 KM1 线圈电阻值；松开 SB2 则应测得断路；按下 KM1 触点架，应测得 KM1 线圈电阻值；放松 KM1 触点架，应测得断路。

2）检查反接制动控制。按下 SB2，再按下 SB1，万用表显示由通而断；松开 SB2，将 SB1 按到底，同时转动电动机轴，使其转速约达 130 r/min，使 KS 的常开触点闭合，应测得 KM2 线圈电阻值；电动机停转则测得电路由通而断。同样，按下 KM2 触点架，同时转动电动机轴使 KS 的常开触点闭合，应测得 KM2 线圈电阻值。在此应注意电动机轴的转向应能使速度继电器的常开触点闭合。

3）检查联锁电路。按下 KM1 触点架，测得 KM1 线圈电阻值的同时，再按 KM2 触点架使其常闭触点分断，应测得电路由通而断；同样将万用表的表笔接在 8 号线端和 L31 端，将测得 KM2 线圈电阻值，再按下 KM1 触点架使其常闭触点分断，也应显示电路由通而断。

4. 通电试车

万用表检查情况正常后，检查三相电源，装好接触器灭弧罩，装好熔断器，在老师监护下试车。

合上 QS，按下 SB2，观察电动机起动情况；轻按 SB1、KM1 应释放使电动机断电后惯性运转而停转。在电动机转速下降的过程中观察 KS 触点的动作。再次起动电动机后，将 SB1 按到底，电动机应制动，在 1～2 s 内停转。

5. 常见的故障

1）电动机起动后，速度继电器 KS 的摆杆摆向没有使用的一组触点，使电路中使用的 KS 的触点不起控制作用，致使停车时没有制动作用。这时应断电，将控制电路中的速度继电器的触点换成另外一组，重新试车。注意：使用速度继电器时，一定先根据电动机的转向正确选择速度继电器的触点，然后再接线。

2）速度继电器 KS 的常开触点在转速较高时（远大于 100 r/min）复位，致使电动机制动过程结束，KM2 断开时，电动机转速仍较高，不能很快停车。速度继电器出厂时切换动作转速已调整到 100 r/min，但在运输过程中因震动等原因，可能使触点的复位机构螺钉松动造成误差。处理办法是：切断电源，松开触点复位弹簧的锁定螺母，将弹簧的压力调小后再将螺母锁紧。重新试车观察制动情况，反复调整几次，故障排除。

3）速度继电器 KS 的常开触点断开过迟，在转速降低到 100 r/min 时还没有断开，造成 KM2 释放过晚，在电动机制动过程结束后，电动机又慢慢反转。处理办法是：将复位弹簧压力适当调大，反复试验调整后，将锁定螺母紧好即可。

6.4.2　能耗制动控制电路

1. 速度原则控制的单向能耗制动控制电路

图 6-31 是速度原则控制的单向能耗制动控制电路。和按时间原则控制的电动机单向运行的能耗制动控制电路基本相同，只是在主电路中增加了速度继电器，在控制电路中不再使用时间继电器，而是用速度继电器的常开触点代替了时间继电器延时断开的常闭触点。

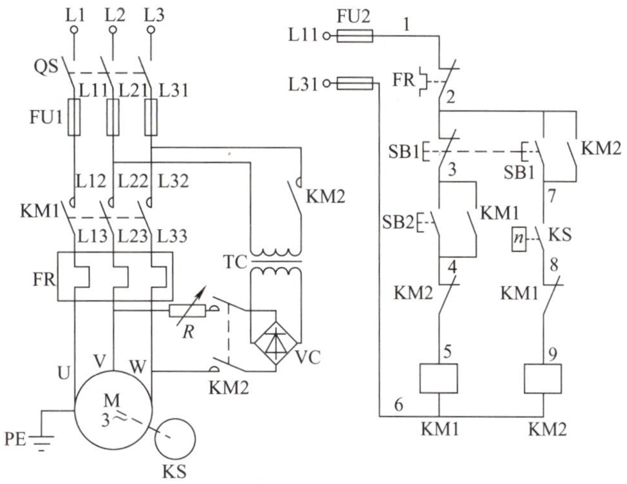

图 6-31　速度原则控制的单向能耗制动控制电路

电路的工作情况是：按下 SB2，KM1 线圈通电并自锁，其主触点闭合，电动机正向运转，KM1（8-9）断开，对 KM2 线圈互锁。当电动机转速上升到一定值时，速度继电器常开触点 KS（7-8）闭合。电动机若要停止运行，则按下按钮 SB1，其常闭触点 SB1（2-3）先断开，KM1 线圈断电，KM1 主触点断开，电动机断开三相交流电源，由于惯性，电动机的转子的转速仍然很高，速度继电器常开触点 KS（7-8）仍然处于闭合状态。将 SB1 按到底，其常开触点 SB1（2-7）闭合，KM1（8-9）已经闭合，能耗制动接触器 KM2 线圈通电并自锁，其主触点闭合，将直流电源接入电动机的两相定子绕组中进行能耗制动，电动机的转速迅速降低。当电动机的转速接近零时，速度继电器复位，其常开触点 KS（7-8）断开，接触器 KM2 线圈断电释放，能耗制动结束。当电动机能够通过传动系统实现速度的变换，则可以采用速度原则控制的能耗制动。

2. 无变压器单管能耗制动控制电路

前面所讲的能耗制动是由一套整流装置及整流变压器构成的单相桥式整流电路作为直流电源，制动效果好，但制动的成本较高。而无变压器单管能耗制动控制电路适用于 10 kW 以下电动机，这种电路结构简单，附加设备较少，体积小，采用一只二极管半波整流器作为直流电源，无变压器单管能耗制动控制电路如图 6-32 所示。

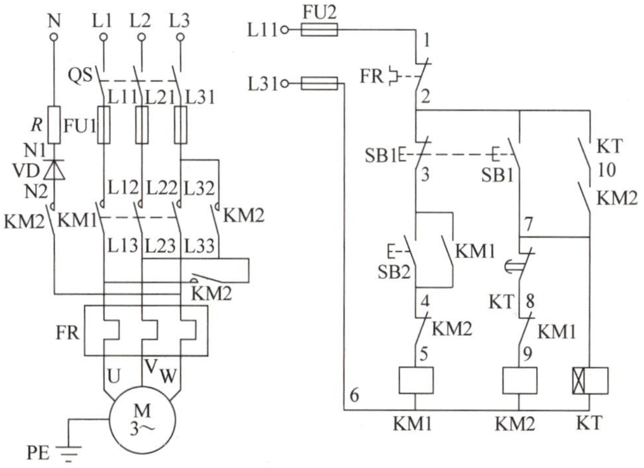

图 6-32　无变压器单管能耗制动控制电路

图中 KM1 为单向运行的接触器，KM2 为单管能耗制动的接触器，KT 为能耗制动时间继电器。该电路的整流电源为 220 V，由 KM2 主触点接至电动机定子绕组，经整流二极管 VD 接到中性线 N 构成回路。

能耗制动比反接制动消耗的能量

少，制动电流比反接制动时小，只是需要增加整流设备。能耗制动所需的直流电流不能太大，一般取 $1.5I_N$ 或（3~5）I_0；I_N 为电动机的额定电流，I_0 为电动机的空载线电流。可以通过调节制动电阻来调节制动电流。

3. 无变压器半波整流能耗制动控制电路实际操作

（1）元件准备

半波整流能耗制动控制电路实际操作所需电气元器件明细表见表6-1。根据电气元器件明细表预先制作安装整流二极管和制动电阻的支架。

表6-1 半波整流能耗制动控制电路实际操作所需电气元器件明细表

代号	名 称	型 号	规 格	数量	检测结果
FU1	主电路熔断器	RL1-60-25	60A、配25A熔体	3	
FU2	控制电路熔断器	RL1-15-4	15A配4A熔体	2	
KM	交流接触器	CJ10-20	20A、线圈电压380V	2	测量线圈电阻值：
FR	热继电器	JR16-20/3	三极、20A、整定电流8.8A	1	
SB1、SB2	按钮	LA4-2H	按钮数为2保护式	1	
XT	接线端子排	JD0-1020	380V、10A、20节	1	
V	整流二极管	2CZ30	30A、600V	1	
R	制动电阻		0.5Ω、50W（外接）	1	
M	三相异步电动机	Y-112M-4	4kW、380V、8.8A、△联结、1440r/min	1	测量电动机绕组电阻：

（2）照图接线与检测

按照图6-32上所标的线号进行接线，特别注意KM1、KM2主触点之间的连接线，防止错接造成短路。整流二极管和制动电阻应通过接线端子排接入控制电路。接线完成后要逐线逐号地核对，然后用万用表检查。

断开QS，摘下接触器灭弧罩，使用万用表的 $R\times1$ 档做以下各项检测。

1）断开FU2切除辅助电路，检查主电路。

首先检查起动电路，按下KM1的触点架，在QS下端子测量L11~L21、L21~L31及L11~L31端子之间的电阻，应测得电动机各绕组的电阻值；放开KM1触点架，电路由通而断。

然后检查制动电路，将万用表拨到 $R\times10\,k\Omega$ 档，按下KM2触点架，将黑表笔接QS下端L31端子，红表笔接中性线N端，应测得 R 和整流器VD的正向导通后电动机的电阻值；将表笔调换位置测量，应测得 $R\to\infty$。

2）检查辅助电路。拆下电动机接线，接通FU2，将万用表拨回 $R\times1$ 档，表笔接QS下端L11、L31处检测。

按前面所述方法检查起动控制后，再检查制动控制：按下SB1或按下KM2的触点架并同时按住KT电磁机构的衔铁，均应测得KM2与KT两只线圈的并联电阻值。最后检查KT延时控制：断开KT线圈的一端接线，按下SB1应测得KM2线圈，同时按住KT电磁机构的衔铁，当KT延时触点动作时，万用表应显示电路由通而断。重复检测几次，将KT的延时时间调整到2s左右。

（3）通电试车

完成上述检查后，检查三相电源及中性线，装好接触器的灭弧罩，在老师的监护下试车。

1）空操作试验。合上QS，按下SB2，KM1应得电并保持吸合；轻按SB1则KM1释放。按SB2使KM1动作并保持吸合，将SB1按到底，则KM1释放而KM2和KT同时得电动作，KT延时触点约2s左右动作，KM2和KT同时释放。

2）带负荷试车。断开QS，接好电动机接线，先将KT线圈一端引线断开，合上QS。

首先检查制动作用。起动电动机后，轻按 SB1，观察 KM1 释放后电动机能否惯性运转。再起动电动机后，将 SB1 按到底使电动机进入制动过程，待电动机停转立即松开 SB1。记下电动机制动所需要的时间。此时应注意，要进行制动时，要将 SB1 按到底才能实现。

然后根据制动过程的时间来调整时间继电器的整定时间。切断电源后，调整 KT 的延时为刚才记录的时间，接好 KT 线圈连接线，检查无误后接通电源。起动电动机，待达到额定转速后进行制动，电动机停转时，KT 和 KM2 应刚好断电释放，反复试验调整以达到上述要求。

试车中应注意起动、制动不可过于频繁，防止电动机过载及整流器过热。

能耗制动电路中使用了整流器，因而主电路接线错误时，除了会造成 FU1 动作，KM1 和 KM2 主触点烧伤以外，还可能烧毁整流器，因此试车前应反复核查主电路接线，并一定进行空操作试验，线路动作正确、可靠后，再进行带负荷试车，避免造成事故。

6.5 三相笼型异步电动机速度控制

6.5.1 变极调速控制电路

变极调速常用的方法是通过改变定子绕组的连接方式构成的双速电动机。双速电动机在绕组的极数改变后，其相序和原来的相反，所以在变极的同时将改变三相绕组电源的相序，以保持电动机在低速和高速时的转向相同。双速电动机常用的控制电路有按钮控制电路和按时间原则自动转换的控制电路。图 6-33a 为双速电动机的控制主电路。在主电路中，KM1 的主触点闭合时，电动机绕组构成三角形联结，电动机低速运行，KM2 和 KM3 的主触点闭合时，电动机构成双星形联结，电动机高速运行。KM1、KM2 和 KM3 之间必须有互锁。

图 6-33b 为双速电动机的按钮控制电路，SB2 为低速起动按钮，SB3 为高速起动按钮，SB1 为停止按钮。电路的工作情况是：当按下 SB2 时，SB2 的常闭触点先断开，断开 KM2、KM3 线圈的回路，SB2 的常开触点后闭合，KM1 接触器的线圈通电吸合并自锁，KM1 的互锁触点 KM1（9-10）对 KM2、KM3 线圈回路进行互锁，其主触点将电动机的定子绕组接成三角形，电动机的

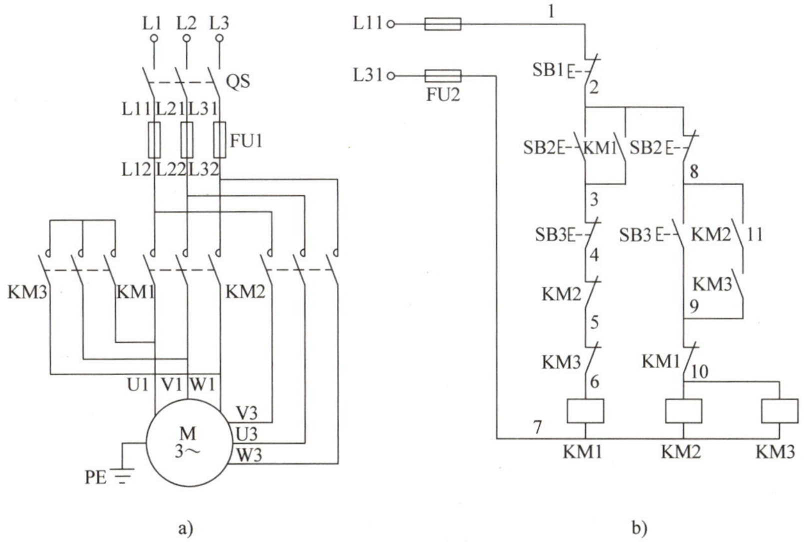

图 6-33　双速电动机的控制电路

a）双速电动机的控制主电路　b）双速电动机的按钮控制电路

低速运行。当电动机需要转换为高速运转时，只需按下高速起动按钮SB3，其常闭触点SB3（3–4）先断开KM1线圈回路，接触器KM1断电释放，电动机绕组断电，互锁触点KM1（9–10）复位（闭合），SB3的常开触点SB3（8–9）后闭合，M2、KM3接触器线圈同时通电吸合，KM2（8–11）、KM3（11–9）串联后进行自锁，KM2（4–5）、KM3（5–6）对KM1线圈进行互锁，KM2、KM3的主触点将电动机的绕组接成双星形，同时KM2的主触点改变电源的相序，电动机保持原来的转向高速运转。

按时间原则自动转换的控制电路如图6–34所示。主电路和图6–33a相同。当按下起动按钮SB2时后，KM1线圈通电并自锁，KM1主触点闭合，电动机接成三角形低速运行，KM1（2–3）、KM1（3–8）闭合，通电延时型时间继电器线圈通电开始延时，瞬动触点KT（2–8）闭合自锁，延时时间到，KT（3–4）断开，KM1线圈断电释放，KT（2–9）闭合，KM2、KM3线圈通电吸合并自锁，电动机接成YY形高速运行。

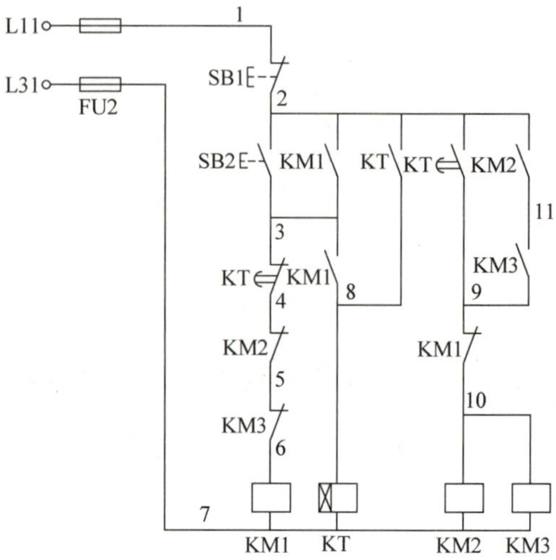

图6–34 按时间原则自动转换的控制电路

6.5.2 变频器的控制方式及使用

变频调速是通过改变电动机供电电源频率进行调速的一种方法，目前已经广泛采用普通晶闸管、GTR（电力晶体管）、GTO（门极关断晶闸管）、IGBT（绝缘栅双极晶体管）等电力电子器件组成的静止变频器对异步电动机进行调速。

各国使用的交流供电电源，无论是用于家庭还是用于工厂，其电压和频率均为200 V/60 Hz（50 Hz）或100 V/60 Hz（50 Hz）等。通常，把电压和频率固定不变的交流电变换为电压或频率可变的交流电的装置称作“变频器”。

变频器是利用电力半导体器件的通断作用将工频电源变换为另一频率的电能控制装置。变频设备首先要把电源的交流电变换为直流电，再把直流电变换为交流电，其科技术语为“Inverter”（逆变器）。由于变频器设备中产生变化的电压或频率的主要装置称为“Inverter”，因而变频器也被称为“Inverter”。

1. 变频器的控制方式

异步电动机采用变频器进行控制时，为了避免电动机磁饱和，要控制电动机的磁通，同时抑制起动电流，这就需要根据电动机的特性对供电电压、电流、频率进行适当的控制，使电动机产生必需的转矩。

变频器的控制方式可分为两种，即开环控制和闭环控制。开环控制有V/F控制方式，闭环控制有矢量控制等方式。

（1）V/F控制

频率与电压要成比例地改变，即改变频率的同时控制变频器输出电压，使电动机的磁通保持一定，避免弱磁和磁饱和现象的产生。V/F控制的特点是：控制比较简单，不用选择电动机，通用性优良，现多用于通用变频器、风机、泵类节能型变频器；与其他控制方式相比，在低速区内电压调整困难，故调速范围窄，通常在1∶10左右的调速范围内使用；急加速、减速或负载过大时，抑制过电流能力有限；不能精密控制电动机实际速度，不适合于同步运转场合。

（2）矢量控制

直流电动机的电枢电流控制方式，使直流电动机构成的传动系统的调速和控制性能非常优良。矢量控制按照直流电动机电枢电流控制思想，在交流异步电动机上实现该控制方法，并且达到与直流电动机具有相同的控制性能。

矢量控制是将供给异步电动机的定子电流在理论上分成两部分：产生磁场的电流分量（磁场电流）和与磁场相垂直、产生转矩的电流分量（转矩电流）。该磁场电流、转矩电流与直流电动机的磁场电流、电枢电流相当。在直流电动机中，利用整流子和电刷机械换向，使两者保持垂直，并且可分别供电。对异步电动机来讲，其定子电流在在电动机内部，利用电磁感应作用，可在电气上分解为磁场电流和垂直的转矩电流。

矢量控制就是根据上述原理，将定子电流分解成磁场电流和转矩电流，任意进行控制。两者合成后，决定定子电流大小，然后供给异步电动机。

矢量控制方式使交流异步电动机具有与直流电动机相同的控制性能。目前这种控制方式的变频器已广泛应用于生产实际中。矢量控制变频器特点是：需要使用电动机参数，一般用做专用变频器；调速范围在 1∶100 以上；速度响应性极高，适合于急加速、减速运转和连续 4 象限运转，能适用任何场合。

2. 变频器的安装

变频器内部是大功率的电子元件，极易受到周围环境的影响，因此要求安装场所的温度应保持在-10～40℃之间，相对湿度 90%以下，无结露状态。若安装在配电盘内，则必须采取必要的措施（如使用电风扇等），以保证工作温度不高于 40℃。如果环境温度太高且温度变化较大时，变频器内部易出现结露现象，其绝缘性能就会大大降低，甚至可能引发短路事故。必要时，必须在箱中增加干燥剂。

变频器在工作中由于整流和变频，周围产生了很多的干扰电磁波，这些高频电磁波对附近的仪表、仪器有一定的干扰。因此，柜内仪表和电子系统，应该选用金属外壳，屏蔽变频器对仪表的干扰。所有的元器件均应可靠接地，除此之外，各电气元器件、仪器及仪表之间的连线应选用屏蔽控制电缆，且屏蔽层应接地。如果处理不好电磁干扰，往往会使整个系统无法工作，导致控制单元失灵或损坏。

在实际运用中，要核实输入变频器的电压（单相还是三相）和变频器的额定电压值。特别是电源电压极不稳定时要有稳压设备，否则会造成严重后果。

变频器正确接地是提高控制系统灵敏度、抑制噪声能力的重要手段，变频器接地端子 E（G）接地电阻越小越好，接地导线截面积应不小于 2 mm^2，长度应控制在 20 m 以内。变频器的接地必须与动力设备接地点分开，单独接地。信号输入线的屏蔽层，应接至 E（G）上，其另一端绝不能接于地端，否则会引起信号变化波动，使系统振荡不止。

还要注意变频器与驱动电机之间的距离一般不超过 50 m，若需更长的距离则应降低载波频率或增加输出电抗器（选件）为佳。

3. 西门子 MM420 变频器

目前实用化的变频器种类很多，下面以西门子 MICROMASTER420 为例，简要说明变频器的使用。

MICROMASTER420（MM420）是用于控制三相交流电动机速度的变频器系列。该系列有多种型号，从单相电源电压 AC 200～240 V，额定功率 120W 到三相电源电压 AC 200～240 V/AC 380～480 V，额定功率 11 kW。

变频器由微处理器控制，并采用具有现代先进技术水平的绝缘栅双极晶体管（IGBT）作为功率输出器件。因此，它们具有很高的运行可靠性和功能的多样性。其脉冲宽度调制的开关频率是可选的，因而降低了电动机运行的噪声。全面而完善的保护功能为变频器和电动机提供了良好的保护。

（1）MM420 系列变频器的配线

变频器采用恒转矩、V/F 控制方式，输出频率的范围为 0~650 Hz。MM420 还有内部 PID 调节功能，改善了调节性能；并增加了二进制连接（BICO）的功能。变频器的接线端子分为主电路端子和控制电路端子，主电路为变频器与工作电源和电动机之间的接线，控制电路的控制信号为微弱的电压、电流信号，MM420 的基本配线如图 6-35 所示。

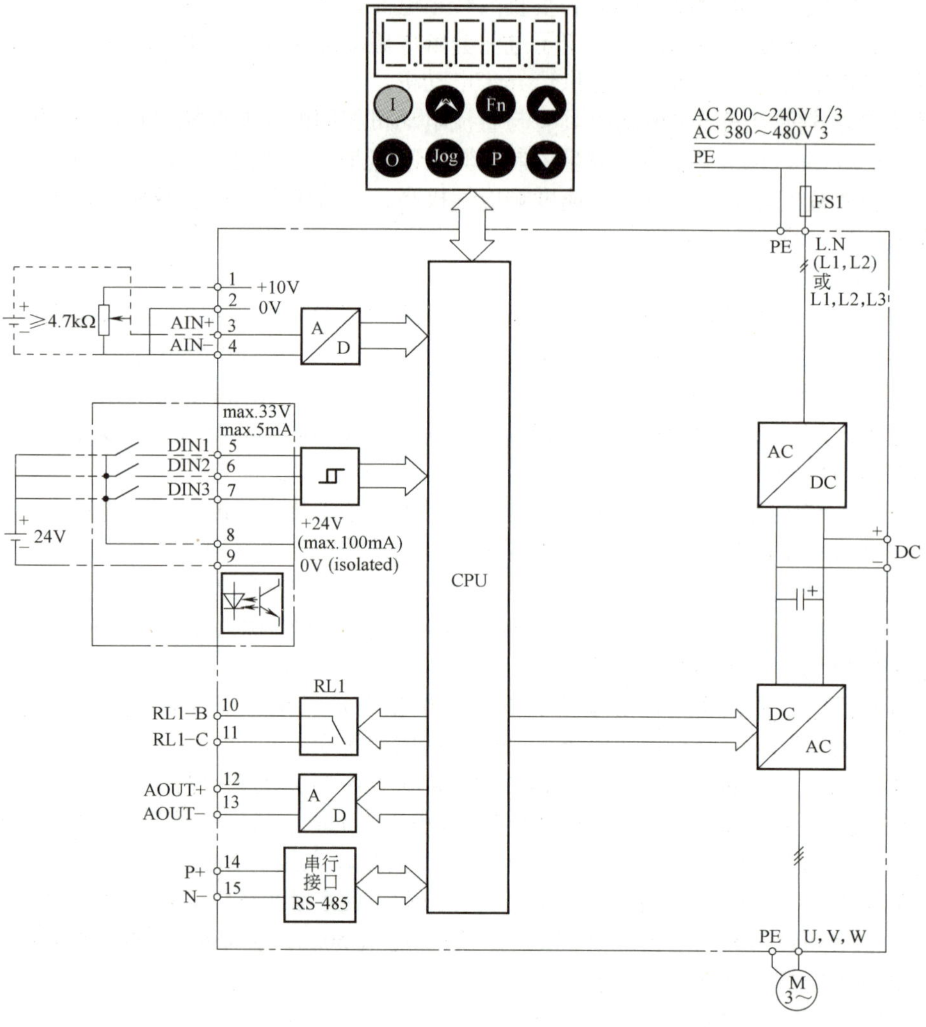

图 6-35 MM420 的基本配线

变频器可以通过外部模拟量输入接口（3、4），通过 0~10 V 的模拟量输入，3 点开关量输入信号（5、6、7）与 1 点开关量输出信号（10、11）进行控制；12、13 端子为模拟量输出 0~20 mA 信号，其功能也是可编程的，用于输出显示运行频率、电流等。变频器提供了 3 种频率模拟设定方式：外接电位器设定、0~10 V 电压设定和 4~20 mA 电流设定。当用电压或电流设定时，最大的电压或电流对应变频器输出频率设定的最大值。变频器有两路频率设定通道，开环控制时只用 AIN1 通道，闭环控制时使用 AIN2 通道作为反馈输入，两路模拟设定进行叠加。

14、15 为通信接口端子，是一个标准的 RS-485 接口。S7-200/300/400 系列 PLC 通过此通信接口，可以实现对变频器的远程控制，包括运行/停止及频率设定控制，也可以与端子控制进行组合完成对变频器的控制。

变频器可使用数字操作面板控制，也可使用端子控制，或使用 RS-485 通信接口对其远程控制。

（2）MM420 变频器操作面板

MM 420 变频器的操作面板如图 6-36 所示，在标准供货方式时装有状态显示板（SDP），对于很多用户来说，利用 SDP 和制造厂的默认设置值，就可以使变频器成功地投入运行。如果工厂的默认设置值不适合用户的设备情况，可以利用基本操作板（BOP）或高级操作板（AOP）修改参数。BOP 和 AOP 是作为可选件供货的。用户也可以用 PC IBN 工具“Drive Monitor”或“STARTER”来调整工厂的设置值。相关的软件在随变频器供货的 CD ROM 中可以找到，或者去官网下载。

SDP（状态显示板）　BOP（基本操作板）　AOP（高级操作板）

图 6-36　MM420 变频器的操作面板

4. BOP 面板基本操作方法

以常用的 BOP 基本操作板为例进行说明。基本面板具有五位数字的七段显示，用于显示参数的序号和数值，报警和故障信息，以及该参数的设定值和实际值。利用基本操作面板可以改变变频器的各个参数，见表 6-2。

表 6-2　基本操作面板显示及按钮功能

显示/按钮	功能	功能的说明
	状态显示	LCD 显示变频器当前的设定值
	起动变频器	按此键起动变频器。默认值运行时此键是被封锁的。为了使此键的操作有效，应设定 P0700=1
	停止变频器	OFF1：按此键，变频器将按选定的斜坡下降速率减速停车。默认值运行时此键禁用的；为了允许此键操作，应设定 P0700=1 OFF2：按此键两次（或一次，但时间较长），电动机将在惯性作用下自由停车 此功能总是“使能”的
	改变电动机的转动方向	按此键可以改变电动机的转动方向。电动机的反向用负号（-）表示或用闪烁的小数点表示。默认值运行时此键是禁用的，为了使此键的操作有效，应设定 P0700=1
	电动机点动	在变频器无输出的情况下按此键，将使电动机起动，并按预设定的点动频率运行。释放此键时，变频器停车。如果变频器/电动机正在运行，按此键将不起作用

（续）

显示/按钮	功能	功能的说明
Fn	功能	1）此键用于浏览辅助信息。变频器运行过程中，在显示任何一个参数时按下此键并保持不动2s，将显示以下参数值（在变频器运行中，从任何一个参数开始） ① 直流回路电压（用 d 表示，单位：V） ② 输出电流（A） ③ 输出频率（Hz） ④ 输出电压（用 o 表示，单位：V） ⑤ 由 P0005 选定的数值（如果 P0005 选择显示上述参数中的任何一个（3，4，或 5），这里将不再显示）。连续多次按下此键，将轮流显示以上参数 2）跳转功能 在显示任何一个参数（r××××或 P××××）时短时间按下此键，将立即跳转到 r0000，如果需要的话，可以接着修改其他的参数。跳转到 r0000 后，按此键将返回原来的显示点
P	访问参数	按此键即可访问参数
▲	增加数值	按此键即可增加面板上显示的参数数值
▼	减少数值	按此键即可减少面板上显示的参数数值

5. MM420 变频器参数

1）MM420 变频器参数分类。MM420 变频器参数可以分为显示参数和设定参数两大类。显示参数为只读参数，以 r××××表示，典型的显示参数为频率给定值、实际输出电压、实际输出电流等。设定参数为可读写的参数，以 p××××表示。设定参数可以用基本操作面板、高级操作面板或通过串行通信接口进行修改，使变频器实现一定的控制功能。变频器的参数有三个用户访问级："1" 标准级、"2" 扩展级和 "3" 专家级。访问的等级由参数 P0003 来选择，对于大多数应用对象，只要访问标准级（P0003=1）和扩展级（P0003=2）参数就足够了。第四级的参数只是用于内部的系统设置，是不能修改的。第四访问级参数只有得到授权的人员才能修改。

2）变频器快速调试的方法。

① 用基本操作面板（BOP）更改参数的数值。下面说明如何改变 P0003 "访问级" 的数值。操作步骤见表 6-3。

表 6-3　修改访问级参数 P0003 的步骤

操作步骤	显示结果
1）按 P 键，访问参数	r0000
2）按 ▲ 键，直到显示出 P0003	P0003
3）按 P 键，进入参数访问级	1
4）按 ▲ 或 ▼ 键，达到所要求的数值（例如：3）	3
5）按 P 键，确认并存储参数的数值	P0003
6）现在已设定访问级为 3，使用者可以看到第 1～3 级的全部参数	

② 改变参数数值的操作。为了快速修改参数的数值，可以一个一个地单独修改显示出的每个数字，操作步骤如下。

当已处于某一参数数值的访问级（参看参 6-3 用 BOP 修改参数）。

- 按[Fn]（功能键），最右边的一个数字闪烁。
- 按[▲]/[▼]，修改这位数字的数值。
- 再按[Fn]（功能键），相邻的下一位数字闪烁。
- 执行表 6-3 中的 2)~4）步，直到显示出所要求的数值。
- 按[P]，退出参数数值的访问级。

③ 快速调试（P0010=1）

利用快速调试功能使变频器与实际使用的电动机参数相匹配，并对重要的技术参数进行设定。在快速调试的各个步骤都完成以后，应选定 P3900，如果它置“1”，将执行必要的电动机计算，并使其他所有的参数（P0010=1 不包括在内）恢复为出厂默认设置值。只有在快速调试方式下才进行这一操作。快速调试的操作步骤见表 6-4。

表 6-4　快速调试的操作步骤

步骤	参数号及说明	参数设置值及说明	出厂默认值	备注
1	P0003 选择访问级	1　第 1 访问级	1	
2	P0010 开始快速调试	1　快速调试	0	在电动机投入运行之前，P0010 必须回到“0”。但是，如果调试结束后选定 P3900 = 1，那么，P0010 回零的操作是自动进行的
3	P0100 选择工作地区是欧洲/北美	0，功率单位为 kW；f 的默认值为 50 Hz	0	P0100 的设定值 0 应该用 DIP 开关来更改，使其设定的值固定不变 
4	P0304 电动机的额定电压	根据电动机铭牌键入的电动机的额定电压（V）		
5	P0305 电动机的额定电流	根据电动机铭牌键入的电动机额定电流（A）		
6	P0307 电动机的额定功率	根据电动机铭牌键入的电动机额定功率（kW）		
7	P0310 电动机的额定频率	根据电动机铭牌键入的电动机额定频率（Hz）		
8	P0311 电动机的额定速度	根据电动机铭牌键入的电动机额定速度（r/min）		
9	P0700 选择命令源	1　BOP 基本操作面板	2	选择命令信号源： 0　出厂时的默认设置 1　BOP（变频器键盘） 2　由端子排输入 4　通过 BOP 链路的 USS 设置 5　通过 COM 链路的 USS 设置 6　通过 COM 链路的 CB 设置

（续）

步骤	参数号及说明	参数设置值及说明	出厂默认值	备注
10	P1000 选择频率设定值	1 用 MOP 控制频率的升降	2	选择频率设定值： 1 MOP（电动电位计）设定值 2 模拟设定值 3 固定频率设定值 4 通过 BOP 链路的 USS 设置 5 通过 COM 链路的 USS 设置 6 通过 COM 链路的 CB 设置
11	P1080 电动机最小频率	键入电动机的最低频率，单位：Hz	0	输入电动机的最低频率，达到这一频率时，电动机的运行速度将与频率的设定值无关。这里设置的值对电动机的正转和反转都是适用的
12	P1082 电动机最大频率	最大频率 （键入电动机的最高频率，单位：Hz）	50	输入电动机的最高频率，达到这一频率时，电动机的运行速度将与频率的设定值无关。这里设置的值对电动机的正转和反转都是适用的
13	P1120 斜坡上升时间	电动机从静止停车加速到最大电动机频率所需的时间	10 s	
14	P1121 斜坡下降时间	电动机从其最大频率减速到静止停车所需的时间	10 s	
15	P3900 结束快速调试	1 结束快速调试，进行电动机计算，复位为工厂缺省设置值（推荐的方式）	0	快速调试结束： 0 不进行快速调试（不进行电动机数据计算） 1 开始进行快速调试，并复位为出厂时的默认设置值 2 开始进行快速调试 3 仅对电动机数据开始进行快速调试

6. 用变频器的输入端子实现电动机的正转控制

6-7a 变频器正转控制

用中间继电器 KA 控制 MM420 变频器，实现电动机正转功能，电动机加减速时间为 5 s。DIN1 端口设为正转控制。其基本控制电路如图 6-37 所示。

（1）变频器的输入主电路

1）空气断路器 QF。当变频器需要检查或修理时，断开空气断路器，使变频器与电源隔离。空气断路器还具有过电流保护和欠电压保护等保护功能。

2）接触器 KM。用于接通或切断变频器的电源。

（2）变频器的输出主电路

1）接触器。在一台变频器驱动一台电动机的情况下，不建议接入输出接触器，变频器的 U、V、W 三端直接与电动机连接。在某些场合，如需要变频与工频切换的控制，变频器的输出侧则不可避免地要接入接触器。

2）热继电器。在一台变频器驱动一台电动机的情况下，因为变频器内部具有十分完善的热保护功能，没有必要接入热继电器。在需要接输出接触器的场合，热继电器应该接入。

（3）控制要求分析

通电时，KM 先闭合给变频器送电，然后才能接通 KA，电动机正转运行。KM 未吸合前，KA 是不能接通的，在 KA 线圈回路中串入触点 KM（6-7），就是防止了先接通 KA 的误动作。断电时，KA 先断开，然后才能断开 KM，KA 处于通电状态时，KA（1-2）闭合，SB1（1-2）不起作用，KM 不能断电，从而保证了只有在电动机先停机的情况下，才能使变频器切断电源。

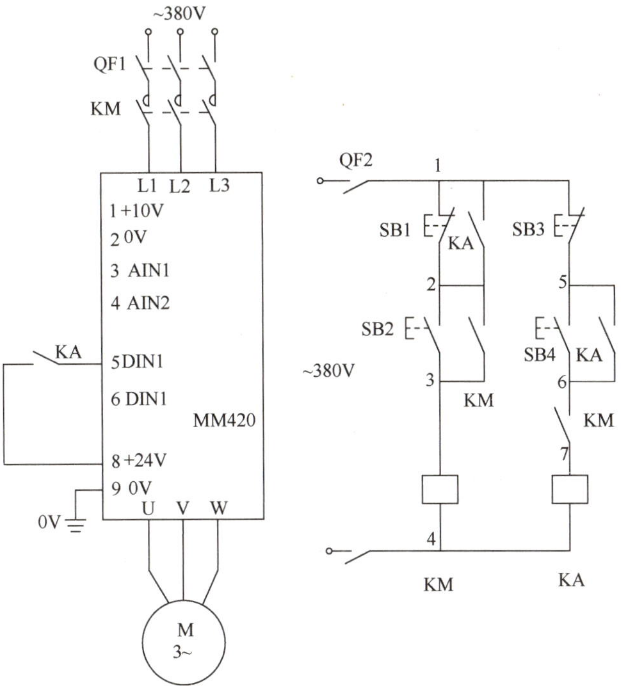

图 6-37　继电器控制正转运行控制电路

（4）电路接线

6-7b　变频器控制正转运行电路接线

电路接线如图 6-37 所示。检查无误后合上 QF1、QF2。按下 SB2，接触器 KM 通电，其主触点闭合给变频器送电。

（5）恢复变频器出厂默认值

设定 P0010=30 和 P0970=1，按下 P 键，开始复位，复位过程大约为 3 min，这样就保证了变频器的参数恢复到出厂默认值。

（6）设置电动机的参数

为了使电动机与变频器相匹配，需要设置电动机的参数。电动机型号为 WDJ24（实验室配置），其额定参数如下。额定功率为 40 W，额定电压为 380 V，额定电流为 0. 2 A，额定频率为 50 Hz，转速为 1430 r/min，三角形联结。电动机参数设置见表 6-5（以实际设备为准）。电动机参数设置完成后，设 P0010=0，变频器当前处于准备状态，可正常运行。

表 6-5　电动机参数设置

参数号	出厂值	设置值	说　明
P0003	1	1	设用户访问级为标准级
P0010	0	1	快速调试
P0100	0	0	工作地区：功率以 kW 为单位，频率为 50 Hz
P0304	230	380	电动机的额定电压（V）
P0305	3. 25	0. 2	电动机的额定电流（A）
P0307	0. 75	0. 04	电动机的额定功率（kW）
P0308	0	0	电动机额定功率因数
P0310	50	50	电动机额定频率（Hz）
P0311	0	1430	电动机的额定转速 1430 r/min

（7）设置数字输入控制端口参数

数字输入控制端口参数见表6-6。

表6-6 数字输入控制端口参数（1）

参数号	出厂值	设置值	说　明
P0003	1	1	设用户访问级为标准级
P0004	0	7	命令和数字I/O
P0700	2	2	命令源选择由端子排输入
P0003	1	2	设用户访问级为扩展级
P0004	0	7	命令和数字I/O
P0701	1	1	ON接通正转，OFF停止
P0003	1	1	设用户访问级为标准级
P0004	0	10	设定值通道和斜坡函数发生器
P1000	2	1	由MOP（电动电位计）输入设定值
P1080	0	0	电动机的最低运行频率（Hz）
P1082	50	50	电动机的最高运行频率（Hz）
P1120	10	5	斜坡上升时间（s）
P1121	10	5	斜坡下降时间（s）
P0003	1	2	设用户访问级为扩展级
P0004	0	10	设定通道和斜坡函数发生器
P1040	5	40	设定键盘控制频率

（8）操作控制

按下SB4，接通KA时，变频器数字输入端口DIN1为“ON”，电动机按P1120所设置的5s斜坡上升时间正向起动，经5s后稳定运行在1144r/min的转速上。此转速与P1040所设置的40Hz频率对应。按下SB3，KA线圈断电，数字输入端口DIN1为“OFF”，电动机按P1121所设置的5s斜坡下降时间停车，经5s后电动机停止运行。此时按下SB1，KM断电，变频器断电。

在上述的操作中使用BOP面板，操作其功能键Fn观察电动机运行的频率。

7. 用变频器的输入端口实现电动机的正反转控制

用KA1和KA2控制MM420变频器，实现电动机正转和反转功能，电动机加减速时间为5s。DIN1端口设为正转控制，DIN2端口设为反转控制。

（1）电路接线

电路接线如图6-38所示。SB1控制变频器断电、SB2控制变频器通电，SB3控制正、反转停止，SB4控制正转运行，SB5控制反转运行。检查无误后合上QF1、QF2。

（2）恢复变频器出厂默认值

设定P0010=30和P0970=1，按下P键，开始复位，复位过程大约为3min，这样就保证了变频器的参数恢复到工厂默认值。

（3）设置电动机的参数

设置方法同电动机正转运行控制。

（4）设置数字输入控制端口参数

数字输入控制端口参数见表6-7。

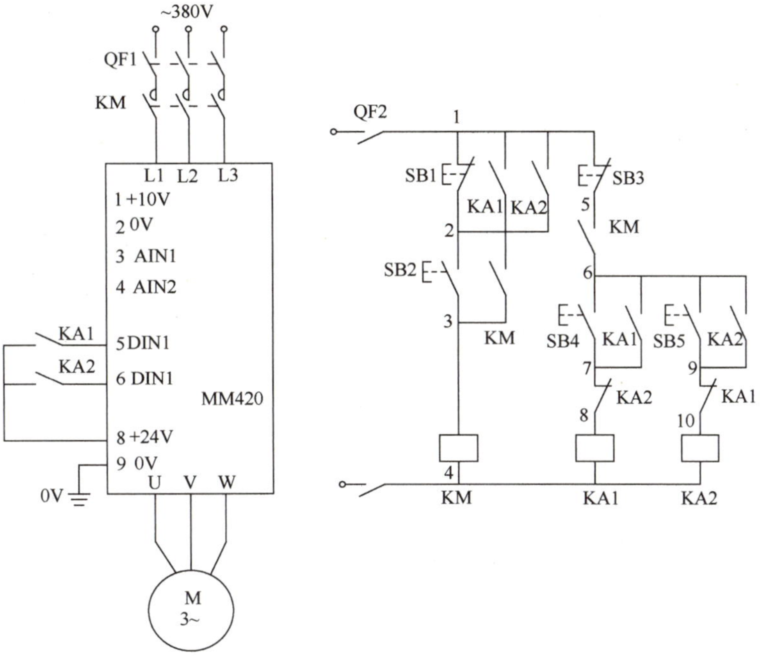

图 6-38　用变频器的输入端口实现电动机的正反转控制

表 6-7　数字输入控制端口参数（2）

参数号	出厂值	设置值	说　明
P0003	1	1	设用户访问级为标准级
P0004	0	7	命令和数字 I/O
P0700	2	2	命令源选择由端子排输入
P0003	1	2	设用户访问级为扩展级
P0004	0	7	命令和数字 I/O
P0701	1	1	ON 接通正转，OFF 停止
P0702	1	2	ON 接通反转，OFF 停止
P0003	1	1	设用户访问级为标准级
P0004	0	10	设定值通道和斜坡函数发生器
P1000	2	1	由 MOP（电动电位计）输入设定值
P1080	0	0	电动机的最低运行频率（Hz）
P1082	50	50	电动机的最高运行频率（Hz）
P1120	10	5	斜坡上升时间（s）
P1121	10	5	斜坡下降时间（s）
P0003	1	2	设用户访问级为扩展级
P0004	0	10	设定通道和斜坡函数发生器
P1040	5	40	设定键盘控制频率

8. 变频器的常见故障及排除

变频器在运行中会出现一些故障，其常见的故障原因分析如下。

（1）过电流跳闸的原因分析

1）重新起动时一升速就跳闸。这是过电流十分严重的表现。主要原因有：负载侧短路；负载过重，工作机械卡住；逆变管损坏；电动机的起动转矩过小，拖动系统转不起来；电动机自由滑行时起动输出或恢复输出。

2）重新起动时并不立即跳闸，而是在运行过程中跳闸。可能的原因有：同负载惯量（GD^2）相比，升、降速时间设定太短；V/F 曲线选择不当或转矩补偿设定值较大，引起低速时空载电流过大；电子热继电器整定值不当，动作电流设定值太小，引起误动作。

（2）电压跳闸的原因分析

1）过电压跳闸，主要原因有：输入电源电压过高；同负载惯量（GD^2）相比，降速时间设定太短；变频起负载侧能量回馈过大，降速过程中，再生制动的放电单元工作不理想——如来不及放电，此情况可考虑增加外接制动电阻和制动单元；还有可能是放电回路发生故障，实际不放电。

2）欠电压跳闸，可能的原因有：输入电源电压过低；电源容量过小（接有焊机、大电机等）；电源缺相；电源侧接触器不良；变频器整流桥故障。

（3）电动机不转的原因分析

1）功能预置不当：上限频率与最高频率或基本频率和最高频率设定矛盾；使用外接给定时，未对“键盘给定/外接给定”的选择进行预置。

2）在使用外接给定时，无“起动”信号。

3）存在其他原因：电动机的起动转矩不够；变频器的电路故障。

在实际应用中出现的问题还很多，只要将问题分析清楚，那么就很好处理了。

9. 变频器的应用与维护

现在通用的变频器，大多使用最新高技术半导体器件制成的控制生产动力用的电子产品。所以，或是受温度、湿度及振动等周围环境的影响，或是由于时间漂移等原因，都很有可能发生各种故障。为了防患于未然保持使用效果最佳，日常维护是非常必要的。

（1）维护注意事项

1）进行维护时，操作者必须直接确认变频器的输入电源情况。

2）切断电源后，变频器主电路的电解电容器里，仍有可能充有残留高压。

3）必须等待和确认放净电容器里的残留电压后，才可以进行操作。参考步骤：切断电源→等待 5~10 min，充电指示灯熄灭→用万用表测量直流滤波电容电压<36 V→对变频器进行维修、检查。

4）直接测量变频器输出电压时，必须使用整流式交流电压表。使用其他一般电压表或数字电压表测量高脉冲电压时，容易产生误动作或显示不准确。

（2）日常检查

使用变频器时，应每天注意观察如下事项：安装环境是否还适合，冷却系统是否工作正常，周围振动情况及变频器及周围发热情况。

（3）定期检查内容

1）是否受环境影响发生螺钉松动或锈蚀现象，若有则立即拧紧或更换。

2）变频器内部或散热板上是否落入异物，若有则立即用压缩空气吹掉异物。

3）变频器印制电路板上各插件是否接触良好，认真确认各插件连接情况。

4）冷却电风扇、电解电容器、接触器等性能是否良好，及时调换不良品。

（4）使用注意事项

变频器不是在任何情况下都能正常使用，因此用户有必要对负载、环境要求和变频器有更多了解。

1）负载类型和变频器的选择：电动机所带动的负载不一样，对变频器的要求也不一样。

① 风机和水泵是最普通的负载：对变频器的要求最为简单，只要变频器容量等于电动机容量即可（空压机、深水泵、泥沙泵、快速变化的音乐喷泉需加大容量）。

② 起重机类负载：这类负载的特点是起动时冲击很大，因此要求变频器有一定余量。同时，在重物下放时，会有能量回馈，因此要使用制动单元或采用共用母线方式。

③ 不均匀负载：有的负载有时轻，有时重，此时应按照重负载的情况来选择变频器容量，例如轧钢机机械、粉碎机械、搅拌机等。

④ 大惯性负载：如离心机、冲床及水泥厂的旋转窑，此类负载惯性很大，因此起动时可能会振荡，电动机减速时有能量回馈。应该用容量稍大的变频器来加快起动，避免振荡。变频器需要配合制动单元消除回馈电能。

2）长期低速动转，由于电动机发热量较高，电风扇冷却能力降低，因此必须采用加大减速比的方式或改用 6 极电动机，使电动机运转在较高频率附近。

3）变频器安装地点必须符合标准环境的要求，否则易引起故障或缩短使用寿命；变频器与驱动电动机之间的距离一般不超过 50 m，若需更长的距离则需降低载波频率或增加输出电抗器选件才能正常运转。

6.6 基本控制电路的安装接线技能训练

6.6.1 电气控制电路板的安装接线

1. 安装的要求

1）板上安装的所有电气控制元器件的名称、型号、工作电压性质和数值，信号灯及按钮的颜色等，都应正确无误，安装要牢固，在醒目处应贴上各元器件的文字符号。

2）连接导线要采用规定的颜色。

- 接地保护导线（PE）必须采用黄绿双色。
- 动力电路的中线（N）和中间线（M）必须是浅蓝色。
- 交流动力线路采用黄、绿、红三色，分别表示 L1、L2、L3 三相。直流动力电路应采用黑色。
- 交流控制电路采用红色。
- 直流控制电路采用蓝色。

3）导线的绝缘和耐压要符合电路要求，每一根连接导线在接近端子处的线头上必须套上标有线号的套管；进行控制板内部布线，要求走线横平竖直、整齐、合理，接点不得松动；进行控制板外部布线，对于可移动的导线应放适当的余量，使绝缘套管（或金属软管）在运动时不承受拉力，接地线和其他导线接头，同样应套上标有线号的套管。

4）安装时注意按钮的相对位置及颜色。

- “停止”按钮应置于“起动”按钮的下方或左侧，当用两个“起动”按钮控制相反方向时，“停止”按钮可装在中间。
- “停止”和“急停”用红色，“起动”用绿色，“起动”和“停止”交替动作的按钮用黑色、白色或灰色，点动按钮用黑色，复位按钮用是蓝色，当复位按钮带有“停止”作用时则须用红色。

5）安装指示灯及光标按钮的颜色。

- 指示灯颜色的含义：红——危险或报警；黄——警告；绿——安全；白——电源开关接通。

- 光标按钮颜色的用法：红——“停止”或“断开”；黄——注意或警告；绿——“起动”；蓝——指示或命令执行某任务；白——接通辅助电路。

2. 电气电路安装接线步骤

1）按元器件明细表配齐电气元器件，并进行检验。

2）制作控制板，并按原理图上接触器、继电器等的编号顺序，安装在控制板上，并在醒目处贴上编号。

3）在电气控制原理图上编号。主电路中三相电源按相序依次编号为L1、L2、L3；控制开关的出线头依次编号为L11、L21、L31，从上至下每经过一个电气元件，编号要递增；没有经过电气元件的编号不变。电动机的三根引出线按相序依次编号为U、V、W。辅助电路，从上至下（或从左至右）逐行用数字依次编号，每经过一个电气元件编号要依次递增，等电位点为同一编号。

4）根据电动机的容量选配主电路的连接导线。

5）按原理图上的编号在电气元器件的醒目处贴上编号标志。

6）给剥去绝缘层的线头两端套上标有与原理图相应号码的套管。

7）用尖嘴钳弯成圈（或绞紧），套进（或塞进）接线柱的压紧螺钉上（或孔内），拧紧螺钉。控制板内的连接导线要沿底面敷设，拐弯处要弯成慢直角弯。

8）**控制板与板外的电气设备、电气的连接应采用多股软线。**通常用电线管配线，电线管至电动机的连接导线要用软管加以保护。

3. 安装后（在接通电源前的）质量检验

1）再次检查控制电路中各元器件的安装是否正确和牢靠；各个接线端子是否连接牢固。线头上的线号是否同电路原理图相符合，绝缘导线的颜色是否符合规定，保护导线是否已可靠连接。

2）检查电气电路的绝缘电阻。其方法是：短接主电路、控制电路和信号电路，用500 V绝缘电阻表测量与保护电路导线之间的绝缘电阻应不得小于2 MΩ。对于控制电路或信号电路不与主电路连接的，应分别测量主电路、保护电路、控制和信号电路各电路之间的绝缘电阻。

3）用万用表检查电路。

4. 通电试车

1）空载试车。通电前检查所接电源是否符合要求。若有点动控制，通电后应先点动，然后验证电气设备的各个部分的工作和动作顺序是否正确，特别要验证急停器件是否安全有效。如有异常必须立即切断电源查明原因。

2）负载试车。在正常负载下连续运行，检查电气设备运行的正确性，特别要验证电源中断和恢复时是否危及人身和设备安全。连续运行时，要检查全部器件的温升不得超过规定的允许温度和允许温升，在有载的情况下验证急停器件是否安全有效。

6.6.2 点动控制电路的安装接线

1. 技能训练目的

1）掌握根据电气原理图绘制安装接线图的方法。

2）掌握检查和测试电气元器件的方法。

3）初步掌握电动机控制电路安装的步骤和安装的技能。

4）学习接线、试车和排除故障的方法。

6-8 点动控制电路的安装接线

2. 所需元器件和工具

木质控制板一块，交流接触器、熔断器、电源隔离开关、按钮、接线端子排、三相电动机、万用表及电工常用工具一套、导线、号码管等。

3. 训练的内容

1）画出电路图，分析工作原理，并按规定标注线号。

2）列出元件明细表，并进行检测，将元器件的型号、规格、质量检查结果及有关测量值记入表 6-8 中。检查内容有：电源开关的接触情况；拆下接触器的灭弧罩，检查相间隔板；检查各主触点表面情况；按压其触点架观察动触点（包括电磁机构的衔铁、复位弹簧）的动作是否灵活；检查接触器电磁线圈的电压与电源电压是否相符，用万用表测量电磁线圈的通断，并记下直流电阻值；测量电动机每相绕组的直流电阻值，并做记录。检查中发现异常应检修或更换元器。

表 6-8　点动控制电路元件明细表

代号	名　称	型　号	规　格	数量	检测结果
QS	电源开关				
FU1	主电路熔断器				
FU2	控制电路熔断器				
KM	交流接触器				测量线圈电阻值：
SB	按钮开关				点动按钮用黑色
XT	接线端子排				
M	三相笼型异步电动机				测量电动机线圈电阻：

3）在配电板上布置元件，并画出元件安装布置图及接线图。绘制安装接线图时，将电气元件的符号画在规定的位置，对照原理图的线号标出各端子的编号。控制按钮 SB（使用 LA4 系列按钮盒）和电动机 M 在安装板外，通过接线端子排 XT 与安装底板上的电器连接。控制板上的各元件的安装位置应整齐、均称、间距合理，以便于检修。

4）按照接线图规定的位置定位打孔将电气元件固定牢靠。注意 FU1 中间一相熔断器和 KM 中间一极触点的接线端子成一直线，以保证主电路走线美观规整；组合开关、熔断器的受电端子应安装在控制板的外侧，若采用螺旋式熔断器，电源进线应接在螺旋式熔断器的底座中心端上，出线应接在螺纹外壳上。

5）按电路图的编号在各元件和连接线两端做好编号标志。按图接线，接板前明线时注意：控制板上的走线应平整，变换走向应垂直，避免交叉。转角处要弯成慢直角，控制板至电动机的连接导线要穿软管保护，电动机外壳要安装接地线。走线时应注意：走线通道应尽可能少，同一通道中的沉底导线应按主控电路分类集中，贴紧敷面单层平行密排；同一平面的导线应高低一致或前后一致，不能交叉，当必须交叉时，该导线应在接线端子引出时合理地水平跨越。导线与接线端子连接时，应不压绝缘层，不反圈，不露铜过长，要拧紧接线柱上的压紧螺钉；一个电气元件接线端子上的连接导线不得超过两根，每节接线端子板上的连接导线一般只允许连接一根。

6）检查电路并在测量电路的绝缘电阻后通电试车。

4. 任务单及成绩评定

姓名__________ 学号__________ 工位号__________ 日期__________

名称：点动控制电路的安装接线　　时间：40 min

序号	项 目 内 容	配分	评 分 标 准	检验结果	扣分	得分
1	元器件的检查	10	检查和测试电气元器件的方法正确，完整地填写元器件明细表（每错一项-1分）			
2	线路敷设	40	按图接线，接线正确；走线整齐、美观、不交叉；导线连接牢靠，没有虚接；号码管安装正确、醒目；电动机外壳安装了接地线（一处不合格-2分）			
3	线路检查	10	在断电的情况下会用万用表检查电路（+5分）；通电前测量电路的绝缘电阻（+5分）			
4	通电试车	40	试车一次不成功（-20分）			
5	安全文明操作		未清理现场（-5分） 损坏工具（-50分） 损坏仪表（-50分） 违反安全规定（-50分）			
6	考核时限		每超过5 min（-5分）			
7	合计	100		总分		

5. 故障的检查及排除

在通电试车成功的电路上人为地设置故障，通电运行，在表6-9中记录故障现象并分析原因排除故障。故障设置时，可用在触点间插入小绝缘套管或小纸片的方法表示触点接触不良。

表6-9　故障的检查及排除

故 障 设 置	故 障 现 象	检查方法及排除
按钮触点接处不良		
接触器线圈松脱		
主电路一相熔断器熔断		
控制电路熔断器熔断		

6.6.3 单向起动控制电路的安装接线

1. 技能训练目的

1）掌握根据电气原理图绘制安装接线图的方法。

2）掌握检查和测试电气元器件的方法。

3）掌握电动机单向起动控制电路安装的步骤和安装的技能。

4）学习接线、试车和排除故障的方法。

6-9　单向起动控制电路的安装接线

2. 所需元器件和工具

木质控制板一块，交流接触器、熔断器、电源隔离开关、按钮、接线端子排、三相交流电动机、万用表及电工常用工具一套、导线、号码管等。

3. 训练的内容

1）画出单向起动控制电路的电路图，分析工作原理，并按规定标注线号。

2）列出元器件明细表，并进行检测，将元器件的型号、规格、质量检查结果及有关测量值记入表 6-10 单向起动控制电路元器件明细表中。记录停止按钮和起动按钮的颜色。检查中发现异常应检修或更换元器件。

表 6-10　单向起动控制电路元器件明细表

代号	名　称	型　号	规　格	数量	检测结果
QS	电源开关				
FU1	主电路熔断器				
FU2	控制电路熔断器				
KM	交流接触器				测量线圈电阻值：
FR	热继电器				
SB1	停止按钮				
SB2	起动按钮				
XT	接线端子排				
M	三相笼型异步电动机				测量电动机线圈电阻：

3）在配电板上，布置元器件，并画出元器件安装布置图及接线图。绘制安装接线图时，将电气元器件的符号画在规定的位置，对照原理图的线号标出各端子的编号。注意热继电器应安装在其他发热电器的下方，整定电流装置的位置一般应安装在右边，以保证调整和复位时的安全方便。

4）按照接线图规定的位置定位打孔将电气元器件固定牢靠。注意 FU1 中间一相熔断器和 KM 中间一极触点的接线端子成一直线，以保证主电路走线美观规整。

5）按电路图的编号在各元器件和连接线两端做好编号标志。按图接线，接线时注意：热继电器的热器件要串联在主电路中，其常闭触点接入控制电路，不可接错。接热继电器时接点紧密可靠；出线端的导线不应过粗或过细，以防止轴向导热过快或过慢，使热继电器动作不准确。接触器的自锁触点用常开触点，且要与起动按钮并联。

6）检查电路并在测量电路的绝缘电阻后通电试车。热继电器的整定电流必须按电动机的额定电流自行调整，一般热继电器应置于手动复位的位置上，若需自动复位，可将复位调节螺钉以顺时针方向向里旋足。热继电器因电动机过载动作后，若需再次起动电动机，必须使热继电器复位，一般情况自动复位需 5 min，手动复位需 2 min。试车时先合 QS，再按起动按钮 SB2，停车时，先按停止按钮 SB1，再断开 QS。

4. 任务单及成绩评定

姓名＿＿＿＿＿＿　学号＿＿＿＿＿　工位号＿＿＿＿＿　日期＿＿＿＿＿＿

名称：单向起动控制电路的安装接线　时间：40 min

序号	项 目 内 容	配分	评 分 标 准	检验结果	扣分	得分
1	元器件的检查	10	检查和测试电气元器件的方法正确，完整地填写元器件明细表（每错一项-1 分）			
2	线路敷设	40	按图接线，接线正确；走线整齐、美观、不交叉；导线连接牢靠，没有虚接；号码管安装正确、醒目；电动机外壳安装了接地线（一处不合格-2 分）			
3	线路检查	10	在断电的情况下会用万用表检查电路；通电前测量电路的绝缘电阻（一项没有检查-5 分）			
4	保护的整定	10	不会整定热继电器的整定值（-5 分）；选错熔体（-5 分）			
5	通电试车	30	试车一次不成功（-20 分）			

（续）

序号	项目内容	配分	评分标准	检验结果	扣分	得分
6	安全文明操作		未清理现场（-5分） 损坏工具（-50分） 损坏仪表（-50分） 违反安全规定（-50分）			
7	考核时限		每超过5 min（-5分）			
8	合计	100		总分		

5. 故障的检查及排除

在通电试车成功的电路上人为地设置故障，通电运行，在表6-11中记录故障现象并分析原因、排除故障。

表6-11 故障的检查及排除

故障设置	故障现象	检查方法及排除
起动按钮触点接处不良		
接触器线圈松脱		
接触器自锁触点接触不良		
接触器主触点一相接触不良		
接触器主触点二相接触不良		
主电路一相熔断器熔断		
控制电路熔断器熔断		
热继电器整定值调得太小		
热继电器常闭触点接触不良		

6.6.4 正、反转控制电路的安装接线

1. 技能训练目的

1）掌握按钮和接触器双重互锁电动机正、反转控制电路安装的步骤和安装的技能。

2）掌握检查和测试电气元器件的方法。

3）学习接线、试车和排除故障的方法。

6-10 电动机正、反转控制电路

2. 所需元器件和工具

木质控制板一块，交流接触器、熔断器、热继电器、电源隔离开关、按钮、接线端子排、三相交流电动机、万用表及电工常用工具一套、导线、号码管等。

3. 训练内容

1）画出按钮和接触器双重互锁电动机正、反转控制电路的电路图，分析工作原理，并按规定标注线号。

2）列出元器件明细表，并进行检测，将元器件的型号、规格、质量检查结果及有关测量值记入表6-12按钮和接触器双重互锁电动机正、反转控制电路元器件明细表中。

表 6-12　按钮和接触器双重互锁电动机正、反转控制电路元器件明细表

代号	名　称	型　号	规　格	数量	检测结果
QS	电源开关				
FU1	主电路熔断器				
FU2	控制电路熔断器				
KM	交流接触器				测量线圈电阻值：
FR	热继电器				
SB1～SB3	按钮				
XT	接线端子排				
M	三相笼型异步电动机				测量电动机线圈电阻：

3）在配电板上布置元器件，并画出元器件安装布置图及接线图。绘制安装接线图时，将电气元器件的符号画在规定的位置，对照原理图的线号标出各端子的编号。按钮和电动机在安装板外，通过接线端子排 XT 与安装板上的电器连接。电动机必须安放平稳，以防止在可逆运转时产生滚动而引起事故，并将其金属外壳可靠接地。

4）按照接线图规定的位置定位打孔将电气元器件固定牢靠。注意 FU1 中间一相熔断器和 KM 中间一极触点的接线端子成一直线，以保证主电路走线美观规整。

5）按电路图的编号在各元器件和连接线两端做好编号标志。按图接线，接线时注意：联锁触点和按钮盒内的接线不能接错，否则将出现两相电源短路事故。

6）检查电路并在测量电路的绝缘电阻后通电试车。先进行空操作试验再带负荷试车，操作 SB2、SB3、SB1 观察电动机正、反转及停车。操作过程中电动机正、反转操作的变换不宜过快或过于频繁。

4. 任务单及成绩评定

姓名＿＿＿＿＿＿＿＿　学号＿＿＿＿＿＿　工位号＿＿＿＿＿＿　日期＿＿＿＿＿＿＿

名称：正反转控制电路的安装接线　　时间：60 min

序号	项 目 内 容	配分	评 分 标 准	检验结果	扣分	得分
1	元器件的检查	10	检查和测试电气元器件的方法正确，完整地填写元器件明细表（每错一项-1 分）			
2	线路敷设	40	按图接线，接线正确；走线整齐、美观、不交叉；导线连接牢靠，没有虚接；号码管安装正确、醒目；电动机外壳安装了接地线（一处不合格-2 分）			
3	线路检查	10	在断电的情况下会用万用表检查电路；通电前测量电路的绝缘电阻（一项没有检查-5 分）			
4	保护的整定	10	不会整定热继电器的整定值（-5 分）；选错熔体（-5 分）			
5	通电试车	30	试车一次不成功（-20 分）			
6	安全文明操作		未清理现场（-5 分） 损坏工具（-50 分） 损坏仪表（-50 分） 违反安全规定（-50 分）			
7	考核时限		每超过 5 min（-5 分）			
8	合计	100		总分		

5. 故障的检查及排除

在通电试车成功的电路上人为地设置故障，通电运行，在表6-13中记录故障现象并分析原因排除故障。

表6-13 故障的检查及排除

故障设置	故障现象	检查方法及排除
反向起动按钮触点接处不良		
KM1接触器互锁触点接触不良		
KM2接触器自锁触点接触不良		
KM1接触器主触点一相接触不良		
主电路一相熔断器熔断		
控制电路熔断器熔断		
热继电器常闭触点接触不良		

6.6.5 星形-三角形减压起动的安装接线

1. 技能训练目的

1）掌握电动机星形-三角形减压起动控制电路安装的步骤和安装的技能。

2）学会电气元器件在配电板正面线槽内配线的方法和工艺。

3）熟练掌握试车和排除故障的方法。

6-11 电动机Y-△减压起动控制电路

2. 所需元器件和工具

木质控制板一块，时间继电器、热继电器、交流接触器、熔断器、电源隔离开关、按钮、接线端子排、走线槽若干、绕组为三角形联结的三相电动机、万用表及电工常用工具一套、导线、号码管等。

3. 训练内容

1）画出星形-三角形减压起动控制电路电路图，分析工作原理，并按规定标注线号。

2）列出元器件明细表，并进行检测，将元器件的型号、规格、质量检查结果及有关测量值记入表6-14电动机星形-三角形减压起动控制电路元器件明细表中。特别要注意选用的时间继电器的类型和延时接点的动作时间，用万用表测量其触点动作情况，并将时间继电器的延时时间调整到10s。

表6-14 电动机星形-三角形减压起动控制电路元器件明细表

代号	名称	型号	规格	数量	检测结果
QS	电源开关				
FU1	主电路熔断器				
FU2	控制电路熔断器				
KM	交流接触器				测量线圈电阻值：
KT	时间继电器				时间整定值：
FR	热继电器				
SB1	停止按钮				
SB2	起动按钮				
XT	接线端子排				
	走线槽				
M	三相笼型异步电动机（三角形联结）				测量电动机线圈电阻：

3）在配电板上，参照图 6-39 划线并布置走线槽和电气元器件，画出元器件安装布置图及接线图。绘制安装接线图时，将电气元器件的符号画在规定的位置，对照原理图的线号标出各端子的编号。

4）按照接线图规定的位置定位打孔将线槽、电气元器件固定牢靠。特别应注意时间继电器的安装位置，必须使继电器在断电后，沿衔铁释放时的运动方向垂直向下。

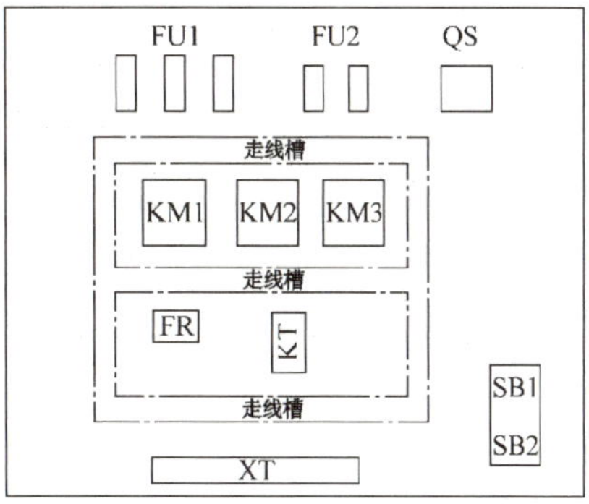

图 6-39　星形-三角形减压起动电器布置图

5）按电路图的编号在各元器件和连接线两端做好编号标志。按图接线，接线时注意：主电路各接触器主触点之间的连接线要认真核对，防止出现相序错误。电动机的三角形联结的接线时应将定子绕组的 U1、V1、W1 通过接触器分别与 W2、U2、V2 连接，否则将使电动机在三角形联结时造成三相绕组各接同一相电源或其中一相绕组接入同一相电源而无法工作等故障。

控制板内部布线采用槽内配线时要注意：

① 走线槽内的导线要尽可能避免交叉，装线不要超过线槽容量的 70%，以便装配和检修。

② 各电气元器件与走线槽之间的外露导线要尽可能做到横平竖直，变换走向要垂直。同一元件位置一致的端子和相同型号的电气元器件中位置一致的端子上引出或引入的导线，要敷设在同一平面上，并应做到高低一致或前后一致，不得交叉。

③ 各电气元器件接线端子上引出或引入的导线，除间距很小或元器件机械强度很差，如时间继电器 JS7-A 型同一只微动开关的同一侧常开与常闭触点的连接导线，允许直接架空敷设外，其他导线必须经过走线槽进行连接。

④ 各电气元器件的接线端子引出线的走向，以元器件的水平中心线为界限，水平中心线以上的接线端子引出的导线，必须进入元器件上面的走线槽；水平中心线以下的接线端子的引出导线，必须进入元器件下面的走线槽。任何导线都不允许从水平方向进入走线槽。

⑤ 当接线端子不适合连接软线或较小截面积的软线时，可以在导线头穿上针形或叉形轧头并压紧。

6）检查电路并在测量电路的绝缘电阻后通电试车。先进行空操作试验再带负荷试车。

4. 任务单及成绩评定

姓名＿＿＿＿＿＿＿　学号＿＿＿＿＿　工位号＿＿＿＿＿　日期＿＿＿＿＿

名称：星形-三角形减压起动控制电路的安装接线　时间：80 min

序号	项 目 内 容	配分	评 分 标 准	检验结果	扣分	得分
1	元器件的检查	10	检查和测试电气元器件的方法正确，完整地填写元器件明细表（每错一项-1 分）			
2	线路敷设	30	按图接线，接线正确；走线整齐、美观、不交叉；导线连接牢靠，没有虚接；号码管安装正确、醒目；电动机外壳安装了接地线（一处不合格-2 分）			
3	线路检查	10	在断电的情况下会用万用表检查电路；通电前测量电路的绝缘电阻（一项没有检查-5 分）			
4	保护的整定	10	不会整定热继电器的整定值（-5 分）；选错熔体（-5 分）			

（续）

序号	项 目 内 容	配分	评 分 标 准	检验结果	扣分	得分
5	时间的整定	10	动作延时为 10 s±10%（每超过 10%-5 分）			
6	通电试车	30	试车一次不成功（-20 分）			
7	安全文明操作		未清理现场（-5 分） 损坏工具（-50 分） 损坏仪表（-50 分） 违反安全规定（-50 分）			
8	考核时限		每超过 5 min（-5 分）			
9	合计	100		总分		

5. 故障的检查及排除

在通电试车成功的电路上人为地设置故障，通电运行，在表 6-15 中记录故障现象并分析原因排除故障。在设置故障运行时，要做好随时停车的准备。

表 6-15 故障的检查及排除

故 障 设 置	故 障 现 象	检查方法及排除
将电动机接成三角形联结的接触器 KM2 主触点下方的 U2 及 V2 端子处的接线位置颠倒		
KM2 接触器自锁触点接触不良		
将电动机接成星形联结的接触器 KM3 某相主触点接触不良		
时间继电器延时调整为零		
引入电源的接触器 KM1 自锁触点接触不良		

6.6.6 电动机带限位保护的自动往复循环控制电路的安装接线

1. 技能训练目的

1）掌握电动机带限位保护的自动往复循环控制电路的安装步骤和安装的技能。

2）掌握行程开关的安装方法。

6-12 带限位保护的自动往复循环控制电路的安装和接线

2. 所需元器件和工具

木质控制板一块，交流接触器、行程开关、熔断器、热继电器、电源隔离开关、按钮、接线端子排、三相电动机、万用表及电工常用工具一套、导线、号码管等。

3. 训练内容

1）画出电动机带限位保护的自动往复循环控制电路的安装电路图，分析工作原理，并按规定标注线号。

2）列出元器件明细表，并进行检测，将元器件的型号、规格、质量检查结果及有关测量值记入元器件明细表 6-16 中。特别注意检查行程开关的滚轮、传动部件和触点是否完好，操作滚轮看其动作是否灵活，用万用表测量其常开、常闭触点的切换动作。

表 6-16　带限位保护的自动往复循环控制电路的安装元器件明细表

代号	名　称	型　号	规　格	数量	检测结果
QS	电源开关				
FU1	主电路熔断器				
FU2	控制电路熔断器				
KM	交流接触器				测量线圈电阻值：
FR	热继电器				
SB1～SB3	按钮				
SQ1～SQ4	行程开关				
XT	接线端子排				
M	三相笼型异步电动机				测量电动机线圈电阻：

3）在配电板上布置元器件，并画出元器件安装布置图及接线图。

4）按照接线图规定的位置定位打孔将电气元器件固定牢靠。元件的固定位置和双重联锁的正反转控制电路的安装要求相同。按钮、行程开关和电动机在安装板外，通过接线端子排与安装底板上的电器连接。在设备规定的位置上安装行程开关，检查并调整挡块和行程开关滚轮的相对位置，保证动作准确可靠。

5）按电路图的编号在各元器件和连接线两端做好编号标志。按图接线时注意，联锁触点和按钮盒内的接线不能接错，否则将出现两相电源短路事故。

6）检查电路并在测量电路的绝缘电阻后通电试车。试车时先进行空操作试验，用绝缘棒拨动限位开关的滑轮，检查电路能否自动往返、限位保护是否起作用，然后再带负荷试车。

4. 任务单及成绩评定

姓名＿＿＿＿＿＿＿　学号＿＿＿＿＿　工位号＿＿＿＿＿　日期＿＿＿＿＿＿

名称：电动机带限位保护的自动往复循环控制电路的安装接线　时间：80 min

序号	项 目 内 容	配分	评 分 标 准	检验结果	扣分	得分
1	元器件的检查	10	检查和测试电气元器件的方法正确，完整地填写元器件明细表（每错一项-1 分）			
2	线路敷设	20	按图接线，接线正确；走线整齐、美观、不交叉；导线连接牢靠，没有虚接；号码管安装正确、醒目；电动机外壳安装了接地线（一处不合格-2 分）			
3	行程开关的安装	10	挡块和行程开关滚轮的相对位置不对正（-5 分） 行程开关的安装位置错误（-5 分）			
4	线路检查	10	在断电的情况下会用万用表检查电路；通电前测量电路的绝缘电阻（一项没有检查-5 分）			
5	保护的整定	10	不会整定热继电器的整定值（-5 分）；选错熔体（-5 分）			
6	通电试车	30	试车一次不成功（-20 分）			
7	安全文明操作		未清理现场（-5 分） 损坏工具（-50 分） 损坏仪表（-50 分） 违反安全规定（-50 分）			
8	考核时限		每超过 5 min（-5 分）			
9	合计	100		总分		

5. 故障的检查及排除

在通电试车成功的电路上人为地设置故障，通电运行，在表 6-17 中记录故障现象并分析原因排除故障。在设置故障运行时，做好随时停车的准备。

表 6-17 故障的检查及排除

故障设置	故障现象	检查方法及排除
SQ1 的固定螺钉松动		
接触器 KM2 主触点的相序和 KM1 相同没有进行换相		
改变电动机的转向：按下 SB2 电动机反转，按下 SB3 电动机正转		

6.6.7 变频器的模拟信号操作控制实训

1. 实训目的

1）学会用 MM420 变频器的模拟信号输入端对电动机转速进行控制。

2）掌握 MM420 变频器基本参数的设置的方法。

3）通过 BOP 面板观察变频器频率的变化。

2. 实训内容

控制 MM420 变频器，实现电动机正转和反转功能，由模拟输入端控制电动机转速的大小。DIN1 端口（端口“5”）设为正转控制，DIN2 端口（端口“6”）设为反转控制。

（1）电路接线

电路接线如图 6-40 所示。MM420 变频器的“1”（+10 V）、“2”（0 V）输出端为用户的给定单元提供了一个高精度的+10 V 直流稳压电源。转速调节电位器 RP1 串接在电路中，调节 RP1 时，输入端口 AIN1+给定的模拟输入电压改变，变频器的输出量紧紧跟踪给定量的变化，从而平滑无级地调节电动机转速的大小。MM420 变频器为用户提供了一对模拟输入端口 AIN1+和 AIN1-，即端口“3”和“4”。

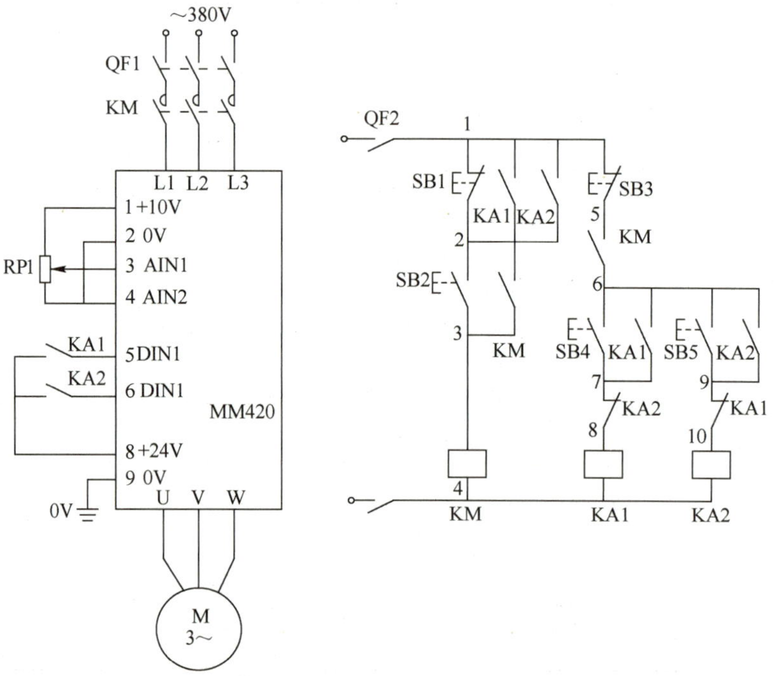

图 6-40 模拟信号输入端对电动机转速的控制

按图 6-40 所示连接电路。检查电路正确无误后，合上电源开关 QF1、QF2，按下 SB2，KM 通电，给变频器送电。

（2）恢复变频器出厂默认值

设定 P0010=30 和 P0970=1，按下 P 健，开始复位，复位过程大约为 3 min，这样就保证了变频器的参数恢复到出厂默认值。

（3）设置电动机的参数

根据电动机的铭牌设置电动机参数。设置完成后，设 P0010=0，变频器当前处于准备状态，可正常运行。

（4）设置模拟信号操作控制参数

按表 6-18 设置模拟信号操作控制参数。

表 6-18　模拟信号操作控制参数

参数号	出厂值	设置值	说　明
P0003	1	1	设用户访问级为标准级
P0004	0	7	命令和数字 I/O
P0700	2	2	命令源选择由端子排输入
P0003	1	2	设用户访问级为扩展级
P0004	0	7	命令和数字 I/O
P0701	1	1	ON 接通正转，OFF 停止
P0702	1	2	ON 接通反转，OFF 停止
P0003	1	1	设用户访问级为标准级
P0004	0	10	设定值通道和斜坡函数发生器
P1000	2	2	频率设定值由模拟量输入
P1080	0	0	电动机的最低运行频率（Hz）
P1082	50	50	电动机的最高运行频率（Hz）

（5）操作控制

1）电动机正转。按下电动机正转按钮 SB4，数字输入端口 DIN1 为“ON”，电动机正转运行，转速由外接电位器 RP1 来控制，模拟电压信号在 0~10 V 之间变化，对应变频器的频率在 0~50 Hz 之间变化（通过 BOP 面板观察），相应地电动机的转速在 0~50 Hz 之间变化。当按下按钮 SB3 时，电动机停止运转。

2）电动机反转。按下电动机反转按钮 SB5，数字输入端口 DIN2 为“ON”，电动机反转运行，其他操作与电动机正转相同。按下按钮 SB3 时，电动机停止运转。

3）按下按钮 SB1，变频器断电。

3. 任务单及成绩评定

姓名＿＿＿＿＿＿＿＿　学号＿＿＿＿＿　工位号＿＿＿＿＿　日期＿＿＿＿＿＿

名称：变频器模拟信号操作控制　　时间：80 min

序号	项 目 内 容	配分	评 分 标 准	检验结果	扣分	得分
1	按照被控设备的动作要求进行调试和通电试验	30	变频器不能上电（-30 分）			
			不能电动机正、反转（-20 分）			
			不能由外接电位器 RP1 来控制转速（-20 分）			

（续）

序号	项目内容	配分	评分标准	检验结果	扣分	得分
2	布线	40	未按原理图接线（-40分）			
			布线弯角未成90°、导线与控制板面未成90°（每处-1分）			
			导线露铜（从元器件接线端子金属外沿计算，大于1mm）（每处-1分）			
			导线转向时余量小（从元器件接线端子金属外沿处计算，拐弯处绝缘层小于5mm）（每处-1分）			
			同一类尺寸的元器件、同一平面的导线高低不一致（水平方向未在同一平面）或前后不一致（垂直方向未在同一平面）（每处-1分）			
			导线不直（弯曲大于0.5mm）（每处-1分）			
			斜线连接导线（每处-5分）			
			控制线穿过主电路（A、B、C间）（每处-5分）			
			导线层次排列不齐，间隙大于2mm（不含因整体布局引起的间隙）及导线松散（每根-1分）			
			导线交叉（即导线压导线）（不含主控导线十字形接触）（每处-5分）			
			在元器件间选择通道（-10分）			
			控制电路布线未紧贴控制面板（每处-1分）			
			接点松动（每处-1分）			
			损伤导线绝缘、线芯、元器件（每处-5分）			
			绑扎导线一处（-20分）			
			上下走向的主电路没有贴近敷设面（每处-2分）			
			主、控电路导线选择错误（-20分）			
			接点松动（每处-2分）			
3	变频器参数检查	30	参数填写错误（每处-1分），参数输入错误或未输入（每处-1分）			
4	安全文明操作		未清理现场（-5分），每违反一项安全规定（-5分），通电调试出现短路故障（整个项目不得分）			
5	考核时限		提前完成不加分，到时间停止操作，但当成绩相同时以操作时间较短者胜出			
6	合计	100		总分		

6.7 教学检测

一、填空题

1. 在电气原理图中，电气元器件采用（　　）的形式绘制，如属于同一接触器的线圈和触点分开来画，但同一元器件的各个部件必须标以（　　　　　　）。当使用多个相同类型的元器件时，要在文字符号后面标注（　　　　　）。

2. 电气原理图中所有的电器设备的触点均在常态下绘出，所谓常态是指元器件没有通电或没有外力作用时的状态，此时常开触点（　　），常闭触点（　　）。

3. 电气原理图采用垂直布局时，动力电路的电源线绘成水平线，主电路应（　　）（选填：垂直或水平）于电源电路画出。控制电路和信号电路应垂直地画在（　　　　）之间，（　　）元器件应画在电路的最下面，且交流电压线圈不能（　　）。

4. 电阻测量法检查电路，若测得某两点间的电阻很大，说明（　　　　　　　　）。

5. 电压测量法检查故障如图 6-41 所示。将万用表调到交流 500 V 档，接通电源，按下起动按钮 SB2，正常时，KM1 吸合并自锁。这时电路中（1-2）、(2-3)、(3-4) 各段电压均为（　　），(4-5) 两点之间为线圈的工作电压为（　　）V。

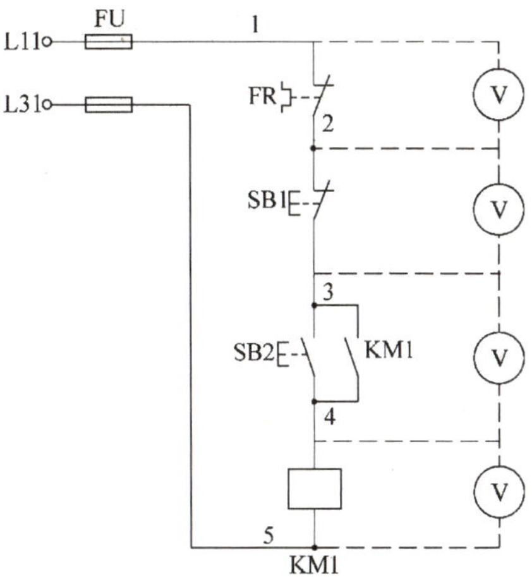

图 6-41　电压测量法检查故障

6. 如果要在两个地点对同一台电动机进行控制，必须在两个地点分别装一组按钮，这两组按钮连接的方法是：常开的起动按钮要（　　），常闭的停止按钮要（　　）。

7. Y-△减压起动是在起动时将定子绕组接成（　　），起动结束后将定子绕组接成（　　）运行。这种方法只是用于正常运行时定子绕组为（　　）联结的电动机。由于起动转矩是直接起动时的（　　），这种方法多用于（　　　　）起动。

8. 异步电动机的调速可分（　　　　）、(　　　　）和（　　　　）三大类

9. 三角形改成双星形（△-YY）变极调速时，电动机绕组构成三角形联结时，电动机（　　）运行。双速电动机在变极的同时将改变（　　　　　　），以保持电动机在低速和高速时的（　　）相同。

10. 把（　　）和（　　）固定不变的交流电变换为（　　）和（　　）可变的交流电的装置称作“变频器”。

11. 变频器的控制方式可分为（　　）和（　　）两种。(　　　　）有 V/F 控制方式，(　　　　）有矢量控制等方式。

12. 变频器的接地必须与动力设备接地点（　　　　　　）。

二、判断题（对的画√、错的画×）

1. 电气原理图中所有的电器设备的触点均在常态下绘出，所谓常态是指电器元器件没有通电或没有外力作用时的状态，此时常开触点断开，常闭触点闭合。(　　)

2. 电气元器件布置图主要用来表明在控制盘或控制柜中电器元件的实际安装位置。(　　)

3. 同一控制盘上的电器元器件可以直接连接，而盘内和外部元器件连接时必须经过接线端子排进行，走向相同的相邻导线可绘成一股线。(　　)

4. 为了方便电路投入运行后的日常维护和排除故障，必须按规定给原理图标注线号。标注时应做到每段导线均有线号，并且一线二号，不得重复。(　　)

5. 检查元器件时，用万用表检查所有元器件的电磁线圈的通断情况，测量它们的直流电阻并做好记录，以备检查线路和排除故障时参考。(　　)

6. 软起动器主要由三相交流调压电路和控制电路构成，其基本原理是利用晶闸管的移相

控制原理，通过晶闸管的导通角，改变其输出电压，达到通过调压方式来控制起动电流和起动转矩的目的。(　　)

7. 变频器的接地必须与动力设备接地点分开，单独接地。(　　)

三、选择题

1. 接线前应先做好的准备工作包括（　　）。

A. 按主电路、控制电路的电流容量选好特定截面的导线

B. 准备适当的线号管

C. 使用多股线时应准备烫锡工具或压线钳

D. 空操作试验

2. 可根据电动机起动频繁程度、供电变压器容量大小来决定允许直接起动电动机的容量，对于起动频繁，允许直接起动的电动机容量应不大于变压器容量的（　　）；对于不经常起动的，直接起动的电动机容量不大于变压器容量的（　　）。通常容量小于（　　）kW 的笼型电动机可采用直接起动。

A. 20%　　B. 30%　　C. 11　　D. 15

3. 对中小功率电动机控制电路而言，一般可以使用截面积为（　　）mm^2左右的导线连接。

A. 1.5　　B. 2.5　　C. 0.75　　D. 0.5

4. 电动机全压起动连续运转控制电路中，过载保护是由（　　）实现的。

A. 熔断器　　B. 热继电器　　C. 接触器　　D. 转换开关

5. 接地保护导线（PE）必须采用（　　）。

A. 浅蓝色　　B. 黑色　　C. 蓝色　　D. 黄绿双色

6. “停止”按钮应置于“起动”按钮的（　　）下方或左侧，当用两个“起动”按钮控制相反方向时，“停止”按钮可装在（　　）。

A. 下方　　B. 左侧　　C. 中间　　D. 上方

四、简答题

1. 什么叫“自锁”？自锁线路怎样构成？

2. 什么叫“互锁”？互锁线路怎样构成？

3. 点动控制是否要安装过载保护？

4. 电动机连续运转的控制电路有哪些保护环节？

5. 画出电气互锁正反转控制的主电路和控制电路，并分析电路的工作原理。

6. 画出自动往返的控制电路，并分析电路的工作原理。若行程开关本身完好，挡块操作可以使触点切换，而自动往返控制电路通车时，两个行程开关不起限位作用，故障的原因是什么？

7. 笼型感应电动机减压起动的方法有哪些？各有何特点？使用条件是什么？

8. 画出Y-△减压起动的电路图，并分析工作过程。

9. 简述软起动器的工作原理，软起动器的控制功能有哪些？

10. 画出反接制动的主电路和控制电路，分析工作过程。

11. 分析可逆运行的反接制动控制电路的工作过程。

12. 画出能耗制动的主电路和控制电路，并分析工作过程。若在试车时，能耗制动已经结束，但电动机仍未停转，应如何调整电路？

13. 三相异步电动机的调速方法有哪些？

14. 画出变极调速控制电路并分析其工作过程。

15. 设计两台电动机的顺序控制电路，要求：M1 起动后，M2 才能起动，M2 停止后，M1 才能停止。

16. 设计一个控制电路，三台笼型感应电动机起动时，M1 先起动，经 10 s 后 M2 自行起动，运行 30 s 后 M1 停止并同时使 M3 自行起动，再运行 30 s 后电动机全部停止。

17. 设计一个小车运行的电路图，其动作程序如下：

（1）小车由原位开始前进，到终端后自动停止。

（2）在终端停留 6 min 后自动返回原位停止。

（3）能在前进或后退途中任意位置都能停止或再次起动。

18. 什么是 V/F 控制、矢量控制？各有何特点？

19. 简述变频器安装时接地的注意事项。

20. 变频器的常见故障有哪些？如何排除？

21. 用变频器实现电动机的正反转控制。试用低压电器设计控制电路，并完成操作。要求按下 SB2 电动机正转，按下 SB1 电动机停止。按下 SB3 电动机反转，按下 SB1 电动机停止。电动机稳定运行的频率为 30 Hz，斜坡上升时间和下降时间均为 10 s。

工匠精神的特点（二）

1）专注。专注就是内心笃定而着眼于细节的耐心、执着、坚持的精神，这是一切"大国工匠"所必须具备的精神特质。专注也是一种几十年如一日的坚持与韧性。"术业有专攻"，一旦选定行业，就一门心思扎根下去，心无旁骛，在各自领域不断积累优势成为"领头羊"。古代有"艺痴者技必良"的说法，如《庄子》中记载的游刃有余的"庖丁解牛"、《核舟记》中记载的奇巧人王叔远等。

2）创新。创新是追求突破、追求革新。古往今来，热衷于创新和发明的工匠们一直是世界科技进步的重要推动力量。新中国成立初期，我国涌现出一大批优秀的工匠们，如倪志福、郝建秀等，他们为社会主义建设事业做出了突出贡献。改革开放以来，"汉字激光照排系统之父"王选、"中国第一、全球第二的充电电池制造商"王传福、从事高铁研制和生产的铁路工作者和从事特高压、智能电网研究运行的电力工作者等都是"工匠精神"的优秀传承者，他们让中国创新影响了世界。

第 7 章　常用机床电气控制电路及常见故障的排查

本章要点

- 常用机床的电气控制原理
- 常用机床控制电路常见的故障及排除
- 机床电气控制电路的安装及检修实训

7.1　普通车床的电气控制

车床是应用最广泛的金属切削机床，普通车床可以用来切削工件的外圆、内圆、端面和螺纹等，并可以装上钻头或铰刀等进行钻孔和铰孔的加工。

7.1.1　车床的主要结构及运动形式

7-1　车床电气控制 1

7-2　车床电气控制 2

CA6140 型普通车床的主要结构如图 7-1 所示。主要有床身、主轴变速箱、挂轮箱、进给箱、溜板箱、溜板、刀架、尾架、光杠和丝杆等组成。车床的主运动是工件的旋转运动。它由主轴通过卡盘或顶尖带动工件旋转。电动机的动力通过主轴箱传给主轴，主轴一般只要单方向的旋转运动，只有在车螺纹时才需要用反转来退刀。CA6140 用操纵手柄通过摩擦离合器来改变主轴的旋转方向。车削加工要求主轴能在很大的范围内调速，普通车床调速范围一般大于70。主轴的变速是靠主轴变速箱的齿轮等机械有级调速来实现的，变换主轴箱外的手柄位置，可以改变主轴的转速。进给运动是溜板带动刀具作纵向或横向的直线移动，也就是使切削能连续进行下去的运动。所谓纵向运动是指相对于操作者的左右运动，横向运动是指相对于操作者的前后运动。车螺纹时要求主轴的旋转

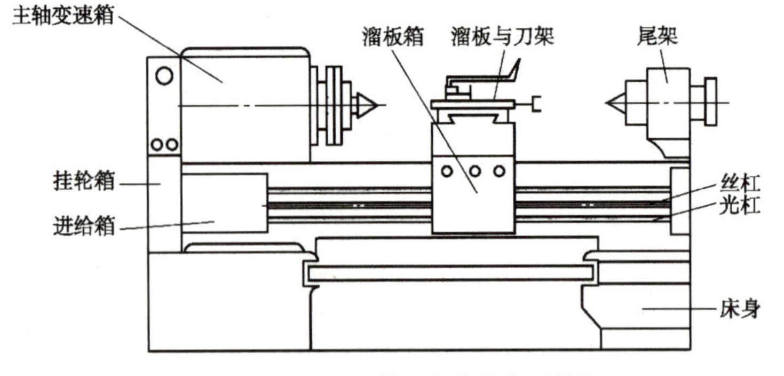

图 7-1　CA6140 型普通车床的主要结构

速度和进给的移动距离之间保持一定的比例，所以主运动和进给运动要由同一台电动机拖动，主轴箱和车床的溜板箱之间通过齿轮传动来连接，刀架再由溜板箱带动，沿着床身导轨做直线走刀运动。车床的辅助运动包括刀架的快进与快退，尾架的移动与工件的夹紧与松开等。为了提高工作效率，车床刀架的快速移动由一台单独的进给电动机拖动。

7.1.2　电气电路分析

图 7-2 是 CA6140 型普通车床的电气电路图。

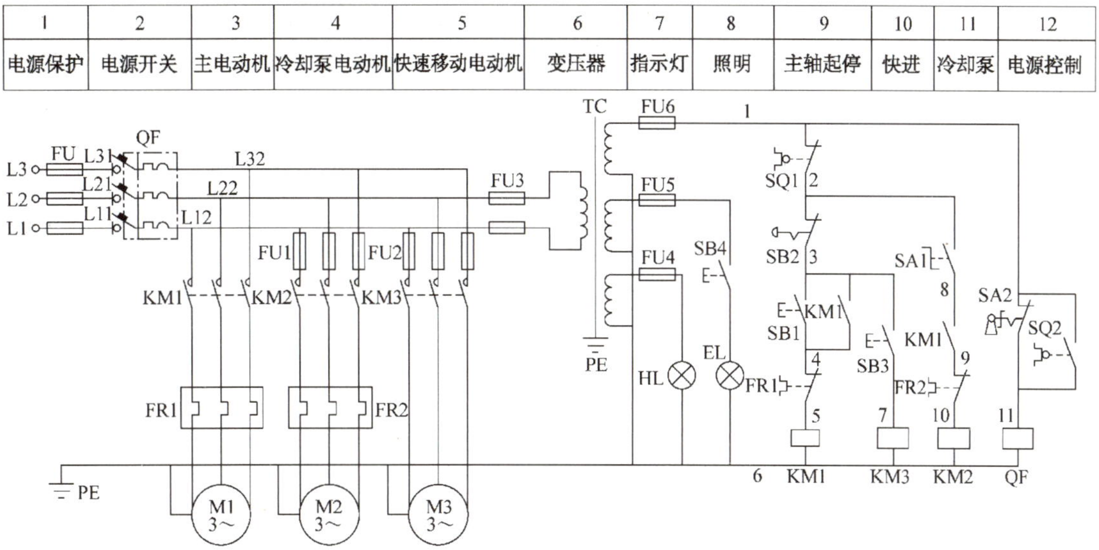

图 7-2　CA6140 型普通车床电气电路图

1. 主电路分析

在主电路中，M1 为主轴电动机，拖动主轴的旋转并通过传动机构实现车刀的进给。主轴电动机 M1 的运转和停止由接触器 KM1 的三个常开主触点的接通和断开来控制，电动机 M1 只需作正转，而主轴的正反转是由摩擦离合器改变传动链来实现的。电动机 M1 的容量小于 10kW，所以采用直接起动。M2 为冷却泵电动机，进行车削加工时，刀具的温度高，需用冷却液进行冷却。为此，车床备有一台冷却泵电动机拖动冷却泵，喷出冷却液，实现刀具的冷却。冷却泵电动机 M2 由接触器 KM2 的主触点控制。M3 为快速移动电动机，由接触器 KM3 的主触点控制。M2、M3 的容量都很小，分别加装熔断器 FU1 和 FU2 作短路保护。热继电器 FR1 和 FR2 分别作 M1 和 M2 的过载保护，快速移动电动机 M3 是短时工作的，所以不需要过载保护。带钥匙的低压短路器 QF 是电源总开关。

2. 控制电路分析

控制电路的供电电压是 127 V，通过控制变压器 TC 将 380 V 的电压降为 127 V。控制变压器的一次侧由 FU3 作为短路保护，二次侧由 FU6 作为短路保护。

1）电源开关的控制。电源开关是带有开关锁 SA2 的低压断路器 QF，当要合上电源开关时，首先用开关钥匙将开关锁 SA2 右旋，再扳动断路器 QF 将其合上。若用开关钥匙将开关锁 SA2 左旋，其触点 SA2（1-11）闭合，QF 线圈通电，断路器 QF 将自动跳开。若出现误操作，又将 QF 合上，QF 将在 0.1 s 内再次自动跳闸。由于机床的电源开关采用了钥匙开关，接通电源时要先用钥匙打开开关锁，再合断路器，增加了安全性，同时在机床控制配电盘的壁龛门上装有安全行程开关 SQ2，当打开配电盘壁龛门时，行程开关的触点 SQ2（1-11）闭合，QF 的线圈通电，QF 自动跳闸，切除机床的电源，以确保人身安全。

2）主轴电动机 M1 的控制。SB2 是红色蘑菇形的停止按钮，SB1 是绿色的起动按钮。按一下起动按钮 SB1，KM1 线圈通电吸合并自锁，KM1 的主触点闭合，主轴电动机 M1 起动运转。按一下 SB2，接触器 KM1 断电释放，其主触点和自锁触点都断开，电动机 M1 断电停止运行。

3）冷却泵电动机的控制。当主轴电动机起动后，KM1 的常开触点 KM1（8-9）闭合，这时若旋转转换开关 SA1 使其闭合，则 KM2 线圈通电，其主触点闭合，冷却泵电动机 M2 起动，提供冷却液。当主轴电动机 M1 停车时，KM1（8-9）断开，冷却泵电动机 M2 随即停止。M1 和 M2 之间存在联锁关系。

4）快速移动电动机 M3 的控制。快速移动电动机 M3 是由接触器 KM3 进行的点动控制。按下按钮 SB3，接触器 KM3 线圈通电，其主触点闭合，电动机 M3 起动，拖动刀架快速移动；松开 SB3，M3 停止。快速移动的方向通过装在溜板箱上的十字手柄扳到所需要的方向来控制。

5）SQ1 的控制。SQ1 是机床床头的挂轮架皮带罩处的安全开关。当装好皮带罩时，SQ1（1-2）闭合，控制电路才有电，电动机 M1、M2、M3 才能起动。当打开机床床头的皮带罩时，SQ1（1-2）断开，使接触器 KM1、KM2、KM3 断电释放，电动机全部停止转动，以确保人身安全。

3. 照明和信号电路的分析

照明电路采用 36 V 安全交流电压，信号回路采用 6.3 V 的交流电压，均由控制变压器二次侧提供。FU5 是照明电路的短路保护，照明灯 EL 的一端必须保护接地。FU4 为指示灯的短路保护，合上电源开关 QF，指示灯 HL 亮，表明控制电路有电。

7.1.3 常见电气故障的排除

1）主轴电动机不能起动。发生主轴电动机不能起动的故障时，首先检查故障是发生在主电路还是控制电路，若按下起动按钮，接触器 KM1 不吸合，此故障则发生在控制电路，主要应检查 FU6 是否熔断，过载保护 FR1 是否动作，接触器 KM1 的线圈接线端子是否松脱，按钮 SB1、SB2 的触点是否接触良好。若故障发生在主电路，应检查车间配电箱及主电路开关的熔断器的熔丝是否熔断，导线连接处是否有松脱现象，KM1 主触点的接触是否良好。

2）主轴电动机起动后不能自锁。当按下起动按钮后，主轴电动机能起动运转，但松开起动按钮后，主轴电动机也随之停止。造成这种故障的原因是接触器 KM1 的自锁触点的连接导线松脱或接触不良。

3）主轴电动机不能停止。造成这种故障的原因多数为 KM1 的主触点发生熔焊或停止按钮击穿所致。

4）电源总开关合不上。电源总开关合不上的原因有两个，一是电气箱子盖没有盖好，以致 SQ2（1-11）行程开关被压下；二是钥匙电源开关 SA2 没有右旋到 SA2 断开的位置。

5）指示灯亮但各电动机均不能起动。造成这种故障的主要原因是 FU6 的熔体断开，或挂轮架的皮带罩没有罩好，行程开关 SQ1（1-2）断开。

6）行程开关 SQ1、SQ2 故障。CA6140 车床在使用前首先应调整 SQ1、SQ2 的位置，使其动作正确，才能起到安全保护的作用。但是由于长期使用，可能出现开关松动移位，致使打开床头挂轮架的皮带罩时，SQ1（1-2）触点断不开，或打开配电盘的壁龛门时 SQ2（1-11）不闭合，因而失去人身安全保护的作用。

7）带钥匙开关 SA2 的断路器 QF 故障。带钥匙开关 SA2 的断路器 QF 的主要故障是开关锁 SA2 失灵，以致失去保护作用，因此在使用时应检验将开关锁 SA2 左旋时断路器 QF 能否自动跳闸，跳开后若又将 QF 合上，经过 0.1 s 断路器能否自动跳开。

7.1.4 检修技能训练

1. 训练目的

1）进一步熟练掌握车床的电气控制图。

2）学会机床检修常用的方法和步骤。

3）学会带电检修机床。

2. 训练内容

1）CA6140 车床主轴电动机控制电路的检修。

2）CA6140 车床电动机缺相不能运转的检查。

3）CA6140 车床在运行过程中自动停车的检修。

3. 准备工作

1）常用电工工具一套，万用表，绝缘电阻表，钳形电流表。

2）在机床或模拟板上按训练内容的要求设置好故障。每次只设置一处故障，进行一个内容的训练。

4. 内容与操作步骤

（1）KM1 接触器不吸合，主轴电动机不工作

首先根据故障现象在电气原理图上标出可能的最小故障范围，然后按下面的步骤进行检查，直至找出故障点。

检修步骤如下。

1）接通 QF 电源开关，观察电路中的各元器件有无异常，如发热、焦味、异常声响等，如有异常现象的发生，应立即切断电源，重点检查异常部位，并采取相应的措施。

2）用万用表的 AC 500~750 V 档检查（1-6）和（1-PE）间的电压应为 127 V，判断 FU6 熔断器及变压器 TC 是否有故障。

3）用万用表的 AC 500~750 V 档检查（1-2）、（1-3）、（1-4）、（1-5）各点的电压值，判断安全行程开关 SQ1、停止按钮 SB2、热继电器 FR1 的常闭触点以及接触器 KM1 的线圈是否有故障。

4）切断电源开关 QF，用万用表的 $R\times1$ 电阻档的表笔接到（6-3）两点，分别按起动按钮 SB1 及 KM1 的触点架使之闭合，检查 SB1 的触点、KM1 的自锁触点是否有故障。

5）用万用表 $R\times1$ 电阻档测量（1-2）、（1-3）、（4-5）点的电阻值，用 $R\times10$ 档测（5-6）点之间的电阻值。

技术要求及注意事项如下。

1）带电操作时，应作好安全防护，穿绝缘鞋，身体各部分不得碰触机床，并且需要由老师监护。

2）正确使用仪表，各点测试时表笔的位置要准确，不得与相邻点相碰撞，防止发生短路事故。一定要在断电的情况下使用万用表的欧姆档测电阻。

3）发现故障部位后，必须用另一种方法复查，准确无误后，方可修理或更换有故障的元器件。更换时要采用原型号规格的元器件。

（2）CA6140车床电动机缺相不能运转

首先根据故障现象在电气原理图上标出可能的最小故障范围，然后按下面的步骤进行检查，直至找出故障点。

检修步骤如下。

1）机床起动后，KM1接触器吸合后M1电动机不能运转，听电动机有无“嗡嗡”声，电动机外壳有无微微振动的感觉，如有即为缺相运行应立即停机。

2）用万用表的AC 500~750 V档测QF的进出三相线之间的电压应为380(1±10%) V。

3）拆除M1的接线起动机床。

4）用万用表的AC 500~750 V档检查KM1交流接触器的进出线三相之间的电压应为380(1±10%) V。

5）若以上无误，切断电源拆开电动机三角形接线端子，用绝缘电阻表检测电动机的三相绕组。

技术要求及注意事项如下。

1）电动机有“嗡嗡”声说明电动机缺相运行，若电动机不运行则可能无电源。

2）QF的电源进线缺相应检查电源，若出线缺相应检修QF开关。

3）接触器KM1进线电源缺相则电力线路有断点，若出线缺相则KM1的主触点损坏，需要更换触点。

4）带电操作注意安全，正确选择仪表的功能、档位和测试位置，以免损坏万用表并防止仪表指针与相邻点接触造成短路。

（3）CA6140车床在运行中自动停车

首先根据故障现象在电气原理图上标出可能的最小故障范围，然后按下面的步骤进行检查，直至找出故障点。

检修步骤如下。

1）检查FR1热继电器是否动作，观察红色复位按钮是否弹出。

2）过几分钟待热继电器的温度降低后，按红色按钮使热继电器复位。

3）起动机床。

4）根据FR1动作情况将钳形电流表卡在M1电动机的三相电源的输入线上，测量其定子平衡电流。

5）根据电流的大小采取相应的解决措施。

技术要求及注意事项如下。

1）如电动机的电流等于或大于额定电流的120%，则电动机为过载运行，此时应减小负载。

2）如减小负载后电流仍很大，超过额定电流，应检修电动机或检查机械传动部分。

3）如电动机的电流接近额定电流值FR1动作，这是因为电动机运行时间过长，环境温度过高、机床振动造成热继电器的误动作。

4）若电动机的电流小于额定电流，可能是热继电器的整定值偏移或过小，此时应重新校验、调整热继电器。

5）钳形电流表的档位应选用大于额定电流值2~3倍的档位。

5. 任务单及成绩评定

姓名________ 学号________ 工位号________ 日期________

名称：车床电气故障排除 时间：40 min

序号	项目内容	配分	评分标准	检验结果	扣分	得分
1	职业素养	10	未按要求穿工作服、绝缘鞋、戴安全帽（-2 分） 未正确选用、使用电工工具和仪表，错一次（-4 分）			
2	主轴电动机控制回路的检修	30	接通电源开关观察并记录故障现象，如果有异常现象立即切断电源，没做或做错（-10 分） 根据故障现象在电气原理图上标出故障范围，不能准确标出或标错（-10 分） 按规定的步骤操作，判断故障准确，错一次（-10 分）			
3	电动机缺相不能运转的检修	30	接通电源开关观察并记录故障现象，如果有异常现象立即切断电源，没做或做错（-10 分） 在电气原理图上标出故障范围，不能准确标出或标错，错一次（-10 分） 测量故障的步骤及方法正确，判断故障准确，错一次（-10 分）			
4	车床的运行过程中自动停车的检修	30	接通电源开关观察并记录故障现象，如果有异常现象立即切断电源，没做或做错（-10 分） 在电气原理图上标出故障范围，不能准确标出或标错，错一次（-10 分） 测量故障的步骤及方法正确，判断故障准确，错一次（-10 分）			
5	安全文明操作		未清理现场（-5 分） 损坏工具（-50 分） 损坏仪表（-50 分） 违反安全规定（-50 分）			
6	考核时限		每超过 5 min（-5 分）			
7	合计	100		总分		

7.2 磨床的电气控制

磨床是用砂轮对工件的表面进行磨削加工的一种精密机床。磨床的种类很多，有平面磨床、外圆磨床、内圆磨床、螺纹磨床等。其中平面磨床应用最为普遍。平面磨床是磨削平面的机床。

7.2.1 磨床的主要结构及运动形式

1. M7130 卧轴矩台平面磨床的主要结构

卧轴矩台平面磨床的外形图如图 7-3 所示。在床身中装有液压传动装置，工作台通过活塞杆由液压驱动作往复运动，床身导轨有自动润滑装置进行润滑。工作台表面有 T 形槽，用以固定电磁吸盘，再用电磁吸盘来吸持加工工件。工作台往复运动的行程长度可通过调节装在工作台正面槽中的换向撞块的位置来改变。换向撞块是通过碰撞工作台往复运动换向手柄来改变油路方向的，以实现工作台往复运动。

在床身上固定有立柱，沿立柱的导轨上装有滑座，砂轮箱能沿滑座的水平导轨作横向移动。砂轮轴由装入式砂轮电动机直接拖动。在滑座内部也装有液压传动机构。

滑座可在立柱导轨上做上下垂直移动，并可由垂直进刀手轮操作。砂轮箱的水平轴向移动

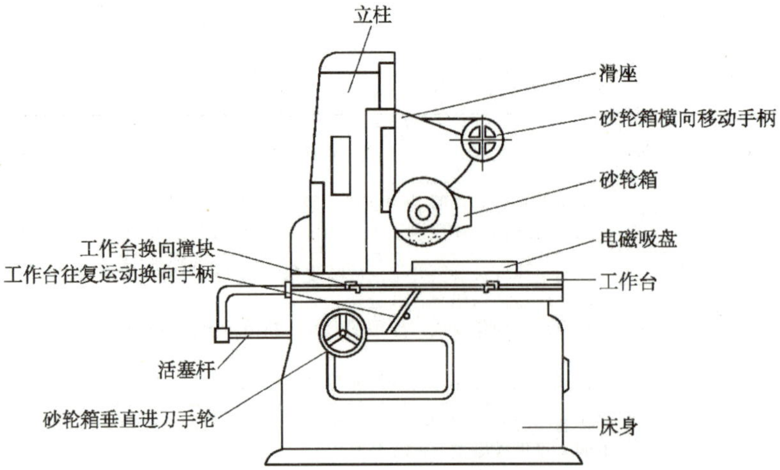

图 7-3 卧轴矩台平面磨床的外形图

可由横向移动手轮操作，也可由液压传动做连续或间断横向移动，连续移动用于调节砂轮位置或整修砂轮，间断移动用于进给。

2. 卧轴矩台平面磨床的运动形式

卧轴矩台平面磨床的主运动是砂轮的旋转运动，进给运动有垂直进给（即滑座在立柱上的上下运动）、横向进给（即砂轮箱在滑座上的水平运动）和纵向进给（即工作台沿床身的往复运动）。工作台每完成一次往复运动时，砂轮箱便做一次间断性的横向进给；当加工完整个平面后，砂轮箱做一次间断性垂直进给。

7.2.2 磨床电气电路分析

图 7-4 为 M7130 型平面磨床电气控制电路图。其电气设备安装在床身后部的壁龛盒内，控制按钮安装在床身前部的电气操纵盒上。

1. 主电路分析

在主电路中，M1 为砂轮电动机，拖动砂轮的旋转；M2 为冷却泵电动机，拖动冷却泵供给磨削加工时需要的冷却液；M3 为液压泵电动机，拖动油泵，供出压力油，经液压传动机构来完成工作台往复运动并实现砂轮的横向自动进给，并承担工作台的润滑工作。

主电路的控制要求是：M1、M2、M3 只需进行单方向的旋转，且磨削加工无调速要求；在砂轮电动机 M1 起动后才开动冷却泵电动机 M2；三台电动机共用 FU1 作短路保护，分别用 FR1、FR2 作为过载保护。

在主电路中 M1、M2 由接触器 KM1 控制，由于冷却泵箱和床身是分开安装的，所以冷却泵电动机 M2 经插头插座 X1 和电源连接，当需要冷却液时，将插头插入插座。M3 由接触器 KM2 控制。

2. 控制电路分析

在控制电路中，SB1、SB2 为砂轮电动机 M1 和冷却泵电动机 M2 的起动和停止按钮，SB3、SB4 为液压泵电动机 M3 的起动和停止按钮。只有在转换开关 SA1 扳到退磁位置，其常开触点 SA1（3-4）闭合，或者欠电流继电器 KA 的常开触点 KA（3-4）闭合时，控制电路才起作用。按下 SB1，接触器 KM1 的线圈通电，其常开触点 KM1（4-5）闭合进行自锁，其主触点闭合砂轮电动机 M1 及冷却泵电动机 M2 起动运行。按下 SB2，KM1 线圈断电，M1、M2

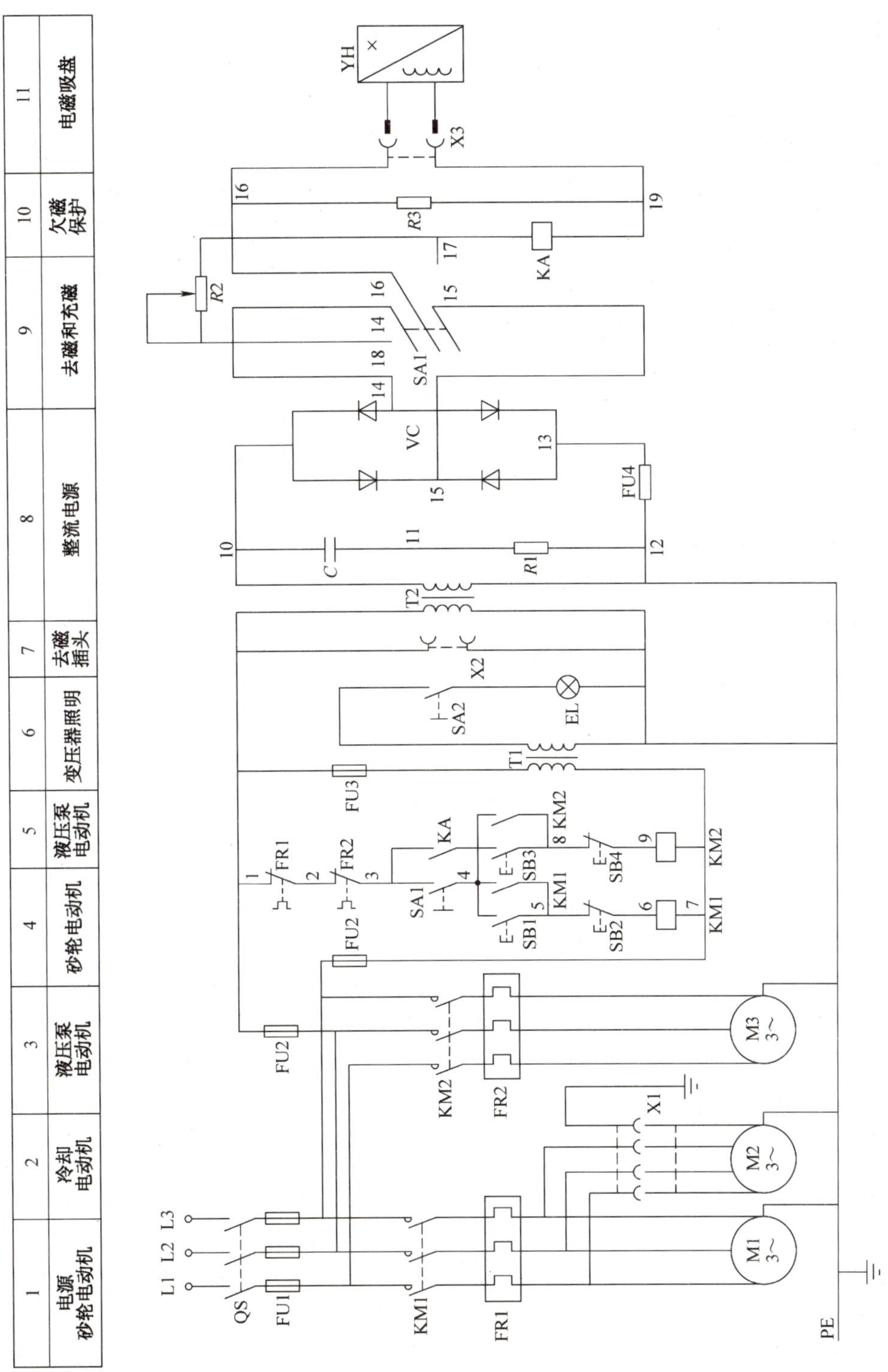

图 7-4　M7130 型平面磨床电气控制电路图

停止。按下 SB3，接触器 KM2 线圈通电，其常开触点 KM2（4-8）闭合进行自锁，其主触点闭合液压泵电动机 M3 起动运行。按下 SB4，KM2 线圈断电，M3 停止。

3. 电磁吸盘（YH）控制电路的分析

电磁吸盘是用来吸持工件进行磨削加工的。整个电磁吸盘是钢制的箱体，在它中部凸起的芯体上绕有电磁线圈，电磁吸盘的工作原理如图 7-5 所示，电磁吸盘的线圈通以直流电，使芯体被磁化，磁力线经钢制吸盘体、钢制盖板、工件、钢制盖板、钢制吸盘体闭合，将工件牢牢吸住。电磁吸盘的线圈不能用交流电，因为通过交流电会使工件产生振动并且使铁心发热。钢制盖板由非导磁材料构成的隔磁层分成许多条，其作用是使磁力线通过工件后再闭合，不直接通过钢制盖板闭合。电磁吸盘与机械夹紧装置相比，它的优点是不损伤工件，操作快速简便，磨削中工件发热可自由伸缩、不会变形。缺点是只能对导磁性材料的工件（如钢、铁）才能吸持，对非导磁性材料的工件（如铜、铝）没有吸力。

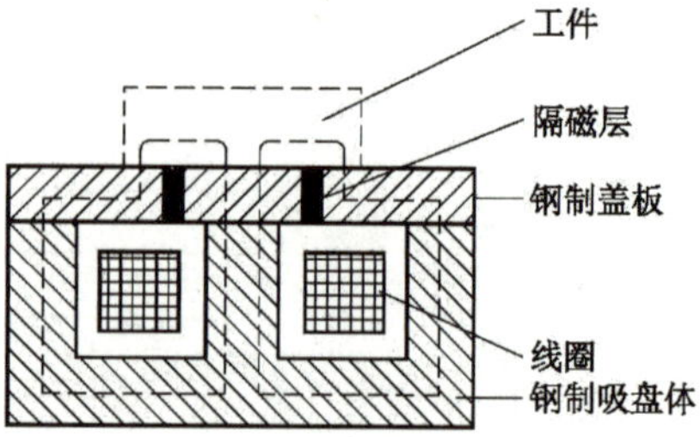

图 7-5 电磁吸盘的工作原理

电磁吸盘控制电路由降压整流电路、转换开关和欠电流保护电路组成。

降压整流电路由变压器 T2 和桥式全波整流装置 VC 组成。变压器 T2 将交流电压 220 V 降为 127 V，经过桥式整流装置 VC 变为 110 V 的直流电压，供给电磁吸盘的线圈。电阻 $R1$ 和电容 C 是用来限制过电压的，防止交流电网的瞬时过电压和直流回路的通断在 T2 的二次侧产生过电压对桥式整流装置 VC 产生危害。

电磁吸盘由转换开关 SA1 控制，SA1 有“励磁”“断电”和“退磁”三个位置。

将 SA1 扳到“励磁”位置时，SA1 的触点（14-16）和 SA1（15-17）闭合，电磁吸盘加上 110 V 的直流电压，进行励磁，当通过 YH 线圈的电流足够大时，可将工件牢牢吸住，同时欠电流继电器 KA 吸合，其触点 KA（3-4）闭合，这时可以操作控制电路的按钮 SB1 和 SB3，起动电动机对工件进行磨削加工，停止加工时，按下 SB2 和 SB4，电动机停转。在加工完毕后，为了从电磁吸盘上取下工件，将 SA1 扳到“退磁”位置，这时 SA1（14-18）、SA1（15-16）、SA1（4-3）接通，电磁吸盘中通过反方向的电流，并用可变电阻 $R2$ 限制反向去磁电流的大小，达到既能退磁又不致反向磁化。退磁结束后，将 SA1 扳至“断电”位置，SA1 的所有触点都断开，电磁吸盘断电，取下工件。若工件的去磁要求较高时，则应将取下的工件，再在磨床的附件——交流退磁器上进一步去磁。使用时，将交流去磁器的插头插在床身的插座 X2 上，将工件放在去磁器上即可去磁。

当转换开关 SA1 扳到“励磁”位置时，SA1（3-4）断开，KA（3-4）接通，若电磁吸盘的线圈断电或电流太小吸不住工件，则欠电流继电器 KA 释放，其常开触点 KA（3-4）断开，M1、M2、M3 因控制回路断电而停止。这样就避免了工件因吸不牢而被高速旋转的砂轮碰击飞出的事故。

如果不需要起动电磁吸盘，则应将 X3 上的插头拔掉，同时将转换开关 SA1 扳到退磁位置，这时 SA1（3-4）接通，M1、M2、M3 可以正常起动。

与电磁吸盘并联的电阻 $R3$ 为放电电阻，为电磁吸盘断电瞬间提供通路，吸收线圈断电瞬间释放的磁场能量。因为电磁吸盘是一个大电感，在电磁吸盘从工作位置转换到放松位置的瞬间，线圈产生很高的过电压，易将线圈的绝缘损坏，也将在转换开关 SA1 上产生电弧，使开关的触点损坏。

4. 照明电路分析

照明变压器 T1 将 380 V 的交流电压降为 36 V 的安全电压供给照明电路。EL 为照明灯，一端接地，另一端由开关 SA2 控制，FU3 为照明电路的短路保护。

7.2.3 常见电气故障的排除

1. 磨床中的电动机都不能起动

磨床中的电动机都不能起动的原因如下。

1）欠电流继电器 KA 的触点 KA（3-4）接触不良，接线松动脱落或有油垢，导致电动机的控制电路中的接触器不能通电吸合，电动机不能起动。将转换开关 SA1 扳到励磁位置，检查继电器触点 KA（3-4）是否接通，不通则修理或更换触点，可排除故障。

2）转换开关触点 SA1（3-4）接触不良、接线松动脱落或有油垢，控制电路断开，各电动机无法起动。将转换开关 SA1 扳到退磁位置，拔掉电磁吸盘的插头，检查触点 SA1（3-4）是否接通，不通则修理或更换转换开关。

2. 砂轮电动机的热继电器 FR1 脱扣

1）砂轮电动机的前轴瓦磨损，电动机发生堵转，产生很大的堵转电流，使得热继电器脱扣。应修理或更换轴瓦。

2）砂轮进刀量太大，电动机堵转，产生很大的堵转电流，使得热继电器动作，因此需要选择合适的进刀量。

3）更换后的热继电器的规格和原来的不符或未调整，应根据砂轮电动机的额定电流选择和调整热继电器。

3. 电磁吸盘没有吸力

1）检查熔断器 FU1、FU2 或 FU4 熔丝是否熔断，若熔断应更换熔丝。

2）检查插头插座 X3 接触是否良好，若接触不良应进行修理。

3）检查电磁吸盘电路。检查欠电流继电器的线圈是否断开，电磁吸盘的线圈是否断开，若断开应进行修理。

4）检查桥式整流装置。若桥式整流装置相邻的二极管都烧成短路，短路的管子和整流变压器的温度都较高，则输出电压为零，致使电磁吸盘吸力很小甚至没有吸力；若整流装置两个相邻的二极管发生断路，则输出电压也为零，电磁吸盘没有吸力。此时应更换整流二极管。

4. 电磁吸盘吸力不足

1）交流电源电压低，导致整流后的直流电压相应下降，致使电磁吸盘吸力不足。

2）桥式整流装置故障。桥式整流桥的一个二极管发生断路，使直流输出电压为正常值的一半，断路的二极管和相对臂的二极管温度比其他两臂的二极管温度低。

3）电磁吸盘的线圈局部短路，空载时整流电压较高而接电磁吸盘时电压下降很多（低于 110 V），这是由于电磁吸盘没有密封好，冷却液流入，引起绝缘损坏。应更换电磁吸盘线圈。

5. 电磁吸盘退磁效果差，退磁后工件难以取下

1）退磁电路电压过高，此时应调整 $R2$，使退磁电压为 5~10 V。

2）退磁回路断开，使工件没有退磁，此时应检查转换开关 SA1 接触是否良好，电阻 $R2$ 有无损坏。

3）退磁时间掌握不好，不同材料的工件，所需退磁时间不同，应掌握好退磁时间。

7.2.4 检修技能训练

1. 技能训练目的

1）进一步熟悉M7130型磨床的主要电气设备及工作原理。

2）学会根据电气控制电路图分析各部分电路的工作过程。

3）掌握电气线路故障分析的方法。

4）学会排除电磁吸盘中出现的故障。

2. 技能训练准备

1）看懂M7130型磨床的电气原理图，了解电动机M1、M2、M3的起动条件和它们之间的联锁关系，熟悉SA1转换开关的操作位置和触点通断情况，清楚电吸盘励磁和退磁的工作过程和原理。

2）清楚M7130型磨床中电气元器件的具体部位。

3）准备所用工具和仪表：电工常用工具，万用表或试灯。对万用表或试灯在使用前应做好检查。

3. 训练内容

1）能根据具体的故障现象，按该机床电气原理图进行分析，指出可能产生故障的原因和存在的区域，并做针对性检查。

2）以正确的步骤检查并排除故障，即故障调查→电路分析→断电检查→通电检查。如对故障原因有一定把握，也可直接进行断电和通电检查。

3）正确使用测试工具和仪表。特别是万用表，应按要求和注意事项使用。

4）排除M7130平面磨床主电路或控制电路中，人为设置的两个电气故障点。

4. 训练步骤

（1）故障调查

了解故障的特点，询问故障出现时机床所产生的特殊现象。这有助于进行第二步，即依据电气原理图和所了解的故障情况，对故障产生的原因和所涉及的部位做出初步的分析和判断，并在电气原理图上标出最小故障范围。

如机床的故障现象为电动机M3不能起动。产生这一故障的原因会有多种，涉及多处电路。而了解清楚故障出现时机床的运行情况，可有助于缩小故障的检查范围，直达故障区。如果操作者介绍说是由于工件过长，工作台行程较大，往返工作几次后出现这一情况，并且吸盘无吸力，则可进行电路分析。

（2）电路分析

根据以上故障现象和操作者所介绍的情况依据电气原理图，对故障可能产生的原因和所涉及的电路部分进行分析并做出初步判断。

对电动机M3不动作故障，从原理图上看，故障可能出现的范围会涉及电路的以下几部分：一是电动机及M3控制电路（包括本M3身故障，FU1、FU2及接触器KM2的故障以及电路连接问题）；二是电磁吸盘和整流电路部分。而根据操作者的介绍，可以初步的判定故障范围极大可能在电磁吸盘和整流电路部分。很可能是由于行程过长，造成吸盘接线接触不好或断裂。为准确地对故障原因做出判断，可根据以上分析结果对电路进行检查。

（3）检查电路

检查分两种：断电检查和通电检查。

首先做断电检查：用万用表对电磁吸盘及其引出线和插头插座进行检查，看有否断线和接触不良，有断线和接触不良应解决处理。若处理好后，试车时故障仍然存在，同时发现吸盘仍无吸力，就要进行通电检查，看整流电路有无输出。

其次做通电检查：接通电源，用万用表测 16 号线与 19 号线间电压，无输出。再测 16 号线和 17 号线间电压，有电压为直流 110 V。据此可以断定，问题存在于 16 号线、17 号线、19 号线范围内，需要断电检查。经检查，17 号线至 19 号线间不通。进一步检查发现电流继电器 KA 的线圈坏了。更换电流继电器后，故障排除，机床正常工作。

这个例子只是介绍排除故障的步骤及常用方法。电气故障是多种多样的，就是同一故障现象，发生的原因也不会相同。因此，要在看懂电气原理图的基础上与实际情况相结合灵活处理，才能迅速、准确地判断和排除故障。

5. 注意事项

1）通电检查时，最好将电磁吸盘拆除，用 110 V、100 W 的白炽灯作为负载。一是便于观察整流电路的直流输出情况，二是因为整流二极管为电流元器件，通电检查必须要接入负载。

2）通电检查时，必须熟悉电气原理图，弄清机床线路走向及元器件部位。检查时要核对好导线线号，而且要注意安全防护和监护。

3）用万用表测电磁吸盘线圈电阻值时，因吸盘的直流电阻较小，要先调好零，选用低阻值档。

4）用万用表测直流电压时，要注意选用的量程和档位，还要注意检测点的极性。选用量程可根据说明书所注电磁吸盘的工作电压和电气原理图中图注选择。

5）用万用表检查整流二极管，应断电进行。测试时，应拔掉熔断器 FU4 并将 SA1 置于中间位置。

6）检修整流电路时，不可将二极管的极性接错，若接错二极管，将会发生整流器和电源变压器的短路事故。

6. 任务单及成绩评定

姓名__________　学号________　工位号________　日期__________

名称：磨床电气故障排除　　时间：40 min

序号	项目内容	配分	评分标准	检验结果	扣分	得分
1	职业素养	10	未按要求穿工作服、绝缘鞋、戴安全帽（-2 分） 未正确选用、使用电工工具和仪表，错一次（-4 分）			
2	故障分析	20	找不出最小故障范围或标错（每处-10 分） 故障分析思路不清楚（每处-10 分）			
3	排除故障	70	不能排除故障点（每处-10 分） 扩大故障范围或产生新的故障后，不能自行修复（每处-10 分） 损坏电动机和工具（-10 分） 损坏二极管（每个-30 分） 排除故障不正确，（每个故障-10 分）			
4	安全文明操作		未清理现场（-5 分） 损坏工具（-50 分） 损坏仪表（-50 分） 违反安全规定（-50 分）			
5	考核时限		每超过 5 min（-5 分）			
6	合计	100		总分		

7.3 摇臂钻床的电气控制

钻床用来钻孔、扩孔、铰孔、攻螺纹等。钻床按结构可以分为立式钻床、台式钻床、摇臂钻床、卧式钻床和专用钻床等。摇臂钻床应用广泛，操作方便灵活，常用的有Z35、Z3040型摇臂钻床。

7.3.1 摇臂钻床的主要结构和运动形式

摇臂钻床结构示意图如图7-6所示。在底座上的一端固定着内立柱，内立柱的外面套着外立柱，外立柱可以绕内立柱回转。摇臂的一端为套筒，它套在外立柱上，通过丝杠的正反转可使摇臂沿外立柱做升降移动，摇臂与外立柱之间不能做相对转动，摇臂只能和外立柱一起绕内立柱回转。摇臂升降运动必须严格按照摇臂自动松开，再进行升降，到位后摇臂自动夹紧在外立柱上的顺序进行。Z35摇臂钻床的摇臂松开和夹紧依靠机械机构自动进行，Z3040摇臂钻床的摇臂松开与夹紧依靠液压推动松紧机构自动进行。摇臂连同外立柱绕内立柱的回转运动必须先将外立柱松开，然后用手推动摇臂进行。主轴箱由主传动电动机、主轴和主轴传动机构、进给和变速机构以及机床操作机构等组成。可以通过操作手轮使主轴箱在摇臂上沿导轨做水平移动。主轴箱沿摇臂的水平运动必须先将主轴箱松开，然后再进行移动。

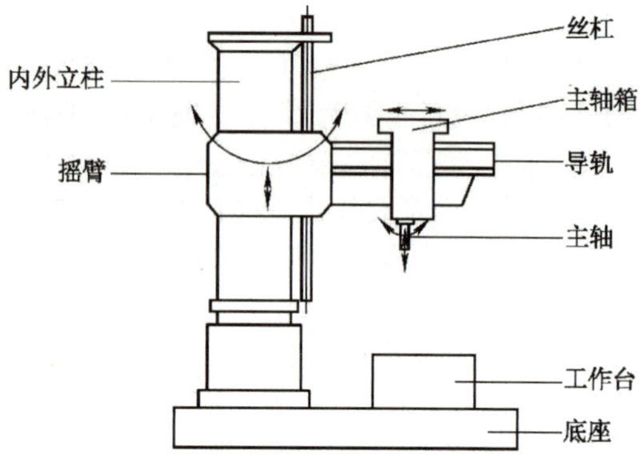

图7-6 摇臂钻床结构示意图

工件不大时，将其压紧在工作台上加工；工件较大时，可以直接装在底座上加工。进行加工时，外立柱夹紧在内立柱上，主轴箱夹紧在摇臂上。外立柱的松紧和主轴箱的松紧是依靠液压推动松紧机构进行的。在钻削加工时，主轴带动钻头的旋转运动为主运动；进给运动是主轴的纵向进给；辅助运动有摇臂沿外立柱的升降运动，主轴箱沿摇臂的水平移动，摇臂连同外立柱一起绕内立柱的回转运动。

7.3.2 Z3040摇臂钻床电气电路分析

图7-7为Z3040摇臂钻床的电气原理图。

1. 主电路分析

M1为主轴电动机，摇臂钻床的主运动和进给运动都为主轴的运动，由一台主轴电动机M1拖动，再通过主轴传动机构和进给传动机构实现主轴的旋转和进给。主轴变速机构和进给变速机构都装在主轴箱内。主轴在一般的转速下进行钻削加工，而低速时主要用于扩孔、铰孔、攻螺纹等加工。为了加工螺纹，主轴要求有正反转，主轴的正、反转一般采用机械的方法实现，主轴电动机M1只需作单方向的旋转。主轴电动机M1由接触器KM1控制，热继电器FR1作过载保护。

M2为摇臂升降电动机，摇臂的升降运动由M2拖动，M2要求进行正、反转的点动控制，由接触器KM2、KM3进行控制，不加过载保护。

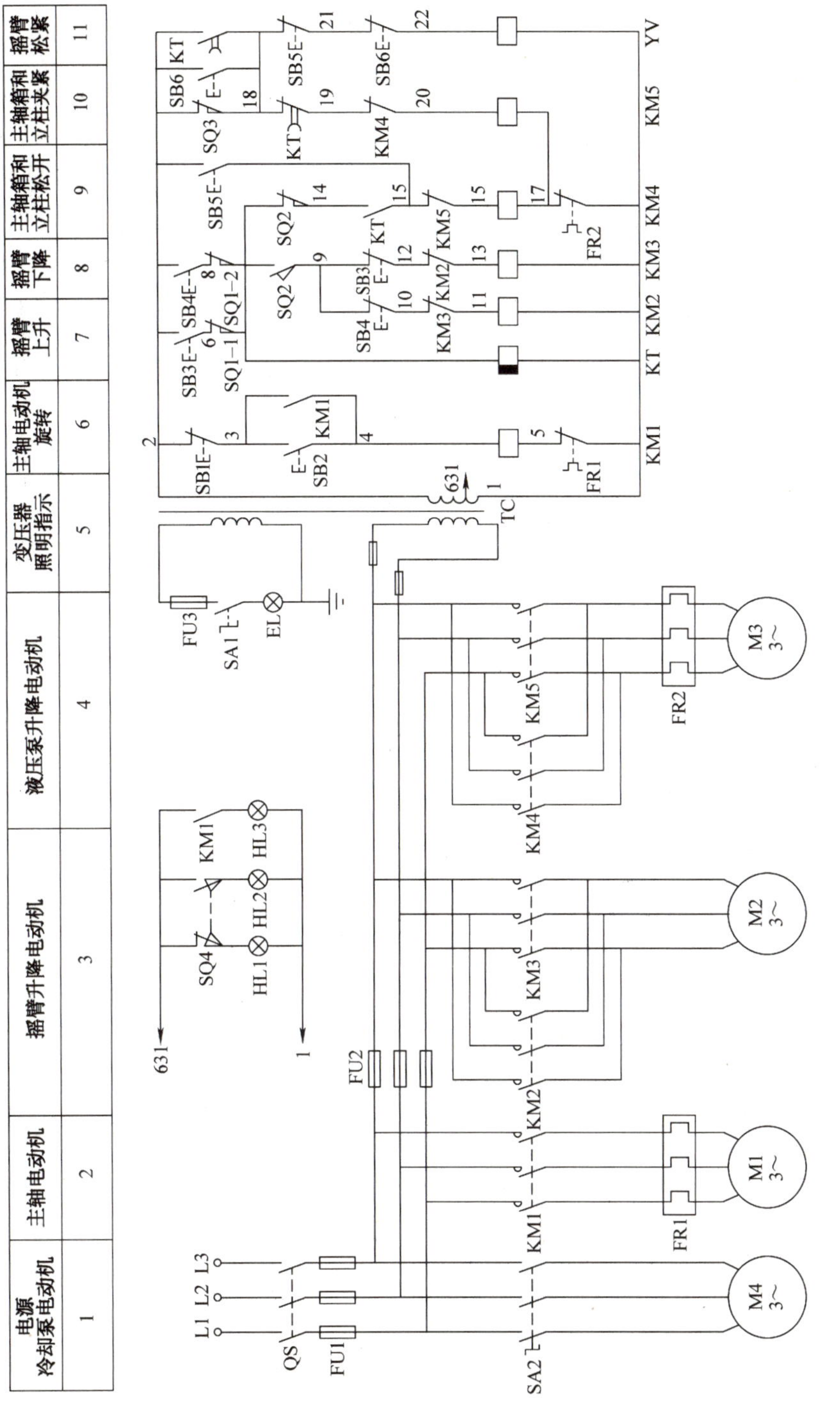

图 7-7 Z3040 摇臂钻床的电气原理图

M3 为液压泵电动机，内外立柱的夹紧、放松、主轴箱的夹紧、放松和摇臂夹紧、放松可采用手柄机械操作、电气-机械装置、电气-液压装置或电气-液压-机械装置等控制方法来实现，若采用液压装置，则靠液压泵电动机 M3 拖动油泵送出压力油来实现。M3 电动机由接触器 KM4、KM5 控制其正、反转。热继电器 FR2 进行过载保护。

摇臂的升降运动必须按照摇臂松开→升或降→摇臂夹紧的顺序进行，因此摇臂的夹紧、放松与摇臂的升降按自动控制进行。

M4 为冷却泵电动机，它拖动冷却泵供出冷却液对刀具进行冷却，由于 M4 的容量很小，所以由 SA2 直接控制。

2. 控制电路分析

控制电路的电源电压由变压器 TC 将 380 V 的交流电压降为 127 V 得到。

（1）主轴电动机的控制

主轴电动机 M1 为单向旋转，按下起动按钮 SB2，接触器 KM1 线圈得电，接触器 KM1 吸合并自锁，主轴电动机 M1 起动运转。主轴电动机起动后拖动齿轮泵送出压力油，此时可操纵主轴操作手柄，主轴操作手柄用来改变两个操纵阀的相互位置，使压力油作不同的分配。主轴操作手柄有五个操作位置：上、下、里、外和中间，分别为“空档”“变速”“反转”“正转”和“停车”。

主轴电动机 M1 起动运转后，将手柄扳至所需转向位置，于是一股压力油将制动摩擦离合器松开，为主轴旋转创造条件，另一股压力油压紧正转（或反转）摩擦离合器，接通主轴电动机到主轴的传动链，驱动主轴实现正转或反转。在主轴正转或反转的过程中，可转动变速旋钮，改变主轴的转速或主轴进给量，然后将操作手柄扳回“中间”，即主轴“停车”位置，这时主轴电动机仍拖动齿轮泵旋转，但此时整个液压系统为低压油，不能松开制动摩擦离合器，而在制动弹簧的作用下将制动摩擦离合器压紧，使制动轴上的齿轮不能转动，实现主轴停车。在主轴停车时，主轴电动机仍在旋转，只是不能将动力传到主轴。再将主轴操作手柄扳至“变速”位置，使齿轮泵送出的压力油进入主轴转速预选阀，然后进入相应的变速油缸，另一油路系统推动拨叉缓慢移动，逐渐压紧主轴正转摩擦离合器，接通主轴电动机到主轴的传动链，带动主轴缓慢旋转，以利于齿轮的啮合。当变速完成，松开操作手柄时，手柄在弹簧作用下由“变速”位置自动复位到主轴“停车”位置，然后再操纵主轴正转或反转，转轴将在新的转速或进给量下工作。

按下停止按钮 SB1，KM1 释放，主轴电动机停转。过载时，热继电器 FR1 的常闭触点断开，接触器 KM1 释放，主轴电动机停转。

将操作手柄扳至“空档”位置时，压力油使主轴传动中的滑移齿轮处于中间脱开位置，这时可用手轻便地转动主轴。

（2）摇臂升降的控制

摇臂升降的控制包括摇臂的自动松开、上升或下降后再自动夹紧。因此摇臂的升降控制必须与夹紧机构的液压系统紧密配合。夹紧机构液压系统的夹紧放松的控制是由液压泵电动机拖动液压泵送出压力油推动活塞、菱形块实现的。其中主轴箱和立柱的夹紧放松由一个油路控制，而摇臂的夹紧放松由另一个油路控制，这两个油路均由电磁阀 YV 操纵。电磁阀 YV 线圈通电，电磁阀 YV 吸合，压力油进入摇臂松紧控制的油腔；电磁阀 YV 线圈断电，YV 不吸合，压力油进入主轴箱和立柱松紧油腔。

在摇臂升降控制的操作前，摇臂处于夹紧状态，油进入夹紧油腔，行程开关 SQ3 被压下，其常闭触点 SQ3（2-18）断开。

若进行摇臂上升的控制，则按下上升复合按钮 SB3，其常闭触点 SB3（9-12）断开，切断摇臂下降的 KM3 线圈回路；其常开触点 SB3（2-6）闭合，时间继电器 KT 线圈通电并吸合，其瞬动常开触点 KT（14-15）瞬时动作，接通了接触器 KM4 的线圈回路，接触器 KM4 吸合，使液压泵电动机 M3 正转，液压泵供出正向压力油。同时 KT 延时断开的常开触点 KT（2-18）闭合，接通电磁阀 YV 的线圈。电磁阀的吸合使压力油进入摇臂松开油腔，推动松开机构，使摇臂松开，并压下行程开关 SQ2，其常闭触点 SQ2（7-14）断开，接触器 KM4 因线圈断电而释放，液压泵电动机 M3 停止转动，同时 SQ2 的常开触点 SQ2（7-9）闭合，接触器 KM2 线圈通电，使接触器 KM2 吸合，摇臂升降电动机 M2 正转，拖动摇臂上升。在压力油进入摇臂松开油腔后，行程开关 SQ3 被释放，其常闭触点 SQ3（2-18）闭合，此时由于 KT 线圈通电，其延时闭合的常闭触点 KT（18-19）断开，所以接触器 KM5 线圈回路处于断电状态。

当摇臂上升到所需的位置时，松开按钮 SB3，接触器 KM2 和时间继电器 KT 均释放，摇臂升降电动机 M2 停转，摇臂停止上升，时间继电器 KT 释放后，延时 1~3s，其延时闭合的常闭触点 KT（18-19）闭合，接通接触器 KM5 的线圈回路，接触器 KM5 吸合，液压泵电动机 M3 反转，反向供给压力油。这时 SQ3 的常闭触点 SQ3（2-18）是闭合的，电磁阀仍通电吸合，结果使压力油进入摇臂夹紧的油腔，推动夹紧机构，使摇臂夹紧。夹紧后压下 SQ3，其常闭触点 SQ3（2-18）断开，接触器 KM5 和电磁阀 YV 线圈断电而释放，液压泵电动机 M3 停转，摇臂的上升过程结束。

行程开关 SQ2 保证只有摇臂完全松开后才能升降。如果摇臂没有完全松开，则 SQ2 不动作，其常开触点 SQ2（7-9）不能闭合，接触器 KM2 和 KM3 就不能通电吸合，摇臂升降电动机 M2 不会动作。

断电延时型时间继电器 KT 保证接触器 KM2 断电后 1~3 s，待摇臂升降电动机停止时再将摇臂夹紧。

摇臂升降的限位保护，由组合限位开关 SQ1 来实现，SQ1 有两对常闭触点。当摇臂上升到极限位置时，与上升按钮串联的常闭触点 SQ1-1（6-7）断开，接触器 KM2 释放，摇臂升降电动机 M2 停转。SQ1 的两对触点平时应调整在同时接通的位置，SQ1 一旦动作，一对触点断开，而另一对触点仍保持闭合。这样当上升限位 SQ（1-1）断开后，与 SB4 串联的触点 SQ1-2 仍然闭合，压下 SB4 按钮，可以使摇臂下降。

摇臂下降的过程与摇臂上升的过程类似。

摇臂自动夹紧程度由 SQ3 控制。摇臂夹紧后，由行程开关 SQ3 常闭触点 SQ3（2-18）断开液压泵电动机 M3 的控制电路，使 M3 停止。如果液压系统出现故障使摇臂不能夹紧，或由于行程开关 SQ3 调整不当，使 SQ3 的常闭触点不断开，而使液压泵电动机长期过载，易将电动机烧毁，为此 M3 的主电路采用热继电器 FR2 作为过载保护。

（3）主轴箱与立柱松开、夹紧的控制

主轴箱的松开与夹紧的控制是由夹紧机构液压系统的一个油路控制的。主轴箱与立柱的松开夹紧控制是同时进行的。

按下松开复合按钮 SB5，其常开触点 SB5（2-15）闭合，接触器 KM4 吸合，液压泵电动机 M3 正转，拖动液压泵送出压力油，这时与摇臂升降不同，由于常闭触点 SB5（18-21）断开，电磁阀 YV 线圈处于断电状态，并不吸合，压力油经二位六通阀进入主轴箱松开油腔和立柱松开油腔，推动活塞和菱形块，使主轴箱与立柱松开，同时行程开关 SQ4 松开，其常闭触点闭合，松开指示灯 HL1 亮。而 YV 线圈断开，电磁阀 YV 不动作，压力油不会进入摇臂松开油腔，摇臂仍然处于夹紧状态。这时可以手动操作主轴箱沿摇臂的水平导轨移动，也可以推动摇臂使外立柱绕内立柱转动。

按下夹紧复合按钮 SB6，其常开触点 SB6（2-18）闭合，接触器 KM5 吸合，液压泵电动机 M3 反转，这时由于 SB6 的常闭触点 SB6（21-22）断开，电磁阀 YV 并不吸合，压力油进入主轴箱夹紧油腔和立柱夹紧油腔，使主轴箱和立柱都夹紧。同时行程开关 SQ4 被压下，其常闭触点断开，常开触点闭合，松开指示灯 HL1 熄灭而夹紧指示灯 HL2 亮。

（4）冷却泵电动机 M4 的控制

由于冷却泵电动机容量小（0.125 kW），直接由 SA1 开关控制，进行单向旋转。

3. 照明和信号指示电路分析

照明电源是变压器 TC 提供的 36 V 交流电压。照明灯 EL 由装在灯头上的开关 SA1 控制，灯的一端保护接地。熔断器 FU3 作为照明电路的短路保护。

HL3 为主轴旋转工作指示灯，HL2 为主轴箱、立柱夹紧指示灯，HL1 为主轴箱、立柱松开指示灯。

7.3.3 技能训练

1. 训练目的

1）进一步掌握 Z3040 型摇臂钻床的工作原理和电力拖动的特点。

2）熟练掌握机床控制电路安装的方法和调试过程中故障排除的方法。

2. 训练内容

1）在模拟板上安装 Z3040 的控制电路，并按操作过程进行模拟操作。

2）在调试的过程中，能根据故障的现象，按电气原理图分析故障的原因。

3）在试车成功的模拟板上设置摇臂上升后不能夹紧的故障。

3. 训练步骤及要求

1）配齐电气设备和元器件，并逐个校验。根据实训条件部分元器件可以代用。

2）按编号原则在原理图上给各电气元器件接线端编号。

3）给各电气元器件按原理图的符号做好标记，并给各电气元器件接线端做编号标记。

4）根据电动机的容量、线路的走向和电气元器件的尺寸，正确选配导线规格、导线通道类型和导线数量，选配接线板的节数、控制板的尺寸及管夹。

5）并根据原理图的编号给各连接线端做好标记。

6）在控制板上安装电气元器件并布线。布线时应选择合理的走向。

7）安装控制板外的所有控制元器件，进行控制板外布线。

8）检查电路的接线是否正确及检测电路的绝缘。

9）接通电源，按机床的控制过程进行模拟操作。

10）在调试的过程中，根据故障的现象，按电气原理图分析故障的原因。

11）试车成功后，在模拟板上设置摇臂上升后不能夹紧的故障。

4. 注意事项

1）在安装机床电气设备时，应当注意三相交流电源的相序。如果三相电源的相序接错了，电动机的旋转方向就要与规定的方向不符，在开动机床时容易发生事故。Z3040 型摇臂钻床三相电源的相序可以用立柱和主轴箱的夹紧机构来检查。可先按下松开按钮 SB5，若立柱和主轴箱都松开，表示电源的相序正确，否则将电源线路中任意两根导线对调位置。电源的相序正确后，再调整升降 M2 的接线。

2）不要漏接接地线。

5. 任务单及评分标准

姓名＿＿＿＿＿＿　学号＿＿＿＿＿　工位号＿＿＿＿＿　日期＿＿＿＿＿

名称：钻床控制线路安装与调试　时间：10 h

序号	项目内容	配分	评分标准	检验结果	扣分	得分
1	职业素养	10	未按要求穿工作服、绝缘鞋、戴安全帽（-2 分） 未正确选用、使用电工工具和仪表（错一次-4 分）			
2	元件检查	10	漏检或误检（每个-2 分）			
3	元件安装	20	排列不整齐，不合理（每个-2 分） 安装不牢固，松动（每个-5 分） 损坏电气元器件（每个-20 分）			
4	布线	20	不按电气原理图接线（-10 分） 布线不符合要求（每根-2 分） 接点不符合要求（每个接点-1 分） 损伤导线的绝缘或线芯（每根-4 分） 漏接接地线（-10 分） 漏套号码管（每个-1 分）			
5	通电试车	40	时间继电器和热继电器的整定值不对（每个-5 分） 不会模拟操作，不熟悉动作过程（-40 分） 模拟操作时，按压行程开关的顺序错误（每次-10 分） 试车不成功，并且不能根据故障现象分析原因或思路不清楚（-20 分） 二次试车不成功，将终止操作（-40 分）			
6	安全文明操作		未清理现场（-5 分） 损坏工具（-50 分） 损坏仪表（-50 分） 违反安全规定（-50 分）			
7	考核时限		每超过 5 min（-5 分）			
8	合计	100		总分		

7.4 铣床的电气控制

7.4.1 万能铣床的主要结构与运动形式

铣床可以用来加工平面、斜面和沟槽等，装上分度头后还可以铣切直齿齿轮和螺旋面，如果装上圆工作台还可以铣切凸轮和弧形槽。铣床的种类很多，有卧铣、立铣、龙门铣、仿形铣及各种专用铣床。

X62W 卧式万能铣床应用广泛，具有主轴转速高、调速范围宽、操作方便和加工范围广等特点，其外形图如图 7-8 所示。

X62W 卧式万能铣床主要有底座、床身、悬梁、刀杆支架、工作台、回转盘、溜板箱和升降台等部分组成。床身内装有主轴的传动机构和变速操纵机构。主轴带动铣刀的旋转运动称为主运动，进给运动是工件相对于铣刀的移动。主轴电动机用笼型异步电动机拖动，通过齿轮进行调速，为完成顺铣和逆铣，主轴电动机应能正反转。为了减少负载波动对铣刀转速的影响，使铣削平稳一些，铣床的主轴上装有飞轮，使得主轴传动系统的惯性较大。因此，为了缩短停车时间，主轴采用电气制动停车。为保证变速时，齿轮顺利地啮合好，要求变速时主轴电动机

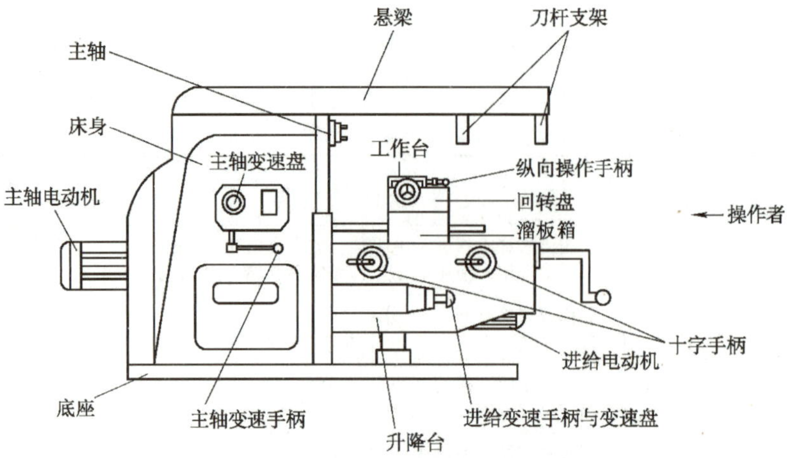

图 7-8 X62W 卧式万能铣床外形图

进行冲动控制，即变速时电动机通过点动控制稍微转动一下。升降台可上下移动，在升降台上面的水平导轨上装有溜板箱，溜板箱可沿主轴轴线水平方向移动（横向移动，即前后移动），溜板上部装有可转动的回转盘，工作台装在可转动回转台的导轨上，可做垂直于主轴轴线方向的移动（纵向移动，即左右移动）。这样固定在工作台上的工件可作上下、左右、前后六个方向的移动，各个运动部件在六个方向上的运动由同一台进给电动机通过正反转进行拖动，在同一时间内，只允许一个方向上的运动。

7.4.2 X62W 万能铣床电气电路分析

图 7-9 是 X62W 万能铣床电气电路图。

1. 主电路

主电路中 M1 是主轴电动机，M2 为进给电动机，M3 为冷却泵电动机。电动机 M1 通过换相开关 SA4，与接触器 KM1、KM2 进行正反转控制、反接制动和瞬时冲动控制，并通过机械机构进行变速；工作台进给电动机 M2 要求能正反转、快慢速控制和限位控制，并通过机械机构使工作台能上下、左右、前后运动；冷却泵电动机 M3 只要求正转控制。

2. 控制电路分析

（1）主轴电动机 M1 的控制

SB2、SB3 是分别装在机床两边的起动按钮，可进行两地操作，SB4、SB5 是制动停止按钮，SA4 是电源换相开关，改变 M1 的转向，KM1 是主轴电动机起动接触器，KM2 是反接制动接触器，SQ7 是与主轴变速手柄联动的冲动行程开关。

1）主轴电动机起动时，要先将 SA4 扳到主轴电动机所需要的旋转方向，然后再按起动按钮 SB2 或 SB3 起动 M1，在主轴起动的控制电路中串有热继电器 FR1 和 FR3 的常闭触点。当电动机 M1 和 M3 中有任一台电动机过载，热继电器的常闭触点断开，两台电动机都停止。

2）主轴电动机起动后，速度继电器 KS 的常开触点 KS（6-7）闭合，为电动机停转制动作准备，停止时按下停止复合按钮 SB4 或 SB5，首先其常闭触点 SB4（5-10）或 SB5（10-11）断开，KM1 线圈断电释放，主轴电动机 M1 断电，但因惯性继续旋转，将停止按钮 SB4 或 SB5 按到底，其常开触点 SB4（5-6）或 SB5（5-6）闭合，接通 KM2 回路，改变 M1 的电源相序进行反接制动。当 M1 转速趋于零时，KS 自动断开，切断 M2 的电源。

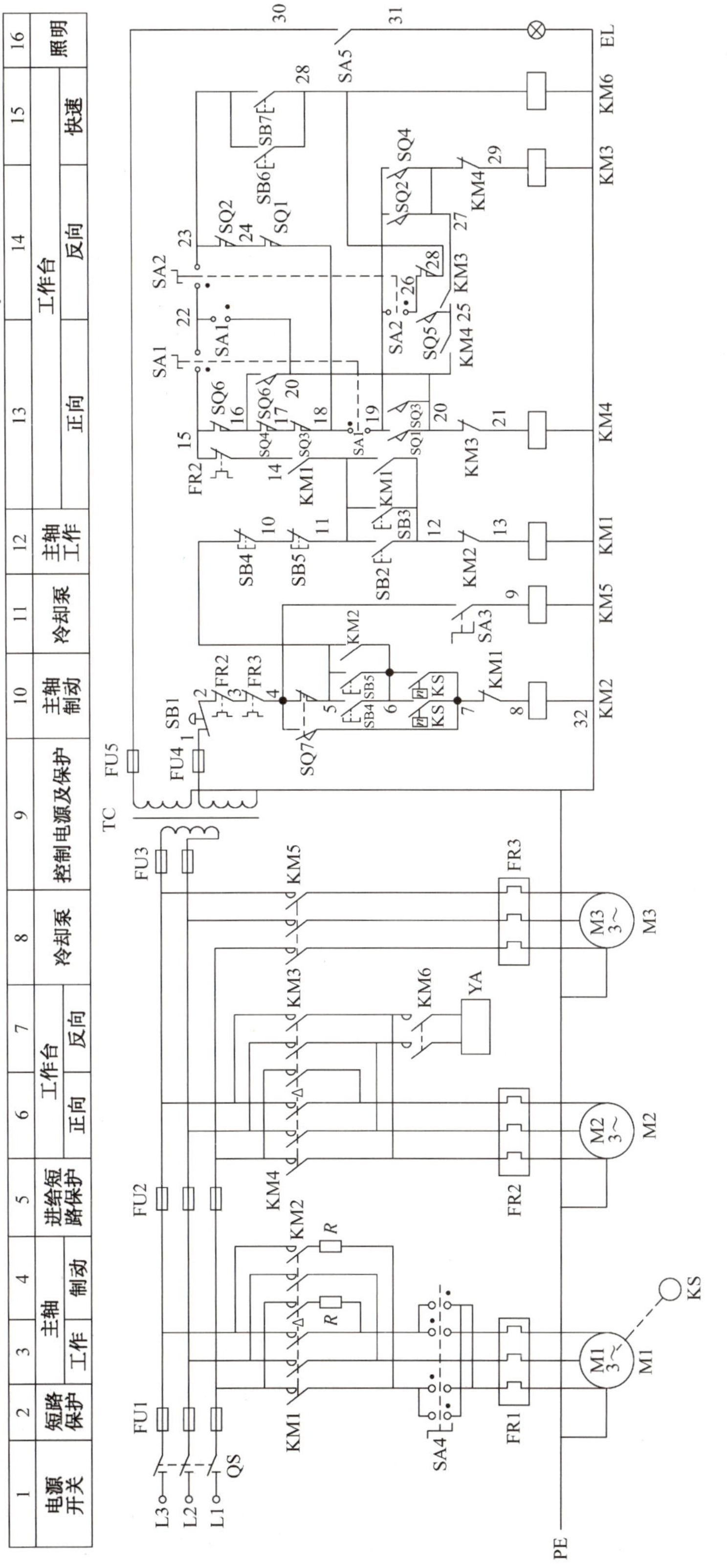

图 7-9　X62W 万能铣床电气电路图

3）主轴电动机变速时的冲动控制，是利用变速手柄与冲动行程开关SQ7通过机械上的联动机构进行控制的。变速操作可在开车时进行，也可在停车时进行。若开车进行变速时，首先将主轴变速手柄微微压下，使它从第一道槽内拔出，然后将变速手柄拉向第二道槽，当快要落入第二道槽内时，将变速盘转到所需的转速，然后将变速手柄从第二道槽迅速推回原位。

就在手柄拉向第二道槽时，有一个与手柄相连的凸轮通过弹簧杆瞬时压了一下行程开关SQ7，使冲动行程开关SQ7的常闭触点SQ7（4-5）先断开，切断KM1线圈的电路，M1断电，SQ7的常开触点SQ7（4-7）后闭合，接触器KM2线圈得电动作，M1被反接制动。当手柄拉到第二道槽内时，SQ7不受凸轮控制而复位，电动机停转。接着把手柄从第二道槽推回原来位置的过程中，凸轮又压下SQ7，使SQ7（4-7）常开接通，SQ7（4-5）常闭断开，KM2线圈得电，M1反向转动一下，以利于变速后的齿轮啮合。当变速手柄以较快的速度推到原来的位置时，SQ7复位，KM2线圈断电，M1停转，操作过程结束。这样，在整个变速操作过程中，主轴电动机就短时转动一下，使变速后的齿轮易于啮合。当手柄完全推到原来的位置时，齿轮啮合好了，变速完成。由此可见，可进行主轴不停车直接变速。若主轴原来处于停车状态，则在主轴变速操作过程中，SQ7第一次动作时，M1反转一下，SQ7第二次动作时，M1又反转一下，因此也可以实现主轴停车时的变速控制。当然，若要主轴在新的速度下运行，则需要重新起动主轴电动机。需要注意的是，无论是在主轴不停车直接变速，还是主轴原来处于停车状态时变速，都应以较快的速度把手柄推回原始位置，以免通电时间过长，M1转速过高而打坏齿轮。

（2）工作台移动控制

转换开关SA1是控制圆工作台运动的，在不需要圆工作台运动时，将转换开关SA1扳至“断开”位置，转换开关SA1在正向位置的两个触点SA1（18-19），SA1（15-22）闭合，反向位置的触点SA1（20-22）断开。再将工作台自动与手动控制方式选择开关SA2扳到手动位置，转换开关SA2（19-26）断开，SA2（22-23）闭合，然后起动M1。这时接触器KM1吸合，其触点KM1（11-14）闭合，这样就可以进行工作台的进给控制。

工作台有上下、左右、前后六个方向的运动。

1）工作台的左右（纵向）运动的控制。工作台的左右运动是由进给电动机M2传动的。首先将圆工作台转换开关SA1扳在“断开”位置。操纵工作台纵向运动的手柄有两个，一个装在工作台底座的顶面的正中央，另一个装在工作台底座的左下方，它们之间有机械联锁，只要操纵其中任意一个就可以了。手柄有三个位置，既“左”“右”和“中间”。当手柄扳到“右”或“左”时，手柄联动机构压下行程开关SQ1或SQ2使接触器KM4或KM3动作，控制进给电动机M2的正反转。工作台的左右行程可通过调整安装在工作台两端的挡铁来控制。当工作台纵向运动到极限位置时，挡铁撞动纵向操纵手柄，使它回到零位，工作台停止运动，从而实现了纵向终端保护。

在主轴电动机起动后，将操作手柄扳向右，其联动机构压下行程开关SQ1，使SQ1（24-18）断开，SQ1（19-20）闭合，接触器KM4线圈得电，电动机M2正转，拖动工作台向右。

在主轴电动机起动后，将操作手柄扳向左，其联动机构压下行程开关SQ2，使SQ2（24-23）断开，SQ2（19-27）闭合，接触器KM3线圈得电，电动机M2反转，拖动工作台向左。

2）工作台的上下运动和前后运动的控制。首先将圆工作台转换开关SA1扳在“断开”位置。控制工作台的上下运动和前后运动的手柄是十字手柄，有两个完全相同的手柄分别装在工作台左侧的前、后方。它们之间有机械联锁，只需操纵其中任意一个。手柄有五个位置，既上、下、前、后和中间，五个位置是联锁的。手柄的联动机构与行程开关SQ3、SQ4相连，扳动十字手柄时，通过传动机构将同时压下相应的行程开关 SQ3 或 SQ4。

SQ3 控制工作台向上及向后运动，SQ4 控制工作台向下及向前运动，见表 7-1。工作台的上下限位终端保护是利用床身导轨旁的挡铁撞动十字手柄使其回到中间位置，升降台便停止运动。横向运动的终端保护是利用装在工作台上的挡铁撞动十字手柄来实现的。进给运动由电动机 M2 拖动。

表 7-1　十字手柄控制情况

手柄位置	工作台运动方向	离合器接通的丝杠	压下的行程开关	接触器的动作	电动机的运转
上	向上进给或快速向上	垂直丝杠	SQ3	KM4	M2 正转
下	向下进给或快速向下	垂直丝杠	SQ4	KM3	M2 反转
前	向前进给或快速向前	横向丝杠	SQ4	KM3	M2 反转
后	向后进给或快速向后	横向丝杠	SQ3	KM4	M2 正转
中	升降或横向进给停止	横向丝杠	—	—	

工作台进给控制电路的电源只有在主轴电动机起动，即 KM1（11-14）闭合以后才能接通。

在主轴起动以后，将手柄扳至向上位置，其联动机构一方面接通垂直传动丝杠离合器，为垂直传动丝杠的转动做好准备，另一方面它使行程开关 SQ3 动作，SQ3（17-18）断开，SQ3（19-20)闭合，接触器 KM4 线圈通电，M2 正转，工作台向上运动。

将手柄扳至向后位置，联动机构拨动垂直传动丝杠的离合器使它脱开，停止转动，而将横向传动丝杠的离合器接通进行传动，可使工作台向后运动。

将手柄扳至向下位置，其联动机构一方面接通垂直传动丝杠离合器，为垂直传动丝杠的转动作好准备，另一方面它使行程开关 SQ4 动作，SQ4（16-17）断开，SQ4（19-27）闭合，接触器 KM3 线圈通电，M2 反转，工作台向下运动。

将手柄扳至向前位置，联动机构拨动垂直传动丝杠的离合器使它脱开，而将横向传动丝杠的离合器接通进行传动，由横向传动丝杠使工作台向前运动。

3）工作台快速移动控制。在铣床不进行铣削加工时，工作台可以快速移动。工作台的快速移动也是由进给电动机 M2 来拖动的，在六个方向上都可以实现快速移动的控制。

主轴起动以后，将工作台的进给手柄扳到所需的运动方向，工作台将按操纵手柄指定的方向慢速进给。这时按下快速移动按钮 SB6（在床身侧面）或 SB7（在工作台前面），使接触器 KM6 线圈得电，接通牵引电磁铁 YA，电磁铁通过丝杆使摩擦离合器合上，减少中间传动装置，使工作台按原运动方向作快速移动。当松开快速移动按钮时，电磁铁 YA 断电，摩擦离合器断开，快速移动停止。工作台仍按原进给速度继续运动。

4）进给电动机变速时的冲动控制。变速时，为使齿轮易于啮合，进给变速与主轴变速一样，设有变速冲动环节。变速前也应先起动主轴电动机 M1，使接触器 KM1 吸合，其常开触点 KM1（11-14）闭合。当需要进行进给变速时，应将转速盘的蘑菇形手轮向外拉出并转动转速盘，将它转到所需的速度，然后在把蘑菇形手轮用力向外拉到极限位置并随即推向原位，就在操纵手轮的同时，其连杆机构两次瞬时压下行程开关 SQ6，使 SQ6 的常闭触点 SQ6（15-16）断开，常开触点 SQ6（16-20）闭合，使接触器 KM4 得电吸合，其通电回路为：KM1（11-14）→FR2（14-15）→SA1（15-22）→SA2（22-23）→SQ2（23-24）→SQ1（24-18）→SQ3（18-17）→SQ4（17-16）→SQ6（16-20）→KM3（20-21）→KM4 线圈，电动机 M2 正转，因为 KM4 是短时接通的，进给电动机 M2 就转动一下，当蘑菇形手轮推到原位时，变速齿轮已啮合完毕。

从进给变速冲动环节的通电回路中可以看出，要经过 SQ1～SQ4 四个行程开关的常闭触点，因此，只有在进给运动的操作手柄在中间位置时，才能实现进给变速冲动的控制，以保证操作安全。同时应注意进给电动机的通电时间不能太长，以防止转速过高，在变速时打坏齿轮。

（3）圆工作台的运动控制

圆工作台的旋转运动也是由进给电动机 M2 经过传动机构来拖动的。圆工作台工作时，先将转换开关 SA1 扳到“接通”的位置，转换开关 SA1 在正向位置的两个触点 SA1（18-19）、SA1（15-22）断开，反向位置的触点 SA1（20-22）接通，然后将工作台的进给操作手柄扳至中间位置，此时行程开关 SQ1～SQ4 处于不受压状态。此时按下主轴起动按钮 SB2 或 SB3，主轴电动机起动，同时回路“KM1（11-14）→FR2（14-15）→SQ6（15-16）→SQ4（16-17）→SQ3（17-18）→SQ1（18-24）→SQ2（24-23）→SA2（23-22）→SA1（22-20）→KM3（20-21）→KM4 线圈”接通，进给电动机因为 KM4 线圈获电而起动，并通过机械传动使圆工作台按照需要的方向转动。可以看出，圆工作台只能沿着一个方向做旋转运动，并且圆工作台运动控制的通路需要经过 SQ1～SQ4 四个行程开关的常闭触点，如果扳动工作台任意一个进给手柄，圆工作台都会停止工作，这就保证了工作台的进给运动与圆工作台的旋转运动不能同时进行。若按下主轴停止按钮，主轴停转，圆工作台也同时停止工作。

（4）照明电路

控制变压器 TC 将 380 V 的交流电压降到 36 V 的安全电压，供照明用。照明电路由转换开关 SA5 控制，灯泡一端接地。FU5 作为照明电路的短路保护。

7.4.3 常见电气故障的检查与排除

1. 主轴电动机不能起动

1）控制电路熔断器 FU3 或 FU4 熔丝熔断。

2）主轴换相开关在 SA4 在停止位置。

3）按钮 SB1、SB2、SB3 或 SB4 的触点接触不良。

4）主轴变速冲动行程开关 SQ7 的常闭触点接触不良。

5）热继电器 FR1、FR3 已经动作，没有复位。

2. 主轴停车时没有制动

1）主轴无制动时首先要检查按下停止按钮后反接制动接触器是否吸合，如 KM2 不吸合，则应检查控制电路。检查时先操作主轴变速冲动手柄，若有冲动，说明故障的原因是速度继电器或按钮支路发生故障。

2）若 KM2 吸合，则首先检查 KM2、R 的制动回路是否有缺两相的故障存在，如果制动回路缺两相则完全没有制动现象；其次检查速度继电器的常开触点是否过早断开，如果速度继电器的常开触点过早断开，则制动效果不明显。

3. 主轴停车后产生短时反向旋转

这是速度继电器的弹簧调得过松，使触点分断过迟引起的，只要重新调整反力弹簧就可以消除故障。

4. 按下停止按钮后主轴不停

1）若按下停止按钮后，接触器 KM1 不释放，则说明接触器 KM1 主触点熔焊。

2）若按下停止按钮后，KM1 能释放，KM2 吸合后有“嗡嗡”声，或转速过低，则说明制动接触器 KM2 主触点只有两相接通，电动机不会产生反向转矩，同时在缺相运行。

3）若按下停止按钮后电动机能反接制动，但放开停止按钮后，电动机又再次起动，则是起动按钮在起动电动机 M1 后绝缘被击穿。

5. 主轴没有变速冲动控制

故障原因是主轴变速行程开关 SQ7 位置移动、撞坏或断线。

6. 工作台不能做向上进给

检查时可依次进行快速进给、进给变速冲动或圆工作台向前进给、向左进给及向后进给的控制，若上述操作正常则可缩小故障的范围，然后再逐个检查故障范围内的各个元件和接点，检查接触器 KM3 是否动作，行程开关 SQ4 是否接通，KM4 的常闭联锁触点是否良好，热继电器是否动作，直到检查出故障点。若上述检查都正常，再检查操作手柄的位置是否正确，如果手柄位置正确，则应考虑是否存在机械磨损或位移使操作失灵。

7. 工作台左右（纵向）不能进给

应首先检查横向或垂直进给是否正常，如果正常，进给电动机 M2、主电路、接触器 KM3、KM4，SQ1、SQ2 及与纵向进给相关的公共支路都正常，此时应检查 SQ6（15-16），SQ4（16-17）、SQ3（17-18），只要其中有一对触点接触不良或损坏，工作台就不能向左或向右进给。SQ6 是变速冲动开关，常因变速时手柄操作过猛而损坏。

8. 工作台各个方向都不能进给

用万用表检查各个回路的电压是否正常，若控制电路的电压正常，可扳动手柄到任一运动方向，观察其相关的接触器是否吸合，若吸合则控制电路正常。再着重检查主电路，检查是否有接触器主触点接触不良，电动机接线脱落和绕组断路。

9. 工作台不能快速进给

工作台不能快速进给，常见的原因是牵引电磁铁回路不通，如线头脱落、线圈损坏或机械卡死。如果按下 SB6 或 SB7 后，牵引电磁铁吸合正常，则故障是由于杠杆卡死或离合器摩擦片间隙调整不当引起的。

7.4.4　检修技能训练

1. 实训目的

1）学会用通电试验的方法发现故障。

2）学会故障分析的方法，并通过故障分析缩小故障范围。

3）排除 X62W 万能铣床主电路或控制电路中，人为设置的两个故障点。

2. 实训内容

1）充分了解机床的各种工作状态，以及操作手柄的作用，并观察机床的操作。

2）熟悉机床的电气元件的安装位置、布线情况，以及操作手柄在不同位置时，行程开关的工作状态。

3）人为设置故障点，指导学生从故障的现象着手进行分析，并采用正确的检查步骤和检查方法查出故障。

4）设置两个故障点，由学生检查、排除，并记录检查的过程。

要求学生应首先根据故障现象，在原理图上标出最小故障范围，然后采用正确的步骤和方法在规定的时间内排除故障。排除故障时，必须修复故障点，不得采用更换电气元件或改动电路的方法。检修时严禁扩大故障范围或产生新的故障点。

3. 注意事项

1）操作前必须熟悉掌握电气原理图的各个环节。

2）带电检修时，必须由指导教师在现场监护。

3）若没有机床实物，则可事先在模拟板或试验台上按原理图安装控制电路，并按控制要求检查试车。

4. 任务单及评分标准

姓名＿＿＿＿＿＿＿　学号＿＿＿＿＿　工位号＿＿＿＿＿　日期＿＿＿＿＿＿

名称：铣床电气故障排除　　时间：40 min

序号	项目内容	配分	评分标准	检验结果	扣分	得分
1	职业素养	10	未按要求穿工作服、绝缘鞋、戴安全帽（-2分） 未正确选用、使用电工工具和仪表（错一次-4分）			
2	故障分析	20	在原理图上标不出故障回路或标错（每个故障点-10分） 不能标出最小故障范围（每个故障点-5分） 故障分析思路不清楚（每个故障点-5分）			
3	排除故障	70	不能排除故障点（每个-35分） 扩大故障范围或产生新故障（每个-15分） 损坏电动机（-70分） 方法不正确（每个故障点-10分）			
4	安全文明操作		未清理现场（-5分） 损坏工具（-50分） 损坏仪表（-50分） 违反安全规定（-50分）			
5	考核时限		每超过5 min（-5分）			
6	合计	100		总分		

7.5 镗床的电气控制

7.5.1 镗床的主要结构与运动形式

镗床是一种精密加工机床，主要用于加工精确度高的孔，以及各孔间距离要求较为精确的零件，这些孔的轴线之间有严格的同轴度、垂直度、平行度与精确的距离。常用来加工箱体零件如主轴箱、机床的变速箱等。按用途不同，镗床可以分为卧式镗床、立式镗床、坐标镗床、金刚镗床和专门化镗床等。

卧式镗床外形图如图7-10所示。主要由床身、前立柱、镗头架、后立柱、尾座、下溜板、上溜板、工作台、镗轴和平旋盘等组成。

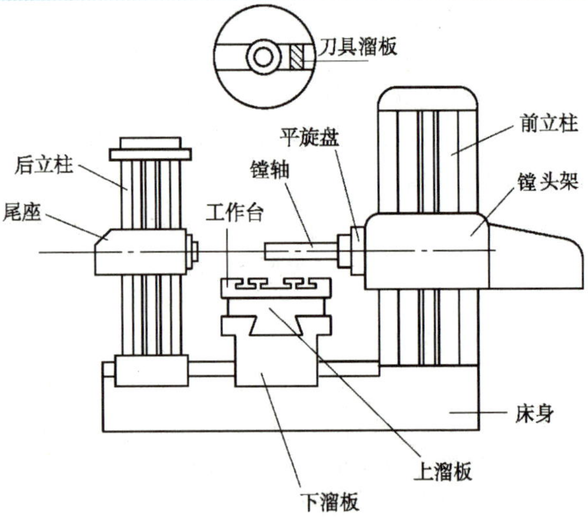

图7-10　卧式镗床外形图

镗床的主运动是镗轴和平旋盘的旋转运动。进给运动是镗轴的轴向进给，平旋盘刀具溜板的径向进给，镗头架的垂直进给，工作台的纵向进给和横向进给。辅助运动由工作台的旋转运动、后立柱的轴向移动及尾座的垂直移动。卧式镗床的主运动和各种常速进给运动都是由一台电动机拖动的。主轴拖动要求能够正反转且为恒功率调速，一般采用单速或多速三相笼型异步电动机拖动。为了使主轴停车迅速准确，主轴电动机应设有电气制动环节。为便于变速时齿轮顺利地啮合，控制电路中设有变速低速冲动环节。卧式镗床的各部分快速进给运动是由快速进给电动机来拖动的。

7.5.2 镗床的电气电路分析

图 7-11 为 T68 型卧式镗床的电气控制原理图。T68 镗床有两台电动机，M1 是主轴电动机，它通过变速箱等传动机构拖动机床的主运动和进给运动，同时还拖动润滑油泵；另一台 M2 是快速移动电动机，实现主轴箱与工作台的快速移动。

主轴电动机是一台双速电动机，它可进行点动或连续正反转的控制，停车制动采用由速度继电器 KS 控制的反接制动，为了限制制动电流和减小机械冲击，M1 在制动、点动及主运动和进给的变速冲动控制时串入了电阻器。

快速进给电动机应能进行正反转的控制，由于工作时间短，所以不采用热继电器进行过载保护。

1. 开车前的准备

1）合上电源开关把电源引入，电源指示灯 HL 亮，再把照明开关 SA 合上，局部照明工作灯 EL 亮。

2）预先选择好所需的主轴转速和进给量，SQ1 是主轴变速行程开关，平时此行程开关是给压下的，其常开触点闭合，常闭触点断开，主轴变速时复位。行程开关 SQ2 是在主轴变速手柄推不上时被压下。SQ3 是进给变速行程开关，平时此行程开关是压下的，其常开触点闭合，常闭触点断开，进给变速时复位。SQ4 是在进给变速手柄推不上时压下的。

3）再调整好主轴箱和工作台的位置。调整后行程开关 SQ5 和 SQ6 的常闭触点均处于闭合状态。

2. 主轴电动机的控制

（1）主轴电动机的正反转和点动控制

需要正转时，按下按钮 SB2，中间继电器 KA1 的线圈通电吸合并自锁，KA1 的常开触点 KA1（11-12）使接触器 KM3 吸合，通电回路是：FU3（1-2）→FR（2-3）→SQ5（3-4）或 SQ6（3-4）→SB1（4-5）→SQ1（5-10）→SQ3（10-11）→KA1（11-12）→KM3 线圈。KM3 吸合后，其常开触点 KM3（5-18）闭合，使接触器 KM1 线圈通电吸合，通电回路是：FU3（1-2）→FR（2-3）→SQ5（3-4）或 SQ6（3-4）→SB1（4-5）→KM3（5-18）→KA1（18-15）→KM2（15-16）→KM1 线圈。KM1 线圈通电吸合后，其常开触点 KM1（4-14）闭合，KM4 随之吸合，其主触点将电动机的定子绕组接成三角形，电动机在全压下（KM3 的主触点将 R 短接）直接正向起动，低速运行。

同样，当电动机需要反转时，按下按钮 SB3，中间继电器 KA2 通电吸合，使接触器 KM3 吸合，接着接触器 KM2、KM4 相继通电吸合，电动机反向起动，低速运行。

电动机正反转的点动控制由正反转的点动控制按钮 SB4、SB5 和正反转接触器 KM1、KM2 构成，此时电动机定子绕组串入降压电阻 R，三相定子绕组接成三角形低速点动。

（2）主轴电动机的高低速转换的控制

低速时主轴电动机的定子绕组联结成三角形，高速时 M1 的定子绕组接成YY，转速提高一倍。

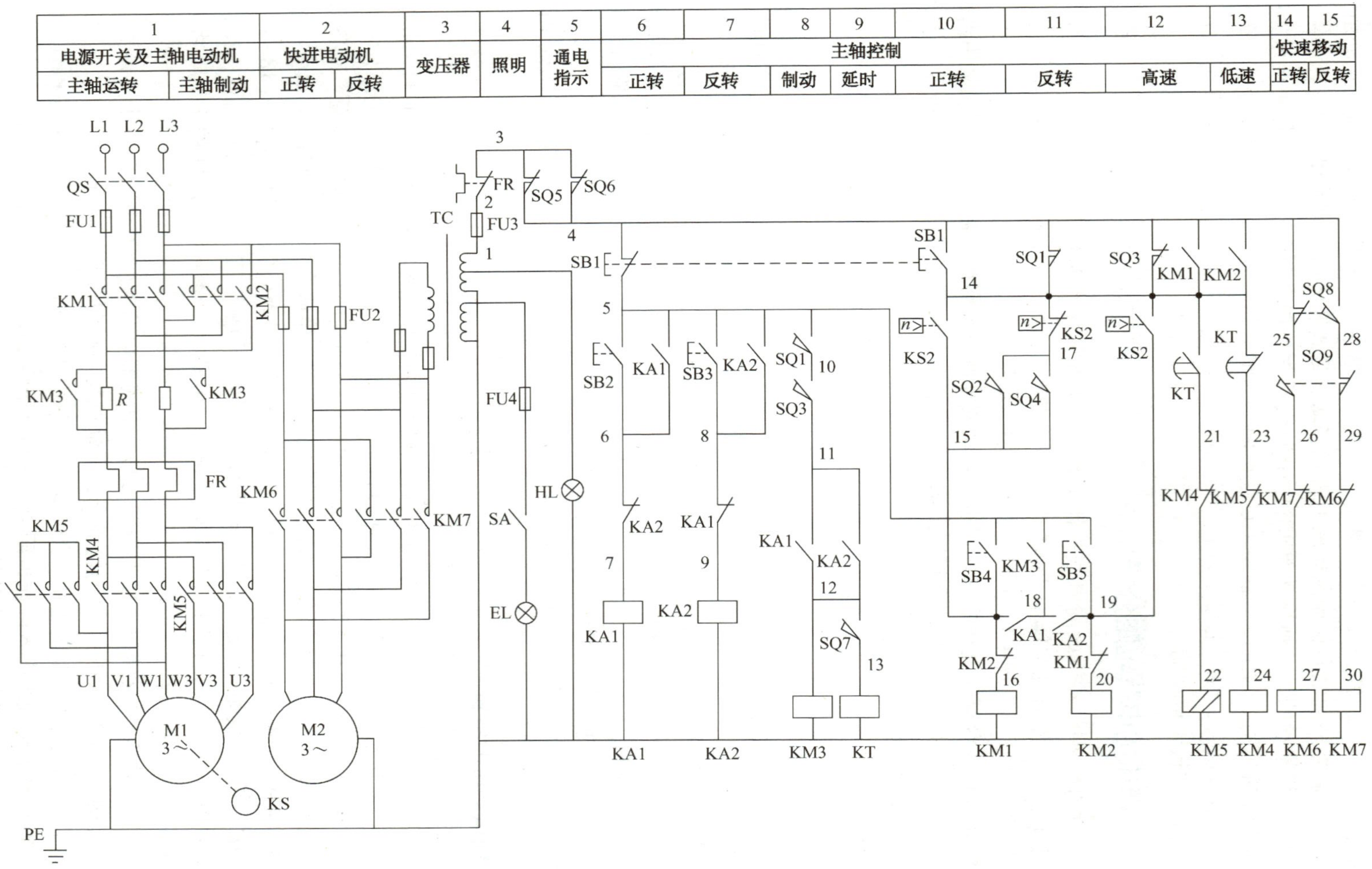

图7-11 T68型卧式镗床电气控制原理图

若电动机处于停车状态，需要电动机高速起动旋转时，将主轴速度选择手柄 SQ7 置于高速档位，此时行程开关 SQ7 被压下，其常开触点 SQ7（12-13）闭合，这样在按下起动按钮使 KM3 线圈通电的同时，时间继电器 KT 的线圈也通电吸合。经过 1~3 s 的延时后，其延时断开的常闭触点 KT（14-23）断开，KM4 线圈断电，KM4 的主触点断开，电动机断电；同时 KT 延时闭合的常开触点 KT（14-21）闭合，接触器 KM5 通电吸合，KM5 主触点闭合，将电动机 M1 的定子绕组接成Y-Y并重新接通三相电源，从而使电动机由低速运转变为高速运转，实现电动机按低速档起动再自动换接成高速档旋转的自动控制。

若电动机原来处于低速运转，则只需要将主轴速度选择手柄 SQ7 置于高速档位，电动机经过 1~3 s 的延时后将自动换接成高速档运行。

（3）主轴电动机停车制动的控制

主电动机在运行中，按下停止按钮 SB1 可实现 M1 的停车和制动。由 SB1，速度继电器 KS 的常开触点，接触器 KM1、KM2 和 KM3 构成主电动机的正反转反接制动的控制电路。若电动机 M1 在高速正转运行时，速度继电器的正向常开触点 KS（14-19）闭合，为反接制动做好了准备。此时按下停止按钮 SB1：其触点 SB1（4-5）先断开，使 KA1、KM3、KT、KM1 的线圈同时断电，随之 KM5 的线圈也断电释放。KM1 断电，其主触点断开，电动机断电，同时 KM1（19-20）闭合，为制动作准备。KT 线圈断电，其触点 KT（14-21）断开，KT（14-23）闭合，使电动机在低速运转的状态下进行制动。KM3 断电，其主触点断开，限流电阻 R 串入主电动机的定子电路。停止按钮的常开触点 SB1（4-14）闭合后，由于电动机的转速仍然很高，速度继电器的触点 KS（14-19）仍处于闭合状态，因此 KM2 线圈通电吸合，其主触点闭合，将电动机的电源相序反接，其常开触点 KM2（4-14）闭合自锁，同时接通 KM4 的线圈，KM4 的主触点闭合，使电动机在低速下串入制动电阻进行反接制动。当电动机的转速下降到速度继电器的复位转速时（约 100 r/min），速度继电器的常开触点 KS（14-19）断开，接触器 KM2 断电，随之 KM4 也断电，电动机停转，反接制动过程结束。

在停车操作时，必须将停止按钮按到底，使 SB1 的常开触点闭合，否则将没有反接制动停车，而是自由停车。

如果在 M1 反转时进行制动，则速度继电器 KS 的反向旋转动作的常开触点 KS（14-15）闭合，使 KM1、KM4 吸合进行反接制动。

（4）主轴电动机主轴变速与进给变速的控制

主轴的各种转速是用变速操纵盘来调节变速传动系统而取得的。T68 卧式镗床的主轴变速和进给变速既可在主轴停车时进行，也可在电动机运行中进行。变速时为便于齿轮的啮合，主轴电动机在连续低速的状态下运行。

主轴变速时，只要将主轴变速操作盘的操作手柄拉出，与变速手柄有联系的行程开关 SQ1 不受压而复位，使 SQ1（5-10）断开，SQ1（4-14）闭合，在主轴变速操作盘的操作手柄拉出没有推上时，SQ2 受压，其常开触点 SQ2（17-15）闭合。由于 SQ1（5-10）断开，使 KM3、KT 线圈断电而释放，KM1（或 KM2）也随之断电释放，电动机 M1 断电，但在惯性的作用下旋转。由于 SQ1（4-14）闭合，而速度继电器的正转常开触点 KS（14-19）或反转常开触点 KS（14-15）早已闭合，所以使 KM2（或 KM1）、KM4 线圈通电吸合，电动机 M1 在低速状态下串入电阻 R 进行反接制动。当转速下降到速度继电器复位时的转速（约 100 r/min）时，速度继电器的常开触点断开，制动过程结束，此时便可以转动变速操纵盘进行变速，变速后，将手柄推回原位，使 SQ1 受压，SQ2 不受压，SQ1、SQ2 的触点恢复到原来的状态，

SQ1（5-10）闭合，SQ1（4-14）、SQ2（17-15）断开，使KM3、KM1（或KM2）、KM4的线圈相继通电吸合。电动机按原来的转向起动，而主轴则在新的转速下运行。

变速时，因齿轮卡住推不上时，行程开关SQ2在主轴变速手柄推不上时，仍处于被压下的状态，SQ2的常开触点SQ2（17-15）闭合，速度继电器的常闭触点KS（14-17）也已经闭合，通过回路“SQ1（4-14）→KS（14-17）→SQ2（17-15）→KM2（15-16）→KM1线圈”使接触器KM1通电，同时通过回路“SQ1（4-14）→KT（14-23）→KM5（23-24）→KM4的线圈”使KM4通电，电动机在低速状态下串电阻正向起动，当转速升高到接近130 r/min时，速度继电器又动作，KS（14-17）又断开，KM1、KM4线圈断电释放，M1电动机断电，同时KS（14-19)闭合，电动机被反接制动，当转速降到100 r/min时，速度继电器又复位，KS（14-19)断开，KS（14-17）再次闭合，KM1、KM4再次吸合，电动机M1在低速状态下串电阻起动起来，这样电动机M1在转速100~130 r/min的范围内重复动作，直到齿轮啮合后，主轴变速手柄推上，SQ2不受压，SQ1受压为止，触点SQ1（4-14）断开，SQ2（17-15）断开，变速冲动过程结束。

如果变速前主轴电动机处于停止状态，变速后主轴电动机也处于停止状态，若变速前主轴电动机处于低速运转状态，由于中间继电器KA1仍保持通电状态，变速后主轴电动机仍然处于三角形联结的低速运转状态。如果电动机变速前处于高速正转状态，那么变速后，主轴电动机仍先接成三角形，经过延时后才进入YY的高速正转状态。

进给变速的控制与主轴变速控制的过程相同，只是拉开进给变速手柄，与其联动的行程开关是SQ3、SQ4，当手柄拉出时SQ3不受压，SQ4受压，手柄推上复位时，SQ3受压，SQ4不受压。

（5）快速进给电动机的控制

机床各部件的快速移动，由快速移动操作手柄控制，由快速移动电动机M2拖动。运动部件及其运动方向的选择由装设在工作台前方的手柄操纵。快速操作手柄有“正向”“反向”和“停止”三个位置。当快速移动手柄向里推时，压合行程开关SQ9，接触器KM6线圈通电吸合，快速进给电动机M2正转，通过齿轮、齿条等机械机构实现快速正向移动。松开操纵手柄，SQ9复位，KM6线圈断电释放，电动机M2停转。反之，将快速进给操纵手柄向外拉，压下行程开关SQ8，接触器KM7通电吸合，电动机反向起动，实现快速反向移动。

（6）联锁保护装置

T68镗床的运动部件较多，为防止机床或刀具损坏，保证主轴进给和工作台进给不能同时进行，将行程开关SQ5、SQ6并联接在M1和M2的控制电路中。SQ5是与工作台和镗头架自动进给手柄联动的行程开关，当手柄操纵工作台和镗头架进给时，SQ5受压，其常闭触点断开。SQ6是与主轴和平旋盘刀架自动进给手柄联动的行程开关，当手柄操纵主轴和平旋盘刀架自动进给时，SQ6受压，其常闭触点断开。而M1、M2必须在SQ5、SQ6中至少有一个处于闭合状态下才能工作，如果两个手柄都处在进给位置时，SQ5、SQ6都断开，将控制电路切断，M1和M2都不能工作，两种进给都不能进行，从而达到联锁保护的目的。

7.5.3 常见电气故障的检查与排除

1）主轴的转速与转速指示牌不符。这种故障一般有两种现象：一是主轴的实际转速比标牌指示数增加或减少一倍；另一种是电动机的转速没有高速档或者没有低速档。前者大多是由于安装调整不当引起的，因为T68镗床有18种转速，是采用双速电动机和机械滑移齿轮来实现的。变速后，1、2、4、6、8……档由电动机以低速运转驱动，而3、5、7、9……档由电动机以高速运转驱动。由电气原理图可知，主轴电动机的高低速转换是靠微动开关 SQ7 的通断来实现的，SQ7 安装在主轴调速手柄的旁边，主轴调速机构转动时推动一个撞钉，撞钉推动簧片使微动开关 SQ7 通或断，如果安装调整不当，使 SQ7 动作恰恰相反，则会发生主轴的实际转速比标牌指示数增加或减少一倍。

后者主要的原因是行程开关 SQ7 的安装位置移动，造成 SQ7 始终处于接通或断开的状态，或者是由于时间继电器 KT 不动作或触点接触不良。如果 KT 或 SQ7 的触点接触不良或接线脱落，则主轴电动机 M1 只有低速；若 SQ7 始终处于接通状态，则 M1 只有高速。

2）主轴变速手柄拉出后，主轴电动机不能产生冲动。若变速手柄拉出后，主轴电动机仍然以原来的转速和转向旋转，没有变速低速冲动，这由于主轴的变速冲动是由与变速手柄有联动关系的行程开关 SQ1 与 SQ2 控制，而 SQ1、SQ2 采用的是 LX1 型行程开关，行程开关 SQ1 的常开触点 SQ1（5-10）由于质量等原因使绝缘被击穿而无法断开造成的。若变速手柄拉出后，M1 能反接制动，但到转速为零时，不能进行低速冲动，这往往由于 SQ1、SQ2 安装不牢固，位置偏移，触点接触不良，使触点 SQ1（4-14）、SQ2（17-15）不能闭合，或速度继电器 KS 的常闭触点 KS（14-17）不能闭合所致。

3）主轴电动机不能制动。主要的原因是速度继电器损坏，其正转常开触点 KS（14-19）和反转常开触点开始 KS（14-15）不能闭合，或者是由于 KM2 或 KM3 的常闭触点接触不良。

4）主轴（进给）变速时手柄拉开时不能制动。主要原因是主轴变速行程开关 SQ1（进给变速行程开关 SQ3）的位置移动，使主轴变速手柄拉开时，SQ1（进给变速行程开关 SQ3）不能复位。

5）在机床安装接线后进行调试时，产生双速电动机的电源进线错误。常见的错误之一是将三相电源在高速运行和低速运行时，都接成同相序，造成电动机在高速运行时的转向和低速运行时的转向相反。常见的错误之二是电动机在三角形联结时，把三相电源从 U3、V3、W3 引入，而在YY接线时，把三相电源从 U1、V1、W1 引入，这样将导致电动机不能起动，发出“嗡嗡”声并将熔体熔断。

7.5.4　检修技能训练

1. 实训目的

1）学习用通电试验的方法发现故障。

2）学习故障分析的方法，并通过故障分析缩小故障范围。

3）掌握双速电动机的接线方法并了解调速原理。

4）排除 T68 镗床主电路或控制电路中人为设置的两个故障点。

2. 实训内容

1）充分了解机床的各种工作状态，以及操作手柄的作用，并观察机床的操作。

2）熟悉机床的电气元器件的安装位置、布线情况，以及操作手柄在不同位置时，行程开关的工作状态。

3）人为设置故障点，指导学生从故障的现象着手进行分析，并采用正确的检查步骤和检查方法查出故障。

4）设置两个故障点，由学生检查，排除，并记录检查的过程。

要求学生应首先根据故障现象，在原理图上标出最小故障范围，然后采用正确的步骤和方法在规定的时间内排除故障。排除故障时，必须修复故障点，不得采用更换电气元件或改动电路的方法。检修时严禁扩大故障范围或产生新的故障点。

3. 注意事项

1）操作前必须熟悉地掌握电气原理图的各个环节。

2）带电检修时，必须由指导教师在现场监护。

3）若没有机床实物，则可事先在模拟板或试验台上按原理图安装控制电路，并按控制要求检查试车。试车时，首先要校验机床三相电源的进线相序是否正确，否则将产生主轴不能停车的故障。在模拟板上安装的行程开关只有SQ8、SQ9在手动操作后能自动复位，其他的行程开关都不能自动复位。

4. 任务单及评分标准

姓名________ 学号________ 工位号________ 日期________

名称：镗床电气故障排除 时间：40 min

序号	项目内容	配分	评分标准	检验结果	扣分	得分
1	职业素养	10	未按要求穿工作服、绝缘鞋、戴安全帽（-2分） 未正确选用、使用电工工具和仪表（错一次-4分）			
2	故障分析	20	在原理图上找不到故障回路或标错（每个故障点扣-10分） 不能标出最小故障范围（每个故障点-5分） 故障分析思路不清楚（每个故障点-5分）			
3	排除故障	70	不能排除故障点（每个-35分） 扩大故障范围或产生新故障（每个-15分） 损坏电动机（-70分） 方法不正确（每个故障点-10分）			
4	安全文明操作		未清理现场（-5分） 损坏工具（-50分） 损坏仪表（-50分） 违反安全规定（-50分）			
5	考核时限		每超过5 min（-5分）			
	合计	100		总分		

7.6 教学检测

一、填空题

1. 车床的主运动是（　　　　）运动，它是由主轴通过卡盘或顶尖带动（　　　　）。主轴一般只做（　　　）的旋转运动，只有在车螺纹时才需要用反转来退刀。车床CA6140用操纵手柄控制（　　　　）来改变主轴的旋转方向。（　　　　）是溜板带动刀具做纵向或横向的直线移动，也就是使切削能连续进行下去的运动。

2. 车床CA6140控制电路的供电电压是（　　）V，照明电路采用（　　）V安全交流电压，信号回路采用（　　）V的交流电压，均由（　　　　）提供。

3. 卧轴矩台平面磨床的主运动是（　　　　　　），进给运动有垂直进给，即（　　　　　　　　）；横向进给，即（　　　　　　　　）；纵向进给，即（　　　　　　　　）。工作台每完成一次往复运动时，砂轮箱便做一次间断性的（　　　　）；当加工完整个平面后，砂轮箱做一次间断性（　　　　）。

4. 电磁吸盘的文字符号是（　　）。

5. 插头插座的文字符号是（　　）。

6. 电磁吸盘由转换开关 SA1 控制，SA1 有（　　）、（　　）和（　　）三个位置。

7. Z3040 摇臂钻床在钻削加工时（　　　　　　　　）为主运动；进给运动是（　　　　　）；（　　）运动有摇臂沿外立柱的升降运动、主轴箱沿摇臂的水平移动和摇臂连同外立柱一起绕内立柱的回转运动。

8. 电磁阀的文字符号是（　　）。

9. X62W 卧式万能铣床为了减少负载波动对铣刀转速的影响，使铣削平稳一些，主轴上装有（　　），使得主轴传动系统的惯性较大，为了缩短停车时间，主轴采用（　　）停车。

10. X62W 卧式万能铣床为保证变速时齿轮顺利地良好啮合，要求变速时主轴电动机进行（　　　），即变速时电动机通过点动控制稍微转动一下。

11. X62W 卧式万能铣床固定在工作台上的工件可做（　　　　　　　　）六个方向的移动，各个运动部件在六个方向上的运动由（　　　　　　　　　　　　）拖动，在同一时间内，只允许（　　）方向上的运动。

12. 牵引电磁铁的文字符号是（　　）。

13. T68 镗床主轴电动机是一台（　　　　　），它可进行（　　　　　　　）的控制，停车制动采用（　　　　　　　　　　　）。

二、判断题（对的画√、错的画×）

1. 车床 CA6140 车螺纹时要求主轴的旋转速度和进给的移动距离之间保持一定的比例，所以主运动和进给运动要由同一台电动机拖动。（　　）

2. M7130 型平面磨床主电路的控制要求是：M1、M2、M3 只需进行单方向的旋转，且磨削加工无调速要求。（　　）

3. 电磁吸盘的线圈通以交流电，使芯体被磁化，磁力线经钢制吸盘体、钢制盖板、工件、钢制盖板、钢制吸盘体闭合，将工件牢牢吸住。（　　）

4. 摇臂钻床的主运动和进给运动都为主轴的运动，由一台主轴电动机 M1 拖动，再通过主轴传动机构和进给传动机构实现主轴的旋转和进给。主轴电动机 M1 只需做单方向的旋转。（　　）

5. 摇臂的升降运动必须按照摇臂松开→升或降→摇臂夹紧的顺序进行，因此摇臂的夹紧、放松与摇臂的升降按自动控制进行。（　　）

6. X62W 卧式万能铣床主轴带动铣刀的旋转运动称为主运动，进给运动是工件相对于铣刀的移动。主轴电动机用三相笼型异步电动机拖动，通过齿轮进行调速，为完成顺铣和逆铣，主轴电动机应能正反转。（　　）

7. X62W 卧式万能铣床圆工作台只能沿着一个方向做旋转运动，并且圆工作台运动控制的通路需要经过 SQ1~SQ4 四个行程开关的常闭触点，如果扳动工作台任意一个进给手柄，圆工作台都会停止工作，这就保证了工作台的进给运动与圆工作台的旋转运动不能同时进行。（　　）

8. X62W 卧式万能铣床主轴不能实现变速冲动的故障原因是主轴变速行程开关 SQ7 位置移动、撞坏或断线。（　　）

9. 钻床是一种精密加工机床，主要用于加工精确度高的孔，以及各孔间距离要求较为精确的零件，这些孔的轴线之间有严格的同轴度、垂直度、平行度与精确的距离。（　　）

10. T68 镗床低速时主轴电动机的定子绕组连接成YY形，高速时 M1 的定子绕组接成三角形，转速提高一倍。（　　）

三、选择题

1. 电源指示灯的文字符号是（　　）；机床照明灯的文字符号是（　　）。

A. HL　　B. EL　　C. YA　　D. SA

2. T68 镗床转轴的转速与转速指示牌不符的故障现象有（　　）。

A. 主轴的实际转速比标牌指示数增加一倍　B. 主轴的实际转速比标牌指示数减少一半

C. 电动机的转速没有高速档　D. 电动机的转速没有低速档

四、简答题

1. 简述 CA6140 车床电动机缺相不能运转的检修步骤。

2. 简述 CA6140 车床在运行中自动停车的检修步骤

3. 电磁吸盘的控制电路有哪几部分组成？

4. 电磁吸盘没有吸力的原因有哪些？吸力不足的原因有哪些？

5. 电磁吸盘退磁效果差，退磁后工件难以取下的原因是什么？

6. 分析 Z3040 摇臂钻床电气电路的摇臂升降的控制过程。

7. X62W 万能铣床电气控制的特点是什么？

8. 请简述 X62W 万能铣床停车制动的控制过程。主轴停车时没有制动的原因是什么？主轴停车后产生短时反向旋转的原因是什么？按下停止按钮后主轴不停的原因是什么？

9. 什么是冲动控制，其作用是什么？叙述主轴电动机变速时的冲动控制。主轴不能实现变速冲动的原因是什么？

10. X62W 万能铣床的工作台有几个方向的进给？叙述工作台各个方向的进给控制，各个方向进给之间如何实现联锁保护？

11. X62W 万能铣床电路中有哪些联锁和保护？

12. 叙述 T68 镗床主轴电动机的高低速转换的控制，如何保证主轴电动机的高低速转换后主轴电动机的转向不变。

13. 叙述 T68 镗床的主轴电动机停车制动的控制，分析主轴电动机不能制动的原因。

工匠精神传承

“一切手工技艺，皆由口传心授。”师傅传授手艺时，也传递着耐心、专注、坚持的精神，这是一切手工匠人所具备的特质。这种精神的培养，只能靠人与人情感的交流和行为的感染，这是现代的大工业的组织制度与操作流程无法承载的。“工匠精神”的传承，更多地依靠言传身教这样自然的传承，它体现了古代师徒制与家族传承所蕴含的价值。

“工匠精神”在各行各业中有着重要的学习价值，当今社会无论在生产还是生活中，心浮气躁，追求“短、平、快”（投资少、周期短、见效快）带来即时利益的短视行为无处不在，从企业管理层到技能操作层面往往忽略了产品的品质灵魂，做事缺乏严谨的工匠精神，造成产品不能满足社会需要。

企业的工匠精神，第一是热爱你所做的事，胜过爱这些事所带来的物质利益；第二就是精益求精，精雕细琢。工匠精神要求企业员工如同一个工匠一样，琢磨自己的产品，精益求精；工匠精神的核心是企业追求科技创新和技术进步，一个以科技创新和技术进步为主体的企业，就是民族振兴的动力源泉，是国家财富壮大的源泉。

附录 中级维修电工技能试卷、评分标准及现场记录

试题一：安装接线

安装和调试断电延时带直流能耗制动的Y-△起动的控制电路，如附图 1 所示。KT 选用空气阻尼式时间继电器，整定时间(3±1) s。

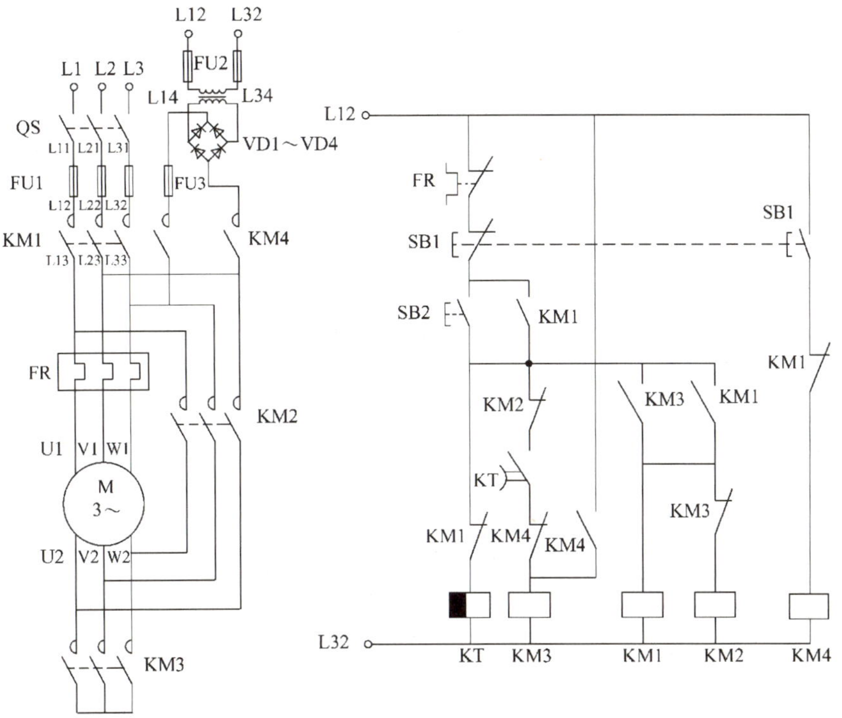

附图 1　断电延时带直流能耗制动的Y-△起动的控制电路

1. 考核要求

1）按图样的要求进行正确熟练地安装，元器件在配线板上布置要合理，安装要准确紧固，配线要求紧固美观，导线要进行线槽配线。正确使用仪表和工具。

2）按钮盒不固定在板上，电源和电机配线、按钮接线要接到端子排上，进出线槽的导线要有端子标号，引出端要用别径压端子。

3）安全文明操作。

4）满分 40 分，考试时间 210 min。

2. 评分标准

评分标准		配分	扣分	得分
元件安装	（1）元器件布置不整齐、不匀称、不合理，每个扣1分 （2）元器件安装不牢固，安装元件时漏装螺钉，每个扣1分 （3）损失元器件每个扣2分	5		
布线	（1）电机运行正常，如不按电气原理图接线，扣1分 （2）布线不进行线槽，不美观，主电路、控制电路每根扣0.5分 （3）接点松动、露铜过长，反圈、压绝缘层，标记线号不清楚，遗漏或误标，引出端无别径压端子每处扣0.5分 （4）损伤导线绝缘或线芯，每根扣0.5分	15		
通电试验	（1）时间继电器及热继电器整定值错误，各扣2分 （2）主、控电路配错熔体，每个扣1分 （3）一次试车不成功扣5分；二次试车不成功扣10分；三次试车不成功扣15分；乱线敷设，扣5分	20		

试题二：排除故障

从下列机床电气控制电路或模拟电路板中任选一种，由监考教师在电路板上设置隐蔽故障三处，其中主电路一处，控制电路二处。考生向监考老师询问故障现象时，故障现象可以告诉考生，考生要单独排除故障。

①Z35 摇臂钻床；②62 万能铣床；③68 镗床；④5-20t 桥式起重机；⑤M7130 平面磨床；⑥CA6140 型普通车床；⑦Z3040 型摇臂钻床

1. 考核要求

1）从设故障开始，监考教师不得进行提示。

2）根据故障现象，在电气控制电路上分析故障产生的原因，确定故障发生的范围。

3）进行检修时，监考教师要进行监护，注意安全。

4）排除故障过程中如果故障扩大，在规定时间内可以排除故障。

5）正确使用工具和仪表。

6）安全文明操作。

7）满分 40 分，考试时间 45 min。

2. 评分标准

评分标准	配分	扣分	得分
（1）排除故障前不进行调查研究，扣1分 （2）错标或标不出故障范围，每个故障点扣2分 （3）不能标出最小故障范围，每个故障点扣1分 （4）实际排除故障中思路不清楚，每个故障点扣2分 （5）少查出一处故障点，扣2分 （6）少排除一处故障点，扣3分 （7）排除故障方法不正确，每处扣3分 （8）扩大故障范围或产生新的故障后不能自行修复，每个扣10分；已经修复，每个扣5分 （9）损坏电动机扣10分	40		

试题三：工具、设备的使用与维护

1）用单踪示波器测量矩形波最大电压值或周期。

2）在各项技能考试中，工具、设备（仪器仪表等）的使用与维护要正确无误，不得损坏。

1. 考核要求

1）工具设备的使用与维护要正确无误，不得损坏。

2）安全文明操作。

3）满分 10 分，考试时间 10 min。

2. 评分标准

评分标准	配分	扣分	得分
（1）开机准备工作不熟练，扣 1 分 （2）测量过程中，操作步骤每错一次扣 1 分 （3）读数有较大误差或错误扣 1 分 （4）测量结果错误扣 2 分 （5）在各项技能考试中，工具与设备的使用与维护不熟练不正确，每次扣 1 分，扣完 5 分为止 （6）考试中损坏工具和设备扣 5 分	10		

试题四：安全文明生产

1. 考核要求

1）安全文明生产：劳动保护用品穿戴整齐；电工工具佩带齐全；遵守操作规程；尊重监考教师，讲文明礼貌；考试结束要清理现场。

2）当监考教师发现考生有重大事故隐患时，要立即予以制止。

3）考生故意违反安全文明生产或发生重大事故，取消其考试资格。

4）监考老师要在备注栏中注明考生违纪情况。

2. 评分标准

评分标准	配分	扣分	得分
（1）在以上各项考试中，违反安全文明生产要求的任何一项扣 2 分，扣完为止；考生在不同的技能试题中，违反文明生产考核要求同一项内容的，要累计扣分 （2）当监考教师发现考生有重大事故隐患时，要立即予以制止，每次扣考生安全文明生产总分 5 分	10		

参 考 文 献

[1] 田淑珍．工厂电气控制设备及技能训练［M］．3版．北京：机械工业出版社，2019.
[2] 刘子林．电机与电气控制[M]．北京：电子工业出版社，2003.
[3] 王永华．现代电气控制及PLC应用技术[M]．北京：北京航空航天大学出版社，2003.
[4] 王炳实．机床电气控制[M]．2版．北京：机械工业出版社，2002.
[5] 王廷才．变频原理及应用[M]．2版．北京：机械工业出版社，2011.
[6] 黄净．电气控制与可编程控制器[M]．北京：机械工业出版社，2004.
[7] 许缪．工厂电气控制设备[M]．2版．北京：机械工业出版社，2006.
[8] 马应魁．电气控制技术实训指导[M]．北京：化学工业出版社，2001.
[9] 何焕山．工厂电气控制设备[M]．北京：高等教育出版社，2005.
[10] 郁汉琪．机床电气控制技术[M]．北京：高等教育出版社，2006.
[11] 许晓峰．电机及拖动[M]．2版．北京：高等教育出版社，2001.
[12] 李益民，刘小春．电机与电气控制技术[M]．北京：高等教育出版社，2006.
[13] 姜培刚，盖玉先．机电一体化系统设计[M]．北京：机械工业出版社，2003.
[14] 胡幸鸣．电机及拖动基础[M]．北京：机械工业出版社，2009.
[15] 人力资源和社会保障部教材办公室．维修电工[M]．2版．北京：中国劳动社会保障出版社，2014.
[16] 陆全龙，刘明皓．液压与气动[M]．北京：科学出版社，2005.
[17] 施利春，李伟．变频器操作实训[M]．北京：机械工业出版社，2007.